10

Schlüssel zur
Mathematik

Niedersachsen

Herausgegeben von
Reinhold Koullen †

Erarbeitet von
Elke Cornetz
Wolfgang Hecht
Reinhold Koullen †
Jeannine Kreuz
Frank Nix
Hans-Helmut Paffen

Günther Reufsteck
Christine Sprehe
Rainer Zillgens

Beraten von
Christina Kapitza
Christa Meyer

unter Mitarbeit
der Verlagsredaktion

Teile dieses Unterrichtswerkes basieren auf Inhalten bereits
erschienener Lehrwerke.
Diese wurden herausgegeben von Reinhold Koullen † und Udo Wennekers
sowie erarbeitet von:
Helga Berkemeier, Ilona Gabriel, Wolfgang Hecht, Ines Knospe,
Reinhold Koullen †, Doris Ostrow, Hans-Helmut Paffen, Jutta Schaefer,
Gabriele Schenk, Willi Schmitz, Herbert Strohmayer, Martina Verhoeven,
Udo Wennekers

Redaktion: Martin Karliczek, Viola Moncada

Illustration: Roland Beier

Grafik: Christian Böhning, Ulrich Sengebusch †

Umschlaggestaltung und Layoutkonzept:
Syberg | Kirstin Eichenberg und Torsten Symank

Layout und technische Umsetzung:
CMS – Cross Media Solutions GmbH

Begleitmaterialien zum Lehrwerk			
für Schülerinnen und Schüler		**für Lehrerinnen und Lehrer**	
Arbeitsheft	978-3-06-006753-4	Lösungsheft	978-3-06-006743-5
Arbeitsheft für den mittleren		Handreichungen	978-3-06-006735-0
Schulabschluss	978-3-06-008972-7	Lehrerfassung	978-3-06-006742-8

www.cornelsen.de

Unter der folgenden Adresse befinden sich multimediale
Zusatzangebote für die Arbeit mit dem Schülerbuch:
www.cornelsen.de/schluessel
Die Buchkennung ist: **MSL006731**

Druck und Bindung: Livonia Print, Riga

1. Auflage, 4. Druck 2021   1. Auflage, 1. Druck 2015
Schülerbuch   Lehrerfassung
978-3-06-006731-2   978-3-06-006742-8
E-Book
978-3-06-006584-4

PEFC zertifiziert
Dieses Produkt stammt aus nachhaltig
bewirtschafteten Wäldern und kontrollierten
Quellen.
www.pefc.de
PEFC/12-31-006

Inhalt

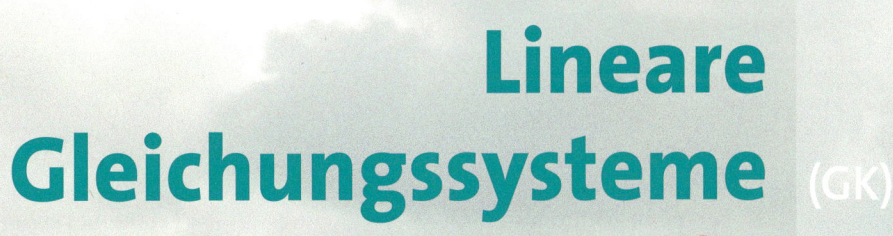

Lineare Gleichungssysteme (GK)

Transport und Verkehr erfordern viel Koordination. Begegnungen, gleichzeitige Abfahrten, Anschlussverbindungen usw. können bei deren Planung berechnet werden. Dabei spielt mathematisch auch das Lösen von Gleichungssystemen eine Rolle.

Noch fit?

Einstig

1 Terme berechnen
Berechne den Wert des Terms.
a) $6x + 5$ für $x = 1,5$
b) $10 - 2,5x$ für $x = 7$
c) $3x + 12y$ für $x = 2$ und $y = 4$

2 Gleichungen lösen
Bestimme die Lösung der Gleichung.
a) $3x + 5 = 6x + 41$
b) $5x + 11 = 3x + 7$
c) $20x + 5 = 13x - 16$

3 Funktionsgraph zeichnen
Ergänze die Wertetabelle im Heft und zeichne den Funktionsgraphen in ein Koordinatensystem.

x	-3	-2	-1	0	1	2	3
$y = 4x - 2$	-14	-10					

4 Koordinaten von Punkten bestimmen
Der Punkt P liegt auf der Geraden mit der Gleichung y. Gib die x-Koordinate von P an.
a) $y = x - 7$ $P(\blacksquare | -1)$
b) $y = x + 2$ $P(\blacksquare | 0)$
c) $y = 3x + 1$ $P(\blacksquare | 3)$
d) $y = x - \frac{1}{3}$ $P(\blacksquare | -7)$
e) $y = \frac{1}{4}x - 2$ $P(\blacksquare | 5)$

Aufstieg

1 Terme berechnen
Berechne den Wert des Terms.
a) $3x + 5y$ für $x = 2$ und $y = 4$
b) $12 - 5a + b$ für $a = 3$ und $b = 1,5$
c) $4p - 9q$ für $p = 0,5$ und $q = 1$

2 Gleichungen lösen
Bestimme die Lösung der Gleichung.
a) $4(y + 3) = 3y - 12$
b) $26 - 2(x + 3) = 32$
c) $2(3x + 2) = 6x + 5$

3 Funktionsgraph zeichnen
Ergänze die Wertetabelle im Heft und zeichne den Funktionsgraphen in ein Koordinatensystem.

x	-2	-1	0	1	2	3
$y = 0,5x + 1$	0					

4 Koordinaten von Punkten bestimmen
Nenne die Koordinaten des Schnittpunkts S mit der y-Achse. Gib die Steigung m an.
a) $y = 2x + 5$
b) $y = -3x + 1$
c) $y = -0,6x - 4$
d) $y = 0,25x - 0,25$
e) $y = 0,8x - 1,5$

BEACHTE
Berechne die Termwerte in Aufgabe 1 ohne Taschenrechner.

5 Graphen linearer Funktionen
Was trifft auf alle Graphen linearer Funktionen zu? Begründe.
a) Sie sind Geraden.   b) Sie verlaufen durch den Ursprung.
c) Sie schneiden die y-Achse.   d) Sie schneiden die x-Achse.
e) Erhöht man die x-Werte um 1, so verdoppeln sich die y-Werte.

6 Lineare Funktion
Ein Mietwagen kostet $35 €$ Grundgebühr. Pro gefahrenen Kilometer kommen 40 ct hinzu.
a) Stelle eine lineare Funktion auf, die die Gesamtkosten beschreibt.
b) Wie hoch sind die Kosten, wenn man 500 km fährt?
c) Frau Meyer hat $157 €$ bezahlt. Wie viele Kilometer ist sie gefahren?

6 Lineare Funktionen
Ein Mobilfunkanbieter bietet zwei Tarife an.
a) Wie hoch sind jeweils die Kosten, wenn man 4 h im Monat telefoniert?
b) Sarah hat im Tarif Relax $18,50 €$ bezahlt. Wie lange hat sie telefoniert?
c) Welchen Tarif sollte man wählen, wenn man ca. 5 h pro Monat telefoniert?

Tarif	Relax	Flatrat
monatl. Grundpreis	$4,50 €$	$25 €$
Preis pro min	$0,08 €$	–

Lösungen ab Seite 222

Lineare Gleichungen mit zwei Variablen

Entdecken

1 Um das Gefühl für Maße zu testen, lassen Metall verarbeitende Betriebe bei Einstellungstests für Auszubildende manchmal aus einem Draht ein Rechteck biegen.
Die Aufgabe an einen Bewerber lautet:
„Welche Rechtecke lassen sich aus einem 30 cm langen Draht biegen?"
Gib mögliche Lösungen an.

2 Rätsel mit Münzen
a) Leonie hat 10- und 20-Cent-Münzen im Wert von 2,50 € in der Tasche.
   Wie viele 10-Cent-Münzen und wie viele 20-Cent-Münzen kann sie haben?
   Gib alle Möglichkeiten an.
b) Maria hat zwei verschiedene Sorten Münzen in ihrem Portemonnaie.
   Es sind zehn kleinere Münzen und fünf größere Münzen.
   Welche Münzen könnten das sein, wenn Maria insgesamt 3 € besitzt?
c) Kevin spart 1-€- und 2-€-Münzen in einem Sparschwein. Er wiegt das Sparschwein regelmäßig, um festzustellen, wie viel Geld er bereits gespart hat. Die Waage zeigt 440 g an.
   Wie viel Euro könnte Kevin gespart haben, wenn das Schwein 40 g, eine 1-€-Münze 7,5 g und eine 2-€-Münze 8,5 g wiegt?

3 Arbeitet in Vierergruppen.

Zwei Cola und eine Currywurst kosten 5 €.

Eine Portion Pommes Frites kostet 1 €, ein Hamburger kostet 2 €. Tom hat 12 € ausgegeben.

$x - y = 8$

$x + 2y = 12$

Die Quersumme einer zweistelligen Zahl ist 8.

$x + y = 8$

Die Differenz zwischen zwei Zahlen beträgt 8.

a) Ordnet den Gleichungen eine passende Situation zu.
b) Findet für jede Gleichung mindestens drei verschiedene Werte für x und y, die die Gleichung lösen. Erläutert, wie ihr vorgegangen seid.
c) Denkt euch vier verschiedene Situationen mit den dazu passenden Gleichungen mit zwei Variablen aus.
   Schreibt die Situation jeweils auf eine rote Karteikarte und die Gleichungen jeweils auf eine grüne Karteikarte.
   Mögliche Lösungen werden auf weiße Karteikarten geschrieben.
d) Tauscht eure Karteikarten mit einer anderen Vierergruppe. Ordnet den Situationen die Gleichungen und die passenden Lösungen zu. Überprüft anschließend, ob eure Klassenkameraden die Karten richtig einander zugeordnet haben, und stellt eure Karteikarten geordnet in der Klasse vor.

Verstehen

Die Jahrgangsklassenfahrt der 10. Klassen führt nach Eutin.
Es fahren insgesamt 40 Jungen und 40 Mädchen mit. Die Unterbringung in der Jugendherberge soll in Doppelzimmern und Vierbettzimmern getrennt nach Jungen und Mädchen erfolgen.
Wie viele Doppelzimmer und Vierbettzimmer müssen die Lehrer jeweils für Jungen und Mädchen buchen?

HINWEIS
Wir erhalten eine lineare Gleichung mit zwei Variablen.

Das Problem lässt sich mithilfe einer Gleichung mit zwei Variablen (x und y) beschreiben. Die Variable x steht für die Anzahl der Doppelzimmer, die Variable y für die Anzahl der Vierbettzimmer. Für die Anzahl der benötigten Zimmer der Mädchen ergibt sich folgende Gleichung:

$$2x + 4y = 40$$

Beispiel

Eine mögliche Lösung der Gleichung $2x + 4y = 40$ ist das Wertepaar $(6\,;7)$.
Die Lehrer können z. B. sechs Doppelzimmer und sieben Vierbettzimmer buchen.
Probe $2 \cdot 6 + 4 \cdot 7 = 40$

Die Lösungen kann man durch Probieren finden. Aber nicht alle Lösungen sind immer sinnvoll wie z. B. $(5\,;7{,}5)$.
Eine lineare Gleichung mit zwei Variablen hat normalerweise viele Lösungen. Sie bestehen jeweils aus einem Wertepaar $(x\,;y)$.

Die Anzahl der benötigten Vierbettzimmer lässt sich berechnen, wenn man die Anzahl x der Doppelzimmer kennt:

$$\begin{aligned} 2x + 4y &= 40 \qquad && |-2x \\ 4y &= -2x + 40 && |:4 \\ y &= -\tfrac{1}{2}x + 10 \end{aligned}$$

Die Lösungen lassen sich leichter finden, wenn man die Gleichung nach der Variable y auflöst. Ein lineare Gleichung mit zwei Variablen kann in der Form $\boldsymbol{y = mx + b}$ geschrieben werden.

Durch Einsetzen von verschiedenen x-Werten erhält man folgende y-Werte:

x	0	2	3	4	6	8
$y = -\tfrac{1}{2}x + 10$	10	9	8,5	8	7	6

Die Lösungen der linearen Gleichung können in einer Wertetabelle dargestellt werden. Setzt man für x einen Wert ein, so erhält man den zugehörigen y-Wert, für den die Gleichung erfüllt ist.

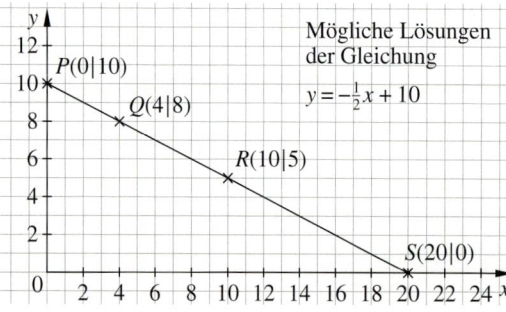

Zeichnet man die Wertepaare in ein Koordinatensystem, so erkennt man, dass alle Punkte auf der Geraden $y = -\tfrac{1}{2}x + 10$ liegen.

> **Merke** Alle Wertepaare $(x\,;y)$, die Lösungen einer linearen Gleichung sind, stellen Punkte $P(x\,|\,y)$ im Koordinatensystem dar und liegen auf einer Geraden $y = mx + b$.

Üben und anwenden

1 Welche der folgenden Gleichungen sind keine linearen Gleichungen? Begründe.

a) $y = 4x - 12$ b) $2x + 7y = 14$ c) $x \cdot y + 12 = 21$ d) $x^2 + y = 10$
e) $4x - 10 = 2y$ f) $3y = 12 - 4x$ g) $x + 3 = 4x + 12$ h) $27 = 12$

---

2 Prüfe, ob die angegebenen Wertepaare Lösungen der linearen Gleichung sind.

a) $3x + 5y = 42;\ (4\,;6)$
b) $2x - y = 15;\ (12\,;8)$
c) $-4x + 8y = -28;\ (5\,;-1)$
d) $5y - 10 = 3x;\ (9\,;11)$
e) $12x + 6y = 0;\ (0{,}5\,;-1)$
f) $20x - 4y = 12;\ (3\,;12)$

2 Nenne jeweils zwei Wertepaare, die Lösung der Gleichung sind.

a) $10x - 3y = 2$
b) $5x + 4y = 40$
c) $0{,}5x + 2y = 10$
d) $-4x + 8y = 12$
e) $9x = 6y - 3$
f) $-6y + 5x = -4$

---

3 Ergänze die Wertetabelle im Heft. Zeichne die Gerade, auf der alle Lösungen der linearen Gleichung liegen, in ein Koordinatensystem.

a)

x	−2	−1	0	1	2
$y = 4x - 2$					

b)

x	−4	−2	0	2	4
$y = 2x + 1$					

3 Ergänze die Wertetabelle und zeichne die Lösungen der linearen Gleichung ins Heft. Woran erkennt man in der Tabelle, an welcher Stelle die Geraden die x-Achse schneiden?

a)

x	−3	−1	0	2	5
$y = 1{,}5x - 1$					

b)

x	−2	−1	0	1	2
$y = -2x + 6$					

---

4 Gib eine lineare Gleichung an, die zu der folgenden Situation passt.

a) Sabine kauft Rosen zu je 0,80 € und Anemonen zu je 0,50 €. Sie zahlt 7 €.
b) Drei Kugeln Eis und eine Portion Sahne kosten 2,30 €.
c) Die Summe aus dem Doppelten von x und dem Dreifachen einer anderen Zahl ergibt 48.
d) Der Umfang eines gleichschenkligen Dreiecks ist 20 cm.
e) Auf einer Weide gibt es Hühner und Schafe. Murat zählt insgesamt 60 Beine.
f) Ein 10-€-Schein wird in 1-€- und 2-€-Münzen gewechselt.

---

5 Löse die lineare Gleichung nach y auf und erstelle eine Wertetabelle mit den x-Werten −2; −1; 0; 1; 2 und 3. Zeichne die Gerade, auf der alle Lösungen der Gleichung liegen.

a) $-4x + 2y = 2$
b) $-6x + 3y = 9$
c) $4x + 2y = 10$
d) $5x - 10y = 20$

5 Zeichne die Gerade, auf der alle Lösungen der linearen Gleichung liegen, ins Heft. Beschreibe an einer Aufgabe, wie du dabei vorgehst. Gibt es mehrere Lösungswege?

a) $x + y = 10$
b) $2x + 4y = 20$
c) $2x + 2y = 12$
d) $x + 2y = 24$
e) $8x + 4y = 100$

---

6 Bestimme die fehlende Zahl so, dass das Wertepaar eine Lösung der linearen Gleichung $3x + 4y = 20$ ist.

a) $(\blacksquare\,;5)$ b) $(\blacksquare\,;2)$
c) $(8\,;\blacksquare)$ d) $(\blacksquare\,;8)$

6 Das Wertepaar $(5\,;6)$ ist Lösung einer linearen Gleichung.

a) Wie könnte diese Gleichung lauten?
b) Gib eine passende Realsituation zu deiner Gleichung an.

LÖSUNGEN ZU
AUFGABE 6
Die gesuchten Lösungen sind hier enthalten:
$(8\,;-1); (-5\,;5);$
$(-1\,;8); (0\,;5);$
$(-4\,;8); (-4\,;2);$
$(4\,;2); (8\,;-4)$

7 Auf den Geraden liegen die Lösungen der linearen Gleichungen.
Ordne die Gleichung den Geraden zu.

a) $-x + y = 1$

b) $2x + y = -1$

c) $-2x - 4y = -8$

d) $2x - y = 1$

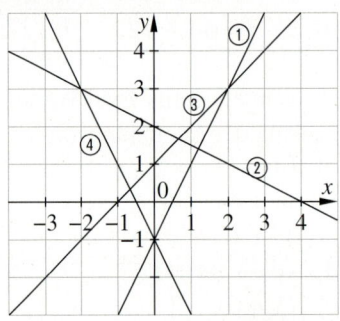

7 Tim hat drei Lösungen einer linearen Gleichung bestimmt: $(1;2)$, $(3;3)$ und $(4;5)$
Marvin überlegt kurz, macht sich eine Skizze und behauptet dann, dass Tim einen Fehler gemacht hat.

a) Erkläre, woran Marvin erkannt hat, dass eine Lösung falsch sein muss.

b) Gib jeweils eine lineare Gleichung an, die zwei der oben genannten Wertepaare als Lösungen hat.

c) Sind die Wertepaare $(-1;9)$, $(2;4,5)$ und $(-3;12)$ Lösung einer linearen Gleichung?

8 Kai hat für seine Geburtstagsparty für 20 € Saft und Limonade eingekauft.
Eine Flasche Saft kostet 1,20 €.
Für jede Flasche Limonade hat er 1 € bezahlt.

a) Wie viele Flaschen hat Kai von jeder Sorte gekauft?

b) Begründe, warum die zugehörige lineare Gleichung nur drei sinnvolle Lösungen hat.

ZU AUFGABE 8
Bei welcher Lösung erhält Kai die größte Anzahl an Flaschen?

8 Carina hat fünf Lösungen der Gleichung $2x - 5y = -10$ durch eine Zeichnung bestimmt.

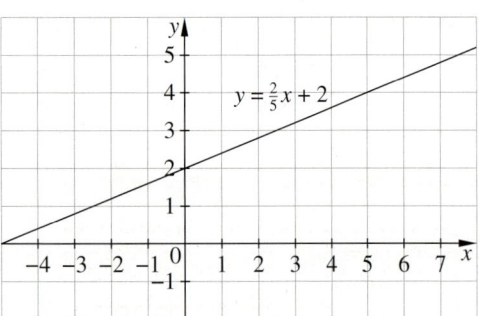

Überprüfe, ob ihre Lösungen richtig sind.
$A(0|2)$, $B(1|2,5)$, $C(2|2,8)$, $D(4|3,5)$, $E(5|4)$
Beschreibe, wie du dabei vorgehst.

9 Frau Haibach möchte ihren Garten umgestalten. Die Umrandung ihres rechteckigen Blumenbeets ist 5 m lang und 3 m breit. Sie möchte die Umrandung für ein neues, achteckiges Blumenbeet benutzen.

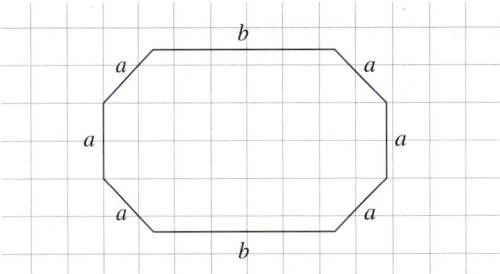

a) Ergänze die Längen für a und b im Heft.

a	1,5 m	2 m			2,5 m
b			5 m	4,4 m	

b) Gib eine lineare Gleichung für den Umfang des achteckigen Beets an.

c) Herr Haibach schlägt vor, $a = 2,75$ m zu wählen. Was meinst du dazu?

d) Wie groß darf a höchstens sein? Vergleicht eure Ergebnisse untereinander.

9 Dana hat 20 m Maschendrahtzaun für einen rechteckigen Kaninchenauslauf zur Verfügung. Bestimme nur ganzzahlige Lösungen.

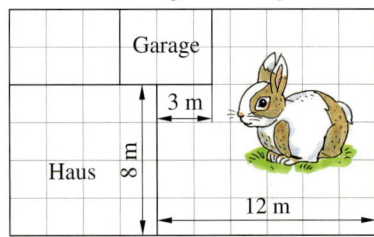

a) Bestimme mit einer Gleichung, welche Maße der Auslauf haben kann, wenn er …
① frei auf dem Rasen steht?
② nur an die Hauswand grenzt?
③ an die Hauswand und an die Garage angrenzen kann?

b) Welchen Flächeninhalt hat der größtmögliche Auslauf?

Lineare Gleichungssysteme grafisch lösen

Entdecken

1 Jette und Marvin verkaufen ihre alten Spielsachen auf verschiedenen Flohmärkten. Jette zahlt 4 € Standgebühr und verkauft jedes Spielzeug für 1 €. Marvin zahlt 8 € Standgebühr und verkauft jedes Spielzeug für 1,50 €.

a) Ordne Jette und Marvin jeweils eine der Funktionsgleichungen zu, die die Einnahmen je nach Anzahl der verkauften Spielsachen bestimmen.

b) Beschreibe das Diagramm und interpretiere den Schnittpunkt der beiden Graphen.

c) Wer hat mehr Geld eingenommen, wenn er zehn Spielzeuge verkauft?

d) Was bedeuten die Schnittpunkte der Graphen mit der x-Achse?

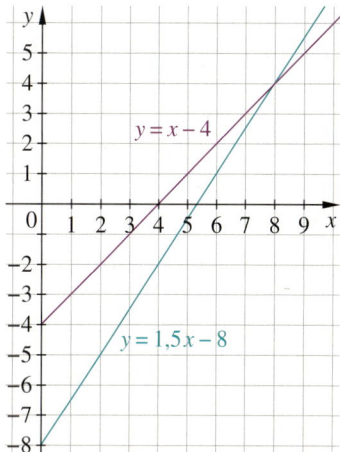

$y = x - 4$

$y = 1{,}5x - 8$

HINWEIS ZU AUFGABE 1–3
Ihr könnt alle Aufgaben in Gruppen zu viert bearbeiten.

2 Frau Arndt geht mit ihren vier Kindern ins Kino und bezahlt 44 €. Familie Berndt, dazu gehören drei Erwachsene und ein Kind, geht in denselben Film und bezahlt auch 44 €. Wie viel kostet eine Kinokarte für Erwachsene bzw. für Kinder?

Annika möchte die Aufgabe grafisch lösen und plant ihr Vorgehen.

a) Im ersten Schritt stellt sie für jede Familie eine Gleichung auf. Dazu legt sie die Variablen fest: x ist der Kartenpreis für Erwachsene und y ist der Kartenpreis für Kinder. Wie lauten die Gleichungen für Familie Arndt und Familie Berndt?

b) Im zweiten Schritt stellt sie die Zusammenhänge grafisch dar. Dazu löst sie die Gleichungen nach y auf und zeichnet die Graphen in ein Koordinatensystem. Führe Annikas Lösung fort.

c) Bestimme die gesuchten Preise. Wie gehst du dabei vor?

3 Ben möchte sich im Winterurlaub einen Helm zum Snowboardfahren leihen.

① **Helmverleih „Be Prepared"**
Leihgebühr pro Tag: 2 €
Versicherung einmalig: 12 €

② **Helmverleih „Helmet"**
Leihgebühr pro Tag: 3 €
Versicherung einmalig: 7 €

a) Vergleiche die beiden Angebote. Wie gehst du vor?

b) Stelle die Kosten beider Helmverleihe in einer Grafik dar.

c) Bei welcher Leihdauer spielt es keine Rolle, welchen Anbieter Ben wählt?

d) Für welchen Anbieter sollte sich Ben entscheiden? Notiert mehrere Einflussmöglichkeiten, von denen die Entscheidung abhängig sein kann.

Verstehen

Anne benötigt häufig 1-€- und 2-€-Münzen. Sie wechselt am Postschalter einen 10-€-Schein und erhält insgesamt acht Münzen. Wie viele Münzen von jeder Sorte erhält sie?

Zur Lösung dieser Aufgabe sind zwei Gleichungen erforderlich. Dabei gilt:
x ist die Anzahl der 1-€-Münzen,
y ist die Anzahl der 2-€-Münzen.

Die Gleichungen lauten:

BEACHTE
Die Gleichungen eines Gleichungssystems werden mit römischen Ziffern bezeichnet.

I $x + y = 8$,   da sie acht Münzen erhält und
II $1x + 2y = 10$,   da 10 € in eine unbekannte Zahl jeder Münzsorte gewechselt wird.
Wir erhalten zwei Gleichungen mit zwei Variablen.

> **Merke** Wenn mehrere lineare Gleichungen zum Lösen einer Aufgabe erforderlich sind, spricht man von einem **linearen Gleichungssystem (LGS)**.
> Die Lösung des linearen Gleichungssystems ist das Wertepaar, das **beide** Gleichungen erfüllt.

Das lineare Gleichungssystem kann man grafisch lösen. Damit das System im Koordinatensystem dargestellt werden kann, werden beide Gleichungen in die Koordinatengleichung umgeformt, d. h. sie werden nach y aufgelöst:

I $y = -x + 8$ und **II** $y = -\frac{1}{2}x + 5$

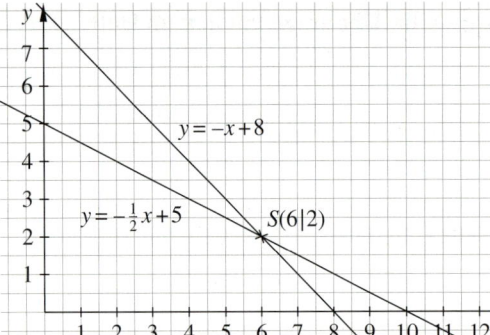

TIPP
Überprüfe deine Lösung mit einer
Probe:
$2 = -6 + 8$ und
$2 = -3 + 5$

Im Diagramm ergeben sich zwei Geraden.

Die Geraden schneiden sich in einem Punkt. Die Koordinaten dieses Schnittpunkts stellen das Wertepaar dar, das die gemeinsame Lösung beider Gleichungen ist.

Das lineare Gleichungssystem hat die Lösung $x = 6$ und $y = 2$.
Anne hat sechs 1-€-Münzen und zwei 2-€-Münzen erhalten.

> **Merke** Bei der **grafischen Lösung** eines Gleichungssystems mit zwei Variablen zeichnet man die Graphen der Gleichungen in dasselbe Koordinatensystem. Die Koordinaten des Schnittpunktes beider Graphen sind die **Lösungen des Gleichungssystems**.

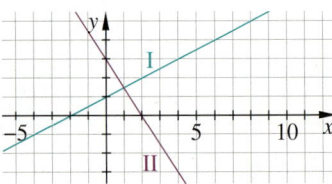

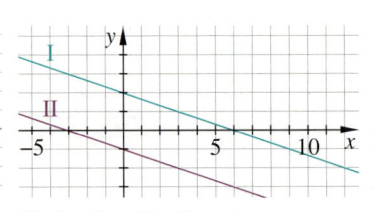

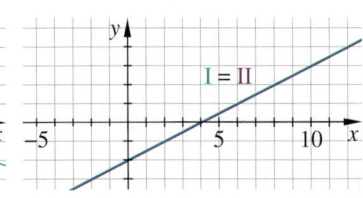

Schneiden sich die Graphen in einem Punkt, hat das LGS **eine Lösung** $S(x|y)$.

Verlaufen die Graphen parallel, hat das LGS **keine Lösung**.

Sind die Graphen identisch, hat das LGS **unendlich viele Lösungen**.

Üben und anwenden

1 Gegeben sind zwei Gleichungssysteme.
① **I** $y = -x + 2$; **II** $2y = -2x + 6$
② **I** $2x + y = 4$; **II** $3x + 1{,}5y = 6$

a) Versuche, die Gleichungssysteme grafisch zu lösen. Was stellst du fest?

b) Erkläre, warum die Gleichungssysteme nicht genau eine Lösung haben.

2 Stelle zur Lösung der Aufgabe jeweils ein lineares Gleichungssystem auf.

a) Leon sagt: „Zusammen haben wir 117 Aufkleber." Marie sagt: „Ich habe doppelt so viele Aufkleber wie du." Wie viele Aufkleber hat jeder?

b) Bei einem Basketballspiel sind insgesamt 47 Körbe geworfen worden. Mannschaft A hat sieben Körbe weniger geworfen als Mannschaft B. Wie viele Körbe haben die Mannschaften jeweils geworfen?

3 Zwei Kerzen werden zugleich angezündet. Die rote Kerze ist 8 cm hoch und brennt pro Stunde 1 cm herunter. Die blaue Kerze ist 5 cm hoch und brennt pro Stunde 0,5 cm ab.

a) Ordne die Gleichungen **I** $y = -\frac{1}{2}x + 5$ und **II** $y = -x + 8$ den Kerzen zu.

b) Nach welcher Zeit sind beide Kerzen gleich hoch? Bestimme die Höhe.

c) Welche Kerze ist zuerst abgebrannt?

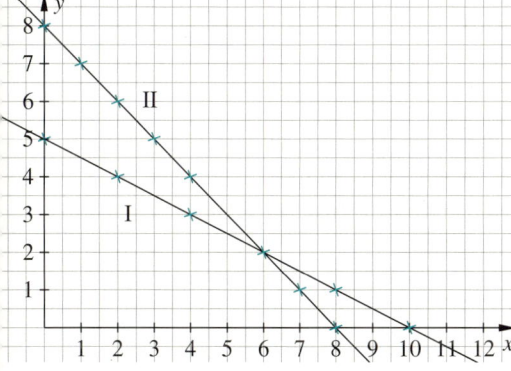

4 Erkläre deinem Nachbarn an den Beispielen, wie du ein LGS grafisch löst.
a) **I** $y = 10 - x$; **II** $y = 2x + 1$
b) **I** $y = x + 3$; **II** $y = 3x + 1$
c) **I** $y = x + 7$; **II** $y = -\frac{1}{2}x - 2$

1 Gegeben ist folgendes Gleichungssystem:
I $y = -2x + 1$;
II $y = -2x + 4$

a) Löse das Gleichungssystem grafisch.

b) Was stellst du fest? Begründe.

c) Suche weitere Gleichungssysteme mit der gleichen Eigenschaft.

2 Löse die Aufgabe mithilfe eines LGS.

a) Zwei Bauern treffen sich. Der erste sagt: „Zusammen haben wir 84 Kühe." Der andere sagt: „Wenn du mir zwei Kühe abgeben würdest, hätten wir gleich viele." Wie viele Kühe hat jeder der beiden?

b) Tom meint zu seiner Schwester: „Insgesamt waren wir im letzten Jahr 23-mal im Kino. Wenn du noch 7-mal gegangen wärst, wären wir gleich oft gewesen." Wie oft waren Tom und seine Schwester jeweils im Kino?

3 In dem Koordinatensystem ist der Graph der Funktion zur Gleichung $y = 0{,}25x + 3$ dargestellt. Übertrage ihn in dein Heft.

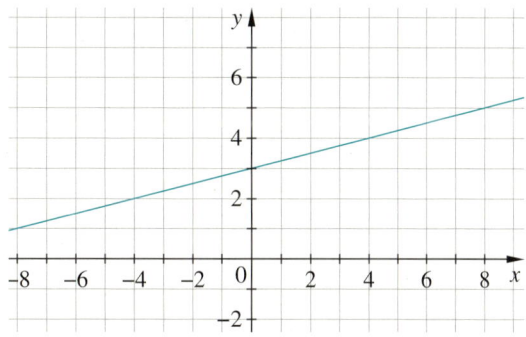

a) Zeichne den Graphen folgender Funktionen in dasselbe Koordinatensystem.
① $y = x$ ② $y = 4x + 3$ ③ $y = \frac{5}{4}x - 3$

b) Bestimme die Lösung des jeweiligen Gleichungssystems. Erkläre, wie du vorgehst.

4 Vervollständige im Heft:

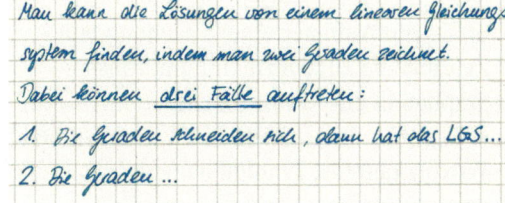

TIPP
*Ob deine Lösung
stimmt, kannst
du auch mithilfe
eines Funktio-
nenplotters
überprüfen.*

**LÖSUNGEN ZU
AUFGABE 6**
*Die gesuchten
Lösungen sind
hier enthalten:
$(-1|-2)$; $(-2|1)$;
$(-1|3)$; $(2|-2)$;
$(-5|-1)$; $(-5|1)$;
$(-2|-1)$; $(6|2)$*

5 Löse das lineare Gleichungssystem, indem du die Geraden in ein Koordinatensystem einzeichnest und ihren Schnittpunkt abliest. Führe anschließend die Probe durch.
a) $\text{I}\ y = 7 - x$; $\text{II}\ y = 2x + 1$
b) $\text{I}\ y = -2x - 5$; $\text{II}\ y = x + 4$
c) $\text{I}\ y = 3x + 1$; $\text{II}\ y = x - 3$
d) $\text{I}\ y = 2x - 2$; $\text{II}\ y = -2x + 2$
e) $\text{I}\ y = x - 3$; $\text{II}\ y = 2x - 5$

5 Löse die Gleichungssysteme grafisch. Überprüfe dein Ergebnis. Beschreibe, wie du bei der Probe vorgehst. Gibt es mehrere Möglichkeiten?
a) $\text{I}\ y = 2x$; $\text{II}\ y = -x + 3$
b) $\text{I}\ y = 2x - 4$; $\text{II}\ y = x + 1$
c) $\text{I}\ y = -3x - 1$; $\text{II}\ y = 0,5x + 6$
d) $\text{I}\ y = -0,75x + 1$; $\text{II}\ y = -0,25x + 3$
e) $\text{I}\ y = 2x - 3$; $\text{II}\ y = -3x + 7$

6 Bringe die Gleichungen zuerst auf die Form $y = mx + b$.
Löse dann das Gleichungssystem grafisch. Überprüfe durch eine Probe.
a) $\text{I}\ x + 2y = 10$; $\text{II}\ x + y = 8$
b) $\text{I}\ 2x - y = -5$; $\text{II}\ 5x + y = -2$
c) $\text{I}\ 6x + 3y = -9$; $\text{II}\ 2x - 4y = -8$
d) $\text{I}\ -4y - 1 = x$; $\text{II}\ 2y = x + 7$
e) $\text{I}\ 3x + y = 4$; $\text{II}\ 2,5x - y = 7$

6 Forme zunächst die Gleichungen so um, dass y allein steht.
Löse das Gleichungssystem dann grafisch. Führe anschließend die Probe durch.
a) $\text{I}\ 2y - x = 4$; $\text{II}\ 2y + 3x = 12$
b) $\text{I}\ -x + 2y = 10$; $\text{II}\ -1,5x + y = 5$
c) $\text{I}\ 6x + 3y = -6$; $\text{II}\ -4y + 2x = 8$
d) $\text{I}\ 2y = 4x - 10$; $\text{II}\ x + y = 1$
e) $\text{I}\ 3y = 6x - 21$; $\text{II}\ 2x + y = 5$

7 Gegeben sind zwei Gleichungssysteme.
① $\text{I}\ x + y = 2$; $\text{II}\ 2y = -2x + 6$
② $\text{I}\ 2x + y = 4$; $\text{II}\ 3x + 1,5y = 6$
a) Versuche, die Gleichungssysteme grafisch zu lösen. Was stellst du fest?
b) Erkläre, woran es liegt, dass diese Gleichungssysteme nicht genau eine Lösung haben.

7 Begründe, warum das Gleichungssystem keine oder unendlich viele Lösungen hat.
a) $\text{I}\ 2x + 2y = 2$; $\text{II}\ x = 1 - y$
b) $\text{I}\ x - y = 3$; $\text{II}\ 15 + 5y = 5x$
c) $\text{I}\ y = 2x + 4$; $\text{II}\ y - 2x = 3,4$
d) $\text{I}\ y = -x + 4$; $\text{II}\ \frac{1}{3}y + \frac{1}{3}x = \frac{4}{3}$
e) $\text{I}\ 4y = 10x + 12$; $\text{II}\ 4y - 10x = -8$
f) $\text{I}\ x + 2y = 2$; $\text{II}\ 0,2x + 0,4y = 4$

8 Ergänze die Platzhalter so, dass das Gleichungssystem $\text{I}\ y = 4x + 2$ und $\text{II}\ y = \blacksquare x + \triangle$ folgende Eigenschaften hat. Begründe deine Wahl.
a) Das LGS hat unendlich viele Lösungen.
b) Das LGS hat keine Lösung.
c) Das LGS hat genau eine Lösung.

9 Eine Firma möchte Werbegeschenke bestellen. Sie hat zwei Anbieter in die engere Wahl genommen:

Werbehaus
0,70 € pro Geschenk,
Versandkosten inklusive

Kundenzieher
0,50 € pro Geschenk,
10 € Versandkosten

a) Stelle pro Anbieter eine Gleichung auf.
b) Zeichne die zugehörigen Funktionsgraphen in ein Koordinatensystem.
c) Welchen Anbieter sollte die Firma wählen? Wovon kann die Wahl abhängen?

9 Arbeitet zu zweit.
Herr Wendt möchte für einen Tagesausflug ein Auto mieten.
Er kann zwischen zwei Tarifen wählen:
① Citycar: pro Tag 33 €, 1,60 € pro km
② Eurocar: pro Tag 26 €, 1,80 € pro km
Ab welcher geplanten Fahrstrecke wird er sich für den Tarif „Citycar" („Eurocar") entscheiden?

Lineare Gleichungssysteme rechnerisch lösen

Entdecken

1 Im Sommer war Nora in einem Zeltlager. Dort gab es Zelte für zwei Personen und Zelte für drei Personen. Insgesamt waren 30 Jugendliche im Ferienlager und es gab 13 Zelte. Wie viele Zelte für zwei Personen und wie viele Zelte für drei Personen gab es? Sprecht zu zweit über mögliche Lösungswege und vergleicht eure Ideen. Einigt euch auf einen Lösungsweg, den ihr gemeinsam der Klasse vorstellt. Gestaltet dazu ein Plakat oder eine Folie und präsentiert eure Vorgehensweise zur Lösung der Aufgabe.

2 Arbeitet in Gruppen.
Auf einem Bauernhof gibt es Hühner und Kühe. Es sind doppelt so viele Kühe wie Hühner. Sie haben alle zusammen 30 Beine.
Wie viele Hühner und wie viele Kühe gibt es auf dem Bauernhof?
Zwei Schülerinnen haben diese Aufgabe unterschiedlich bearbeitet und gelöst.

Marietta:

	Anzahl Hühner	Anzahl Kühe	Anzahl Hühner mal zwei gleich Anzahl Kühe	Anzahl Hühner mal zwei plus Anzahl Kühe mal vier (soll 30 sein)
1. Versuch	1	2	$1 \cdot 2 = 2$	$1 \cdot 2 + 2 \cdot 4 < 30$
2. Versuch	2	…	…	…

Özlem:

x: Anzahl der Hühner,
y: Anzahl der Kühe
I $y = 2x$; **II** $2x + 4y = 30$

Term für y aus **I** in **II** einsetzen:
$2x + 4 \cdot 2x = 30$

Wert für x in **I** einsetzen:
$y = 2 \cdot 3$

a) Wie muss die Antwort lauten?
b) Begründet die Rechenschritte, die Marietta und Özlem durchgeführt haben.
c) Wie wurde der Wert für y berechnet?
d) Welcher Lösungsweg gefällt euch besonders gut? Begründet.
e) Ermittelt das Ergebnis grafisch und erklärt den Zusammenhang mit der rechnerischen Lösung.

3 Das Gleichungssystem **I** $y = 100x + 57$; **II** $y - 70x = 147$ soll gelöst werden.
a) Welche Möglichkeiten sind dir zur Lösung des Gleichungssystems bekannt?
b) Weil $y = 100x + 57$ ist, darf man statt y auch $100x + 57$ schreiben. Setze in Gleichung **II** anstelle von y den Term $100x + 57$ ein und löse die Gleichung. Wie könnte man den Wert von y finden?
c) Warum ist die grafische Lösung der Aufgabe nicht sinnvoll? Überlegt zwei Gründe.

Verstehen

Frau Jähring und Herr Klein bepflanzen ihre Balkone.
Frau Jähring kauft drei Geranien und einen Blumenkasten.
Sie zahlt dafür 9 €. Herr Klein kauft acht Geranien und zwei
Blumenkästen und bezahlt 22 €.
Wie viel kostet eine Geranie und wie viel ein Blumenkasten?

Zu dieser Aufgabe kann man zwei Gleichungen aufstellen. Dabei ist x der Preis für eine
Geranie und y der Preis für einen Blumenkasten (jeweils in Euro).
I Frau Jährings Einkauf: $3x + y = 9$ **II** Herr Kleins Einkauf: $8x + 2y = 22$

Gleichungssysteme kann man grafisch lösen, aber das Zeichnen der beiden Graphen ist oft aufwändig und kann ungenau sein. Daher gibt es weitere Lösungsverfahren.

Beispiel 1

	Preis einer Geranie x	Preis eines Blumenkastens $y = 9 - 3x$	Gesamtpreis für Herrn Klein $8x + 2y = 22$
1. Versuch	1	$9 - 3 \cdot 1 = 6$	$8 \cdot 1 + 2 \cdot 6 = 20$

Der Preis für eine Geranie ist zu niedrig angesetzt. Im nächsten Versuch wird ein höherer Preis
x für eine Geranie angenommen.

2. Versuch	3	$9 - 3 \cdot 3 = 0$	$8 \cdot 3 + 2 \cdot 0 = 24$

Der Preis für eine Geranie x ist zu hoch angesetzt. Im nächsten Versuch wird ein niedrigerer
Preis x für eine Geranie genommen.

3. Versuch	2	$9 - 3 \cdot 2 = 3$	$8 \cdot 2 + 2 \cdot 3 = 22$

$x = 2$ und $y = 3$ sind Lösungen beider Gleichungen. Damit ist das Gleichungssystem gelöst.

> **Merke** Lineare Gleichungssysteme können durch **systematisches Probieren** mithilfe einer
> Tabelle gelöst werden.

Gleichungssysteme kann man auch durch Umformen der Gleichungen und Einsetzen lösen.
Dieses Lösungsverfahren heißt Einsetzungsverfahren.

Beispiel 2

I $3x + y = 9$;
II $8x + 2y = 22$
1. Gleichung **I** wird nach y aufgelöst:
   I′ $y = 9 - 3x$
2. $9 - 3x$ wird in Gleichung **II** für y eingesetzt,
   die neue Gleichung wird gelöst:
   $8x + 2(9 - 3x) = 22$
   $2x + 18 \quad = 22$, also $x = 2$
3. Für x wird in Gleichung **I** der Wert 2 eingesetzt und y bestimmt:
   $3 \cdot 2 + y = 9$, also $y = 3$
4. Die Lösung wird geprüft:
   I $3 \cdot 2 + 3 = 9$ w; **II** $8 \cdot 2 + 2 \cdot 3 = 22$ w
5. Eine Geranie kostet 2 €, ein Kasten 3 €.

> **Merke** Lineare Gleichungssysteme mit zwei
> Gleichungen und zwei Variablen kann man
> mithilfe des **Einsetzungsverfahrens** lösen:
> 1. Man löst eine der Gleichungen nach einer
>   Variable auf.
> 2. Der erhaltene Term wird in die andere
>   Gleichung eingesetzt, um eine Gleichung
>   mit nur einer Variable zu erhalten. Diese
>   Gleichung wird wie gewohnt gelöst.
> 3. Der Wert der zweiten Variable wird durch
>   Einsetzen der Lösung in eine der Aus-
>   gangsgleichungen gefunden.
> 4. Die Lösung wird geprüft.
> 5. Die Antwort wird formuliert.

Üben und anwenden

1 Lea möchte das Gleichungssystem
I $y = 2x$; II $x + y = 15$ durch systematisches
Probieren mit einer Tabelle lösen.
Wie könnte sie fortfahren?
Übertrage die Tabelle in dein Heft.

x	$y = 2x$	$x + y = 15$
1	$y = 2$	$1 + 2 = 3$

1 Das Gleichungssystem
I $3x + 1 = y$;   II $y - x = 7$ wird durch
Probieren gelöst.
Führe die Tabelle in deinem Heft fort.

x	$y = 3x + 1$	$y - x = 7$
1	$y = 4$	$4 - 1 = 3$
2	$y = 7$	…

2 Löse die Gleichungssysteme durch
systematisches Probieren mit einer Tabelle.
a) I $x + y = 19$; II $2x = y + 5$

x	y	$x + y = 19$	$2x = y + 5$
1	18	$1 + 18 = 19$	$2 \cdot 1 < 18 + 5$

b) I $3x + y = 15$; II $8x + 2y = 38$

2 Löse die Gleichungssysteme durch systematisches Probieren.
Eine Tabelle kann dabei helfen.
a) I $2x + y = 23$; II $3x + 3y = 39$
b) I $3x - y = 11$; II $2x + y = 14$
c) I $5x + 2y = 24$; II $3x - y = 10$
d) I $2,2x + y = 4,6$; II $x + y = 1$

3 Arbeitet zu zweit.
Stellt für die Aufgabe ein
Gleichungssystem auf und
löst es durch systematisches
Probieren.

Frau Blüte ist Klassenlehrerin der Klasse 10a. Sie stellt ihrer neuen Kollegin von der Klasse 10b eine Aufgabe:
„Zusammen haben wir in unseren beiden Klassen 52 Schülerinnen und Schüler. In der Klasse 10a sind zwei Schüler
mehr als in der Klasse 10b.
Wie viele Schüler sind jeweils in den Klassen 10a und 10b?"

4 Dominik löst das Gleichungssystem
I $4x + y = 21$; II $9x + 2y = 46$
mit dem Einsetzungsverfahren. Bringe seine
Rechenschritte in die richtige Reihenfolge.
① $4 \cdot 4 + y = 21$
   $16 + y = 21$ $|-16$
   $y = 5$
② $4x + y = 21$ $|-4x$
   $y = 21 - 4x$
③ $9x + 2(21 - 4x) = 46$
   $9x + 42 - 8x = 46$ $|-42$
   $x = 4$

4 Vervollständige die Lösung des linearen
Gleichungssystems in deinem Heft.
I $2x + y = 8$; II $6x + 2y = 22$
① $2x + y = 8$ $|-2x$
   $y = 8 - 2x$
② $6x + 2(8 - 2x) = 22$
   $6x + 16 - 4x = 22$ $|-16$
   $2x = 6$ $|:2$
   $x = 3$

5 Löse die linearen Gleichungssysteme mithilfe des Einsetzungsverfahrens. Rechne jeweils die Probe.
a) I $y = 20 - 2x$; II $8x + 2y = 68$
b) I $y = 17 - 3x$; II $14x + 3y = 76$
c) I $2x + y = 21$; II $5x + 2y = 48$
d) I $4a + b = 33$; II $9a + 2b = 73$
e) I $x + 3y = 26$; II $2x + 7y = 60$
f) I $r + 2s = 39$; II $2r + 5s = 93$

5 Löse mithilfe des Einsetzungsverfahrens.
Rechne jeweils die Probe.
a) I $4,5x + 4y = 110$;
   II $1,5x - 4y = 10$
b) I $2,5x + 0,4y = 9,5$;
   II $0,5x = 0,4y - 0,5$
c) I $0,2x + 0,3y = 6,5$;
   II $0,1x - 0,6y = -8$
d) I $2y = 1,5x + 4,25$
   II $3,5y = 29,4x - 5,95$
e) I $a + 8b = 20$;
   II $5a + 2b = 24$

RÜCKBLICK
Veranschauliche
für die Über-
nachtungen in
einer Pension die
relativen Häufig-
keiten pro
Wintermonat in
% in einem
Kreisdiagramm.
Dez 102
Jan 131
Feb 145
Mär 118

6 Arbeitet zu zweit. Verwendet bei der Lösung das Einsetzungsverfahren.
Stellt jeweils ein Gleichungssystem auf und löst es.
a) Jonas ist zwei Jahre älter als seine Schwester. Zusammen sind sie 30 Jahre alt.
b) Herr Berger hat bisher insgesamt 21 Dienstreisen nach Hannover oder Osnabrück gemacht. Davon war er doppelt so oft in Osnabrück wie in Hannover.
c) Frau Yilmaz kauft Kartoffeln und Äpfel. Die Kartoffeln wiegen dreimal so viel wie die Äpfel. Insgesamt sind es 6 kg.

ZU AUFGABE 7
Deute die Lösungen grafisch z. B. mit einem Funktionenplotter.

7 Berechne die Lösungen der linearen Gleichungssysteme. Rechne die Probe.
a) $\text{I } 3x + y = 24;\ \text{II } 10x + 2y = 68$
b) $\text{I } 2s + t = 19;\ \text{II } 5s + 2t = 45$
c) $\text{I } a + 4b = 26;\ \text{II } 3a + 15b = 93$
d) $\text{I } 15c + 5d = 120;\ \text{II } 2c + d = 17$

7 Löse die linearen Gleichungssysteme mithilfe des Einsetzungsverfahrens.
a) $\text{I } 4a - 2b = -6;\ \text{II } 2a + b = 9$
b) $\text{I } 0{,}5x - 3y = -3;\ \text{II } -x + 4y = -4$
c) $\text{I } -2{,}5k + 3y = 6;\ \text{II } 5k - 6y = -12$
d) $\text{I } 2{,}4x + 3y = 0;\ \text{II } 3{,}6x + 5y = 0{,}8$

8 Familie Schneider, das sind zwei Erwachsene und ein Kind, zahlt im Freibad 11,50 € Eintritt. Familie Lehmann zahlt 14 € Eintritt. Zur Familie Lehmann gehören zwei Erwachsene und zwei Kinder.
Wie viel kostet der Eintritt für einen Erwachsenen, wie viel für ein Kind?

8 Lena hat beim Einsetzungsverfahren einen Fehler gemacht. Finde und berichtige ihn.

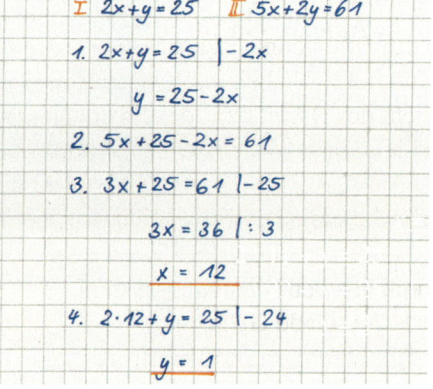

9 Anna kauft drei Rosen und eine Nelke und bezahlt dafür 7 €. Jonas kauft neun Rosen und zwei Nelken und bezahlt 20 €.
① Stelle zu der Aufgabe zwei Gleichungen auf. Bezeichne den Preis für eine Rose mit r, für eine Nelke mit n.
② Forme die Gleichung zu Annas Einkauf so um, dass n allein steht.
③ Setze den Term, der gleichwertig zu n ist, in die andere Gleichung ein.

10 Judith kauft für ihre Inlineskates vier Ersatzrollen und für sich ein Paar Gelenkschützer. Sie zahlt dafür 31 €. Jan kauft zwei Ersatzrollen und zwei Paar Gelenkschützer, er bezahlt 38 €. Berechne die Preise für ein Paar Gelenkschützer und eine Ersatzrolle. Berechne mithilfe des Einsetzungsverfahrens.

9 Stelle eine Frage, löse die Gleichungssysteme und schreibe einen Antwortsatz.
a) Herr Wolff kauft zwölf Flaschen Mineralwasser und eine Flasche Saft und bezahlt insgesamt 12,06 €. Frau Fuchs kauft zehn Flaschen Mineralwasser und fünf Flaschen Saft und bezahlt dafür 18,30 €.
b) Jana und Erik sind in einer Eisdiele. Jana zahlt für drei Kugeln Eis und eine Portion Sahne 2,30 €, Erik zahlt für zwei Kugeln Eis und zwei Portionen Sahne 2,20 €.

10 Eine Oberschule besuchen 50 Jungen mehr als Mädchen. 20 % der Jungen und 30 % der Mädchen nehmen an einer AG teil. Es sind insgesamt 295 AG-Teilnehmer. Wie viele Schülerinnen und Schüler gehen auf die Schule?

Gleichsetzungsverfahren und Additionsverfahren

Entdecken

1 Betrachte die Abbildung. Wie viel wiegen drei Hasen und drei Meerschweinchen zusammen? Erkläre, wie du zu einer Lösung kommst.

2 Arbeitet zu zweit.
Wie viel wiegt ein Hase und wie viel ein Meerschweinchen?
a) Zum Lösen der Aufgabe benötigt ihr das Bild dieser Aufgabe sowie ein Bild aus Aufgabe 1.
   Welches Bild könnte das sein?
b) Wie könnt ihr die beiden Waagen in Verbindung bringen, um das Gewicht des Hasen bzw. des Meerschweinchens zu ermitteln?
c) Schreibt zu jeder Waage eine Gleichung auf. Wählt h für das Gewicht des Hasen und m für das Gewicht des Meerschweinchens (jeweils in kg).
   Überlegt anhand eurer Gleichungen, wie ihr das Gewicht berechnen könnt.

3 Arbeitet zu zweit.
a) Löst das folgende Gleichungssystem mit einer Methode eurer Wahl.
   I $2x + y = 10$;
   II $5x - y = 11$
b) Schaut euch rechts die Lösung des Gleichungssystems an.
   Erklärt euch gegenseitig die Vorgehensweise.
   Findet ihr dieses Verfahren einfacher als eure Methode? Begründet.

$$\begin{array}{ll} \text{I} \qquad\quad 2x + y = 10 & \Big|\;+ \\ \underline{\text{II} \qquad\quad 5x - y = 11} & \\ \qquad\qquad\quad 7x = 21 & |:7 \\ \qquad\qquad\quad\; x = 3 & \end{array}$$
$x = 3$ einsetzen:
$$\begin{array}{ll} \qquad\quad 2 \cdot 3 + y = 10 & |-6 \\ \qquad\qquad\qquad\; y = 4 & \end{array}$$

4 Zeichne den Graphen zum Gleichungssystem I $y = x + 2$; II $y = 2x - 1$.
a) Bestimme den Schnittpunkt.
b) Merlin findet das Zeichnen von Koordinatensystemen zu aufwändig. Er berechnet lieber den Schnittpunkt der beiden Geraden. Da die linken Seiten beider Gleichungen gleich sind, verbindet er die beiden rechten Terme durch ein Gleichheitszeichen: $x + 2 = 2x - 1$.
   Löse die Gleichung.
   Berechne y durch Einsetzen von x in Gleichung I.
c) Erkläre, wie die Gleichsetzung der beiden Terme für y und der Schnittpunkt der beiden Geraden zusammenhängen.
d) Löse das Gleichungssystem I $x = 2 + 2y$; II $x = 30 - 12y$ wie in Teil b).
   Erkläre, warum man dieses Verfahren Gleichsetzungsverfahren nennt.

Verstehen

Nele ist Lukas' ältere Schwester. Zusammen sind die Geschwister 30 Jahre alt. Die Differenz zwischen dem Alter von Nele und Lukas beträgt vier Jahre. Wie alt sind die beiden jeweils?
Zu der Frage lassen sich zwei Gleichungen aufstellen. Das Alter von Nele wird mit x bezeichnet, das Alter von Lukas mit y: $\text{I } x + y = 30$; $\text{II } x - y = 4$

Die Aufgabe lässt sich mithilfe von zwei **verschiedenen Verfahren** lösen.

Beispiel 1

$\text{I }\ x + y = 30$;
$\text{II } x - y = 4$

1. $\text{I}'\ \ y = 30 - x$;
   $\text{II}'\ \ y = x - 4$

2. $30 - x = x - 4$, also $x = 17$

3. $17 + y = 30$, also $y = 13$

4. $\text{I}\ \ 17 + 13 = 30\ w$;
   $\text{II}\ \ 17 - 13 = 4\ w$

5. Nele ist 17 und Lukas ist 13 Jahre alt.

HINWEIS
Die Gleichungen I und II können auch nach x aufgelöst werden.

Merke Beim **Gleichsetzungsverfahren** werden zwei Gleichungen nach derselben Variable aufgelöst. Die jeweils zugehörigen Terme haben den gleichen Wert und können deshalb gleichgesetzt werden. Die neue Gleichung hat nur noch eine Variable.

1. Beide Gleichungen werden nach derselben Variable aufgelöst.
2. Die Terme werden gleichgesetzt. Die Gleichung mit nur einer Variable wird gelöst.
3. Der Wert der zweiten Variable wird durch Einsetzen der Lösung in eine der Ausgangsgleichungen bestimmt.
4. Die Lösung wird geprüft.
5. Die Antwort wird formuliert.

Beispiel 2

$\text{I }\ x + y = 30$ und $\text{II }\ x - y = 4$
1. I und II werden addiert:

$$
\begin{array}{ll}
\text{I} & x + y = 30 \\
\text{II} & x - y = \ 4 \\
\hline
\text{I + II} & \ \ 2x = 34, \text{ also } x = 17
\end{array}
$$

2. Für x wird in Gleichung I der Wert 17 eingesetzt und y bestimmt:
   $17 + y = 30$, also $y = 13$
3. $\text{I }\ 17 + 13 = 30\ w$; $\text{II }\ 17 - 13 = 4\ w$
4. Nele ist 17 und Lukas ist 13 Jahre alt.

HINWEIS
Oft müssen eine oder sogar beide Gleichungen vor dem Addieren zunächst umgeformt werden.

Merke Beim **Additionsverfahren** werden die Gleichungen umgeformt und addiert, sodass eine Variable wegfällt.

1. Beide Gleichungen werden addiert, sodass eine Variable wegfällt. Die Gleichung mit nur einer Variable wird gelöst.
2. Der Wert der zweiten Variable wird durch Einsetzen der Lösung in eine der Ausgangsgleichungen gefunden.
3. Die Lösung wird geprüft.
4. Die Antwort wird formuliert.

Beispiel 3

$\text{I }\ 6x + 6y = 18$ und $\text{II }\ 3x - y = 13$
1. II wird mit (-2) multipliziert: $\text{II}'\ \ -6x + 2y = -26$
   I und II' werden addiert:

$$
\begin{array}{ll}
\text{I} & 6x + 6y = 18 \\
\text{II}' & -6x + 2y = -26 \\
\hline
\text{I + II}' & \ \ 8y = -8, \text{ also } y = -1
\end{array}
$$

2. Für y wird in Gleichung II der Wert -1 eingesetzt und x bestimmt: $3x - (-1) = 13$, also $x = 4$
3. $\text{I }\ 24 - 6 = 18\ w$; $\text{II }\ 12 - (-1) = 13\ w$
4. $(4 ; -1)$ ist Lösung des linearen Gleichungssystems.

Üben und anwenden

1 Das folgende Gleichungssystem wurde mit dem Additionsverfahren gelöst:

$$\begin{array}{rl} \text{I} & 2x + 4y = 14 \\ \text{II} & 5x - 4y = 7 \end{array} \bigg|+$$
$$\begin{array}{rl} & 7x = 21 \\ & x = 3 \end{array}$$

in **I** einsetzen: $2 \cdot 3 + 4y = 14 \quad |-6$
$$\begin{array}{rl} 4y = 8 & |:4 \\ y = 2 \end{array}$$

Lösung: $x = 3$ und $y = 2$

a) Erläutere die einzelnen Schritte.
b) Warum ist das Verfahren hier geeignet?
c) Bestätige die Lösung durch eine Probe.

2 Antonia hat noch Probleme mit dem Additonsverfahren. Was hat sie falsch gemacht? Gib die richtige Lösung an.

$$\begin{array}{rl} \text{I} & x + 4y = 9 \\ \text{II} & 3x - 4y = 1 \end{array} \bigg|+$$
$$\begin{array}{rl} & 4x = 9 \quad |:4 \\ & x = 2{,}25 \end{array}$$

3 Löse mithilfe des Additionsverfahrens.
a) **I** $5x + y = 22$; **II** $2x + y = 10$
b) **I** $9x + 7y = 23$; **II** $4x + 7y = 11$
c) **I** $3x + 2y = 25$; **II** $x + 2y = 10$
d) **I** $2x + 4y = 22$; **II** $2x + 2y = 16$
e) **I** $x + 7y = 50$; **II** $x + 3y = 26$

4 Stelle selbst Gleichungssysteme auf.
a) Denke dir drei verschiedene lineare Gleichungssysteme aus, die sich einfach mit dem Additionsverfahren lösen lassen.
b) Löse deine Gleichungssysteme und tausche sie mit deinem Nachbarn aus.

5 Johanna löst das Gleichungssystem
I $y = 5x - 2$; **II** $y + x = 16$ mit dem Gleichsetzungsverfahren. Bringe ihre Rechenschritte in die richtige Reihenfolge.

① $y = 5 \cdot 3 - 2$
   $y = 13$
② **I** $y = 5x - 2$; **II** $y = 16 - x$
③ $5x - 2 = 16 - x \quad |+x$
   $\quad 6x - 2 = 16 \quad |+2$
   $\quad\quad 6x = 18 \quad |:6$
   $\quad\quad\quad x = 3$

1 Was genau bedeutet es, zwei Gleichungen zu addieren?
a) Erkläre die Vorgehensweise anhand des Gleichungssystems.

$$\begin{array}{rll} \text{I} & 6x + 5y = 34 & \\ \text{II} & 8x - 10y = 12 & |:2 \\ \text{II}' & 4x - 5y = 6 & \\ \hline \text{I} + \text{II}' & 10x = 40 & \end{array}$$

b) Löse das Gleichungssystem. Gib die Lösung als geordnetes Paar an.
c) Bestätige die Lösung anschließend durch eine Probe.

2 Mit welcher Methode könnte man die linearen Gleichungssysteme am einfachsten lösen? Diskutiert darüber in kleinen Gruppen. Gebt die Lösung an und überprüft anschließend eure Lösung.
a) **I** $5x + 2y = 26$; **II** $2x + 2y = 14$
b) **I** $3x + 2y = 30$; **II** $x + 2y = 2$

3 Löse mithilfe des Additionsverfahrens.
a) **I** $6x + 4y = 4$; **II** $9x - 4y = 1$
b) **I** $2x - 3y = 1$; **II** $-3x + 3y = 3$
c) **I** $3x + 4y = 32$; **II** $x + 4y = 16$
d) **I** $5x + y = 19$; **II** $3x + y = 15$
e) **I** $4x + 6y = 16$; **II** $4x + 2y = 8$

4 Das Gleichungssystem **I** $5x + 6y = 37$; **II** $3x - 2y = 11$ ist gegeben.
a) Mit welcher Zahl müsste man die Gleichung **II** multiplizieren, damit beim Additionsverfahren die Variable y wegfällt?
b) Löse das Gleichungssystem.

5 Das Gleichungssystem **I** $y = 2x - 5$; **II** $x + y = 1$ soll mit dem Gleichsetzungsverfahren gelöst werden.
Vervollständige die Lösung und überprüfe dein Ergebnis mit der Probe.
1. Gleichung **I** ist schon nach y aufgelöst, Gleichung **II** wird umgeformt zu $y = 1 - x$.
2. Die beiden Terme, die gleichwertig zu y sind, werden gleichgesetzt und die Gleichung wird nach x aufgelöst.

6 Löse die Gleichungssysteme mit dem Gleichsetzungsverfahren.
a) I $y = 4x - 2$; II $y = 2x$
b) I $y = 3x - 5$; II $y = 2x - 3$
c) I $y = 7x - 21$; II $y = 4x - 12$
d) I $y = 8x - 11$; II $y = 5x - 5$
e) I $y = 6x + 4$; II $y = -x - 3$

7 Löse die linearen Gleichungssysteme mit dem Gleichsetzungsverfahren.
a) I $12x + y = 40$; II $y = 3x - 5$
b) I $x + 4y = 11$; II $2y - 1 = x$
c) I $y = x + 1$; II $2 = x - y$
d) I $y = -8x + 7$; II $7x = 8 - y$
e) I $x = -y + 8$; II $-6y = 57 - x$

8 Löse die Gleichungssysteme nach einem Verfahren deiner Wahl.
Begründe, warum dein gewähltes Verfahren sich dafür besonders eignet.
a) I $4x + y = 27$; II $3x + 4y = 43$
b) I $3x + y = 20$; II $5x + 3y = 36$
c) I $2a - b = 2$; II $6a + 5b = 38$
d) I $x + 3y = 13$; II $3x - 2y = 6$
e) I $5x + 6y = 37$; II $3x - 2y = 11$
f) I $4x = y$; II $4 - x = y$

9 Simon und Tim machen zusammen Hausaufgaben. Sie sollen das Gleichungssystem
I $2x + 4y = 30$; II $-6x - 2y = -50$ lösen.
a) Simon multipliziert die Gleichung I mit 3, damit bei der Addition der beiden Gleichungen x wegfällt. Löse das Gleichungssystem wie Simon.
b) Tim multipliziert Gleichung II mit 2, damit bei der Addition der beiden Gleichungen y wegfällt. Löse das Gleichungssystem wie Tim.
c) Wie erreicht man, dass x oder y im Gleichungssystem wegfällt? Beschreibe.

10 Auf einem Bauernhof gibt es dreimal so viele Schweine wie Gänse. Beide Tierarten haben zusammen 420 Beine.
Wie viele Schweine und wie viele Gänse leben auf dem Bauernhof?
Tipp: Beachte die Anzahl der Beine der jeweiligen Tiere.

6 Sind die angegebenen Werte Lösungen des Gleichungssystems?
Erkläre, wie du das überprüfen kannst.
a) I $3x + 2y = 19$; II $4x = y + 7$
   Lösungen: $x = 3$ und $y = 5$
b) I $2x + y = 12$; II $x + 2y = 11,5$
   Lösungen: $x = 4,5$ und $y = 3$

7 Löse die linearen Gleichungssysteme mit dem Gleichsetzungsverfahren.
a) I $4x = -4y + 8$; II $2x = 6y + 20$
b) I $5x = 4y - 3$; II $x = 1,2y - 16,6$
c) I $5x = -4y - 9$; II $10x = 2y - 58$
d) I $-y = 3x - 5$; II $-2y = 10x - 14$
e) I $-3y = 2x - 10$; II $-6y = -2x - 26$

8 Stelle jeweils ein Gleichungssystem auf und löse es mit einem Verfahren deiner Wahl. Begründe die Wahl des Verfahrens.
a) Ein Kaninchen und ein Käfig kosten zusammen 43,50 €. Der Käfig kostet doppelt so viel wie das Kaninchen.
b) Ein Stempel und ein Stempelkissen kosten zusammen 7,80 €.
   Das Stempelkissen kostet dreimal so viel wie der Stempel.

9 Zum Renovieren kaufen Herr und Frau Reuss Tapete und Kleber. Herr Reuss kauft vier Rollen Tapete und zwei Päckchen Kleber, er zahlt 103,70 €. Frau Reuss kauft im gleichen Geschäft einen Tag später noch zwei Rollen Tapete und zwei Päckchen Kleber für 57,80 €.
Wie viel kosten jeweils eine Rolle Tapete und ein Päckchen Kleber?

10 Lisa zahlt für ihren Einkauf von zehn Dosen Cola und vier Packungen Pizza 20,50 €. Jan kauft im gleichen Geschäft ein:

Wie viel kosten die Produkte einzeln?

RÜCKBLICK
Berechne die fehlenden Winkelgrößen im Viereck.
a) Parallelogramm mit $\beta = 126°$
b) allgemeines Trapez mit $a \parallel c$ und $\alpha = 35°$, $\gamma = 112°$

Thema: Schülerzeitung

Die Redaktion der Schülerzeitung „Stachelschwein" an der Goethe-Schule trifft sich einmal in der Woche. Thorsten aus der 10b ist als Chefredakteur zuständig für die Organisation.
Die Redakteure schreiben Artikel, Reportagen und Kommentare zu interessanten Themen. Danach entscheiden sie gemeinsam über die Reihenfolge der Artikel.
Die Zeitung wird für 1 € pro Exemplar verkauft. An der Goethe-Schule gibt es 340 Schülerinnen und Schüler sowie 20 Lehrkräfte.

Holger kümmert sich um Werbekunden für die Schülerzeitung. Eine Bank, eine Versicherungsfiliale und ein Café aus der Stadt werden in der nächsten „Stachelschwein"-Ausgabe werben.
Für jede Werbeanzeige verlangt die Redaktion 35 €.
Michelle hat mit zwei Druckereien telefoniert und Preise eingeholt:

ABC-Druck
Grundpreis: 55 €
Zusätzliche Material- und
Druckkosten pro Heft: 0,80 €

Druckfix
Grundpreis: 60 €
Zusätzliche Material- und
Druckkosten pro Heft: 0,75 €

1 Um die Angebote der Druckereien vergleichen zu können, stellen die Redakteure jeweils eine Funktionsgleichung auf.
a) Wie lauten die Funktionsgleichungen? Bezeichne die Anzahl der Zeitungen mit x.
b) Raphael erstellt eine Wertetabelle für beide Druckereien. Ergänze im Heft.

	Anzahl	0	50	100	150	250	300	360
Druckkosten (in €)	ABC-Druck							
	Druckfix							

c) Lea rechnet mit einem Tabellenkalkulationsprogramm. Sie benutzt für Zelle G2 die Formel =$B$2+$C$2*G1.
Wie füllt sie die Tabelle weiter aus?

	A	B	C	D	E	F	G	H	I	J	K	L	M
1	Druckerei	Grundpreis	Kosten pro Heft			Anzahl	0	50	100	150	250	300	360
2	ABC-Druck	55,00 €	0,80 €		Druck-	ABC-Druck	55,00 €						
3	Druckfix	60,00 €	0,75 €		kosten	Druckfix							
4													

d) Zeichne die Graphen zu den Angeboten der beiden Druckereien in ein Koordinatensystem. Wo liegt der Schnittpunkt? Ab wie vielen Zeitungen ist die Druckerei „Druckfix" günstiger?

2 Ein Copyshop bietet ein weiteres Angebot für den Druck der Schülerzeitung. Stelle eine Funktionsgleichung für das Angebot auf. Notiere dann die Funktionsgleichung für die Einnahmen der Redaktion, wobei die Anzahl der Exemplare mit x bezeichnet wird.

COPYSHOP
Material- und Druckkosten:
nur 1,25 € pro Heft
!Kein Grundpreis!

Beachte dabei die Einnahmen durch Werbekunden und durch den Verkauf der Schülerzeitung. Bis zu wie vielen Heften ist das Angebot des Copyshops sinnvoll, ohne dass die Redaktion Verluste macht?

3 Die Redaktion muss entscheiden, wie viele Hefte sie drucken lassen will. Welche Faktoren spielen dabei eine Rolle? Denke über die Kosten nach und finde eine begründete Lösung, wie viele Hefte in welcher Druckerei gedruckt werden sollten.

Klar so weit?

→ Seite 8

Lineare Gleichungen mit zwei Variablen

1 Welche der folgenden Gleichungen sind keine linearen Gleichungen? Begründe.
a) $4x + 14y = 28$
b) $y = 8x - 24$
c) $x \cdot y = 24 + 42$
d) $x^2 + y = 20$
e) $8x - 20 = 4y$
f) $6y = 24 - 8x$

1 Das Wertepaar $(10\,;12)$ ist die Lösung einer linearen Gleichung.
Wie könnte diese Gleichung lauten?
Überlege dir eine passende Realsituation zu dieser Gleichung.

2 Zeichne eine Gerade durch je zwei Punkte und finde die zu der Geraden passende lineare Gleichung. Überprüfe durch Einsetzen der Lösungen, ob deine Gleichung richtig ist.
a) $P(2|1)$ und $Q(8|4)$
b) $R(2|6)$ und $S(8|3)$
c) $T(1|3)$ und $U(5|5)$

→ Seite 12

Lineare Gleichungssysteme grafisch lösen

3 Erstelle jeweils eine Wertetabelle im Bereich von -4 bis $+4$ und zeichne die zugehörigen Geraden in ein Koordinatensystem. Lies aus der Zeichnung die Schnittpunkte ab.
a) I $y = 1 - x$; II $y = 2x + 1$
b) I $y = x - 3$; II $y = 2x - 8$

3 Zeichne die Graphen in ein Koordinatensystem. Bestimme die Koordinaten des jeweiligen Schnittpunkts. Wie gehst du dabei vor?
a) I $y = 2x - 1$; II $y = x + 1,5$
b) I $y = 1,5x + 3$; II $y = -0,5x - 1$
c) I $y = -3x - 2,5$; II $y = 2x - 1,5$

4 Das Diagramm zeigt die Graphen von zwei verschiedenen Handytarifen.

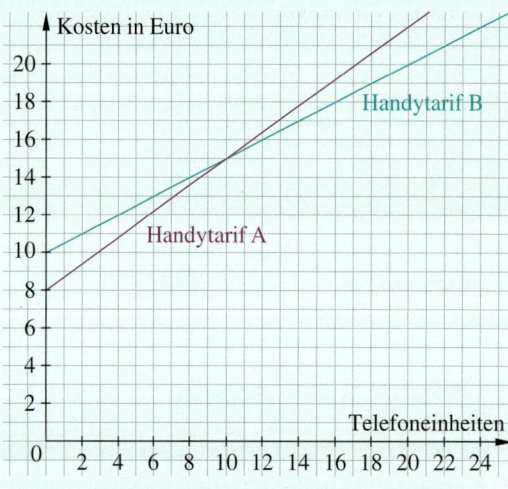

a) Beschreibe und vergleiche die Tarife.
b) Formuliere zu den Aussagen geeignete Fragen und beantworte sie.
① Lisa hat Tarif A. Letzten Monat telefonierte sie 14 Einheiten lang.
② Stephan will nur 20 € monatlich für seinen neuen Handyvertrag ausgeben.
③ Ein anderer Handyanbieter hat eine Flatrate für 19 € im Programm.

4 Ein Rollerfahrer fährt um 11:00 Uhr los, seine Geschwindigkeit beträgt $40\,\frac{\text{km}}{\text{h}}$.
Um 12:30 Uhr fährt ein Motorradfahrer den gleichen Weg mit $60\,\frac{\text{km}}{\text{h}}$.

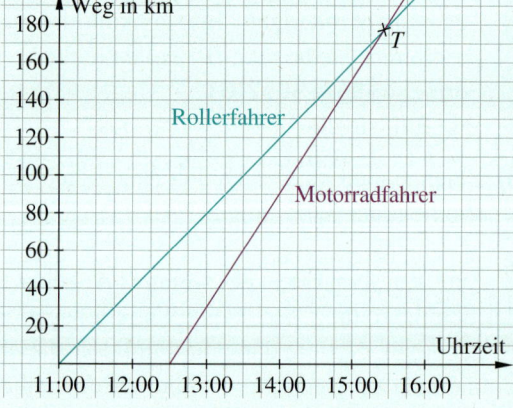

a) Wann holt das Motorrad den Roller ein?
b) Wie viele Kilometer haben die Fahrer am Treffpunkt T jeweils zurückgelegt?
c) Wie viele Kilometer hat der Motorradfahrer um 14:30 Uhr zurückgelegt?
d) Wie weit sind der Rollerfahrer und der Motorradfahrer um 14:30 Uhr voneinander entfernt?

Lineare Gleichungssysteme rechnerisch lösen

→ Seite 16

5 Löse das Gleichungssystem mit dem Einsetzungsverfahren.
a) $\mathrm{I}\ 2x + 2y = 8$; $\mathrm{II}\ y = 4x + 24$
b) $\mathrm{I}\ 2a + 8b = 48$; $\mathrm{II}\ 3a - 2b = 30$
c) $\mathrm{I}\ -4k - 5y = -18$; $\mathrm{II}\ 2k - 3y = -2$
d) $\mathrm{I}\ 3x - 7y = -15$; $\mathrm{II}\ x + 14y = 44$

5 Löse das Gleichungssystem mit dem Einsetzungsverfahren.
a) $\mathrm{I}\ 7x + 4 = 8y$; $\mathrm{II}\ 3x - 4 = 2y$
b) $\mathrm{I}\ -4x + 5y = 22$; $\mathrm{II}\ 2x + 3y = 22$
c) $\mathrm{I}\ 3c + d = -1$; $\mathrm{II}\ 4c + 3d = 2$
d) $\mathrm{I}\ 2s + 5t = 33$; $\mathrm{II}\ 6s + 3t = 63$

6 Max und Maria benötigen zum Streichen ihrer Wohnung Farbe und Farbrollen. Max kauft zwei Eimer Farbe und drei Malerrollen und bezahlt 67,75 €.
Weil sie mit der Farbe und den Rollen nicht ausgekommen sind, fährt Maria zum Geschäft zurück. Sie kauft zwei Eimer Farbe und zwei Farbrollen für 64,80 €.
Wie viel kosten Farbeimer und Farbrolle einzeln? Löse mit dem Einsetzungsverfahren.

6 Bei einem Multiple-Choice-Test stehen zu einer Frage immer mehrere vorformulierte Antworten zur Wahl. Ein solcher Test hat nun insgesamt 30 Fragen. Für eine richtig beantwortete Aufgabe werden entweder drei oder vier Punkte vergeben. In dem Test kann man maximal 96 Punkte erreichen.
Wie viele Drei- und Vierpunktefragen gibt es jeweils?
Löse mit dem Einsetzungsverfahren.

7 Antonia ist die ältere Schwester von Lea. Zusammen sind Antonia und Lea 26 Jahre alt. Die Differenz zwischen Antonias und Leas Alter beträgt 2 Jahre.
Wie alt sind die beiden? Bestimme das Alter mit dem Einsetzungsverfahren.

7 Ein Kunde kauft beim Bäcker vier Brötchen und drei Croissants für 3,70 €.
Ein anderer Kunde zahlt für sechs Brötchen und vier Croissants 5,10 €.
Wie viel kostet ein Brötchen und wie viel ein Croissant?

Gleichsetzungsverfahren und Additionsverfahren

→ Seite 20

8 Löse das Gleichungssystem mit dem Additionsverfahren. Forme dazu die Gleichungen zunächst um.
a) $\mathrm{I}\ 2x + 5y = 6$; $\mathrm{II}\ 3x - 2y = -10$
b) $\mathrm{I}\ 8a + 2b = 58$; $\mathrm{II}\ 3a + b = 24$
c) $\mathrm{I}\ 2x + 10y = 122$; $\mathrm{II}\ x + 4y = 50$

8 Forme die Gleichungen geschickt um und löse das Gleichungssystem mit dem Additionsverfahren.
a) $\mathrm{I}\ 2c + d = 18$; $\mathrm{II}\ 11c + 2d = 85$
b) $\mathrm{I}\ -7k - 2y = -25$; $\mathrm{II}\ -2k + 5y = 4$
c) $\mathrm{I}\ -3x - 5y = -8$; $\mathrm{II}\ -4x - 2y = -20$

9 Löse das Gleichungssystem mit dem Gleichsetzungsverfahren. Löse zunächst nach einer Variable auf.
a) $\mathrm{I}\ 2x + 3y = 12$; $\mathrm{II}\ 3x - 2y = 5$
b) $\mathrm{I}\ 4x + 6y = 54$; $\mathrm{II}\ -8x - 2y = -38$
c) $\mathrm{I}\ 3x + y = 7$; $\mathrm{II}\ 4x - 2y = 6$

9 Löse das Gleichungssystem mit dem Gleichsetzungsverfahren.
a) $\mathrm{I}\ 2x + 3y = 37$; $\mathrm{II}\ -5x - 5y = -80$
b) $\mathrm{I}\ 5x - 3y = 6$; $\mathrm{II}\ 2x + 4y = -8$
c) $\mathrm{I}\ 4x + 12y = 10$; $\mathrm{II}\ 3x - 8y = -26,5$

10 Löse die Zahlenrätsel. Wähle ein Lösungsverfahren.
a) Die Summe zweier Zahlen ist 40, ihre Differenz ist 6.
b) Die Summe zweier Zahlen ist 28, ihre Differenz ist 2.

Vermischte Übungen

1 Sarah besitzt einige DVDs. Zum Geburtstag bekommt sie von ihren Freunden 6 DVDs geschenkt. Nun hat sie dreimal so viele DVDs wie vorher. Wie viele DVDs hatte sie vorher?

1 Aus einem 30 cm langem Draht wird ein Rechteck so gebogen, dass die längere Seite 5-mal so lang ist, wie die kürzere Seite. Welchen Flächeninhalt hat das Rechteck?

2 Die Summe von zwei aufeinanderfolgenden Zahlen ist 75. Löse das Zahlenrätsel.

2 Welche drei einanderfolgenden ungeraden Zahlen haben die Summe 39?

LÖSUNGEN ZU 3

3 Bestimme die Lösung zeichnerisch.
a) I $y = -3x - 5$; II $y = x + 5$
b) I $y = 3x + 1$; II $y = 3x - 4$
c) I $y = 0{,}25x + 1{,}5$; II $y = 2x + 5$
d) I $y = 1{,}5x - 3$; II $y = \frac{2}{3}x + 2$

3 Löse erst zeichnerisch und dann rechnerisch. Vergleiche die Ergebnisse.
a) I $y = -4x - 5$; II $y = 2x + 1$
b) I $y = 6x - 3$; II $y = 3x + 1{,}5$
c) I $y = 7{,}5x + 3$; II $y = 2{,}5x - 4$

4 Löse drei Gleichungssysteme mithilfe des Einsetzungsverfahrens. Prüfe dein Ergebnis.
a) I $3x + y = 20$; II $5x + 3y = 36$
b) I $2a - b = 2$; II $6a + 5b = 38$
c) I $x + 3y = 13$; II $3x - 2y = 6$
d) I $5x + 6y = 37$; II $3x - 2y = 11$
e) I $4x = y$; II $4 - x = y$
f) I $x = 2y - 1$; II $x - \frac{2}{3}y = 3$

5 Löse mit dem Gleichsetzungsverfahren.
a) I $y = -3x - 11$; II $y = x - 3$
b) I $x = -2y + 4$; II $x = 2y$

5 Löse mit dem Gleichsetzungsverfahren.
a) I $y = \frac{1}{2}x$; II $y = \frac{1}{2}x + 4$
b) I $y = -3x - 2{,}5$; II $2x - y = -1{,}5$

6 Entscheide, mit welchem Verfahren du das Gleichungssystem löst.
a) I $y = \frac{1}{2}x - 1$; II $y = -2{,}5x + 2$
b) I $-2x + 2y = -3$; II $2x + 12y = 24$
c) I $y = -0{,}5x + 2{,}5$; II $1{,}5x - y = 1{,}5$
d) I $3x + 3 = -12y$; II $2x = 5y - 15$

6 Entscheide, mit welchem Verfahren du das Gleichungssystem löst. Begründe deine Wahl.
a) I $-4x + 3y = 29$; II $3x - 3y = -27$
b) I $-3 = 1{,}5x - y$; II $y = \frac{1}{4}x - 2$
c) I $3x + 6y = 12$; II $2x = -4y + 8$
d) I $4x - 2y = 6$; II $4y - 8x = 10$

7 Betrachte das Diagramm und beschreibe, was dargestellt ist.

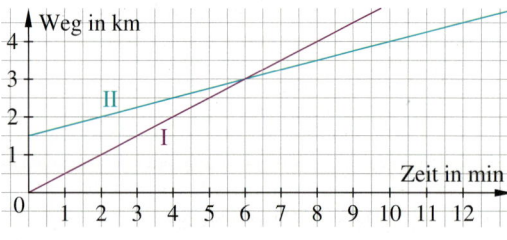

a) Erfinde zu dem Diagramm eine „Verfolgungsgeschichte".
b) Welche Geschwindigkeit müsste der „Verfolger I" haben, um II bereits nach vier Minuten einzuholen?
c) Löse die Verfolgungsaufgabe, wenn der Verfolgte nur 1 km Vorsprung hat, aber gleich schnell ist.

7 Zwei Kühlschränke und zwei Lampen wurden miteinander verglichen.

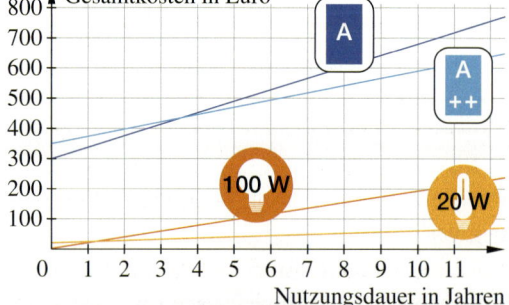

a) Nach wie vielen Jahren hat sich die Anschaffung des stromsparenden Kühlschranks gelohnt?
b) Stelle selbst mindestens drei Fragen zu der Grafik und beantworte sie.

ERINNERE DICH
Geschwindigkeiten werden als Weg pro Zeit angegeben, z. B. als $\frac{km}{h}$.

8 Auf einem Parkplatz stehen Pkw und Motorräder. Zusammen sind es 55 Fahrzeuge mit 190 Rädern. Wie viele Fahrzeuge von jeder Sorte stehen auf dem Parkplatz?
Tipp: Beachte die Anzahl der Räder.

8 Zwei Schwestern kaufen sich je ein Fahrrad. Dafür bezahlen beide zusammen 990 €. Die ältere Schwester zahlt 20 % mehr als die jüngere.
Wie viel bezahlt jede Schwester?

9 Arbeitet zu zweit.
Stellt gemeinsam drei verschiedene lineare Gleichungssysteme auf, die ihr mit den euch bekannten Verfahren gut lösen könnt.
Jeder löst dann die Gleichungssysteme zunächst selbstständig. Vergleicht danach die Ergebnisse mit den Ergebnissen eures Nachbarn oder eurer Nachbarin.

10 Ein Ruderboot legt flussabwärts pro Sekunde 2,8 m und flussaufwärts 0,6 m zurück. Wie groß ist die Geschwindigkeit des Bootes x und die Strömungsgeschwindigkeit des Flusses y?
I $x + y = 2{,}8$; II $x - y = 0{,}6$
a) Beurteile und erkläre den Lösungsansatz.
b) Berechne die Lösungen.

10 Erfinde zu der folgenden Darstellung eine Aufgabe, in der es um ein Treffen geht, und löse sie.
Präsentiere die Aufgabe in deiner Klasse.

Clara   Ben
Start 10:00 Uhr   Start 10:15 Uhr

37 km

$8 \frac{km}{h}$ Treffpunkt $12 \frac{km}{h}$

11 Katharina hat für ihren Urlaub eine bestimmte Summe Geld gespart.
Gibt sie täglich 12 € aus, reicht ihr Geld neun Tage länger als geplant. Gibt sie aber täglich 17 € aus, muss sie ihren Urlaub um einen Tag verkürzen.
Wie lange sollte ihre Urlaubsreise dauern und wie viel Geld hatte Katharina gespart?
Löse mithilfe des Einsetzungsverfahrens.

11 Ein Busunternehmer kaufte einen Reisebus mit 60 Sitzplätzen für 375 000 €.
Der Unternehmer rechnet pro Kilometer mit 2,27 € Betriebskosten. Im Durchschnitt befördert er 40 Fahrgäste und berechnet ihnen für jeden gefahrenen Kilometer 0,20 €.
Bei welcher Fahrtstrecke sind Kosten und Einnahmen ausgeglichen?
Welche Kosten sind bis dahin entstanden?

12 Für ein Schulkonzert wurden 350 Karten für insgesamt 1 380 € verkauft.
Der Eintritt betrug für Schüler 3 € und für Erwachsene 5 €.
a) Wie viele Karten jeder Sorte wurden verkauft?
b) Um welchen Betrag hätten sich die Einnahmen erhöht, wenn man den Preis für Erwachsene um 20 % angehoben hätte?

12 Eine Bank bietet zwei verschiedene Girokonten an. Ein Konto ohne Grundpreis, dafür aber mit Kosten von 0,50 € pro Buchung und ein Konto mit 3,50 € monatlichem Grundpreis und 0,15 € pro Buchung.
Ab wie vielen Buchungen im Monat lohnt sich das Konto mit Grundpreis?

13 Die Eheleute Glomp planen ihren Urlaub. Sie können fünf Nächte im Hotel und sieben Nächte in einer Pension für 930 € bleiben. Für zwei Nächte im Hotel und zwölf Nächte in der Pension würden sie 970 € bezahlen.
Wie viel kostet jeweils eine Übernachtung?

13 Ein Rechteck hat einen Umfang von 60 dm. Verkürzt man eine Seite um 2 dm und verlängert die andere Seite um 1,5 dm, dann entsteht ein Rechteck mit einem genau so großen Flächeninhalt. Berechne die Seitenlängen der beiden Rechtecke.

Beruf Fachkraft für Lagerlogistik

Fachkräfte für Lagerlogistik sorgen dafür, dass die Waren im Lager immer zur rechten Zeit, am rechten Ort und in der richtigen Menge zur Verfügung stehen.

Sie planen und organisieren das möglichst effiziente Be- und Entladen der Lieferfahrzeuge und das Einsortieren der Waren. Dabei packen sie selbst mit an und überlegen, wie man das System im Lager noch verbessern könnte. Spezielle Computerprogramme helfen ihnen bei ihren Aufgaben.

Arbeit finden Fachkräfte für Lagerlogistik z. B. bei Speditionen und im Versandhandel, aber auch bei Industrieunternehmen aller Branchen.

LOGISTIKER/IN
Die Ausbildung dauert 3 Jahre. Suche nach weiteren Informationen über den Beruf z. B. im Internet oder im BIZ.

14 Kosten und Erlös

Bevor ein Buch gedruckt wird und verkauft werden kann, sind bei einem Verlag hohe Anfangskosten entstanden. Für ein Schulbuch betragen sie ungefähr 150 000 €.

Zusätzlich entstehen für jedes Buch Druckkosten von ca. 5 €. Mit dem Verkauf der Bücher erzielt der Verlag für jedes verkaufte Buch einen Erlös von ca. 15 €.

a) Erkläre den Verlauf beider Linien.

b) Bestimme jeweils die Funktionsgleichung.

c) Bei welcher Anzahl verkaufter Bücher sind Kosten und Erlös gleich?

d) Wie hoch ist der Verlust, wenn nur 6 000 Bücher verkauft werden?

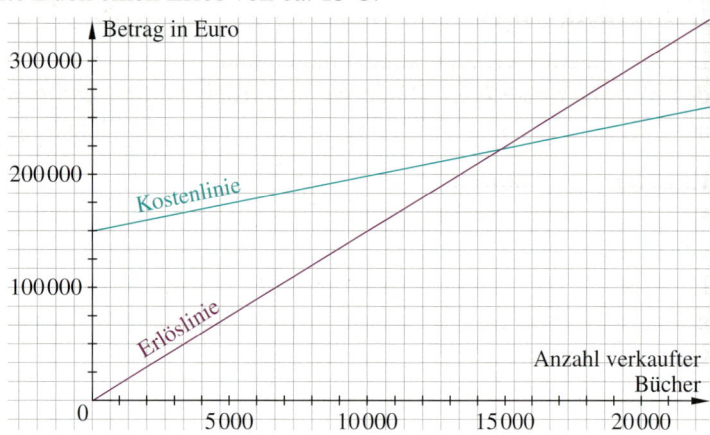

15 Transport von Gütern

Ein Lkw der Speditionsfirma Engelmayer fährt von Köln über Hannover nach Berlin.

Die Strecke beträgt 576 km. Der Lkw startet um 8:00 Uhr in Köln und fährt mit einer Durchschnittsgeschwindigkeit von $80 \frac{km}{h}$.

Um 9:00 Uhr, nach der Abfahrt des Lkw, werden fünf schwere Pakete verspätet abgegeben, die für den Lkw bestimmt waren.

Herr Engelmayer schickt einen Transporter mit einem anderen Fahrer hinterher, um die Pakete zum Lkw zu bringen. Der Transporter fährt mit einer Durchschnittsgeschwindigkeit von $120 \frac{km}{h}$.

a) Wann wird der Lkw eingeholt?

b) Wie viele Kilometer sind beide Fahrzeuge bis zum Treffpunkt gefahren?

c) Wie weit sind die Fahrzeuge von Berlin entfernt?

d) Welche Zusatzkosten entstehen für die Firma, wenn der Dieselverbrauch für den Transporter $\frac{8 l}{100 \, km}$ beträgt und die Arbeitszeit des Fahrers mit 38 € pro Stunde berechnet wird?

HINWEIS
Rechne mit einem Dieselpreis von 1,43 € pro Liter. Vergiss den Rückweg nicht.

Zusammenfassung

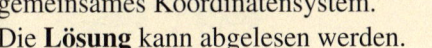

Lineare Gleichungen mit zwei Variablen

→ Seite 8

Sachprobleme, bei denen zwei voneinander abhängige Größen gesucht werden, können mithilfe einer linearen Gleichung $y = mx + b$ mit zwei Variablen gelöst werden.

Lineare Gleichungssysteme grafisch lösen

→ Seite 12

Zwei lineare Gleichungen zu einem Problem bilden ein **lineares Gleichungssystem (LGS)**.

Bei der **grafischen Lösung** eines LGS zeichnet man die Graphen der Gleichungen in ein gemeinsames Koordinatensystem. Die **Lösung** kann abgelesen werden.

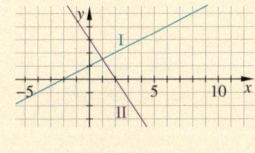

Die Graphen schneiden sich in einem Punkt. Das LGS hat genau **eine Lösung** $S(x|y)$.

Sind die Geraden **parallel**, hat das LGS **keine** Lösung. Sind die Geraden **identisch**, hat das LGS **unendlich viele** Lösungen.

Lineare Gleichungssysteme rechnerisch lösen

→ Seite 16

Lineare Gleichungssysteme können durch **systematisches Probieren** gelöst werden. Dabei wird ein Wert für x angenommen und der Wert für y berechnet. Beide Werte werden anschließend in die 2. Gleichung eingesetzt.

x	$3x + y = 9$	$8x + 2y = 22$
1	$3 \cdot 1 + y = 9$, also $y = 6$	$8 \cdot 1 + 2 \cdot 6 = 20$ $\lightning$

$x = 1$ und $y = 6$ ist keine Lösung, da nicht beide Gleichungen erfüllt sind.

Einsetzungsverfahren:

Ein LGS kann rechnerisch mit dem Einsetzungsverfahren gelöst werden:
Eine Gleichung wird nach einer Variable aufgelöst und dieser Term wird in die andere Gleichung eingesetzt.

I $\quad 3x + y = 9$
II $\quad 8x + 2y = 22$
I′ $\quad y = 9 - 3x$
I′ in II: $8x + 2(9 - 3x) = 22$, also $x = 2$
x in I: $3 \cdot 2 + y = 9$, also $y = 3$

Gleichsetzungsverfahren und Additionsverfahren

→ Seite 20

Gleichsetzungsverfahren:

Beim Gleichsetzungsverfahren werden beide Gleichungen nach derselben Variable aufgelöst. Die jeweils zugehörigen Terme werden gleichgesetzt. Die daraus entstandene Gleichung hat nur noch eine Variable.

I $\quad 3x + y = 9$
II $\quad 8x + 2y = 22$
I′ $\quad y = 9 - 3x$
II′ $\quad y = 11 - 4x$
$9 - 3x = 11 - 4x$, also $x = 2$
x in I: $3 \cdot 2 + y = 9$, also $y = 3$

Additionsverfahren:

Beim Additionsverfahren werden beide Gleichungen mithilfe von Äquivalenzumformungen so verändert, dass eine Variable beim Addieren der beiden Gleichungen wegfällt.

I $\quad 3x + y = 9$
II $\quad 8x + 2y = 22$
I $\cdot (-2)$: $\quad -6x - 2y = -18$
II $\quad 8x + 2y = 22$
I′ + II $\quad 2x = 4$, also $x = 2$
x in I: $3 \cdot 2 + y = 9$, also $y = 3$

Methode: Lerne selbstständig für eine Klassenarbeit

Blättere einmal um, dann siehst du die *Teste-dich!*-Seite zu diesem Kapitel. Solch einen Test gibt es am Ende jedes Kapitels. Mit ihm kannst du dich auf eine Klassenarbeit vorbereiten. Zu jeder *Teste-dich!*-Seite gibt es eine Checkliste, wie du sie unten siehst.

Dabei kann die Checkliste dir helfen:

Bekomme einen Überblick.	Schätze dich selbst ein.	Schließe Lücken.

Worum ging es im Mathe-Unterricht der letzten Wochen? Bekomme einen Überblick über das gesamte Kapitel.	Was kannst du schon gut? Was noch nicht? Sei ehrlich zu dir selbst. Denn je genauer du das weißt, desto leichter geht das Lernen.	Was genau musst du noch einmal nachlesen und üben? Finde heraus, auf welcher Seite es im Buch steht.

Aufgabennummer und Kompetenz

Vorn steht die Aufgabennummer von der *Teste-dich!*-Seite.
Die zweite Spalte beschreibt, welche mathematische Fähigkeit (Kompetenz) du beim Lösen der Aufgabe einsetzt.

Schätze dich selbst ein

Hier schätzt du ein, wie gut du diese Aufgabe konntest:

☀ Ich konnte die ganze Aufgabe lösen.
🌤 Ich habe wenige Fehler gemacht.
☁ Ich habe viele Fehler gemacht.
🌧 Ich konnte die Aufgabe gar nicht lösen.

Setze für jede Aufgabe nur ein Kreuz.

Checkliste zum

Nr.	mathematische Fähigkeit (Kompetenz)	☀	🌤	☁	🌧
1	Ich kann eine Textaufgabe durch systematisches Probieren lösen.		x		
2	Ich kann lineare Gleichungssysteme aufstellen.	x			
3	Ich kann lineare Gleichungssysteme grafisch lösen.		x		
4	Ich kann lineare Gleichungssysteme rechnerisch lösen.	x			
5	Ich kann lineare Gleichungen aufstellen und den Schnittpunkt interpretieren.			x	

30

So kannst du dich selbstständig auf eine Klassenarbeit vorbereiten:

1 Bearbeite die Seite *Teste dich!*

> **Lineare Gleichungssysteme**
> ### Teste dich!
> *3 Punkte* **1** Wie alt sind die Personen?
> Löse durch systematisches Probieren.
> a) Thomas ... so alt wie seine Mutter. Zusammen sind sie 75 Jahre alt.

2 Überprüfe deine Ergebnisse mit den Lösungen im Anhang.

> Lösungen   Lineare Gleichungssysteme
> ### Lineare Gleichungssysteme
> *Seite 6*   Noch fit?
> a) 14   ... 3   ... 34   **1** a) 26   ...   c) −7

3 Fülle die Checkliste aus. Sie hilft dir zu erkennen, welche Themen du gut kannst und bei welchen Themen du noch etwas lernen musst.

4 Werte deine Checkliste aus. Wie es geht, wird unten beschrieben.

Nr.	mathematische Fähigkeit (Kompetenz)	☀	☁	☁	☔	Was hast du falsch gemacht? Wo lag dein Fehler? Noch Fragen?	Seite im Buch
1	Ich kann eine Textaufgabe durch systematisches Probieren lösen.		X				16 25 Nr. 7
2	Ich kann lineare Gleichungssysteme aufstellen.	X				Es hat lange gedauert, das Gleichungssystem aufzustellen, aber am Ende hat es gestimmt.	20 25 Nr. 10
3	Ich kann lineare Gleichungssysteme grafisch lösen.			X		Meine Graphen sind nicht immer genau, aber ich kann sie ja durch einen Funktionenplotter zeichnen!	12 24 Nr. 3
4	Ich kann lineare Gleichungssysteme rechnerisch lösen.						16 25 Nr. ...

Checkliste zum Thema „Lineare Gleichungssysteme"

---

hema „Lineare Gleichungssysteme"

Was hast du falsch gemacht? Wo lag dein Fehler? Noch Fragen?	Seite im Buch
	16 25 Nr. 7
Es hat lange gedauert, das Gleichungssystem aufzustellen, aber am Ende hat es gestimmt.	20 25 Nr. 10
Meine Graphen sind nicht immer genau, aber ich kann sie ja auch mit einen Funktionenplotter zeichnen!	12 24 Nr. 3
	16 25 Nr. 8
Diese Aufgae ist mir schwer gefallen.	12 24 Nr. 4

Noch Fragen?
Hast du einen Fehler gemacht?
Hast du etwas noch nicht verstanden?
Notiere hier deine Fragen zu diesem Thema oder zu der Aufgabe.

Auswertung deiner Checkliste
Hast du ein Kreuz bei ☁ oder ☔?
Hier steht die Seitenzahl der *Verstehen*-Seite, auf der du das Thema nachlesen kannst.

Lies gründlich die passende *Verstehen*-Seite.

Löse auch einige Aufgaben auf den folgenden *Üben-und-anwenden*-Seiten, die genau zu dem Thema passen.

TIPP
Beobachte dich beim Lernen:
- *Bei welchen Aufgaben stößt du auf Schwierigkeiten?*
- *Was hat dir schon einmal dabei geholfen, eine schwierige Aufgabe zu verstehen?*
- *Sammle die Checklisten in deinem Hefter. Hast du dich im Laufe der Zeit verbessert?*

Teste dich!

3 Punkte

1 Wie alt sind die Personen?
Löse durch systematisches Probieren.
a) Thomas ist halb so alt wie seine Mutter. Zusammen sind sie 75 Jahre alt.
b) Jürgen ist zwei Jahre älter als Monika. Zusammen sind sie 100 Jahre alt.
c) Sabine ist 16 Jahre älter als Tim. Zusammen sind beide 38 Jahre alt.

3 Punkte

2 Stelle zur Lösung der Aufgaben jeweils ein lineares Gleichungssystem auf.
a) Eine Jugendherberge hat insgesamt 80 Vierbettzimmer und Sechsbettzimmer. Den Gästen
stehen damit 390 Betten zur Verfügung.
Wie viele Vierbettzimmer, wie viele Sechsbettzimmer gibt es?
b) Ein 200-€-Schein wird in 10-€-Scheine und in 20-€-Scheine gewechselt. Man bekommt
zwei 10-€-Scheine mehr als 20-€-Scheine. Wie viele 10-€-Scheine und wie viele
20-€-Scheine bekommt man?
c) In einer Werkstatt arbeitet der Meister mit einem Gesellen. Zusammen sind der Meister und
der Geselle 76 Jahre alt. Der Meister ist dreimal so alt wie der Geselle.
Wie alt ist der Meister, wie alt ist sein Geselle?

4 Punkte

3 Bestimme grafisch die Lösung des Gleichungssystems.
a) **I** $y = -2x - 5$; **II** $y = 3x + 5$ b) **I** $y = 3x + 1$; **II** $y = 3x - 4$
c) **I** $y = 0,25x + 1,5$; **II** $y = 2x + 5$ d) **I** $y = 1,5x - 3$; **II** $y = \frac{2}{3}x + 2$

4 Punkte

4 Bestimme rechnerisch die Lösung des Gleichungssystems.
a) **I** $y = \frac{1}{2}x - 1$; **II** $y = -2,5x + 2$
b) **I** $-2x + 2y = -3$; **II** $2x + 12y = 24$
c) **I** $y = -0,5x + 2,5$; **II** $1,5x - y = 1,5$
d) **I** $3x + 3 = -12y$; **II** $2x = 5y - 15$

2 Punkte

5 Franziska vergleicht zwei verschiedene
Angebote für Handytarife.
Berechne, ab welcher Anzahl an Gesprächs-
minuten das Angebot B günstiger ist als das
Angebot A.

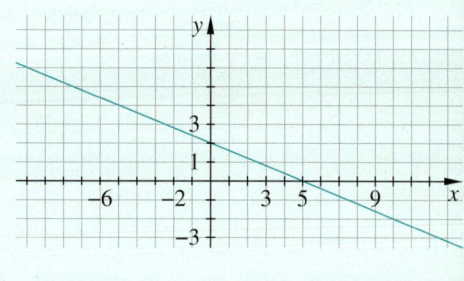

Angebot A
Grundgebühr: 6,80 €
Minutenpreis: 14 ct

Angebot B
Grundgebühr: 8,90 €
Minutenpreis: 6 ct

2 Punkte

6 Die Quersumme einer zweistelligen, natürlichen Zahl ist acht. Die zweite Ziffer ist das
Dreifache der ersten. Wie heißt diese Zahl?

2 Punkte

7 Vor sieben Jahren war ein Großvater dreimal so alt wie seine Enkelin damals. In 18 Jahren
ergibt sich beim Großvater das doppelte Alter seiner Enkelin. Wie alt sind beide heute?

3 Punkte

8 In dem Koordinatensystem ist der Graph der
Funktion $y = -0,4x + 2$ dargestellt.
a) Übertrage den Graphen ins Heft.
b) Zeichne den Graphen der Funktion $y = 3x + 2$
in dasselbe Koordinatensystem.
c) Bestimme die Lösung des Gleichungssystems
aus den beiden Gleichungen.
Wie gehst du dabei vor?

Quadratische Funktionen

Wie Wasserfontänen schießen die glühenden Lavabrocken aus dem Inneren des Vulkans.
Die Flugbahnen der Lavabrocken stellen Parabeln
dar und lassen sich mit quadratischen Funktionen
beschreiben.
Mit den gleichen Funktionen können in der
Technik zum Beispiel Brückenbögen berechnet werden.

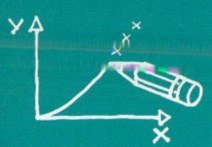

Noch fit?

Einstig

1 Faktoren ausklammern
Klammere gemeinsame Faktoren aus.
a) $9x - 12y$ b) $2x + 2$
c) $3x^2 - 6xy$ d) $27ab - 45b$
e) $50xy - 125x$ f) $-14x + 35xy$

2 Klammern auflösen
Schreibe als Summe oder als Differenz.
a) $2(x + y)$ b) $5(m - n)$
c) $-3(-a + b)$ d) $(3x + 7y) \cdot 4$
e) $(2y + 4) \cdot 2x$ f) $(7 - 5m) \cdot 4$

3 Klammern multiplizieren
Multipliziere und fasse zusammen.
a) $(x - 2)(x - 3)$ b) $(x + 2)(x - 3)$
c) $(x + 2)(x + 3)$ d) $(x - 2)(x + 3)$

4 Binomische Formeln anwenden
① Löse die Klammern auf und schreibe als Summe.
a) $(x + 3)^2$ b) $(2 - x)^2$
c) $(x - 2)(x + 2)$ d) $(y + 2)^2$
e) $(x + 2{,}5)^2$ f) $(2 - x)(2 + x)$

② Ergänze im Heft.
a) $x^2 + 6x + \bullet = (\blacktriangle + 3)^2$
b) $x^2 - \bigstar + 25 = (\blacksquare - 5)^2$
c) $x^2 - \blacklozenge = (x + 3)(x - 3)$

③ Schreibe als Produkt.
a) $x^2 + 12x + 36$ b) $x^2 - 24x + 144$
c) $9x^2 + 24x + 16$ d) $4x^2 - 9$

Aufstieg

1 Faktoren ausklammern
Klammere gemeinsame Faktoren aus.
a) $xy - 4xz$ b) $21xy + 6yz$
c) $-24ab - 12bc$ d) $-25xz + 125yz$
e) $16yz - 12xy$ f) $-14x - 35xy$

2 Klammern auflösen
Schreibe als Summe oder als Differenz.
a) $-2x(a + 3b)$ b) $3xy(-5x + 2y)$
c) $0{,}5ab(14b - 7a)$ d) $(4ab - 3xy)(-2c)$
e) $(-2x - 3y) \cdot (-4)xy$ f) $-(6x + 5y) \cdot 1{,}2ax$

3 Klammern multiplizieren
Multipliziere und fasse zusammen.
a) $(x + 4)(x - 3)$ b) $(4 + x)(3 - x)$
c) $(x - 4)(x + (-1))$ d) $(-4 + x)(x - 3)$

4 Binomische Formeln anwenden
① Löse die Klammern auf und schreibe als Summe.
a) $(16 + x)^2$ b) $(x + 15)^2$
c) $(2x + 5)(2x - 5)$ d) $(12x + 6)^2$
e) $(2a + 3b)^2$ f) $(3y + 2x)(3y - 2x)$

② Ergänze im Heft.
a) $x^2 + \bigstar + \bullet = (\blacktriangle + 5)^2$
b) $4x^2 + 12xy + \bullet = (2x + \blacklozenge)^2$
c) $x^2 - 27\blacktriangle + \bullet = (\blacksquare \blacklozenge \blacklozenge)^2$

③ Schreibe als Produkt.
a) $4x^2 - 16x + 16$ b) $25x^2 - 20x + 4$
c) $-6x^2 - 24x - 24$ d) $2x^2 - 12x + 18$

5 Funktionen in einer Tabelle und als Graph darstellen
Berechne die fehlenden Werte und ordne die vorgegebenen Graphen den Funktionen zu.

Geschwindigkeit in $\frac{km}{h}$	x	10	20	30				
Reaktionsweg in m	$y_1 = 0{,}3x$				12	15	18	
Bremsweg in m	$y_2 = 0{,}01x^2$							49	64	81
Anhalteweg in m	$y_3 = 0{,}01x^2 + 0{,}3x$							

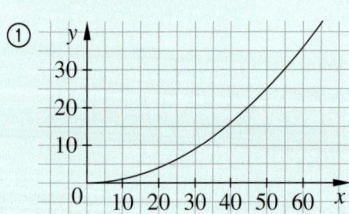
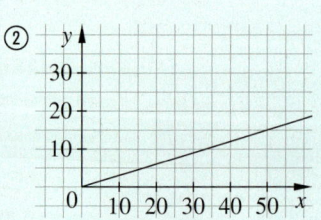
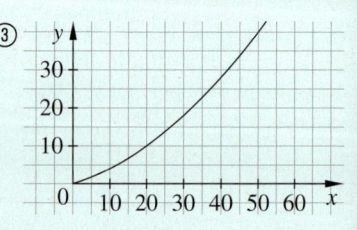

Lösungen ab Seite 222

Rein quadratische Funktionen

Entdecken

1 Wenn man aufmerksam die Umgebung betrachtet, findet man manchmal Bögen, die den Verlauf einer quadratischen Funktion haben. Finde heraus, wie man die Bogenform benennen kann. Beschreibe den Verlauf der Bögen. Gibt es einen höchsten oder tiefsten Punkt?

①    ②    ③

2 Übertrage den abgebildeten Graphen der Funktion $y = x^2$ in ein Koordinatensystem.

a) Lege nun auch Wertetabellen (von –3 bis 3) für die folgenden Funktionen an und zeichne jeden Graphen in einer anderen Farbe in dasselbe Koordinatensystem.

$y_1 = 2x^2$ $\qquad$ $y_2 = \frac{1}{2}x^2$

$y_3 = -2x^2$ $\qquad$ $y_4 = -\frac{1}{2}x^2$

b) Beschreibe den Verlauf der vier Funktionsgraphen und vergleiche jeweils mit dem Verlauf des Graphen von $y = x^2$.
Was bewirkt der Faktor vor x^2?

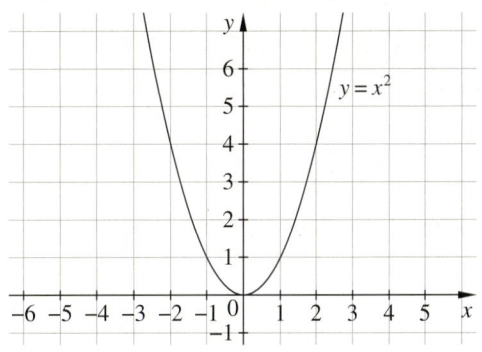

3 Ordne Funktionsgleichung und Graph einander zu und begründe deine Entscheidung.

$y_1 = \frac{1}{4}x^2$ $\qquad$ $y_2 = 4x^2$ $\qquad$ $y_3 = -4x^2$ $\qquad$ $y_4 = -\frac{1}{4}x^2$

① 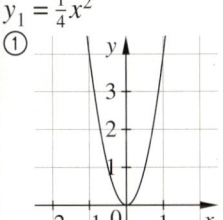   ② 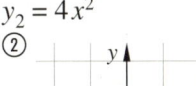 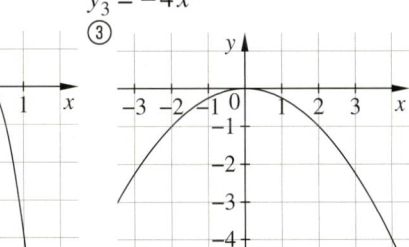   ③ ④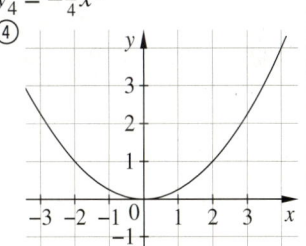

4 Arbeitet in Gruppen.

Christoph behauptet, er könne mithilfe der Koordinaten eines Punkts die Funktionsgleichung zu der abgebildeten quadratischen Funktion $y = x^2$ bestätigen.

a) Prüft die Behauptung, dass es sich um den Graphen der Funktion $y = x^2$ handelt, mithilfe der Koordinaten der Punkte A, B, C und D. Beschreibt, wie ihr vorgegangen seid.

b) Stellt Vermutungen über die zugehörige Funktionsgleichung an, wenn der Graph einer quadratischen Funktion durch den Ursprung und durch folgende Punkte verlaufen soll:

$E(1|3)$ $\quad$ $F(2|12)$ $\quad$ $G(-1|3)$ $\quad$ $H(-2|12)$

c) Überprüft euer Ergebnis durch eine Zeichnung oder benutzt einen Funktionenplotter.

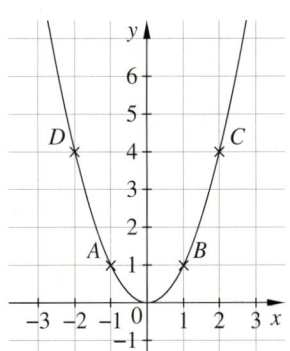

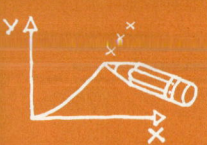

Verstehen

Tim und Luca bereiten ein Referat über berühmte Brücken vor, die annähernd die Form einer **Parabel** haben. Ihr Verlauf kann durch die Funktionsgleichung $y = ax^2$ beschrieben werden. Tim wählt die Golden Gate Bridge in San Francisco aus.

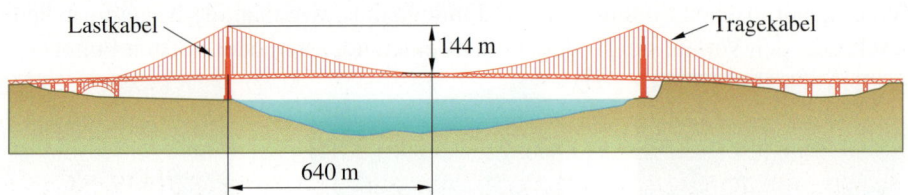

Lastkabel · 144 m · Tragekabel

640 m

Die beiden Stützpfeiler sind 1 280 m voneinander enfernt. Am Stützpfeiler ist das Tragekabel in einer Höhe von 144 m über der Fahrbahn befestigt.

Im Koordinatensystem legt Tim den tiefsten Punkt des Tragekabels in den Ursprung, die Koordinaten des Punkts $P(640|144)$ setzt er in die Gleichung $y = ax^2$ ein: $144 = a \cdot 640^2$

Auflösen der Gleichung ergibt $a = \frac{144}{640^2}$. Da a positiv ist, ist die Parabel nach oben geöffnet.

Mithilfe der Gleichung $y = \frac{144}{640^2}x^2$ kann Tim nun für jede beliebige Stelle auf der Brücke die Länge des Lastkabels berechnen.

Beispiel 1
Zur Berechnung des Funktionswertes an der Stelle $x = 100$ setzt er 100 in die Gleichung ein:
$y = \frac{144}{640^2} \cdot 100^2 \approx 3{,}516$

75 m

6,9 m

Luca wählt die Müngstener Eisenbahnbrücke aus. Er legt den höchsten Punkt des Stützbogens in den Koordinatenursprung und berechnet mithilfe des Punkts $P(75|-46{,}9)$ den Faktor a und erhält einen negativen Wert, da die Parabel nach unten geöffnet ist.

Beispiel 2
Er erhält die Gleichung $y = -\frac{46{,}9}{75^2} \cdot x^2$.

Der Faktor a beeinflusst die Öffnungsrichtung und die Form der Parabel $y = ax^2$.

Beispiel 3

x	−2	−1	0	1	2	Form
$y_1 = x^2$	4	1	0	1	4	Normalparabel
$y_2 = -x^2$	−4	−1	0	−1	−4	gespiegelt
$y_3 = \frac{1}{2}x^2$	2	$\frac{1}{2}$	0	$\frac{1}{2}$	2	gestaucht
$y_4 = -\frac{1}{2}x^2$	−2	$-\frac{1}{2}$	0	$-\frac{1}{2}$	−2	gestaucht
$y_5 = 2x^2$	8	2	0	2	8	gestreckt
$y_6 = -2x^2$	−8	−2	0	−2	−8	gestreckt

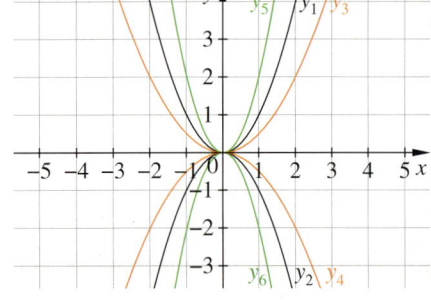

Merke Der Graph einer quadratischen Funktion mit der Funktionsgleichung $y = ax^2$ ist eine zur y-Achse symmetrische Parabel. Den tiefsten bzw. höchsten Punkt nennt man **Scheitelpunkt**. Er liegt bei quadratischen Funktionen der Form $y = ax^2$ im Punkt $S(0|0)$.
Der **Faktor a** bestimmt die Form und die **Öffnungsrichtung** einer Parabel:
Für $a = 1$ und $a = -1$ entsteht eine Normalparabel und eine gespiegelte Parabel.
Für $a < 0$ ist die Parabel nach unten geöffnet, für $a > 0$ nach oben geöffnet.
Für $0 < |a| < 1$ entsteht eine gestauchte Parabel, für $|a| > 1$ eine gestreckte Parabel.

Üben und Anwenden

1 Gegeben ist eine quadratische Funktion $y = ax^2$. In welche Richtung sind die Parabeln geöffnet? Sind die Parabeln gestreckt oder gestaucht?

a) $y = 2x^2$ b) $y = -7x^2$
c) $y = 1{,}1x^2$ d) $y = -2x^2$
e) $y = 0{,}7x^2$ f) $y = -\frac{1}{3}x^2$

1 Gegeben ist der Faktor a einer quadratischen Funktion $y = ax^2$.
Beschreibe jeweils die Form und Öffnungsrichtung der Parabeln.

a) $a = 2{,}5$ b) $a = \frac{2}{5}$
c) $a = -\frac{1}{7}$ d) $a = -3{,}2$
e) $a = \frac{5}{3}$ f) $a = -0{,}1$

HINWEIS
Parabeln können sowohl im positiven als auch im negativen Bereich gestreckt oder gestaucht sein.

2 Erstelle im Heft eine Tabelle für den Bereich von -5 bis 5. Berechne die Funktionswerte wie im Beispiel.
Beispiel $y = 2x^2$; $y = 2 \cdot (-5)^2 = 50$

a) $y = 2x^2$ b) $y = -2x^2$
c) $y = 0{,}5x^2$ d) $y = -\frac{3}{4}x^2$

2 Berechne die fehlenden Werte im Heft.

x	-3	$-2{,}5$	-2	-1	0	1	2	$2{,}5$	3
$y = 2{,}4x^2$									
$y = -3x^2$									
$y = 0{,}2x^2$									
$y = -0{,}6x^2$									

3 Arbeitet zu zweit.
Mit der Funktion $y = \pi r^2$ lässt sich z. B. der Flächeninhalt eines Kreises in Abhängigkeit von seinem Radius beschreiben.
a) Erstelle eine Wertetabelle von -5 bis 5 mit einer Schrittweite von 1.
b) Skizziere den Funktionsgraphen.
c) Beschreibe den Verlauf des Funktionsgraphen und gib den Definitions- und Wertebereich für wirkliche Kreise an.

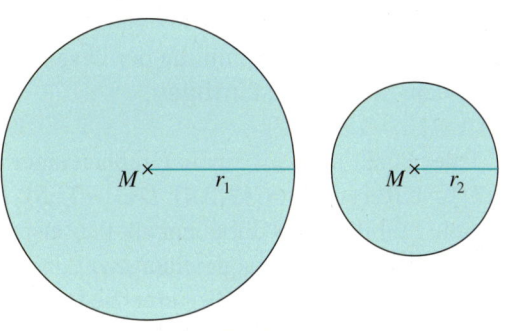

4 Überprüfe durch eine Rechnung, ob der Punkt auf der Normalparabel $y = x^2$ liegt.
Beispiel $P(2|4)$; $y = 2^2 = 4$ *Ja, der Punkt liegt auf der Normalparabel.*

a) $(0|0)$ b) $(-1|1)$ c) $(0|4)$
d) $(-1|-1)$ e) $(-4|-16)$ f) $(0{,}4|1{,}6)$

4 Überprüfe, ob der Punkt auf der Normalparabel $y = x^2$ liegt.
Beispiel $P(1|2)$; $y = 1^2 \neq 2$ *Nein, der Punkt liegt nicht auf der Normalparabel.*

a) $(1|-1)$ b) $(-1|-1)$ c) $(-\frac{1}{2}|\frac{1}{4})$
d) $(-4|16)$ e) $(0{,}2|0{,}4)$ f) $(0{,}1|0{,}01)$

5 Gegeben sind die Funktionen $y_1 = x^2$ (Normalparabel), $y_2 = \frac{1}{4}x^2$ und $y_3 = 4x^2$.
a) Erstelle eine Wertetabelle von $-2{,}5$ bis $2{,}5$ mit der Schrittweite $0{,}5$.
b) Stelle die Funktionsgraphen in einem gemeinsamen Koordinatensystem dar ($1\,\text{cm} \mathrel{\widehat{=}} 1\,\text{LE}$).
c) Vergleiche die Graphen von y_2 und y_3 mit der Normalparabel y_1.

6 Zeichne jeweils den Graphen und gib an, ob es sich um eine quadratische Funktion handelt.

a)
x	-3	-2	-1	0	1	2	3
y	-5	-3	-1	1	3	5	7

b)
x	-3	-2	-1	0	1	2	3
y	8	3	0	-1	0	3	8

6 Zeichne jeweils den Graphen und gib an, ob es sich um eine quadratische Funktion handelt.

a)
x	-3	-2	-1	0	1	2	3
y	$-3{,}6$	$-1{,}6$	$0{,}4$	0	$0{,}4$	$1{,}6$	$3{,}6$

b)
x	-3	-2	-1	0	1	2	3
y	$0{,}6$	$0{,}4$	$0{,}2$	0	$-0{,}2$	$-0{,}4$	$-0{,}6$

Methode: Parabeln untersuchen und zeichnen

Jonas hat für die Berechnung der Funktionswerte und für die grafische Darstellung von Funktionen der Form $y = ax^2$ ein Tabellenblatt vorbereitet. Damit kann er mithilfe nur eines bekannten Punkts des Graphen dessen Verlauf zeichnen.

Die Koordinaten des Punkts $P(75|-46,9)$ setzt er zur Berechnung von a in die Gleichung $y = ax^2$ ein: $-46,9 = a \cdot 75^2$, also gilt $a = -\frac{46,9}{75^2}$.

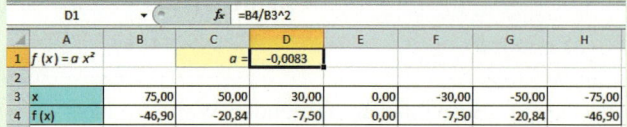

In die Zelle **D1** setzt Jonas die Formel = **B4/B3^2** zur Berechnung von a ein.

Für die Berechnung des Funktionswerts für $x = 50$ gilt:

$y = -\frac{46,5}{75^2} \cdot 50^2$.

Mithilfe der Formel =**$D$1*C3^2** berechnet er den Wert $-20,84$ in Zelle **C4**. Die weiteren Tabellenwerte erhält er durch die Anwendung der Funktion **AutoAusfüllen**.

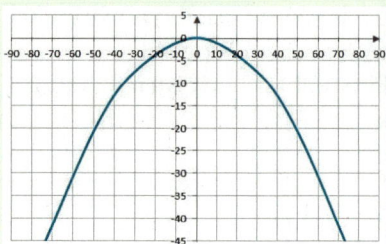

Den Graphen erstellt er mithilfe der Diagrammfunktion unter dem Menüpunkt **Einfügen**.

1 Jeder Punkt liegt auf einem Graphen einer quadratischen Funktion der Form $y = ax^2$:
$A(1|1,7)$, $B(1|-1,5)$, $C(2|2,4)$, $D(3|-22,5)$, $E(-2|9,6)$, $F(-4|-3,2)$, $G(-3|0,18)$
Erstelle mithilfe eines Tabellenkalkulationsprogramms ein Tabellenblatt zur Berechnung der verschiedenen Funktionsgleichungen.

a) Übertrage die Tabelle. Ergänze die Formel in den markierten Zellen.

b) Bestimme die Funktionsgleichungen, ergänze die Tabellenwerte und zeichne den Graphen.

2 Analysiere die Tabelle.

a) Welche Funktion ist dargestellt?

b) Erkläre, wie es zu dieser Darstellung des Graphen kommt.

c) Korrigiere den Fehler und zeichne den Graphen.

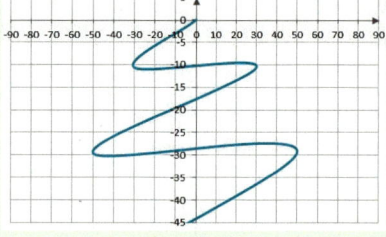

3 Überprüfe durch Rechnung und Zeichnung, ob die Wertetabellen zu quadratischen Funktionen der Form $y = ax^2$ gehören. Gib jeweils die Funktionsgleichung an und ergänze falls möglich die Tabellenwerte.

a)

x	-5	-4	-3	-2	-1	0	1	2	3	4	5
y						0	2	8	18	32	50

b)

x	-5	-4	-3	-2	-1	0	1	2	3	4	5
y						0	2	4	6	8	10

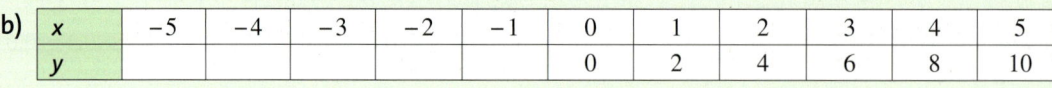

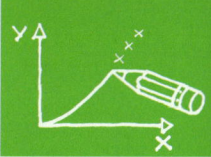

Kai nutzt einen Funktionenplotter, um die Graphen der Funktionen vergleichen und untersuchen zu können. Im Programmfenster werden die Funktionsgleichungen in der Form $y = a x^2$ angezeigt, die Kai vorher in die Eingabezeile eingegeben hat.

Die Punkte A und B hat er mit dem Werkzeug **Neuer Punkt** auf die Graphen gesetzt. Punkte, die direkt auf einem Graphen liegen, werden im Programmfenster meistens etwas anders dargestellt, als Punkte abseits der Graphen. Im Programmfenster kann man die Koordinaten der Punkte ablesen. Im Menü kann man unter **Einstellungen** meistens festlegen, auf wie viele Dezimalstellen alle Werte gerundet werden sollen.

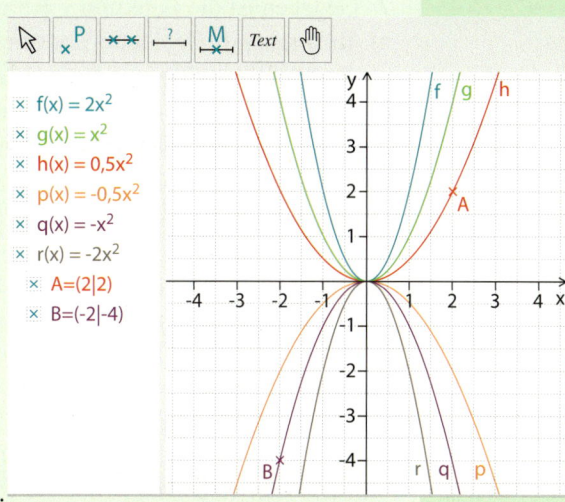

Zur besseren Unterscheidung der Funktionsgraphen lässt Kai sie in unterschiedlichen Farben darstellen. Über die rechte Maustaste kann man die Eigenschaften der Objekte bearbeiten.

4 Zeichne mithilfe eines Funktionenplotters die Graphen der Funktionen in ein Koordinatensystem. Verwende für die Graphen unterschiedliche Farben.
a) $y_1 = 2{,}4 x^2$ **b)** $y_2 = -9{,}3 x^2$ **c)** $y_3 = -\frac{3}{7} x^2$ **d)** $y_4 = 8\frac{2}{3} x^2$

5 Zeichne den Graphen der angegebenen Funktionen. Markiere jeweils den Punkt mit der x-Koordinate gleich 1 und gib beide Koordinaten an.
a) $y_1 = 1{,}8 x^2$ **b)** $y_2 = -0{,}49 x^2$ **c)** $y_3 = 0{,}55 x^2$ **d)** $y_4 = -1{,}25 x^2$

6 Experimentiere mit dem Funktionenplotter und zeichne …
a) eine möglichst stark gestauchte Parabel. **b)** eine möglichst stark gestreckte Parabel.

Für die Normalparabel $y = x^2$ wird im Handel eine Schablone angeboten, mit deren Hilfe die Parabel ohne Wertetabelle gezeichnet werden kann. Die unterschiedlichen Lagemöglichkeiten einer Normalparabel im Koordinatensystem können mit der Schablone zeitsparend gezeichnet werden.

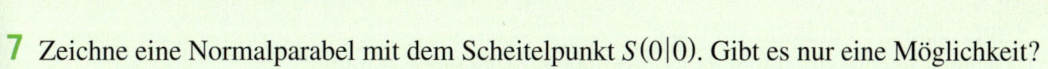

Beachte beim Zeichnen folgende Schritte.
1. Zeichne ein Koordinatensystem, in dem auf beiden Achsen die Längeneinheit 1 cm beträgt.
2. Markiere den Scheitelpunkt, z. B. $S(0|0)$.
3. Lege die Schablone so an, dass ihre Symmetrieachse parallel zur y-Achse verläuft.
4. Zeichne die Normalparabel entlang der Schablone.

7 Zeichne eine Normalparabel mit dem Scheitelpunkt $S(0|0)$. Gibt es nur eine Möglichkeit?

8 Zeichne vier nach oben geöffnete Normalparabeln mit den Scheitelpunkten $S_1(0|0)$, $S_2(-3|0)$, $S_3(1{,}5|-6{,}75)$ und $S_4(-4{,}5|-6{,}75)$. Markiere den Schnittpunkt der Graphen. Prüfe, ob du genau gezeichnet hast: Schneiden sich die Graphen in dem Punkt $A(-1{,}5|2{,}25)$?

7 Gegeben ist die Funktion $y = 3x^2$.

a) Bestimme die fehlende Koordinate der Punkte $A_1(\blacksquare|12)$ und $A_2(\blacksquare|12)$.

b) Erkläre, weshalb bei Funktionen der Form $y = ax^2$ jeweils zwei Punkte denselben Funktionswert haben.

c) Ergänze $B_1(\blacksquare|27)$ und $B_2(\blacksquare|27)$.

7 Gegeben ist die Funktion $y = -3x^2$.

a) Bestimme die fehlende Koordinate der Punkte $A_1(\blacksquare|-27)$ und $A_2(\blacksquare|-27)$.

b) Erkläre, weshalb bei Funktionen der Form $y = ax^2$ jeweils zwei Punkte denselben Funktionswert haben.

c) Ergänze $B_1(\blacksquare|-60{,}75)$ und $B_2(\blacksquare|-60{,}75)$.

8 Gegeben ist ein Punkt einer Parabel mit der Funktionsgleichung $y = ax^2$.
Bestimme den Faktor a, indem du die Parabel mit der Normalparabel $y = x^2$ vergleichst.
Beispiel $P(2|12)$ ist gegeben. Zur Normalparabel gehört der Punkt $P(2|4)$. Da die y-Koordinate sich verdreifacht hat, ist $a = 3$.

a) $A(1|3)$ b) $B(3|18)$ c) $C(2|8)$

d) $D(4|64)$ e) $E(1{,}5|6{,}75)$ f) $F(2{,}5|2{,}5)$

8 Bestimme den Faktor a der Funktionsgleichung $y = ax^2$ und beschreibe die Parabel. Vergleiche sie dazu mit der Normalparabel $y = -x^2$.
Beispiel Der Punkt $P(2|-12)$ ist gegeben. Daraus ergibt sich $a = -3$.

a) $A(3|-3{,}6)$ b) $B(1{,}2|-1{,}728)$

c) $C(0{,}3|-0{,}072)$ d) $D(4{,}5|50{,}625)$

e) $E(-2{,}8|-7{,}056)$ f) $F(-0{,}7|-0{,}882)$

HINWEIS
Überprüfe deine Vermutung, indem du die Koordinaten eines Punkts des Graphen in die Funktionsgleichung einsetzt.

9 Welcher Graph gehört zu welcher Funktionsgleichung?

a) $y = x + 1$ b) $y = x^2$

c) $y = -2x - 2$ d) $y = -x^2 + 2$

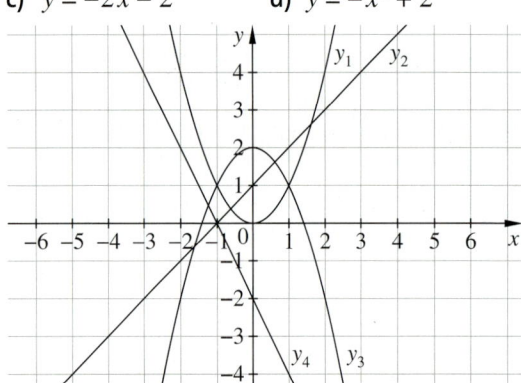

9 Gib jeweils die zugehörige Funktionsgleichung an.

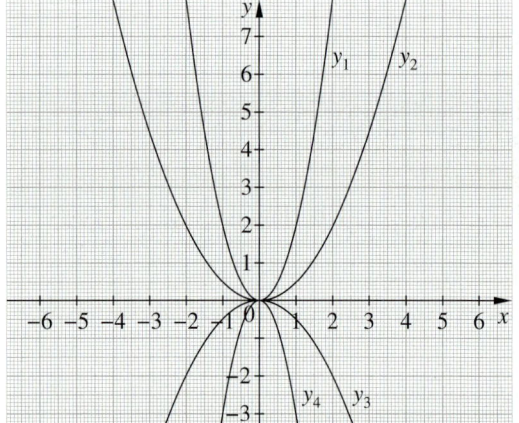

10 Für den Stadtgarten wird eine kleine Jump-ramp geplant.
Die Krümmung des Skatingbodens soll aus 56,25 cm Höhe über eine Strecke von 150 cm verlaufen. Die Träger werden im Abstand von 25 cm aufgestellt.

a) Bestimme die Funktionsgleichung in der Form $y = ax^2$, mit deren Hilfe die einzelnen Trägerlängen berechnet werden können.

b) Skizziere die Jump-ramp im Maßstab $1:10$.

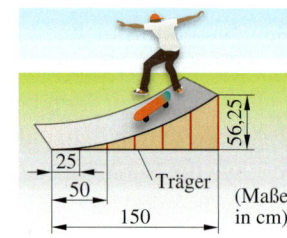

11 Untersucht die Funktion $y = 0{,}6x^2$.

a) Berechnet jeweils die fehlende Koordinate der folgenden Punkte.

$A_1(\blacksquare|0{,}6)$ und $A_2(\blacksquare|0{,}6)$ $B_1(\blacksquare|2{,}4)$ und $B_2(\blacksquare|2{,}4)$

$C_1(2{,}2|\blacksquare)$ und $C_2(-2{,}2|\blacksquare)$ $D_1(\blacksquare|12{,}15)$ und $D_2(\blacksquare|12{,}15)$

b) Erstellt eine Wertetabelle von -5 bis 5. Zeichnet den Graphen.

c) Überprüft mit der Wertetabelle eure Lösung zu Aufgabe a).

Scheitelpunktform quadratischer Funktionen

Entdecken

1 Untersuche die abgebildeten Graphen.

①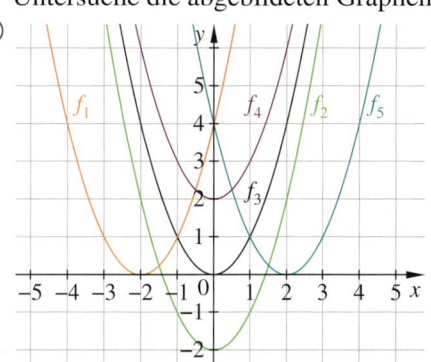

②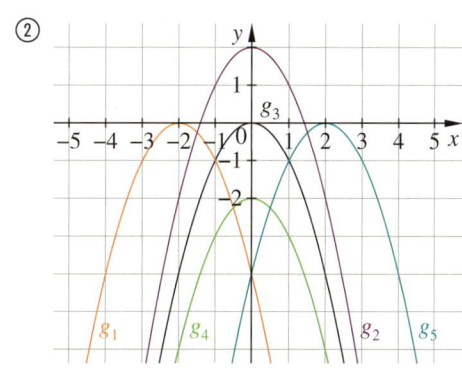

a) Notiere die Koordinaten der Scheitelpunkte. Entscheide, ob der Scheitelpunkt der höchste oder niedrigste Punkt der Parabel ist und gib an, ob der Faktor a positiv oder negativ ist.

b) Lies mindestens zwei weitere Punkte auf jeder Parabel ab und stelle Vermutungen darüber an, wie man zu den anderen Parabeln kommt.

2 Welcher Graph gehört zu welcher Funktion? Könnt ihr den fehlenden Graphen ergänzen? Überlege zuerst alleine. Diskutiert dann zu zweit darüber, wie ihr vorgehen könnt, um Funktionen und Graphen einander zuordnen zu können.

Präsentiert eure Überlegungen in der Klasse.

$$y_1 = x^2$$

$$y_2 = x^2 - 3$$

$$y_3 = x^2 + 4$$

$$y_4 = -x^2 - 4$$

$$y_5 = -(x - 4)^2$$

$$y_7 = -x^2 - 3$$

$$y_6 = (x + 3)^2 + 1$$

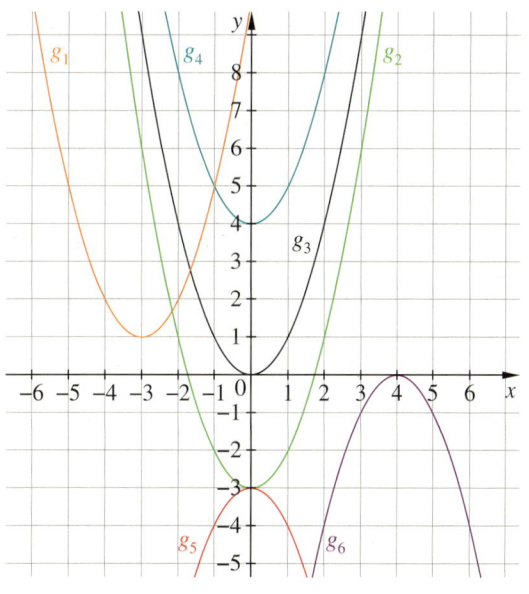

3 Betrachtet die Parabeln.

a) Findet eine Funktionsgleichung y zur Parabel mit folgendem Scheitelpunkt:

① $S_1(0|-3)$ ② $S_2(-4|0)$

③ $S_3(0|3)$ ④ $S_4(4|0)$

b) Überprüft eure Ergebnisse mithilfe von zwei Punkten auf den Graphen.

c) Handelt es sich um Normalparabeln? Begründet.

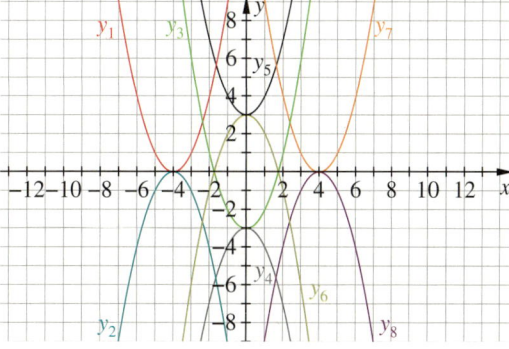

Verstehen

Leonie experimentiert mit der Normalparabel $y = x^2$. Sie sucht die Funktionsgleichungen zu Parabeln, die wie die Normalparabel verlaufen, deren Scheitelpunkt aber nicht im Koordinatenursprung $S(0|0)$ liegen.
Sie zeichnet deshalb mithilfe der Schablone für Normalparabeln Graphen, deren Scheitelpunkt auf der y-Achse, auf der x-Achse oder in einem der vier Quadranten liegt.

Beispiel 1
Der rote Graph schneidet die y-Achse bei $y = 2$.
Leonie vergleicht die Funktionswerte der beiden Graphen.

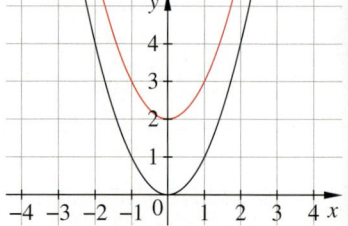

x	-4	-3	-2	-1	0	1	2	3	4
y mit $S(0\|0)$	16	9	4	1	0	1	4	9	16
y mit $S(0\|2)$	18	11	6	3	2	3	6	11	18

Sie stellt fest, dass die Funktionswerte der Funktion mit dem Scheitelpunkt bei $S(0|2)$ mit der Funktionsgleichung $y = x^2 + 2$ berechnet werden können. Es gilt: $y = x^2 + e$.

Beispiel 2
Der rote Graph schneidet die x-Achse bei $x = 3$.
Leonie vergleicht die Funktionswerte der beiden Graphen.

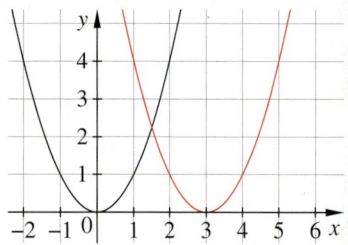

x	-1	0	1	2	3	4	5	6	7
y mit $S(0\|0)$	1	0	1	4	9	16	25	36	49
y mit $S(3\|0)$	16	9	4	1	0	1	4	9	16

Sie stellt fest, dass die Funktion mit dem Scheitelpunkt bei $S(3|0)$ mit der Funktionsgleichung $y = (x - 3)^2$ beschrieben werden kann. Es gilt: $y = (x - d)^2$.

Beispiel 3
Die Scheitelpunkte der roten Graphen liegen bei $S_1(3|2)$ und $S_2(-3|2)$. Leonie vergleicht die Funktionswerte.

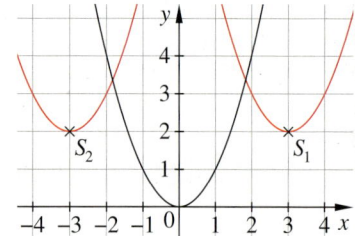

x	-1	0	1	2	3	4	5	6	7
y mit $S(0\|0)$	1	0	1	4	9	16	25	36	49
y mit $S(3\|2)$	18	11	6	3	2	3	6	11	18
y mit $S(-3\|2)$	6	11	18	27	38	51	66	83	102

Die Funktionswerte des verschobenen Graphen mit $S(3|2)$ können mit der Funktionsgleichung $y = a(x - 3)^2 + 2$ berechnet werden.
Die Funktionswerte des verschobenen Graphen mit $S(-3|2)$ können mit der Funktionsgleichung $y = (x + 3)^2 + 2$ berechnet werden.

In beiden Fällen gilt: $y = (x - d)^2 + e$.

> **Merke** Der Graph einer quadratischen Funktion mit der Funktionsgleichung
> $y = a(x - d)^2 + e$ ist eine um den Wert d in Richtung der x-Achse und um den Wert e in Richtung der y-Achse verschobene Parabel. Ihr Scheitelpunkt ist $S(d|e)$.
> Für $d > 0$ gilt: Die Parabel ist **nach rechts** verschoben.
> Für $d < 0$ gilt: Die Parabel ist **nach links** verschoben.
> Der Faktor a bestimmt die Form und die Öffnungsrichtung der Parabel.

Üben und anwenden

1 Untersuche die drei symmetrisch zur y-Achse liegenden Normalparabeln.
a) Notiere die Koordinaten der Scheitelpunkte S_1, S_2 und S_3.
b) Gib die Funktionsgleichung in der Form $y = x^2 + e$ für die drei Graphen an.
c) Vergleiche für $x = 1$ und $x = -1$ die Werte der drei Funktionen.
d) Übertrage die Wertetabelle ins Heft und ergänze sie.

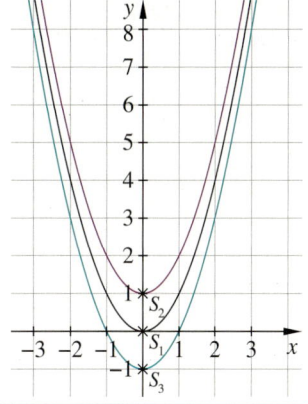

x	-5	-4	-3	-2	-1	0	1	2	3	4	5
y											
y											
y											

2 Gib den Scheitelpunkt und die Öffnungsrichtung der Parabel an.
a) $y = x^2 + 4$ b) $y = -x^2 + 4$
c) $y = 2x^2 - 3$ d) $y = -3x^2 - 2$
e) $y = x^2 + 4{,}5$ f) $y = 4{,}5x^2$

2 Eine nach oben offene, verschobene Normalparabel hat den Scheitelpunkt $S(0|-4)$. Nenne die Koordinaten von vier weiteren Punkten, die auf der Parabel liegen. Gib die Funktionsgleichung der Parabel an.

3 Bestimme mithilfe des angegebenen Punkts jeweils die Funktionsgleichungen in der Form $y = x^2 + e$.
a) $A(-1|-3)$ b) $B(2|3{,}7)$
c) $C(-0{,}4|-3{,}24)$ d) $D(0{,}75|0{,}5)$

3 Eine quadratische Funktion der Form $y = x^2 + e$ ist eine entlang der y-Achse verschobene Normalparabel.
a) Stimmt die Aussage? Begründe.
b) Gib die Koordinaten des Scheitelpunkts an.

4 Untersuche die drei Parabeln, deren Scheitelpunkte auf der x-Achse liegen.
a) Notiere die Koordinaten der Scheitelpunkte S_1, S_2 und S_3.
b) Gib die Funktionsgleichungen in der Form $y = (x - d)^2$ an.
c) Vergleiche die Werte $f(1)$ und $f(-1)$ der drei Funktionen.
d) Ergänze die Wertetabelle im Heft.

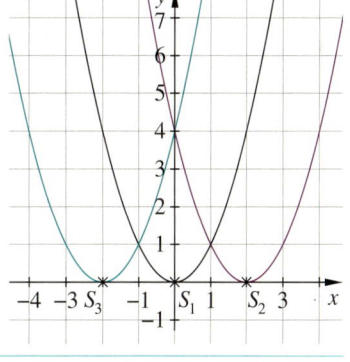

x	-5	-4	-3	-2	-1	0	1	2	3	4	5
$f_1(x)$											
$f_2(x)$											
$f_3(x)$											

5 Gib den Scheitelpunkt und die Öffnungsrichtung der Parabel an.
a) $y = (x + 4)^2$ b) $y = (x - 4)^2$
c) $y = -(x + 3)^2$ d) $y = -(x - 3)^2$
e) $y = 2(x - 3)^2$ f) $y = -2(x + 3)^2$

5 Eine nach oben offene, verschobene Normalparabel hat den Scheitelpunkt $S(-4|0)$. Nenne die Koordinaten von vier weiteren Punkten, die auf der Parabel liegen. Gib die Funktionsgleichung der Parabel an.

6 Die nach oben geöffnete und verschobene Normalparabel hat den Scheitelpunkt $S(2|0)$. Bestimme die fehlende y-Koordinate der Punkte P, Q und R der Parabel.
a) $P(3|\blacksquare)$ b) $Q(-3|\blacksquare)$ c) $R(1|\blacksquare)$

6 Bestimme mithilfe des angegebenen Punkts die beiden möglichen Funktionsgleichungen in der Form $y = (x - d)^2$.
a) $U(2|9)$ b) $V(-1|2{,}25)$
c) $W(-0{,}4|0{,}25)$ d) $X(-7{,}2|16)$

HINWEIS ZU 6
$x^2 = 9$ führt zum Ergebnis $x = 3$ und $x = -3$, aber $\sqrt{9}$ führt nur zum Ergebnis 3.

7 Untersuche die drei Normalparabeln, deren Scheitelpunkte bei $S(d|e)$ liegen.

a) Notiere die Koordinaten der Scheitelpunkte S_1, S_2 und S_3.

b) Gib die Funktionsgleichung in der Form $y = (x - d)^2 + e$ für die drei Graphen an.

c) Vergleiche für $x = 1$ und $x = -1$ die Werte der drei Funktionen.

d) Übertrage die Wertetabelle ins Heft und ergänze sie.

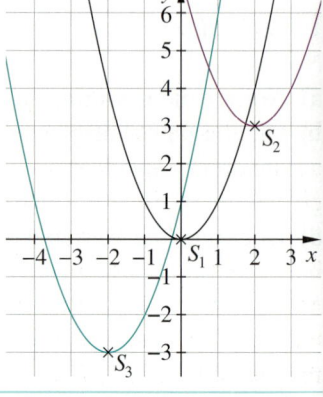

x	-5	-4	-3	-2	-1	0	1	2	3	4	5
y_1											
y_2											
y_3											

HINWEIS ZU 9
Setzt man die Koordinaten des Punkts $P(1|2)$ in die Gleichung $y = (x-d)^2 + e$ ein, so erhält man die Gleichung $2 = (1-d)^2 + e$. Wähle einen Wert für d oder e und bestimme den jeweils anderen.

8 Zeichne die Normalparabeln mit dem gegebenen Scheitelpunkt und gib mögliche Funktionsgleichungen an.

a) $S(1|5)$ b) $S(1|-3)$

c) $S(2,4|-1,5)$ d) $S(-2,5|-1)$

8 Welche Funktionsgleichung hat als Graph eine verschobene Normalparabel mit dem Scheitelpunkt $S(-3|-2,5)$?
Gib vier weitere Punkte an, die auf der Parabel liegen.

9 Sally meint: „In der Funktion $y = (x - 3)^2 + 2$ liegt der Scheitelpunkt bei $S(-3|2)$." Hat sie recht? Begründe. Tipp: Setze den Scheitelpunkt in die Gleichung ein.

9 Bestimme mithilfe des angegebenen Punkts je zwei Funktionsgleichungen in der Form $y = (x - d)^2 + e$.

a) $K(2|9)$ b) $L(-1|2)$ c) $M(-4|-5)$

10 Untersuche die in der Randspalte abgebildete Parabel der Form $y = a(x - d)^2 + e$.

a) Notiere die Koordinaten des Scheitelpunkts S.

b) Notiere die Koordinaten des Punkte A und B.

c) Erkläre den Ausdruck $y = a(0 - d)^2 + e = 5$ und $y = a(2 - d)^2 + e = 5$.

d) Setze die Koordinaten des Scheitelpunkts $S(d|e)$ und die Koordinaten der Punkte A und B jeweils in die Funktionsgleichung $y = a(x - d)^2 + e$ ein und bestimme den Faktor a.

e) Prüfe, ob die Punkte $C(3|11)$ und $D(-1|11)$ auf dem Graphen liegen.

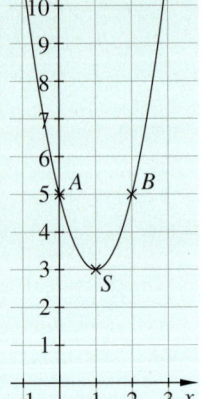

HINWEIS ZU 11
Graphen können steigen und fallen, z. B. fällt der Graph von $y = x^2$ für $x < 0$ und steigt für $x > 0$.

11 Für welche Werte von x steigt der Graph der Funktion?

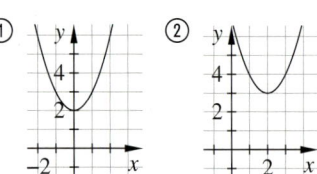

11 Für welche Werte von x steigt der Graph der Funktion?

a) $y = (x + 2)^2 + 3$

b) $y = -(x - 3)^2 + 4$

c) $y = -x^2 + 3$

d) $y = -2(x + 1)^2$

12 Ein Torbogen hat die Form einer Parabel. Der Bogen hat eine Spannweite von 4 m und eine Höhe von 3 m.

a) Fertige eine Skizze an und gib die Funktionsgleichung für den Verlauf des Bogens in Scheitelpunktform an.

b) Wie hoch ist der Torbogen über dir, wenn du 1 m vom rechten Rand entfernt stehst?

12 Welche Verkehrsschilder gehören an einen zweispurigen Straßentunnel mit parabelförmiger Öffnung? Der Tunnel ist 5 m breit und 6 m hoch. Die Fahrbahn hat auf jeder Seite einen 0,5 m breiten Randstreifen.

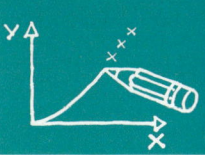

Nullstellen quadratischer Funktionen

Entdecken

1 Arbeitet zu zweit.
In einem Berliner Erholungspark sind Gärten aus aller Welt angelegt. Im arabischen Garten gibt es viele hintereinander angeordnete Springbrunnen mit jeweils einem einzelnen, bogenförmigen Strahl.
Modelliert einen Wasserstrahl im Koordinatensystem. Schätzt dabei mithilfe des Fotos die maximale Höhe des Wasserstrahls.
Welche Breite überspannt der Wasserstrahl?

2 Untersuche die beiden Graphen.
a) Notiere die Koordinaten der vier vorgegebenen Punkte.
b) Gib die Funktionsgleichungen der beiden Graphen an.
c) Kann man bereits an der Funktionsgleichung erkennen, ob und wo die Funktion die x-Achse schneidet?
d) Beschreibe den Zusammenhang, der zwischen der x-Koordinate des Scheitelpunkts und den x-Koordinaten der Schnittpunkte mit der x-Achse besteht.

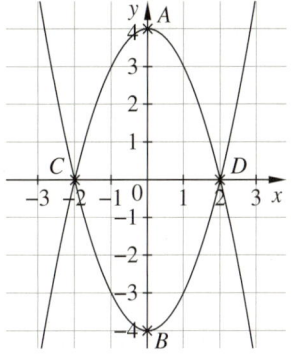

3 Eigenschaften von quadratischen Funktionen untersuchen
a) Stelle Vermutungen an, wie oft die folgenden Funktionen die x-Achse schneiden.
① $y_1 = x^2 + 4$ ② $y_2 = -x^2 - 4$ ③ $y_3 = (x + 4)^2$
④ $y_4 = (x - 4)^2$ ⑤ $y_5 = (x + 4)^2 + 4$ ⑥ $y_6 = (x - 4)^2 - 4$
⑦ $y_7 = -(x + 4)^2 + 4$ ⑧ $y_8 = -(x - 4)^2 - 4$
b) Überprüfe deine Ergebnisse dann mithilfe einer Zeichnung.

4 Erkunde durch Zeichnungen, welche Funktionsgleichung eine quadratische Funktion hat, die diese Bedingungen erfüllt. Gibt es mehrere Lösungen? Vergleicht untereinander.

① Die Funktion schneidet die x-Achse bei $x = 1$ und $x = 3$ und hat ihren Scheitelpunkt bei $S(2|1)$.

② Die Funktion schneidet die x-Achse nicht. Sie schneidet die y-Achse bei $y = 6$ und ihr Scheitelpunkt liegt bei $S(1|5)$.

③ Die Funktion berührt die x-Achse nur in einem Punkt. Sie geht durch die Punkte $A(1|5)$ und $B(5|5)$.

5 Arbeitet zu zweit.
a) Zeichnet mithilfe der Schablone für Normalparabeln verschiedene Funktionsgraphen so in ein Koordinatensystem, dass der Graph die x-Achse …
  ① gar nicht schneidet,
  ② in einem Punkt schneidet oder
  ③ in zwei Punkten schneidet.
b) Notiert die Funktionsgleichungen $y = a(x - d)^2 + e$ zu den Parabeln.
c) Wie kann man an der Funktionsgleichung erkennen, wie viele Schnittpunkte der Funktionsgraph mit der x-Achse hat?

HINWEIS
Du kannst einige Aufgaben auch mit einem Funktionenplotter lösen bzw. überprüfen.

Verstehen

Jan möchte über das Hamburger Bürogebäude namens „Berliner Bogen" einen Kurzvortrag halten.

Er hat recherchiert, dass der obere Parabelbogen des Gebäudes 36 m hoch ist und dass die Funktionsgleichung $y = -0{,}03\,x^2 + 36$ näherungsweise den Verlauf des oberen Parabelbogens beschreibt.

Jan möchte wissen, wie breit das Gebäude ist. Dazu bestimmt er die Spannweite des Bogens am Boden.

Er zeichnet mit einem Funktionenplotter den Graphen der Funktion $y = -0{,}03\,x^2 + 36$. Die Länge der Strecke $\overline{AB}$ auf der x-Achse kann er jedoch nur ungefähr ablesen.

Er vermutet, dass das Gebäude ungefähr 70 m breit ist.

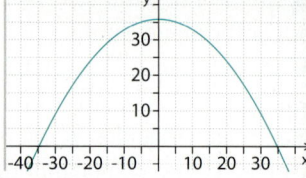

Man kann die x-Koordinaten der Punkte auf der x-Achse mithilfe verschiedener Rechenverfahren bestimmen. Immer setzt man für y den Wert null ein.

Beispiel 1

$$\begin{aligned}
0 &= -0{,}03\,x^2 + 36 \quad &| -36\\
-36 &= -0{,}03\,x^2 \quad &| : (-0{,}03)\\
1\,200 &= x^2 \quad &| \sqrt{}\\
\sqrt{1\,200} &= x
\end{aligned}$$

$x_1 \approx 34{,}64$ und $x_2 \approx -34{,}64$

Beispiel 2

$0 = -0{,}03\,x^2 + 36$ $| -0{,}03$ ausklammern

$0 = -0{,}03\,(x^2 - 1\,200)$ $|$ 3. binom. Formel

$0 \approx -0{,}03\,(x + 34{,}64)(x - 34{,}64)$

    1. Fall   2. Fall

    $x + 34{,}64 \approx 0$ $x - 34{,}64 \approx 0$

    $x_1 \approx -34{,}64$ und $x_2 \approx 34{,}64$

Das Gebäude ist somit ca. 69,28 m breit.

Merke Da die y-Koordinaten der Punkte auf der x-Achse immer den Wert null haben, nennt man die x-Koordinaten der Punkte mit den Koordinaten $(x\,|\,0)$ **Nullstellen**.

An der Lage des Scheitelpunkts und je nach Öffnung der Parabel kann man die Anzahl der Nullstellen einer quadratischen Funktion erkennen: **keine, eine oder zwei Nullstellen**.

$y = x^2 + 1$: keine Nullstelle $y = x^2 + 2x + 1$: eine Nullst. $y = x^2 + 2x - 3$: zwei Nullst.

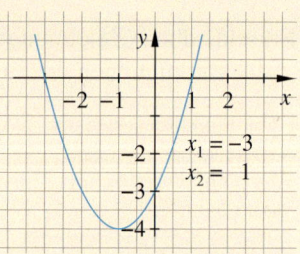

– Parabeln der Form $y = a\,(x - d)^2$ haben immer eine Nullstelle, da der Scheitelpunkt auf der x-Achse liegt.

– Parabeln der Form $y = a\,(x - d)^2 + e$ haben keine Nullstelle oder zwei Nullstellen. Keine Nullstelle gibt es, wenn gilt: $e > 0$ und $a > 0$ oder $e < 0$ und $a < 0$.

    Zwei Nullstellen gibt es, wenn gilt: $e > 0$ und $a < 0$ oder $e < 0$ und $a > 0$.

In der Produktform $y = a\,(x - x_1)(x - x_2)$ kann man die Nullstellen direkt ablesen.

Achte auf die Vorzeichen von x_1 und x_2.

Beispiel 3

$y = x^2 + 2x - 3 = (x - 1)(x + 3)$

$x_1 = 1$ und $x_2 = -3$

Üben und anwenden

1 Die Wertetabelle gehört zu einer verschobenen Normalparabel.

x	−7	−6	−5	−4	−3	−2	−1	0	1	2	3	4	5	6	7
y			5	0	−3	−4	−3	0	5	12					

a) An welcher Stelle vermutest du den Scheitelpunkt?
b) Gib die Nullstellen an.
c) Zeichne den Funktionsgraphen und bestimme die Funktionsgleichung.
d) Ergänze die Tabelle im Heft.

2 Lies die Nullstellen der Funktion ab. Überprüfe dein Ergebnis rechnerisch.

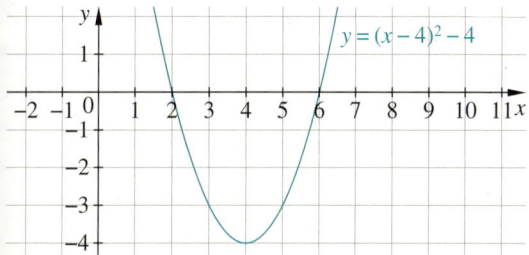

$y = (x-4)^2 - 4$

2 Überprüfe, ob die angegebenen Stellen Nullstellen der Funktionen sind. Korrigiere falls nötig.

a) $y = x^2 - 6{,}25$ $x_1 = 2{,}5; x_2 = -2{,}5$
b) $y = -x^2 + 9$ $x_1 = 3; x_2 = 6$
c) $y = (x - 2{,}5)^2 - 0{,}25$ $x_1 = 2; x_2 = 4$
d) $y = (x + 2{,}5)^2$ $x_1 = x_2 = 2{,}5$
e) $y = -(x - 4)^2 + 1$ $x_1 = 3; x_2 = 5$
f) $y = \left(x - \frac{11}{4}\right)^2 - \frac{81}{16}$ $x_1 = 0{,}5; x_2 = 5$

3 Bestimme die Anzahl der Nullstellen der Funktion.

a) $y = x^2 + 9$ b) $y = x^2 + 64$
c) $y = x^2 - 4$ d) $y = x^2 - 8$

3 Bestimme die Anzahl der Nullstellen der Funktion.

a) $y = x^2 + 4{,}5$ b) $y = -x^2 + 24$
c) $y = x^2 - 9$ d) $y = \left(x - \frac{1}{2}\right)^2 + \frac{3}{4}$

4 Beschreibe den Graphen der Funktion, indem du den Scheitelpunkt und die Öffnungsrichtung angibst. Begründe, ob die Funktion keine, eine oder zwei Nullstellen besitzt.

a) $y = x^2 + 3$
b) $y = x^2 - 2$
c) $y = -0{,}5x^2 - 7$
d) $y = -3x^2 + 14$
e) $y = (x + 4)^2$
f) $y = -(x - 4)^2$
g) $y = 0{,}25(x - 4)^2 - 3$
h) $y = -2(x - 3)^2 + 2{,}25$

4 Bestimme den Scheitelpunkt S und die Öffnungsrichtung der Parabel. Zeichne den Graphen und berechne mögliche Nullstellen der zugehörigen Funktion.

a) $y = x^2 - 1$
b) $y = (x - 1)^2$
c) $y = -x^2 + 1$
d) $y = (x + 1)^2$
e) $y = (x - 3)^2 - 1$
f) $y = -(x + 3)^2 + 1$
g) $y = -3(x + 5)^2 + 3$
h) $y = 2(x - 4)^2 - 1$

5 Bestimme die Nullstellen. Setze jeweils einen Faktor gleich null.

a) $y = (x - 2)(x + 2)$
b) $y = (x - 2)(x - 2)$
c) $y = (x + 2)(x + 2)$
d) $y = (x - 7)(x - 1)$
e) $y = (x + 7)(x - 1)$
f) $y = (x + 7)(x + 1)$
g) $y = 2(x + 4)(x - 3)$

5 Bestimme die Nullstellen und gib den Scheitelpunkt an.

a) $y = x^2 - 1{,}69$
b) $y = (x - 1{,}69)^2$
c) $y = (x - 1{,}69)^2 - 1{,}69$
d) $y = (x - 2{,}5)(x + 2{,}5)$
e) $y = 4(x - 2)^2 - 64$
f) $y = -2(x + 2)^2 + 32$
g) $y = -(x + 4)(x - 3)$

RÜCKBLICK
Welchen Mittelpunktswinkel α hat ein Kreisausschnitt mit $r = 4{,}5$ cm und $b = 8$ cm?

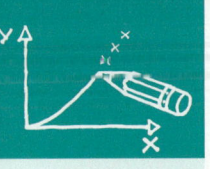

6 Die Abbildung zeigt den Querschnitt eines Eisenbahntunnels. Der Querschnitt verläuft parabelförmig.
Entnimm alle nötigen Angaben der Zeichnung.
a) Erstelle eine Funktionsgleichung der Form $y = a x^2 + e$.
b) Wie breit ist der Tunnel?

6 Löse die Sachaufgaben.
a) Eine Wasserrinne, die im Querschnitt die Form einer Normalparabel hat, soll abgedeckt werden.
Wie breit muss die Abdeckung mindestens sein, wenn die Rinne 9 cm tief ist?
b) Eine Messehalle soll im Eingangsbereich von einem parabelförmigen Bogen mit der Gleichung $y = -0,5\,x^2$ überspannt werden. Der Bogen soll 20 m hoch sein. Ermittle die Breite des Bogens.

7 Arbeitet zu zweit.
Ein Werkstück hat einen parabelförmigen Querschnitt. Die Form des Werkstücks kann annähernd durch die Funktionsgleichung $y = -0,15625\,x^2 + 3,6$ beschrieben werden (Angaben in Zentimetern). Schätzt zuerst und überprüft euer Ergebnis durch eine Rechnung. Berechnet die Höhe und Breite des Wertestückes.

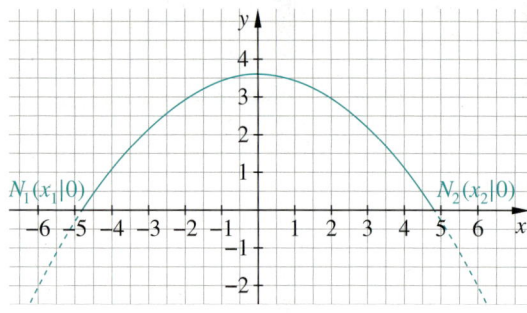

8 Welche quadratische Funktion hat ihren Scheitelpunkt bei $S(2|3)$ und keine Nullstellen? Gibt es mehrere Möglichkeiten?

8 Welche quadratische Funktion hat ihren Scheitelpunkt bei $S(2|3)$ und ihre Nullstellen bei $x_1 = -1$ und $x_2 = 5$?

9 Ein Bauteil hat eine Krümmung in Form einer Normalparabel. Die Krümmung wird durch die Gleichung $y = x^2 - 81$ beschrieben (Maße in cm).
a) Bestimme die Anzahl der Nullstellen der Funktion.
b) Fertige eine Skizze des Graphen an.
c) Bestimme die Nullstellen.
d) Wie breit ist das Bauteil?
e) Beschreibe den Zusammenhang zwischen der Breite und den Nullstellen der Funktion.

9 Eine Leiste im Baumarkt hat einen parabelförmigen Querschnitt.
Die Parabel hat die Funktionsgleichung $y = (x - 2,5)^2 - 6,25$ (Maße in cm).
a) Zeichne den Graphen der Funktion.
b) Bestimme die Nullstellen anhand der Zeichnung.
c) Überprüfe die Nullstellen rechnerisch.
d) Bestimme die Breite der Leiste.
e) Beschreibe den Zusammenhang zwischen der Breite und den Nullstellen der Funktion.

10 Sarah hat in ihrem Lerntagebuch aufgeschrieben, wie sie die Nullstellen einer quadratischen Funktion berechnen kann.
a) Erkläre die einzelnen Schritte.
b) Überprüfe die Nullstellen durch Zeichnen.
c) Bestimme nach dem beschriebenen Verfahren die Nullstellen der Funktionen.
① $y = (x - 2)^2 - 9$
② $y = (x + 3)^2 - 1$
③ $y = (x - 5)^2 - 4$

RÜCKBLICK
Ein zylinderförmiges Gefäß mit einem Durchmesser von 12 cm hat ein Volumen von 0,5 l. Berechne die Höhe des Gefäßes.

Bei einer quadratischen Funktion, die in Scheitelpunktform gegeben ist, kann man die Nullstellen ganz einfach berechnen.
$y = (x - 1)^2 - 4 = 0$
$\qquad (x - 1)^2 - 4 = 0 \quad | +4$
$\qquad (x - 1)^2 = 4 \quad | \sqrt{}$
$x_1 - 1 = 2 \quad | +1 \qquad x_2 - 1 = -2 \quad | +1$
$\qquad x_1 = 3 \qquad\qquad\qquad x_2 = -1$
Es gibt zwei Nullstellen: $x_1 = 3$ und $x_2 = -1$.

Allgemeine Form und Scheitelpunktform

Entdecken

1 Sarah hat mit einem Funktionenplotter verschiedene Parabeln dargestellt. Sie hat die Funktionsgleichungen in der Scheitelpunktform in die Eingabezeile eingegeben: $y = (x-1)^2 - 3$. Im Programmfenster wird die Funktion automatisch in der Form $y = x^2 - 2x - 2$ angegeben.

a) Beschreibe, wie die Gleichung in der Scheitelpunktform in die andere Form umgeformt werden kann.

b) Stelle für die drei anderen Parabeln die Scheitelpunktform auf und schreibe sie um.

c) Vergleiche die vier umgeformten Gleichungen der vier Parabeln. Worin unterscheiden sie sich?

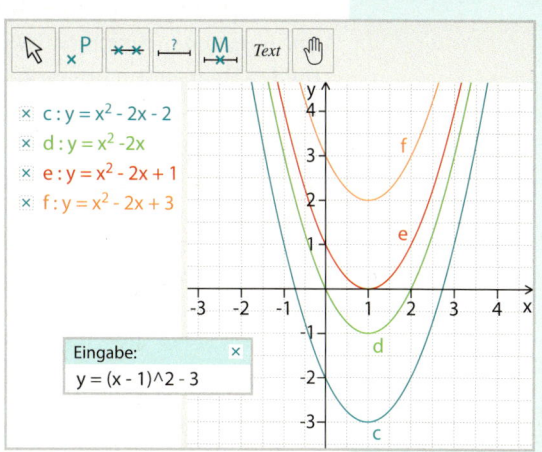

2 Übertrage den abgebildeten Funktionsgraphen ins Heft.

a) Beschreibe den Verlauf des Funktionsgraphen: Welche Koordinaten hat der Scheitelpunkt des Graphen? Handelt es sich um eine Normalparabel? Begründe. Wie lautet die Scheitelpunktform?

b) Ordne dem Funktionsgraphen die passende Funktionsgleichung zu.

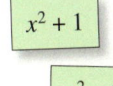

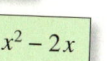

$x^2 + 2x + 1$ $x^2 + 1$ x^2 $x^2 - 1$ $x^2 - 2x + 1$ $x^2 - 2x$

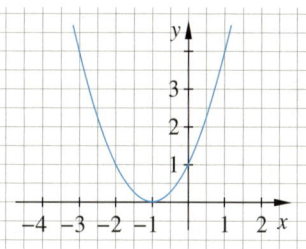

TIPP
Schlage die binomischen Formeln im Anhang nach.

3 Die Flugkurve des Basketballs verläuft annähernd parabelförmig.

a) Welche Funktionsgleichungen beschreiben die Flugkurve des Basketballs? Begründe.

$y_1 = -0{,}25x^2 + x + 3$
$y_2 = -0{,}5(x-2)^2 + 4$
$y_3 = -0{,}25(x-2)^2 + 4$
$y_4 = -0{,}25x^2 + 4x + 1{,}75$

b) Welche Wege gibt es, um die maximale Höhe des Basketballs zu bestimmen?

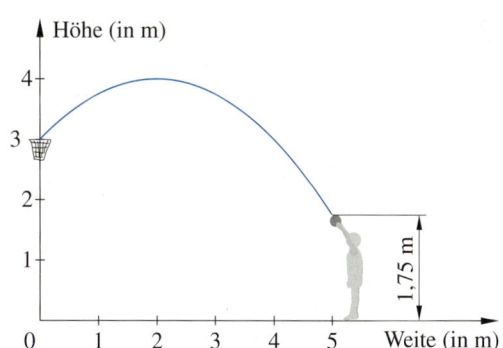

4 Gib zu den vorgegebenen Scheitelpunkten die Funktionsgleichungen zuerst in der Scheitelpunktform mit $a = 1$ an, löse dann die Klammer auf und schreibe sie als Summe.

$S_1(1|2)$ $S_2(2|1)$ $S_3(-1|2)$ $S_4(2|-1)$ $S_5(-1|-2)$ $S_6(-2|-1)$

5 Untersuche anhand der Funktionsgleichungen, ob man jede quadratische Funktion unmittelbar in der Scheitelpunktform $y = (x-d)^2 + e$ angeben kann.

① $y = x^2 + 4x + 4$ ② $y = x^2 + 2x$ ③ $y = x^2 - 10x + 20$ ④ $y = x^2 - 6x + 9$

a) Welche Funktionsterme lassen sich in die Scheitelpunktform umwandeln? Erkläre, wie du dabei vorgehst.

b) Welche Funktionsterme lassen sich nicht unmittelbar in die Scheitelpunktform umwandeln?

Verstehen

Herr Wendt möchte in seinem Garten einen Springbrunnen errichten lassen. Er hat sich ein rundes Becken mit einem Radius von 4 m ausgesucht. Die Fontänen befinden sich in einem Abstand von 1 m zum Beckenrand, spritzen bis in die Mitte und haben eine maximale Höhe von 2,25 m.

Er möchte den Bogen der Fontänen modellieren. Er nutzt die Nullstellen $x_1 = 1$ und $x_2 = 4$ und setzt sie in die Produktform $y = a(x - x_1)(x - x_2)$ ein. Daraus bestimmt er die Funktionsgleichung.

Beispiel 1

$y = a(x - 1)(x - 4)$ | ausmultiplizieren
$y = a(x^2 - 4x - 1x + 4)$ | zusammenfassen
$y = a(x^2 - 5x + 4)$

Den Faktor a bestimmt er mithilfe des Scheitelpunkts $(2,5 | 2,25)$, für x setzt er 2,5 ein.
$2,25 = a(2,5^2 - 5 \cdot 2,5 + 4)$ | ausmultiplizieren
$2,25 = a(6,25 - 12,5 + 4)$ | zusammenfassen
$2,25 = a(-2,25)$ | : $(-2,25)$
$a = -1$

Herr Wendt erhält die Funktionsgleichung $y = -(x^2 - 5x + 4)$. Auflösen der Klammer ergibt $y = -x^2 + 5x - 4$.

Werden Funktionsgleichungen in der allgemeinen Form $y = ax^2 + bx + c$ angegeben, dann kann man die Koordinaten des Scheitelpunkts nicht ablesen. Mithilfe der binomischen Formeln kann die Gleichung in die Scheitelpunktform umgeformt werden.

Beispiel 2

$y = -x^2 + 5x - 4$ | Faktor $a (= -1)$ ausklammern
$y = -(x^2 - 5x + 4)$ | Gleichung so ergänzen, dass die
    2. binomische Formel angewandt werden kann
$y = -[(x^2 - 2 \cdot 2,5x + 2,5^2) - 2,5^2 + 4]$ | 2. binomische Formel anwenden
$y = -[(x - 2,5)^2 - 2,5^2 + 4]$ | zusammenfassen
$y = -[(x - 2,5)^2 - 2,25]$ | eckige Klammer auflösen
$y = -(x - 2,5)^2 + 2,25$ | Scheitelpunkt ablesen

Die Parabel hat den Scheitelpunkt $S(2,5 | 2,25)$.

> **Merke** Jede Funktionsgleichung einer quadratischen Funktion in der allgemeinen Form $y = ax^2 + bx + c$ kann mithilfe der binomischen Formeln in die Scheitelpunktform $y = a(x - d)^2 + e$ umgeformt werden.
> Der Term, den man ergänzen muss, um die binomischen Formeln anwenden zu können, heißt **quadratische Ergänzung**. Um die Gleichheit beizubehalten, muss dieser Term gleichzeitig subtrahiert werden.
> Ist $a = 1$, gilt $y = x^2 + bx + c = \left(x + \frac{b}{2}\right)^2 - \left(\frac{b}{2}\right)^2 + c$.

Üben und anwenden

1 Forme die Funktionsgleichung in die Form $y = x^2 + bx + c$ um.

a) $y = (x - 3)^2$
b) $y = (x + 4)^2$
c) $y = (x + 1{,}5)^2$
d) $y = (x - 2)^2 - 4$
e) $y = (x + 2)^2 - 4$
f) $y = (x + 6)^2 - 6$
g) $y = (x + 1{,}2)^2 - 4$
h) $y = (x + 12)^2 - 12$

1 Forme die Funktionsgleichung in die allgemeine Form $y = ax^2 + bx + c$ um.

a) $y = 2(x + 3)^2$
b) $y = -(x + 3)^2$
c) $y = 0{,}5(x + 2{,}1)^2$
d) $y = -4(x - 1{,}5)^2$
e) $y = 2(x - 4)^2 + 1$
f) $y = 9(x - 3)^2 + 5$
g) $y = 5(x + 1{,}5)^2 + 8$
h) $y = -(x - 2)^2 + 4$

2 Gib zuerst den Scheitelpunkt an und bestimme dann die Funktionsgleichung in der Form $y = x^2 + bx + c$.

a) $y = (x - 1)^2$
b) $y = (x - 1)^2 - 1$
c) $y = (x + 1)^2 - 2$
d) $y = x^2 + 4$

2 Bestimme die Funktionsgleichung in der Form $y = x^2 + bx + c$, wenn die zugehörige Normalparabel den Scheitelpunkt S hat.

a) $S(2|4)$
b) $S(-1|-5)$
c) $S(0|3)$
d) $S(3|-9)$
e) $S(5|0)$
f) $S(-3|4)$

3 Forme die Terme mithilfe der binomischen Formeln um.

a) $x^2 + 8x + 16$
b) $x^2 - 10x + 25$
c) $x^2 - 16x + 64$
d) $x^2 - 18x + 81$
e) $x^2 + 14x + 49$
f) $x^2 + 12x + 36$
g) $x^2 + 9x + 20{,}25$
h) $x^2 - 5x + 6{,}25$

4 Welche Zahl muss addiert werden, damit die Summe als Quadrat geschrieben werden kann? Übertrage in dein Heft und ergänze.

a) $x^2 + 8x + \blacksquare = (x + \bullet)^2$
b) $x^2 - 18x + \blacksquare = (x - \bullet)^2$
c) $x^2 + 5x + \blacksquare = (x + \bullet)^2$
d) $x^2 + 13x + \blacksquare = (x + \bullet)^2$
e) $x^2 - 14x + \blacksquare = (\blacklozenge - \bullet)^2$
f) $x^2 + 7x + \blacksquare = (\blacklozenge + \bullet)^2$
g) $x^2 + x + \blacksquare = (\blacklozenge + \bullet)^2$
h) $x^2 - x + \blacksquare = (\blacklozenge - \bullet)^2$

4 Bestimme die quadratische Ergänzung und schreibe als Quadrat eines Binoms.

a) $x^2 + 10x + \blacksquare$
b) $a^2 + 12a + \blacksquare$
c) $x^2 - 24x + \blacksquare$
d) $m^2 - 12m + \blacksquare$
e) $y^2 - 7y + \blacksquare$
f) $x^2 + 9x + \blacksquare$
g) $4x^2 - 12x + \blacksquare$
h) $25x^2 + 30x + \blacksquare$
i) $16x^2 + 8xy + \blacksquare$

5 Bestimme die quadratische Ergänzung wie im Beispiel. Gib die Scheitelpunktform und den Scheitelpunkt an.
Beispiel $y = x^2 + 10x$
$\qquad y = x^2 + 10x + 5^2 - 5^2$
$\qquad y = (x + 5)^2 - 25$, also $S(-5|-25)$

a) $y = x^2 + 5x$
b) $y = x^2 + 12x$
c) $y = x^2 - 14x$
d) $y = x^2 - 7x$

5 Gib die Scheitelpunktform und den Scheitelpunkt wie im Beispiel an.
Beispiel $y = x^2 + 10x + 15$
$\qquad y = x^2 + 10x + 5^2 - 5^2 + 15$
$\qquad y = (x + 5)^2 - 10$, also $S(-5|-10)$

a) $y = x^2 + 4x - 8$
b) $y = x^2 - 3x + 9$
c) $y = x^2 - 5x - 10$
d) $y = x^2 + 3{,}6x + 1{,}8$

6 Einzelne Schülerinnen und Schüler haben noch Probleme beim Umwandeln in die Scheitelpunktform. Überprüfe ihre Rechnungen.

Caroline
$y = x^2 + 8x + 17$
$y = (x^2 + 8x + 4) + 17$
$y = (x + 4)^2 + 17$
$S(-4|17)$

Dominik
$y = x^2 + 8x + 17$
$y = (x^2 + 8x + 4) - 4$
$y = (x + 4)^2 + 13$
$S(-4|13)$

Annika
$y = x^2 + 8x + 17$
$y = (x^2 + 8x + 4^2) - 4^2 + 17$
$y = (x + 4)^2 + 1$
$S(-4|1)$

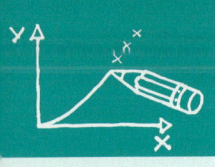

HINWEIS
Überlege zunächst, auf welcher Höhe der Schlauch gehalten wird.

7 Die Gleichung $y = -0,1x^2 + 0,5x + 1,5$ beschreibt den Verlauf eines Wasserstrahls aus einem Gartenschlauch.
a) Forme in die Scheitelpunktform um.
b) Bestimme die größte Höhe, die der Wasserstrahl erreicht.
c) Wie weit spritzt der Gartenschlauch? Vergleiche die Weite mit einem Wasserstrahl, dessen Verlauf durch die Gleichung $y = -0,25x^2 + x + 1,6$ beschrieben werden kann.
Schätze zuerst.

8 An welcher Stelle hat die Funktion ihren höchsten bzw. ihren niedrigsten Punkt? Forme um in die Scheitelpunktform.
a) $y = x^2 + 2x + 2$
b) $y = -x^2 - 2x - 1$
c) $y = x^2 + 4x + 7$
d) $y = -x^2 + 8x + 1$

8 An welcher Stelle hat die Funktion ihren höchsten bzw. ihren niedrigsten Punkt?
a) $y = 2x^2 + 8x + 3$
b) $y = 4x^2 - 4x - 3$
c) $y = 5x^2 - 30x + 55$
d) $y = -\frac{1}{4}x^2 + x + 1$
e) $y = 0,4x^2 - 5x + 3$

9 Gegeben ist die quadratische Funktion $y = x^2 - 2x - 3$.
a) In welchem Bereich ist der Graph der Funktion steigend?
b) In welchem Bereich liegen die Funktionswerte unterhalb der x-Achse?

9 Gegeben ist die quadratische Funktion $y = 2x^2 + 6x - 4$.
a) In welchem Bereich ist der Graph der Funktion steigend?
b) In welchem Bereich liegen die Funktionswerte unterhalb der x-Achse?

10 Der Bogen einer Fontäne, die vom Brunnenrand bis zur Brunnenmitte spritzt, kann mit der Funktion $y = -1,5x^2 + 3x + 0,3$ modelliert werden.
a) Berechne die größte Spritzhöhe.
b) In welchem Abstand von der Düse am Rand wird die maximale Höhe erreicht?
c) Über welche Entfernung spritzt die Fontäne?

11 Bestimme zu Scheitelpunkt und Faktor a die zugehörige Funktionsgleichung in der allgemeinen Form $y = ax^2 + bx + c$.
a) $S(1|1); a = 2$
b) $S(-2|0); a = -1$
c) $S(0|-2); a = \frac{1}{2}$
d) $S(-1|-1); a = -2$

11 Bestimme zu jedem Scheitelpunkt zwei Funktionsgleichungen, die die Nullstellen $x_1 = -3$ und $x_2 = 1$ besitzen.
a) $S_1(-1|-2)$
b) $S_2(-1|2)$
c) $S_3(-1|4)$
d) $S_4(-1|-4)$

12 Innerhalb der Parabel mit der Funktionsgleichung $y = -x^2 + 4x$ soll das einbeschriebene Rechteck möglichst groß sein. Karl hat ein Tabellenblatt angelegt.
a) Gib die Seitenlängen und den Flächeninhalt des größtmöglichen Rechtecks an.
b) Gib die Formeln für die Zellen **D5**, **F5** und **H5** an.

	A	B	C	D	E	F	G	H	I
1	Startwert	0,0		f(x) =	-1	x² +	4	x +	0
2	Schrittweite	0,1							
3						Rechteck			
4	x	f(x)		a	b	A			
5	0,0	0,00		4,0	0,00	0,000			
6	0,1	0,39		3,8	0,39	1,482			
7	0,2	0,76		3,6	0,76	2,736			
8	0,3	1,11		3,4	1,11	3,774			
9	0,4	1,44		3,2	1,44	4,608			
10	0,5	1,75		3,0	1,75	5,250			
11	0,6	2,04		2,8	2,04	5,712			
12	0,7	2,31		2,6	2,31	6,006			
13	0,8	2,56		2,4	2,56	6,144			
14	0,9	2,79		2,2	2,79	6,138			
15	1,0	3,00		2,0	3,00	6,000			
16	1,1	3,19		1,8	3,19	5,742			

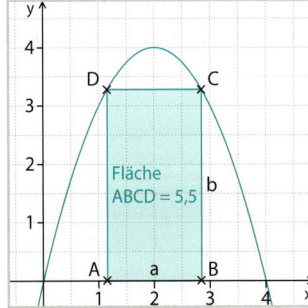

Fläche ABCD = 5,5

Thema: Allgemein quadratische Funktionen untersuchen

Die Schülerinnen und Schüler der Informatik-AG planen ein Tabellenblatt, um quadratische Funktionen der Form $y = ax^2 + bx + c$ untersuchen zu können.
Sie erarbeiten in drei Gruppen Lösungen zu den einzelnen Aufträgen.

Gruppe 1 erstellt eine flexible Wertetabelle, bei der die Schrittweite und der Startwert beliebig verändert werden können.
Die Funktionswerte werden nach Eingabe beliebiger Variablen berechnet und der Graph wird gezeichnet.

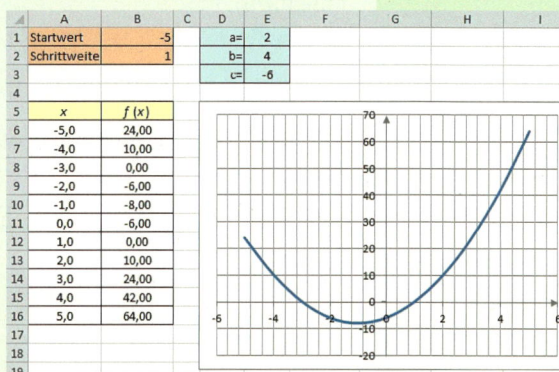

1 Ordne die Formeln den jeweiligen Zellen zu.

① = B1   ② = A6+$B$2
③ = A10+$B$2   ④ = $E$1*A6^2+$E$2*A6+$E$3

2 Erstelle selbst das Tabellenblatt, variiere die Eingaben und zeichne den Graphen.

Für die Berechnung von d und e formt **Gruppe 2** die Funktionsgleichung in der allgemeinen Form in die Scheitelpunktform um.

$y = ax^2 + bx + c$ | a ausklammern

$y = a\left(x^2 + \frac{b}{a}x + \frac{c}{a}\right)$ | quadratisch ergänzen

$y = a\left[x^2 + \frac{b}{a}x + \left(\frac{b}{2a}\right)^2 - \left(\frac{b}{2a}\right)^2 + \frac{c}{a}\right]$ | binomische Formel anwenden

$y = a\left[\left(x + \frac{b}{2a}\right)^2 - \left(\frac{b}{2a}\right)^2 + \frac{c}{a}\right]$ | Klammer auflösen

$y = a\left(x + \frac{b}{2a}\right)^2 - a\left(\frac{b}{2a}\right)^2 + c$ | zusammenfassen

$y = a\left(x + \frac{b}{2a}\right)^2 - \frac{b^2}{4a} + c$ | d und e bestimmen

$d = -\frac{b}{2a}$ und $e = c - \frac{b^2}{4a}$; $S\left(-\frac{b}{2a}\middle|c - \frac{b^2}{4a}\right)$

3 Überprüft zuerst zu zweit die einzelnen Rechenschritte.
Überlegt dann, welche Formeln zur Berechnung von d und e in den Zellen **E2** und **G2** eingegeben wurden.

	A	B	C	D	E	F	G	H	I	J
1	$y = ax^2 + bx + c$			$y =$	2	$x^2 +$	4	$x +$	-6		Scheitelpunkt
2	$y = a(x - d)^2 + e$			$y =$	2	$(x -$	-1	$)^2 +$	-8		S (-1 | -8)

4 Erstellt selbst das Tabellenblatt.
a) Verwendet bei der Eingabe der Formeln in den Zellen **E2** und **G2** Klammern.
b) Die Formel in Zelle **J2** lautet =VERKETTEN("S (";E2;" | ";G2;")").
    Findet heraus, wofür die einzelnen Formelbestandteile stehen.

Gruppe 3 erstellt die Formeln zur Berechnung der Nullstellen mithilfe der Scheitelpunktform.

$y = a(x - d)^2 + e$ | $y = 0$

$0 = a(x - d)^2 + e$ | $-e$

$-e = a(x - d)^2$ | $: a$

$-\frac{e}{a} = (x - d)^2$ | $\sqrt{}$

$\pm\sqrt{-\frac{e}{a}} = x - d$ | $+d$

$x = d + \sqrt{-\frac{e}{a}}$ oder $x = d - \sqrt{-\frac{e}{a}}$

	A	B	C	D	E	F	G	H	I	J
1	$y = ax^2 + bx + c$			$y =$	2	$x^2 +$	4	$x +$	-6		Scheitelpunkt
2	$y = a(x - d)^2 + e$			$y =$	2	$(x -$	-1	$)^2 +$	-8		S (-1 | -8)
3											
4	$x_1 =$	1									
5	$x_2 =$	-3									

5 Wie lauten die Formeln in **B4** und **B5**?

53

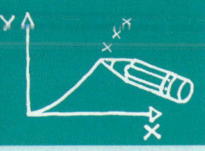

Klar so weit?

→ Seite 36

Rein quadratische Funktionen

1 Entscheide zuerst, ob die Parabel gestreckt oder gestaucht ist. Gib dann die Öffnungsrichtung an.

a) $y = 2{,}5\,x^2$
b) $y = -\frac{2}{5}x^2$
c) $y = 0{,}25\,x^2$
d) $y = -\frac{5}{2}x^2$

2 Gib die zugehörige Funktionsgleichung an.

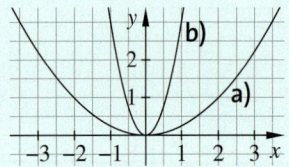 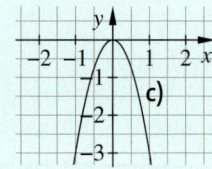

3 Überprüfe durch Rechnung, auf welchem Graphen einer der Punkte $P_1(-1\,|\,2)$, $P_2(2\,|\,4)$, $P_3(-1\,|\,-2)$ oder $P_4(-1\,|\,-1)$ liegt.

a) $y_1 = 2x^2$
b) $y_2 = -2x^2$
c) $y_3 = -x^2$
d) $y_4 = x^2$

1 Bestimme zu $y = a\,x^2$ den Faktor a mithilfe der angegebenen Punkte. Gib die Öffnungsrichtung an und entscheide, ob die Parabel gestreckt oder gestaucht ist.

a) $(2\,|\,16)$ b) $(2\,|\,-16)$ c) $(2\,|\,1)$ d) $(2\,|\,-1)$

2 Erstelle für die Funktionen eine Wertetabelle von -3 bis 3 mit einer Schrittweite von $0{,}5$. Stelle die Funktionsgraphen in einem Koordinatensystem dar.

a) $y_1 = 2x^2$
b) $y_2 = -2x^2$
c) $y_3 = \frac{1}{2}x^2$
d) $y_4 = -\frac{1}{2}x^2$

3 Berechne jeweils die fehlende Koordinate der Punkte zur Funktion $y = 1{,}2x^2$.

a) $A_1(2\,|\,\blacksquare)$, $A_2(-2\,|\,\blacksquare)$ und $B_1(\blacksquare\,|\,0{,}3)$, $B_2(\blacksquare\,|\,0{,}3)$
b) $C_1(0{,}1\,|\,\blacksquare)$, $C_2(-0{,}1\,|\,\blacksquare)$ und $D_1(\blacksquare\,|\,1{,}2)$, $D_2(\blacksquare\,|\,1{,}2)$

→ Seite 42

Scheitelpunktform quadratischer Funktionen

4 Notiere den Scheitelpunkt und gib die Funktionsgleichung an.

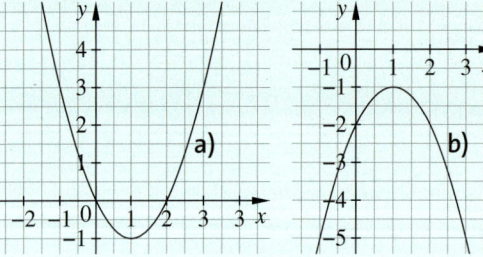

5 Gib zu den gegebenen Funktionen den Scheitelpunkt $S(d\,|\,e)$ an.

a) $y = (x - 1{,}5)^2$
b) $y = (x + 1{,}5)^2$
c) $y = -\left(x - \frac{1}{2}\right)^2 - 2$
d) $y = \left(x - \frac{1}{2}\right)^2 + 1$

4 Gegeben sind die Scheitelpunkte $S_1(0\,|\,2)$, $S_2(2\,|\,0)$, $S_3(2\,|\,2)$ und $S_4(-2\,|\,-2)$.

a) Markiere die Scheitelpunkte in einem Koordinatensystem.
b) Gib die Funktionsgleichungen der
   – nach oben und
   – nach unten
   geöffneten Normalparabeln an, die durch diese Scheitelpunkte verlaufen.
c) Zeichne die Funktionsgraphen.

5 Eine verschobene Normalparabel hat den Scheitelpunkt $S(0\,|\,2)$. Bestimme die fehlende Koordinate der Parabelpunkte.

a) $P_1(3\,|\,\blacksquare)$
b) $P_2(-3\,|\,\blacksquare)$
c) $P_3(\blacksquare\,|\,18)$

6 Der Delphin springt auf einer annähernd parabelförmigen Sprungbahn aus dem Wasser.

a) Wie lautet der Scheitelpunkt?
b) Gib die Funktionsgleichung für die Sprungbahn an. Entnimm alle Maße der Zeichnung.
c) Berechne die Sprunghöhe für $x = 2\,\text{m}$ und $x = 5\,\text{m}$.

Nullstellen quadratischer Funktionen

→ Seite 46

7 Bestimme die Anzahl der Nullstellen.
a) $y = x^2 - 9$ 　　　　b) $y = x^2 + 1$
c) $y = -(x - 4)^2 + 3$ 　d) $y = (x + 1)^2$

7 Berechne die Nullstellen.
a) $y = x^2 - 4$ 　　　　b) $y = -x^2 - 1$
c) $y = -(x - 3)^2 + 4$ 　d) $y = (x + 2)^2$

8 Betrachte die Funktionsgraphen.
a) Lies jeweils den Scheitelpunkt und die Nullstellen ab.
b) Berechne den Faktor a.
c) Gib die Funktionsgleichung in der Form $y = a(x - d)^2 + e$ an.

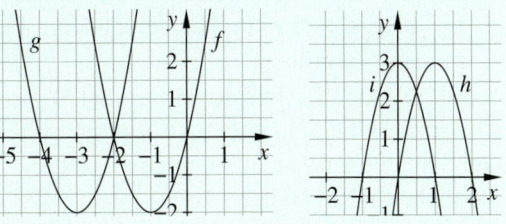

9 Ein Brückenbogen kann durch die Funktionsgleichung $y = -\frac{1}{9}x^2 + 4$ beschrieben werden.
a) Welche Höhe hat die Brücke?
b) Welche Spannweite hat der Bogen?
c) An welcher Stelle ist der Bogen genau 3 m hoch?
d) Berechne die Länge einer zur Fahrbahn parallelen Strebe innerhalb des Bogens und 2,20 m über der Fahrbahn.

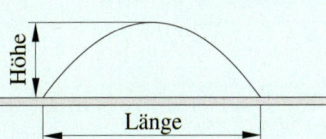

Allgemeine Form und Scheitelpunktform

→ Seite 50

10 Forme in die Form $y = ax^2 + bx + c$ um.
a) $y = (x - 3)^2 + 2$ 　　b) $y = 2(x - 2)^2 + 1$
c) $y = -(x + 1)^2 - 2$ 　d) $y = \frac{1}{2}(x - 2)^2 + 4$

10 Forme in die allgemeine Form um.
a) $y = 2(x - 2)^2 + \frac{1}{2}$ 　b) $y = -0{,}2(x + 4)^2$
c) $y = \frac{2}{3}(x + 3)^2 - 6$ 　d) $y = -4(x - 4)^2$

11 Bestimme die Scheitelpunktform und berechne die Nullstellen.
a) $y = x^2 + 4x$
b) $y = (x + 2)(x - 2)$
c) $y = x^2 + 2x - 15$

11 Bestimme die Scheitelpunktform und berechne die Nullstellen.
a) $y = 2x^2 + 4x + 2$
b) $y = -3x^2 + 9x + 12$
c) $y = \frac{1}{2}x^2 + 3x$

12 Für welche Werte von x steigt der Graph der Funktion?
a) $y = x^2 + 8x + 16$
b) $y = x^2 + 6x + 11$
c) $y = -x^2 + 5x - 6{,}25$
d) $y = -x^2 + 3x - 3{,}25$

12 Ein Abwasserkanal hat einen parabelförmigen Querschnitt. Gib die Funktionsgleichung der Parabel an, wenn der Scheitelpunkt im Koordinatenursprung liegt.

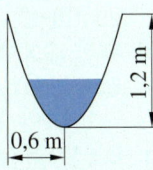

13 Das Dach der kölner Lanxess-Arena wird von einem Parabelbogen aus Stahlbeton getragen. Die Unterkante des Bogens erreicht eine maximale Höhe von 73 m.
Ein Punkt $P(88{,}23\,|\,5{,}82)$ liegt symmetrisch zur Mitte. Die Koordinaten des Punkts sind in Metern angegeben.
Berechne die Spannweite des Bogens. Bestimme dazu die Funktionsgleichung in der Form $y = ax^2 + b$. Runde a auf zwei Dezimalstellen.

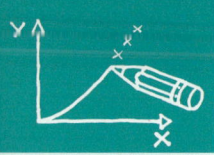

Vermischte Übungen

1 Eine kleine Pizza mit einem Radius von 12 cm kostet 3,20 €. Eine Familienpizza mit einem Radius von 24 cm kostet 10,80 €. Der Radius der großen Pizza ist nur doppelt so groß wie der der kleinen Pizza.

a) Ist der deutlich höhere Preis gerechtfertigt?

b) Welcher Preis für eine Pizza mit 18 cm Durchmesser ist im Vergleich zu den beiden anderen Pizzen angemessen? Begründe.

2 Forme in die Scheitelpunktform um, gib den Scheitelpunkt an und berechne, wenn möglich, die Nullstellen.

a) $y = x^2 - 4x - 5$

b) $y = 2x^2 + 4x + 8$

c) $y = -2x^2 + 6x - 10$

d) $y = 6x^2 - 24x + 24$

2 Bestimme die quadratische Funktion mit dem vorgegebenen Scheitelpunkt und den beiden Nullstellen.

a) $S(-3|-1);\quad x_1 = -4; x_2 = -2$

b) $S(0|4);\quad x_1 = -2; x_2 = 2$

c) $S(-2|2);\quad x_1 = 0; x_2 = -4$

d) $S(0|-4);\quad x_1 = -4; x_2 = 4$

3 Ein Bogenschütze schießt einen Pfeil aus einer Höhe von 1,50 m. In einer Entfernung von 25 m hat der Pfeil seine größte Höhe von 32,75 m erreicht.

a) Bestimme die Funktionsgleichung der Parabel, mit der die Flugkurve des Pfeils beschrieben werden kann.

b) Wie weit fliegt der Pfeil ungefähr?

3 Bestimme die Gleichung der Flugkurve des Basketballs. Finde den ungefähren Abstand des Werfers vom Korb, wenn der Ball aus einer Höhe von 2,20 m abgeworfen wird.

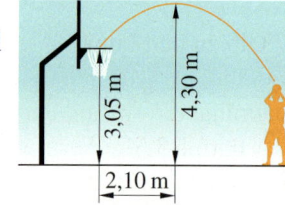

ERINNERE DICH
So werden die Quadranten bezeichnet.

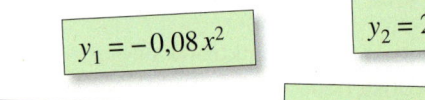

4 Untersuche die Funktionen und beantworte jeweils die Fragen.

a) Ist der Graph gestreckt oder gestaucht?

b) Durch welche Quadranten verläuft der Graph?

c) In welche Richtung ist die Parabel geöffnet?

d) Wie viele Nullstellen hat die Funktion?

$y_1 = -0,08\,x^2$

$y_2 = 2,3\,x^2$

$y_3 = -2x^2 + 1$

$y_4 = 2,7\,x^2 - 4$

$y_5 = -(x - 2)^2$

$y_6 = 2\,(x + 3)^2$

$y_7 = 0,5\,(x + 2)^2 - 1$

$y_8 = -(x - 3)^2 + 2$

RÜCKBLICK
Das Dreieck ABC ist in einen Quader einbeschrieben. Bestimme die Seitenlängen des Dreiecks.

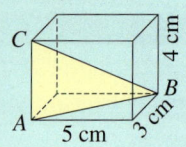

5 Ein Stein wird mit einer Anfangsgeschwindigkeit von $30\,\frac{m}{s}$ senkrecht nach oben geworfen. Seine Flughöhe lässt sich näherungsweise durch $y = -15x^2 + 30x$ berechnen (x: Zeit in Sekunden; y: Höhe in Metern).

a) Berechne die Höhe des Steins nach 0,5 s, 1 s und 2 s.

b) Bestimme den Zeitpunkt, an dem der Stein seine maximale Höhe erreicht hat. In welcher Höhe befindet er sich dann?

5 Die Flugbahnen der Kugeln von zwei Kugelstoßern wurden beim Training analysiert. Der eine Kugelstoßer stößt die Kugel aus einer Höhe von 1,70 m ab. Die parabelförmige Flugbahn seiner Kugel lässt sich mit der Gleichung $f = -\frac{5}{98}x^2 + x + 1,7$ beschreiben, die Flugbahn der Kugel des anderen Kugelstoßers durch $g = -\frac{5}{72}x^2 + x + 1,8$.

a) Welche Kugel fliegt weiter?

b) Welche Kugel fliegt höher?

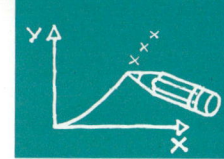

6 Die Öffnung eines einspurigen Tunnels hat einen parabelförmigen Querschnitt.
Mit der Funktionsgleichung $y = -0,8\,x^2 + 5$ (1 LE ≙ 1 m) lässt sich der Bogen der Öffnung beschreiben. Fertige eine Skizze an.
a) Wie groß ist die asphaltierte Fläche der Fahrbahn des 15 m langen Tunnels?
b) Wie hoch darf ein 2,10 m breites Fahrzeug für die Öffnung höchstens sein?

6 Der Parabelbogen einer Brücke lässt sich mit der Gleichung $y = -0,5\,x^2 + 2,5\,x$ beschreiben. Dabei steht x für den Abstand vom linken Brückenpfeiler und y für die Brückenhöhe.
a) Gib die maximale Brückenhöhe an.
b) Ein Lkw ist 2,40 m hoch und 2,20 m breit. Passt der Lkw mit einem rechteckigen Querschnitt unter der Brücke durch?

---

7 Die Storebælt-Brücke in Dänemark verbindet die großen Inseln Seeland und Fünen. Der Abstand zwischen den Brückenpfeilern beträgt 1 624 m. Die Tragseile der Hängebrücke bilden eine Parabel.
Die Stahlbetonpfeiler ragen 254 m aus dem Wasser heraus. der tiefste Punkt des Tragseils befindet sich 77 m über dem Wasserspiegel.
Fertige eine Skizze an und bestimme die Gleichung der quadratischen Funktion $y = a\,x^2$, die den Verlauf des Tragseils beschreibt.

---

8 Gib zu den Funktionsgleichungen die Koordinaten der Scheitelpunkte an und bestimme die Anzahl der Nullstellen.
a) $y = x^2 + 3,5$
b) $y = -x^2 + 1,2$
c) $y = (x - 2,8)^2$
d) $y = (x + 1,5)^2 - 4$
e) $y = (x + 3)^2 - 3$
f) $y = -(x - 1)^2 - 0$

8 Ein unbeladener Lkw, der mit $80\,\frac{\text{km}}{\text{h}}$ fährt, hat einen Bremsweg von 46 m. Bei Nässe erhöht sich der Bremsweg bei gleicher Geschwindigkeit sogar auf 82 m.
Stelle für trockene und nasse Fahrbahnen jeweils eine Funktionsgleichung für den Bremsweg auf.

HINWEIS ZU 8
Der Bremsweg lässt sich mit der Funktionsgleichung $y = a\,x^2$ berechnen. Dabei ist a der Bremsfaktor und x gibt die Geschwindigkeit in $\frac{\text{km}}{\text{h}}$ an.

---

9 Der Parabelbogen einer Brücke kann mit der Funktionsgleichung $y = -\frac{1}{8}x^2 + 8$ beschrieben werden.
a) Zeichne die Brücke im Koordinatensystem.
b) Wie hoch ist die Brücke an ihrem höchsten Punkt?
c) Welche Länge überspannt die Brücke?

9 Der Anhalteweg eines Pkw kann mit der Funktionsgleichung $y = 0,01\,x^2 + 0,3\,x$ näherungsweise beschrieben werden.
Berechne jeweils die gefahrene Geschwindigkeit zu dem gemessenen Anhalteweg.
a) 18 m   **b)** 33,75 m
c) 54 m   **d)** 108 m

---

10 Gegeben sind die Funktionen $y_1 = (x + 1)^2 - 4$ und $y_2 = -x^2 + 3x - 0,25$.
a) Von welcher Funktion kann man leichter den Scheitelpunkt ablesen und warum?
b) Bei welcher Funktion kann man leichter die Anzahl der Nullstellen erkennen und wie?
c) Gib Scheitelpunkt und Nullstellen der beiden Funktionen an.
d) Zeichne die Graphen der beiden Funktionen in ein Koordinatensystem.
e) In welchen Punkten schneiden sich die beiden Funktionsgraphen? Lies ab.
f) Überprüfe die Schnittpunkte aus e): Setze die ermittelten Koordinaten in y_1 und y_2 ein.
g) Liegen die Punkte $A\,(0|-3)$, $B\,(-4|-5)$, $C\,(5|-10)$ oder $D\,(-2|-3)$ auf den Graphen y_1 oder y_2?

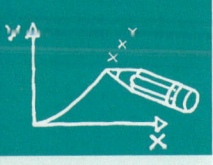

Beruf Beton- und Stahlbetonbauer/in

Beton- und Stahlbetonbauer erstellen Konstruktionen für Gebäude oder Brücken. Sie sind zuständig für die Anfertigung von Stützgerüsten und Schalungen. Sie stellen Betonmischungen her, verarbeiten diese, behandeln Oberflächen und montieren Fertigteile.
An feuchten Wänden oder beschädigten Pfeilern führen sie Sanierungsarbeiten aus.
Meist arbeiten sie in Betrieben für Hoch- und Fertigteilbau oder bei Brücken- und Tunnelbauunternehmen.

11 Brückenbögen modellieren

Der Parabelbogen einer Brücke lässt sich annähernd mit der Gleichung $y = ax^2 + e$ beschreiben. Dabei gibt y die zum jeweiligen x-Wert zugehörige Brückenhöhe an.

a) Übertrage die Tabelle und bestimme die fehlenden Werte.

Brücke	Faktor a	e	$y = ax^2 + e$	max. Höhe	$S(d\mid e)$	Nullstelle 1	Nullstelle 2	Spannweite
1	−0,5			6 m	(0|6)			
2		3						6 m
3	−0,25	4						

b) Skizziere die Brücken im Koordinatensystem. Berechne zunächst für jede Brücke die Länge der Stützpfeiler und fülle die Tabelle im Heft aus.

Brücke 1	x	−0,6	0,6	−1,2	1,2	−1,8	1,8	
	y							

Brücke 2	x	−0,6	0,6	−1,2	1,2	−1,8	1,8	

c) Wie verändert sich der Faktor a, wenn die Höhe bzw. die Spannweite vergrößert wird?

d) Berechne die Höhe der Stützpfeiler, die in einem Abstand von 0,6 m (0,8 m; 1 m) stehen.

12 Bewehrung einer Wand

Vor der Anfertigung von Stützgerüsten und Schalungen wird der Materialbedarf ermittelt.

a) Übertrage die Tabelle ins Heft und berechne den Materialbedarf zur Erstellung eines Lehrgerüsts für eine rechteckige Wand.
Beachte, dass alle vier Seiten des Lehrgerüsts mit Eisenmatten bewehrt werden.

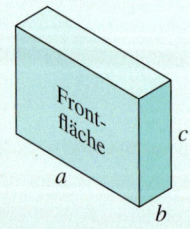

Wand	Länge a in m	Breite b in m	Höhe c in m	Frontfläche in m²	Holzbedarf in m²	Bewehrung in m²	Betonfüllung in m³
1	$1,5 \cdot c$	0,3		24			
2		0,4	$2 \cdot a$	18			
3		0,25	$\frac{a}{3}$	12			

b) Berechne die Kosten für die Fertigung der einzelnen Wände.
Schalbretter werden pro Quadratmeter zu 6,60 € angeboten, die Matten für die Bewehrung sind pro 100 m² zum Preis von 950 € im Angebot und für den Kubikmeter Beton werden 100 € berechnet. Für den Zuschnitt der Schalbretter werden 15 % Verschnitt einkalkuliert.

Zusammenfassung

Rein quadratische Funktionen

→ Seite 36

Der Graph einer **rein quadratischen Funktion** $y = ax^2$ ist eine Parabel. Den tiefsten bzw. höchsten Punkt nennt man Scheitelpunkt $S(0|0)$. Der Faktor a bestimmt die **Parabelform**.

Normalparabel: $a = 1$ nach unten geöffnet: a ist negativ.   gestreckt: $|a| > 1$ gestaucht: $|a| < 1$

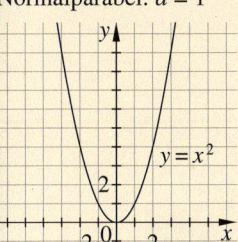 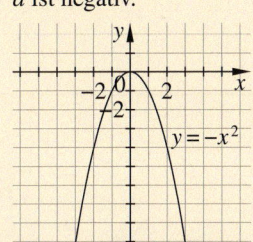 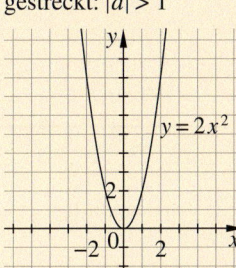 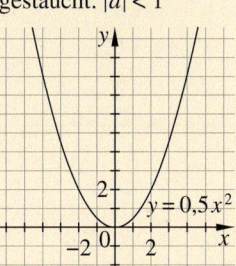

Scheitelpunktform quadratischer Funktionen

→ Seite 42

Die Koordinaten des **Scheitelpunkts** $S(d|e)$ kann man aus der **Scheitelpunktform** $y = a(x - d)^2 + e$ direkt ablesen.

Der Graph der quadratischen Funktion ist eine um den Wert d in Richtung der x-Achse und um den Wert e in Richtung der y-Achse verschobene Parabel.

$y = 2(x - 3)^2 - 1$
$d = 3$ und $e = -1$
Scheitelpunkt $S(3|-1)$

$d = 3$, also um 3 nach rechts verschoben
$e = -1$, also um 1 nach unten verschoben

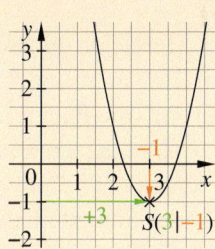

Nullstellen quadratischer Funktionen

→ Seite 46

Jeder Punkt $P(x|0)$ liegt auf der x-Achse. Die x-Koordinate $P(x|0)$ nennt man **Nullstelle**. Eine quadratische Funktion hat zwei, eine oder keine Nullstellen.

An der Lage des Scheitelpunkts und je nach Öffnung kann man erkennen, wie viele Nullstellen eine quadratische Funktion hat.

In die **Produktform** $y = a(x - x_1)(x - x_2)$ werden die Nullstellen x_1 und x_2 eingesetzt.

$0 = -1(x + 3)^2$ $| \cdot (-1)$
$0 = (x + 3)^2$ $| \sqrt{}$
$0 = x + 3$ es gibt eine Nullstelle: $x = -3$

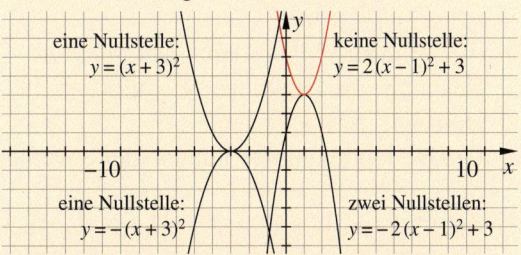

eine Nullstelle: $y = (x + 3)^2$
keine Nullstelle: $y = 2(x - 1)^2 + 3$
eine Nullstelle: $y = -(x + 3)^2$
zwei Nullstellen: $y = -2(x - 1)^2 + 3$

Allgemeine Form und Scheitelpunktform

→ Seite 50

Jede quadratische Funktion in der **allgemeinen Form** $y = ax^2 + bx + c$ kann mithilfe der **quadratischen Ergänzung** in die Scheitelpunktform $y = a(x - d)^2 + e$ umgeformt werden.

$y = x^2 - 6x + 1$ | quadr. Ergänzung
$y = (x - 3)^2 - 9 + 1$ | zusammenfassen
$y = (x - 3)^2 - 8$

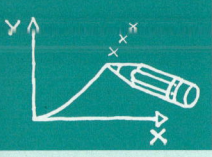

Teste dich!

6 Punkte

1 Übertrage die Tabelle ins Heft und beschreibe die Graphen der Funktionen.

	Funktionsgleichung	Scheitelpunkt	Öffnungsrichtung	Form	Anzahl der Nullstellen
a)	$y = (x - 3)^2 + 2$			*normal*	
b)	$y = (x + 2)^2$				
c)	$y = -x^2 + 4$				
d)	$y = -(x + 1,5)^2 + 1$				
e)	$y = 2x^2 - 5$				
f)	$y = \frac{3}{4}(x - 2)^2 + 3$				

2 Punkte

2 Der Bremsweg s eines ICE wird nach der Formel $s = 0,0771 \cdot v^2$ berechnet.

a) Erstelle eine Wertetabelle in Schritten von $50 \frac{km}{h}$ für die Geschwindigkeit v von $0 \frac{km}{h}$ bis $250 \frac{km}{h}$.

b) Zeichne den Graphen.

6 Punkte

3 Betrachte die drei Funktionsgraphen.

a) Bestimme die Scheitelpunkte der Graphen.

b) Gib die Funktionsgleichung jeweils in der allgemeinen Form an.

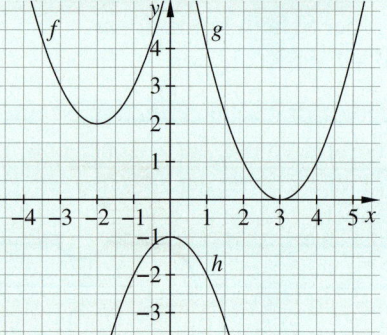

4 Punkte

4 Überprüfe, ob es sich bei x_1 und x_2 um Nullstellen der Funktion handelt.

a) $y = (x - 3)^2$; $\quad x_1 = 3; x_2 = -3$
b) $y = (x + 2)^2 + 5$; $\quad x_1 = 2; x_2 = -2$
c) $y = (x - 4)(x + 2)$; $\quad x_1 = 4; x_2 = 2$
d) $y = x^2 + x - 6$; $\quad x_1 = 2; x_2 = -3$

3 Punkte

5 Eine Parabel verläuft durch den Punkt $A(-2|5)$ und hat den Scheitelpunkt $S(2|-1)$.

a) Bestimme die Funktionsgleichung.

b) Berechne die Nullstellen.

c) Gib die Funktionsgleichung in der allgemeinen Form an.

3 Punkte

6 Die Flugbahn eines Golfballs kann durch eine Parabel mit der Funktionsgleichung $y = -0,0125 x^2 + 1,5 x$ beschrieben werden. Dabei gibt x die Entfernung vom Abschlag in Metern und y die Höhe des Golfballs in Metern an.

a) Ein 8 m hoher Baum steht 10 m vom Abschlag entfernt. In welcher Höhe fliegt der Golfball über die Baumkrone?

b) Wie weit fliegt der Golfball?

c) Berechne die maximale Höhe des Golfballs.

Quadratische Gleichungen

Die Achterbahn stürzt auf ihrem Weg anfangs
im freien Fall in die Tiefe.
Der funktionale Zusammenhang zwischen
Höhe und Geschwindigkeit
kann mit einer quadratischen Gleichung
beschrieben werden.

Noch fit?

Einstig

1 Gleichungen lösen
Löse die Gleichungen.
a) $2x + 5 = 25$
b) $8x - 7 = 73$
c) $3(x - 4) = 0$
d) $10 - 3x = 5x - 14$
e) $-5x - 12 = -4$

2 Lösungen prüfen
Überprüfe, ob -2; 2; 1 oder $\frac{1}{2}$ Lösungen der Gleichungen sind. Bei manchen Aufgaben gibt es mehrere Lösungen. Woran liegt das?
a) $x - \frac{1}{2}x = 7 - 3x$
b) $x(x + 2) = 0$
c) $x \cdot x - 4 = 0$
d) $\frac{1}{x} + 1{,}5 = 1$

3 Schreibe als Produkt bzw. als Summe
a) $14a - 6b$ b) $20x^2 - 36x$
c) $64m^2 + 24m$ d) $(a + b)^2$
e) $(a - b)^2$ f) $(a - b)(a + b)$

Aufstieg

1 Gleichungen lösen
Löse die Gleichungen.
a) $-10x + 12 = 3x - 20{,}5$
b) $4(x - 5) = 2(x + 3)$
c) $10 - 7(x - 2) = 12x - 14$
d) $\frac{1}{2}(x - 8) = \frac{1}{4}(x - 12)$
e) $-\frac{1}{3}(x + 12) = (x - 8) \cdot 3$

2 Lösungen prüfen
Überprüfe, ob -2; 2; 1 oder $\frac{1}{2}$ Lösungen der Gleichungen sind. Bei manchen Aufgaben gibt es mehrere Lösungen. Woran liegt das?
a) $2x + 4 \cdot x^2 = 2$
b) $(x + 1) \cdot (x - 1) = 3$
c) $\frac{(x + 1)}{(x - 1)} = \frac{1}{3}$;   für $x \neq 1$
d) $x^2 = 2x$

3 Schreibe als Produkt bzw. als Summe
a) $5y^2 - 15 + 20y$ b) $4t^2 + 16t + 12$
c) $0{,}25b^2 - 0{,}5b + 2$ d) $(x + 5)^2$
e) $(y - 4)^2$ f) $(x - 7)(x + 7)$

4 Lineare Funktionen
Welche linearen Funktionen wurden hier gezeichnet?

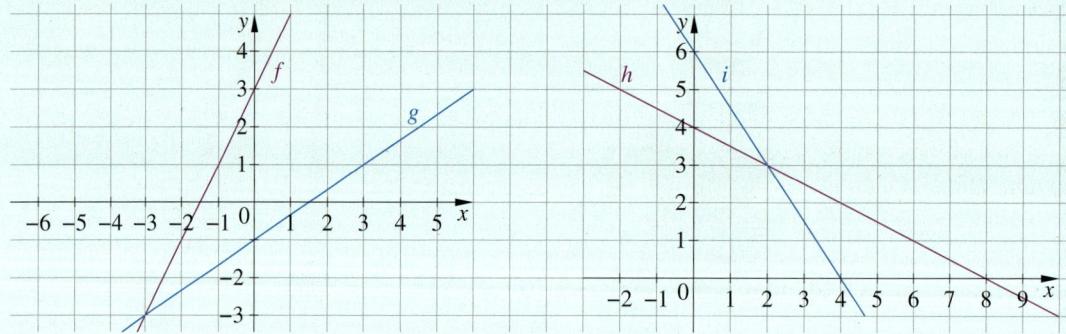

a) Gib die Funktionsgleichungen der vier Funktionen an.
b) Gib die Nullstellen der Funktionen an.
c) Bestimme rechnerisch den Schnittpunkt der Funktionsgraphen und überprüfe zeichnerisch.

5 Wurzeln
Berechne die folgenden Wurzeln ohne Taschenrechner.
a) $\sqrt{144}$ b) $\sqrt{64}$ c) $\sqrt{225}$
d) $\sqrt{169}$ e) $\sqrt{2{,}25}$ f) $\sqrt{6{,}25}$

5 Wurzeln
Für welche Werte von a lässt sich die Wurzel berechnen? Begründe.
a) $\sqrt{a}$ b) $\sqrt{a + 1}$ c) $\sqrt{a^2}$
d) $\sqrt{a^2 + 1}$ e) $\sqrt{a^2 - 4}$ f) $\sqrt{\frac{1}{a}}$

Lösungen ab Seite 222

Rein quadratische Gleichungen

Entdecken

1 Zur Schätzung der Tiefe eines Brunnens dient folgende Faustregel:

Lass einen Stein in den Brunnen fallen. Zähle die Sekunden, bis du den Aufprall hörst. Multipliziere diese Sekundenzahl mit sich selbst und dann mit 5. Das ergibt die Tiefe des Brunnens in Metern.

a) Wie tief ist der Brunnen, wenn die Zeit bis zum Aufprall drei Sekunden beträgt?

b) Gib die zu diesem Text passende Funktionsgleichung an.

c) Der abgebildete Brunnen hat eine Tiefe von 85 m. Wie lange dauert es ungefähr, bis ein Stein auf dem Grund des Brunnens aufprallt, wenn der Brunnen kein Wasser enthält?

d) Führt selbst einen ähnlichen Versuch durch. Lasst z. B. einen Softball aus dem obersten Stock eures Schulgebäudes fallen und stoppt die Zeit bis zu seinem Auftreffen auf dem Schulhof. Wie hoch ist das Gebäude an dieser Stelle?

2 Familie Klose hat ihre quadratische Terrasse mit quadratischen Platten auslegen lassen. Für die 12,25 m² große Terrasse wurden 196 Platten benötigt.

a) Wie lang und wie breit ist die Terrasse?

b) Welche Seitenlängen haben die quadratischen Platten?

3 Arbeitet in Gruppen.

a) Ordnet den Zahlenrätseln eine passende Gleichung zu und überprüft, welche der angegebenen Zahlen Lösungen der Gleichungen sind.

b) Die Gleichungen der lila Kärtchen können alle in die Form $x^2 = d$ umgeformt werden, wobei d eine beliebige Zahl ist. Wie viele Lösungen kann eine quadratische Gleichung dieser Form haben?
Unter welchen Umständen hat sie gar keine Lösung?

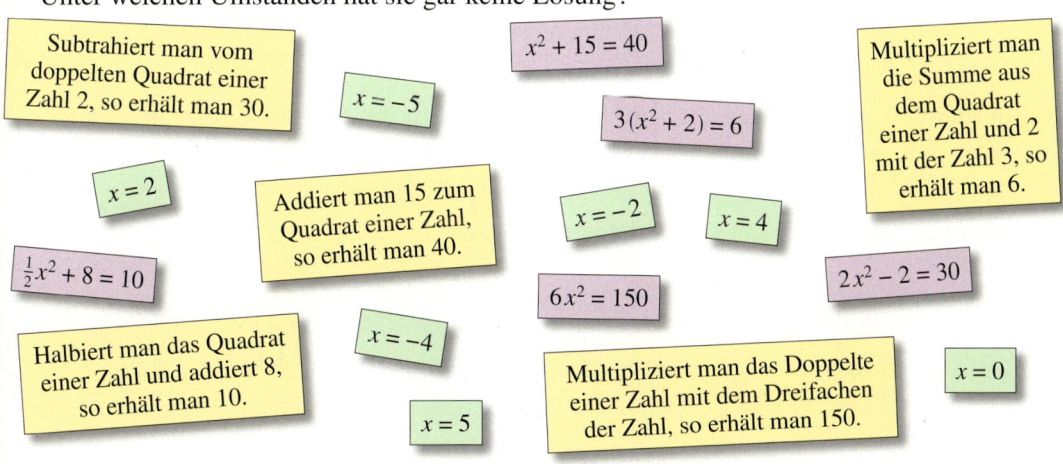

Subtrahiert man vom doppelten Quadrat einer Zahl 2, so erhält man 30.

$x^2 + 15 = 40$

$x = -5$

Multipliziert man die Summe aus dem Quadrat einer Zahl und 2 mit der Zahl 3, so erhält man 6.

$3(x^2 + 2) = 6$

$x = 2$

Addiert man 15 zum Quadrat einer Zahl, so erhält man 40.

$x = -2$

$x = 4$

$\frac{1}{2}x^2 + 8 = 10$

$2x^2 - 2 = 30$

$6x^2 = 150$

Halbiert man das Quadrat einer Zahl und addiert 8, so erhält man 10.

$x = -4$

$x = 0$

Multipliziert man das Doppelte einer Zahl mit dem Dreifachen der Zahl, so erhält man 150.

$x = 5$

Verstehen

Im Jahr 1770 erschien von Leonhard Euler, einem berühmten Mathematiker, die „*Vollständige Anleitung zur Algebra*". Darin stellte er das folgende Zahlenrätsel dar:

Es wird eine Zahl gesucht, deren Hälfte mit ihrem dritten Theil multipliciret 24 ergebe.

Viele von Eulers Zahlenrätsel führen auf **quadratische Gleichungen**. Das sind Gleichungen, in denen die Variable in der zweiten Potenz (x^2), aber in keiner höheren Potenz vorkommt.

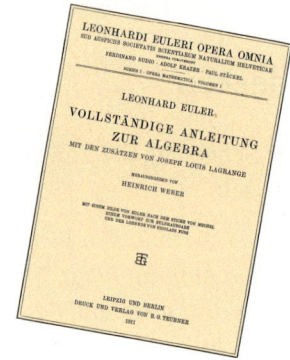

Beispiel 1

Das Zahlenrätsel kann man wie folgt lösen.
gesuchte Zahl: x

Hälfte der Zahl: $\frac{1}{2}x$

Dritter Teil der Zahl: $\frac{1}{3}x$

Quadratische Gleichung: $\frac{1}{2}x \cdot \frac{1}{3}x = 24$

$$\frac{1}{6}x^2 = 24 \qquad |\cdot 6$$
$$x^2 = 144$$

Es gibt zwei Zahlen für x, deren Quadrat 144 ergibt: $x_1 = 12$ und $x_2 = -12$.

Probe

$x_1 = 12$
$\frac{1}{2} \cdot 12 \cdot \frac{1}{3} \cdot 12 = 24$
$6 \cdot 4 = 24$
$24 = 24$

$x_2 = -12$
$\frac{1}{2} \cdot (-12) \cdot \frac{1}{3} \cdot (-12) = 24$
$(-6) \cdot (-4) = 24$
$24 = 24$

ERINNERE DICH
Der Graph einer quadratischen Funktion ist eine Parabel. Die dazugehörige Funktionsgleichung $y = ax^2 + bx + c$ ist eine quadratische Gleichung.

> **Merke** Wenn in einer quadratischen Gleichung die Variable ausschließlich in der zweiten Potenz vorkommt, dann nennt man diese Gleichung **rein quadratische Gleichung**: $ax^2 = d$.

Eine rein quadratische Gleichung der Form $x^2 = d$ kann mehrere Lösungen haben. Die Anzahl der Lösungen hängt von der Zahl d ab.

Beispiel 2
$x^2 = 144 \quad | \sqrt{\ }$
Es ist $d > 0$, die Gleichung hat zwei Lösungen:
$x_1 = 12$ und $x_2 = -12$

Beispiel 3
$4x^2 + 12 = 12 \quad | -12$
$4x^2 = 0 \quad | :4$
$x^2 = 0 \quad | \sqrt{\ }$
Es ist $d = 0$, die Gleichung hat genau eine Lösung: $x = 0$

Beispiel 4
$-2x^2 = 128 \quad | :(-2)$
$x^2 = -64$
Es ist $d < 0$, die Gleichung hat keine Lösung, da das Quadrat einer Zahl niemals negativ ist.

Wenn $d > 0$ ist, hat die Gleichung $x^2 = d$ zwei Lösungen: $x_1 = \sqrt{d}$ und $x_2 = -\sqrt{d}$.
Wenn $d = 0$ ist, hat die Gleichung $x^2 = d$ genau eine Lösung: $x = 0$.
Wenn $d < 0$ ist, hat die Gleichung $x^2 = d$ keine Lösung.

Rein quadratische Gleichungen können auch grafisch gelöst werden. Die Lösungen sind die Nullstellen der Funktion.

Beispiel 5
$x^2 - 4 = 0$
$x^2 = 4$
$x_1 = 2$
$x_2 = -2$

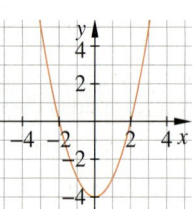

Beispiel 6
$4x^2 = 0$
$x^2 = 0$
$x = 0$

Beispiel 7
$x^2 + 4 = 0$
$x^2 = -4$
Es gibt keine Nullstelle.

Üben und anwenden

1 Bei welcher der folgenden Gleichungen handelt es sich um quadratische Gleichungen?
a) $x^2 + 4x - 13 = 0$
b) $0x^2 - 5x + 12 = 0$
c) $1{,}5x + 2 = 0$
d) $14x^2 - 105 = 0$
e) $245 + 443 = 23$
f) $8 + 2{,}5x^2 - x = 0$
g) $x^2 + x + 6 = 0$
h) $x^3 + 4x^2 + 8x = 0$

1 Bei welcher der folgenden Gleichungen handelt es sich um quadratische Gleichungen?
a) $x^2 + 3x = 0$
b) $x^3 - 10 = 0$
c) $x^2 - x + 10 = 0$
d) $(1 + x)(3 + x) = 0$
e) $7x^{\frac{1}{3}} + 14x - 9 = 0$
f) $x^2 + 2x = -12$
g) $5x - 8x + 11 = 0$
h) $(x - 1)(x + 6) = 0$

2 Welches Zahlenrätsel führt auf eine quadratische Gleichung? Begründe deine Antwort.
a) Addiert man zum Dreifachen einer Zahl 14, so erhält man 233.
b) Subtrahiert man vom doppelten Quadrat einer Zahl 18, erhält man 207.
c) Multipliziert man die Hälfte einer Zahl mit ihrem Viertel, erhält man 288.
d) Multipliziert man eine Zahl mit der um 5 verminderten Zahl, so erhält man 6.

3 Gib ohne zu rechnen die Anzahl der Lösungen der Gleichungen an.
a) $x^2 = 1$ b) $x^2 = -6$
c) $x^2 = 2{,}5$ d) $x^2 = 0$
e) $x^2 - 25 = 0$ f) $x^2 + 9 = 0$

3 Welche quadratische Gleichung hat zwei, eine bzw. keine Lösung? Begründe mithilfe einer Rechnung oder Zeichnung.
a) $x^2 - 3 = 0$ b) $x^2 + 2 = 0$
c) $-x^2 + 8 = 0$ d) $x^2 + 6 = 0$
e) $-x^2 = 0$ f) $x^2 - 5 = 0$

4 Forme die quadratischen Gleichungen in die Form $x^2 = d$ um.
a) $2x^2 = 50$ b) $3x^2 = 48$
c) $3x^2 = 27$ d) $5x^2 = 180$
e) $2{,}5x^2 = 302{,}5$ f) $\frac{4}{9}x^2 = 16$

4 Forme die quadratischen Gleichungen in die Form $x^2 = d$ um.
a) $11x^2 = 99$ b) $1{,}5x^2 = 253{,}5$
c) $\frac{3}{4}x^2 = 36{,}75$ d) $\frac{7}{6}x^2 = 42$
e) $-5x^2 = 4x^2 - 81$ f) $8 = 2x^2 + 1$

5 Stelle zu jedem Zahlenrätsel eine quadratische Gleichung auf.
a) Addiert man 15 zum Quadrat einer Zahl, so erhält man 240.
b) Multipliziert man eine Zahl mit sich selbst und addiert zu diesem Produkt 65, so erhält man 690.

5 Stelle zu jedem Zahlenrätsel eine quadratische Gleichung auf.
a) Subtrahiert man 17 vom Vierfachen des Quadrats einer Zahl, so erhält man 239.
b) Dividiert man das Dreifache des Quadrats einer Zahl durch 12 und subtrahiert von diesem Quotienten 24, so erhält man 57.

6 Forme die rein quadratischen Gleichungen in die Form $x^2 = d$ um.
a) $x^2 + 18 = 99$ b) $x^2 + 252 = 877$
c) $x^2 - 24 = 172$ d) $x^2 + 145 = 266$
e) $x^2 - 66 = 295$ f) $x^2 - 321 = 208$

6 Forme die rein quadratischen Gleichungen in die Form $x^2 = d$ um.
a) $2x^2 + 13 = 31$ b) $3x^2 - 25 = 50$
c) $1{,}5x^2 + 12 = 36$ d) $7x^2 - 120{,}5 = 222{,}5$
e) $4x^2 + 16{,}3 = 41{,}3$ f) $0{,}25x^2 + 3 = 67$

7 Die Seite eines Quadrats ist 5 cm lang. Wie lang ist seine Diagonale?

Thema: **Tempo**

Um festzustellen, wie sich bei Zusammenstößen die Autos und die Insassen verhalten, führen Automobilhersteller Crashtests durch.

Die Insassen werden dabei durch Dummys, das sind Puppen mit eingebauter Mikroelektronik, simuliert. Zu diesen Tests gehören Aufpralltests gegen eine Wand. Die Konstrukteure wollen dadurch erfahren,

wie die Aufprallenergie des Fahrzeugs das Material verformt und welche möglichen Verletzungen den Insassen drohen. Aus diesen Erkenntnissen entwickeln sie dann Maßnahmen, die den Schutz der Insassen verbessern sollen.

1 Erstelle eine Tabelle, aus der man bei den genannten Fahrzeugen die Aufprallenergie bei den Geschwindigkeiten $30\,\frac{km}{h}$, $50\,\frac{km}{h}$, $70\,\frac{km}{h}$, $100\,\frac{km}{h}$ und $130\,\frac{km}{h}$ ablesen kann.

Masse verschiedener Auto-typen in t (Leergewicht)	
Ford Fiesta	0,750 t
BMW 116	1,370 t
Sprinter CDI	2,235 t
SCANIA P280	18,000 t

Die Aufprallenergie E wird mit der Formel $E = \frac{1}{2}m \cdot v^2$ berechnet.

Bedeutung der Formelzeichen:
E Aufprallenergie in Nm (Newtonmeter)
m Masse des aufprallenden Teils in kg
v Geschwindigkeit beim Aufprall in $\frac{m}{s}$

v in $\frac{km}{h}$	m in kg	E in Nm	h in m
30	65	2 257	3,54
50	65		
80	65		
100	65		

2 Wenn ein 65 kg schwerer Mensch mit einer Geschwindigkeit von $30\,\frac{km}{h}$ auf ein Hindernis aufprallt, dann beträgt seine Aufprallenergie etwa 2 257 Nm. Das entspricht einem Sturz aus etwa 3,5 m Höhe. Zur Berechnung der Fallhöhe gilt die Formel: $h = v^2 : 19{,}62\,\frac{m}{s^2}$ (v in $\frac{m}{s}$).

a) Berechne die Fallhöhen zu den angegebenen Geschwindigkeiten in der Tabelle.

b) Stelle den Zusammenhang zwischen Geschwindigkeit v und Fallhöhe h grafisch dar. Begründe, dass dieser weder proportional noch antiproportional ist.

Nicht allein der Bremsweg, auch der Anhalteweg (Reaktionszeit plus Bremsweg) sind bei $30\frac{km}{h}$ nur etwa halb so lang wie bei $50\frac{km}{h}$. Wenn ein Kind 15 m vor dem Fahrzeug auf die Straße läuft, kann der Fahrer mit $30\frac{km}{h}$ noch rechtzeitig anhalten. Das Kind wird nicht einmal berührt. Mit Tempo 50 kommt es an dieser Stelle trotz sofortiger Vollbremsung zu einem Aufprall mit kaum verringerter Geschwindigkeit. Der Bremsweg ist abhängig vom Untergrund. Er wird mit der Formel $s_b = \frac{1}{2b} v^2$ berechnet. Für die Bremsverzögerung b gelten die in der Tabelle dargestellten Werte.

Untergrund	b in $\frac{m}{s^2}$
Glatteis	1,0–1,5
Neuschnee	2,5–3,0
Asphalt nass	5,0–6,5
Asphalt trocken	6,5–7,0

(Bildbeschriftungen: Bremsweg, Anhalteweg 27,7 m, 13,3 m, 25,0 m, 20,0 m, 15,0 m, 10,0 m)

Vorteil Tempo 30 Bei Tempo 30 statt 50 nimmt die Wahrscheinlichkeit, dass es bei einem Unfall zu tödlichen Verletzungen kommt, um 50% ab. (Dieser Wert ist bezogen auf Unfälle mit erwachsenen Fußgängern.)

HINWEIS
*zu Aufgabe 3
Die Tabelle oben zeigt die Bremsverzögerung in Abhängigkeit vom Untergrund.*

Die Länge des Anhaltewegs eines Autos ist von der Geschwindigkeit v abhängig. Zur Berechnung des Anhaltewegs auf trockener und ebener Fahrbahn lernt man in den Fahrschulen die **Faustformel**:

Reaktionsweg in m: $s_r = 0,3\,v$
Bremsweg in m: $s_b = \left(\frac{v}{10}\right)^2$
Anhalteweg in m: $s_a = s_r + s_b$
$s_a = 0,3\,v + \left(\frac{v}{10}\right)^2$
Dabei wird v in $\frac{km}{h}$ angegeben.

Beispiel
für $v = 50\frac{km}{h}$
$s_a = 0,3 \cdot 50 + \left(\frac{50}{10}\right)^2$
$s_a = 15 + 25$
$s_a = 40$
Der Anhalteweg ist 40 m lang.

3 Falls keine andere Richtgeschwindigkeit vorgegeben ist, darf innerhalb von Ortschaften höchstens mit $50\frac{km}{h}$ gefahren werden. Zeige durch mehrere Beispielrechnungen, dass jeder Fahrer trotzdem die Geschwindigkeit seines Fahrzeugs den Witterungs- und Straßenverhältnissen anpassen muss.

4 Fülle die Tabelle im Heft aus und begründe damit, dass die Funktion *Anhalteweg → Geschwindigkeit* nicht linear ist.

v in $\frac{km}{h}$	30	60	80	100	120	150	180
s_a in m							

5 Der Kraftstoffverbrauch nimmt bei jedem Pkw etwa quadratisch mit der Geschwindigkeit zu. Für einen Golf Diesel wurde folgende Gleichung ermittelt:
$y = 0,000\,49\,x^2 + 0,029\,4\,x + 3,44$, wobei x die Geschwindigkeit in $\frac{km}{h}$ und y den Verbrauch in Litern pro 100 km angibt.
a) Bei welcher Geschwindigkeit verbraucht der Golf Diesel rechnerisch genau 5 l pro 100 km?
b) Betrachte dein Ergebnis aus a) im Zusammenhang mit den tatsächlichen Gegebenheiten.

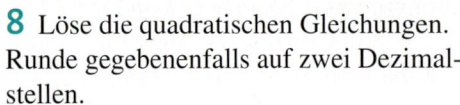

8 Löse die quadratischen Gleichungen. Runde gegebenenfalls auf zwei Dezimalstellen.
Kontrolliert eure Ergebnisse gegenseitig.

a) $x^2 = 81$ b) $x^2 = 36$
c) $x^2 = 121$ d) $x^2 = 169$
e) $x^2 = -100$ f) $x^2 = 0,64$
g) $x^2 = 0,09$ h) $x^2 = 225$
i) $x^2 = -9$ j) $x^2 = 8$
k) $p^2 = 40$ l) $q^2 = 110$

8 Löse die quadratischen Gleichungen.

a) $x^2 = \frac{4}{9}$ b) $x^2 = \frac{36}{49}$
c) $x^2 = \frac{256}{400}$ d) $x^2 = -\frac{144}{169}$
e) $x^2 = \frac{225}{361}$ f) $x^2 = \frac{16}{81}$
g) $x^2 = \frac{289}{441}$ h) $x^2 = \frac{484}{676}$
i) $x^2 = \frac{64}{100}$ j) $x^2 = \frac{1156}{1225}$
k) $r^2 = -\frac{25}{121}$ l) $z^2 = \frac{529}{784}$

9 Die Seite eines Quadrats ist 7 cm lang. Wie lang ist seine Diagonale?
Stelle eine quadratische Gleichung auf und löse diese.

9 Die Diagonale eines Quadrats ist 162 cm lang. Wie lang sind seine Seiten?
Begründe, warum es für die Seitenlänge des Quadrats nur eine Lösung gibt.

10 Eine 45,6 m² große Terrasse kann mit 285 quadratischen Steinplatten so ausgelegt werden, dass keine Fugen entstehen.
a) Welche Länge hat eine Steinplatte?
b) Für den gleichen Preis könnten 200 quadratische Platten mit 50 cm Länge gekauft werden. Ergibt sich dadurch ein Preisvorteil? Diskutiert eure Überlegungen untereinander.

11 Paul behauptet, dass man eine quadratische Gleichung auch durch eine Zeichnung lösen kann. Mit einem Funktionenplotter hat er seine Lösung dargestellt.

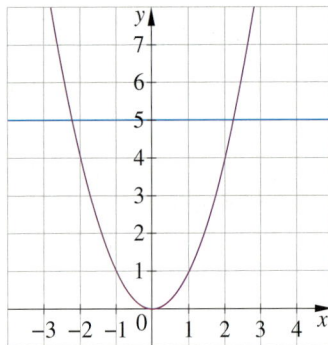

a) Erkläre, wie man mithilfe der Zeichnung die Gleichung $x^2 = 5$ lösen kann.
Tipp: Löse dazu die Gleichung erst rechnerisch und überlege dann, wo man die Lösung ablesen kann.
Beschreibe dein Vorgehen einem Partner.
b) Löse auf die gleiche Weise:
① $x^2 = 2$
② $-x^2 = -4$
③ $x^2 - 1,5 = 0$
④ $-x^2 - 3 = 0$

11 Die Schüler der Klasse 10 c sollen die folgenden Gleichungen zeichnerisch lösen.

Ⓐ $-\frac{1}{2}x^2 + 2 = 0$ Ⓑ $2x^2 - 2 = 0$

a) Lena hat die folgenden Graphen gezeichnet. Ordne jeweils die richtige Gleichung zu. Gib ihre Lösungen an.

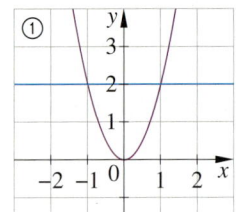 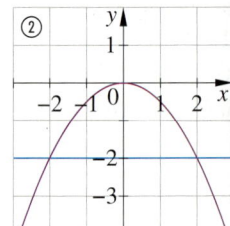

b) Till hat andere zeichnerische Lösungen gefunden. Welche Unterschiede bestehen? Vergleiche und bewerte beide Lösungen.

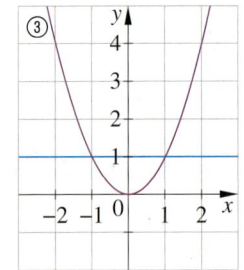 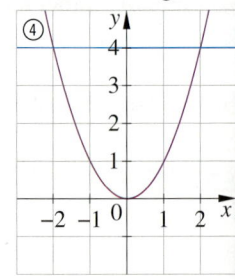

Gemischt quadratische Gleichungen

Entdecken

1 Arbeitet zu zweit.

a) Ordnet den Zahlenrätseln die richtige Gleichung zu.

b) Überprüft, welche der angegebenen Zahlen die Lösungen der Gleichung sind.

c) Überlegt, warum bei zwei der vier Aufgaben nur eine Lösung möglich ist.

d) Bringt die Gleichungen in die Form $(x + d)^2 = 0$.

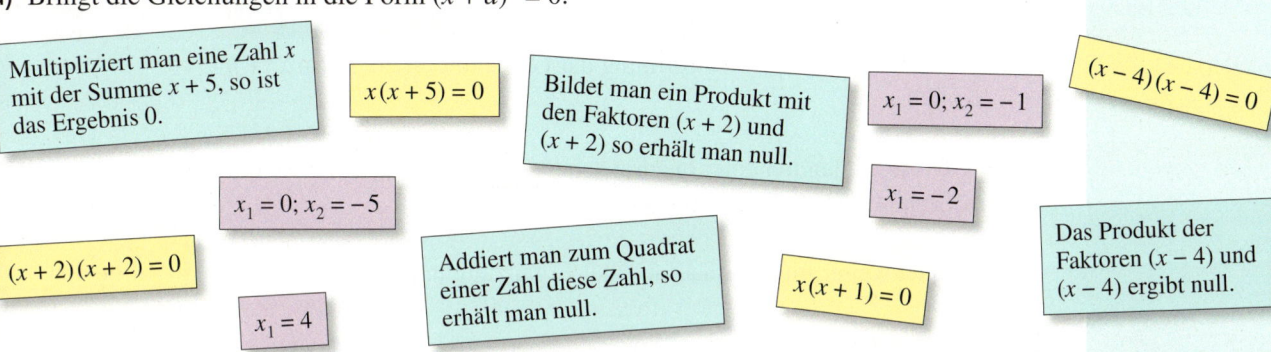

Multipliziert man eine Zahl x mit der Summe $x + 5$, so ist das Ergebnis 0.

$x(x + 5) = 0$

Bildet man ein Produkt mit den Faktoren $(x + 2)$ und $(x + 2)$ so erhält man null.

$x_1 = 0; x_2 = -1$

$(x - 4)(x - 4) = 0$

$x_1 = 0; x_2 = -5$

$x_1 = -2$

$(x + 2)(x + 2) = 0$

Addiert man zum Quadrat einer Zahl diese Zahl, so erhält man null.

$x(x + 1) = 0$

Das Produkt der Faktoren $(x - 4)$ und $(x - 4)$ ergibt null.

$x_1 = 4$

2 In der Tabelle sind Gleichungen und die Lösungen dieser Gleichungen angegeben.

a) Finde heraus, wie man die Lösungen der Gleichung $x^2 + bx + c = 0$ bestimmen kann.

b) Welcher Zusammenhang besteht zwischen dem Term b, dem Term c und den Lösungen x_1 und x_2?

c) Überprüfe, ob $x_1 + x_2 = -b$ und $x_1 \cdot x_2 = c$ gilt.

	Gleichungen $x^2 + bx + c = 0$	Lösungen x_1 und x_2
①	$x^2 + 15x + 54 = 0$	$x_1 = -6$ und $x_2 = -9$
②	$x^2 - 16x + 64 = 0$	$x_1 = 8$ und $x_2 = 8$
③	$x^2 - 8x - 9 = 0$	$x_1 = 9$ und $x_2 = -1$
④	$x^2 + 12x - 64 = 0$	$x_1 = -16$ und $x_2 = 4$

3 Die quadratische Gleichung $x^2 + 6x = 0$ soll gelöst werden.

Hier werden zwei Lösungsvorschläge vorgestellt:

① $x^2 + 6x = 0$
$x(x + 6) = 0$
$x_1 = 0$ und $x_2 = -6$

② $x^2 + 6x = 0$
$x^2 + 2 \cdot 3x = 0$ $| + 3^2$ (quadratische Ergänzung)
$x^2 + 2 \cdot 3x + 3^2 = 3^2$ $|$ binomische Formel
$(x + 3)^2 = 9$ $| \pm \sqrt{}$
$x + 3 = 3$ oder $x + 3 = -3$
$x_1 = 0$ und $x_2 = -6$

a) Erkläre, welche Schritte bei der Lösung ① bzw. ② durchgeführt wurden.

b) Welche Bedeutung haben die Lösungen x_1 und x_2 für den Graphen?

c) Unter welcher Voraussetzung hat eine quadratische Gleichung keine Lösung?
Erkläre mithilfe des Graphen.

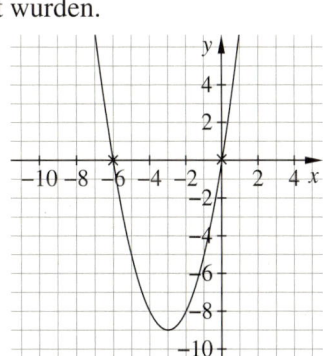

Verstehen

Steffi stellt ihrem Bruder Niklas ein Zahlenrätsel.

> Das Quadrat einer Zahl ist gleich
> dem Zehnfachen dieser Zahl.
> Wie heißt die Zahl?

Niklas stellt eine quadratische Gleichung auf:

$$x^2 = 10x \qquad | \text{ Umformung der Gleichung in die Form } x^2 + bx = 0$$
$$x^2 - 10x = 0$$

> **Merke** Die Summanden einer quadratischen Gleichung $ax^2 + bx = c$ nennt man **quadratisches** Glied, **lineares** Glied und **absolutes** Glied.

Niklas rechnet weiter mittels quadratischer Ergänzung und addiert $\left(\frac{b}{2}\right)^2 = \frac{10}{2^2} = 5^2$ auf beiden Seiten:

$$x^2 - 10 + 5^2 = 5^2 \qquad | \text{ binomische Formel anwenden: } \left(x + \frac{b}{2}\right)^2$$
$$(x - 5)^2 = 25 \qquad | \pm\sqrt{\ }$$
$$x - 5 = \pm 5 \qquad | \text{ Bestimmen der Lösungen } x_1 \text{ und } x_2$$
$$x_1 = 0 \text{ und } x_2 = 10$$

Auch Niklas stellt
Steffi ein Zahlenrätsel.

> Das Quadrat einer Zahl vermehrt um
> das 12-Fache dieser Zahl ergibt 64.

ERINNERE DICH
*Ein Produkt ist
dann gleich null,
wenn einer der
Faktoren null ist.*

Dieses Rätsel kann auf zwei verschiedenen Wegen gelöst werden.

① $\quad x^2 + 12x = 64 \qquad | \text{ Gleichung in die Normalform } x^2 + bx + c = 0 \text{ umformen}$
$\quad x^2 + 12x - 64 = 0 \qquad | \text{ Zerlegen in Linearfaktoren: } (x - x_1)(x - x_2) = 0$
$\quad (x + 16)(x - 4) = 0 \qquad | \text{ Linearfaktoren nullsetzen: } (x - x_1) = 0 \text{ oder } (x - x_2) = 0$
$(x + 16) = 0 \quad \text{oder} \quad (x - 4) = 0 \qquad | \text{ Lösungen } x_1 \text{ und } x_2 \text{ berechnen}$
$\qquad x_1 = -16 \quad \text{und} \quad x_2 = 4$

② $\quad x^2 + 12x = 64 \qquad | \text{ quadratische Ergänzung: } \left(\frac{b}{2}\right)^2 \text{ auf beiden Seiten addieren}$
$\quad x^2 + 12x + 6^2 = 64 + 6^2 \qquad | \text{ binomische Formel anwenden: } \left(x + \frac{b}{2}\right)^2$
$\qquad (x + 6)^2 = 100 \qquad | \pm\sqrt{\ }$
$\qquad\quad x + 6 = \pm 10 \qquad | \text{ Lösungen } x_1 \text{ und } x_2 \text{ berechnen}$
$x_1 = -6 - 10 \quad \text{und} \quad x_2 = -6 + 10$
$x_1 = -16 \qquad \text{und} \quad x_2 = 4$

Probe

$$(-16)^2 + 12(-16) = 64 \qquad \text{und} \qquad 4^2 + 12 \cdot 4 = 64$$
$$256 - 192 = 64 \ \textit{w} \qquad\qquad 16 + 48 = 64 \ \textit{w}$$

> **Merke** Für eine quadratische Gleichung in der Form $\boldsymbol{x^2 + bx + c = 0}$ gilt $x_1 + x_2 = -b$ und
> $x_1 \cdot x_2 = c$. Die Gleichung lässt sich auf zwei verschiedenen Wegen lösen:
> – Der linke Teil der Gleichung wird in **Linearfaktoren** zerlegt. Jeder Linearfaktor wird
> anschließend gleich null gesetzt: $(x - x_1)(x - x_2) = 0$, also $(x - x_1) = 0$ und $(x - x_2) = 0$.
> – Mithilfe der **quadratischen Ergänzung** $\left(\frac{b}{2}\right)^2$ wird die Gleichung auf eine binomische
> Formel zurückgeführt. Dann wird auf beiden Seiten der Gleichung die Wurzel gezogen.

Üben und anwenden

1 Löse die folgenden quadratischen Gleichungen.
a) $x^2 + 2x = 0$
b) $x^2 - 4x = 0$
c) $x^2 + 36x = 0$
d) $x^2 - 36x = 0$

1 Stelle die Gleichungen in die Form $x^2 + bx = 0$ um und berechne die Lösungen.
a) $-3x + x^2 = 0$
b) $4x - x^2 = 0$
c) $-9x - x^2 = 0$
d) $-12x + 3x^2 = 0$

ZUM WEITERARBEITEN
Zu welchen Aufgaben gehören folgende Lösungen?
a) $x_1 = 0$; $x_2 = 9$
b) $x_1 = 0$; $x_2 = -2$
c) $x_1 = 0$; $x_2 = -3$
d) $x_1 = 6$; $x_2 = 1$
Arbeite mit deinem Nachbarn zusammen.

2 Ordne den Gleichungen die richtigen Lösungen zu.
a) $x^2 = 9x$ $x_1 = 0$; $x_2 = -36$
b) $x^2 = 14x$ $x_1 = 0$; $x_2 = 2{,}25$
c) $x^2 = -36x$ $x_1 = 0$; $x_2 = 9$
d) $x^2 = 2{,}25x$ $x_1 = 0$; $x_2 = 14$

2 Stelle die Gleichungen sinnvoll um und berechne die Lösungen.
a) $-x^2 = 1{,}21x$
b) $x^2 = -2{,}75x$
c) $-x^2 = 0{,}81x$
d) $x^2 = -1{,}44x$

3 Ordne den Gleichungen die richtige quadratische Ergänzung zu.
Erläutere, wie du bei der Bestimmung der quadratischen Ergänzung vorgehst.
a) $x^2 + 8x = 20$ ① 6^2
b) $x^2 - 12x = 45$ ② 7^2
c) $x^2 - 18x = 115$ ③ 4^2
d) $x^2 + 14x = 176$ ④ 9^2

3 Ordne die quadratische Ergänzung den Gleichungen zu.
Löse anschließend die Gleichungen.
a) $x^2 + 0{,}4x - 5{,}25 = 0$ ① 7^2
b) $x^2 - 1{,}6x - 2{,}97 = 0$ ② $1{,}6^2$
c) $x^2 - 3{,}2x = -1{,}75$ ③ $0{,}8^2$
d) $x^2 - 14x = -49$ ④ $0{,}2^2$
e) $x^2 - 5{,}2x = -2{,}35$ ⑤ $2{,}6^2$

ERINNERE DICH
Binomische Formeln:
1. $(a + b)^2 = a^2 + 2ab + b^2$
2. $(a - b)^2 = a^2 - 2ab + b^2$
3. $(a + b)(a - b) = a^2 - b^2$

4 Forme die linke Seite der Gleichung in ein Binom um und löse die Gleichung.
a) $x^2 + 14x + 49 = 121$
b) $x^2 - 10x + 25 = 144$
c) $x^2 + 8x + 16 = 25$
d) $x^2 - 10x + 25 = 225$

4 Forme um, sodass du die quadratische Gleichung lösen kannst. Löse sie dann.
a) $9x^2 + 30x + 25 = 25$
b) $9x^2 - 24x + 16 = 121$
c) $4x^2 - 28x + 49 = 169$
d) $5x^2 + 50x + 125 = 1\,125$

5 Löse die quadratischen Gleichungen.
a) $5x^2 - 10x = 0$
b) $8x^2 - 32x = 0$
c) $10x^2 + 90x = 0$
d) $2x^2 - 72x = 0$

5 Forme die Gleichungen geschickt um und berechne die Lösungen.
a) $-5x^2 + 0{,}1x = 3x^2 - 0{,}9x$
b) $9x - x^2 = 8x - 4x^2$
c) $-1{,}2x^2 + 1{,}5x = -3{,}2x^2 + 1{,}5x$

6 Karina löst die Aufgabe $4x^2 = 12x$, indem sie beide Seiten der Gleichung durch x dividiert. Sie erhält als Lösung: $4x = 12$

$$x = 3$$

Warum ist die Lösung unvollständig?
Welche Regel hat Karina nicht beachtet?

7 Forme um und berechne.
a) $3x^2 = 27x$
b) $5x^2 = 125x$
c) $6x^2 = 24x$
d) $8x^2 = 32x$

7 Löse die quadratischen Gleichungen.
a) $3 + 6x^2 = 19 + 5x^2$
b) $-2x^2 + 12x + 10{,}5 - 16x = -12 - 4x + 8x^2$
c) $12 + 2(2x^2 - 5) = 3x^2 + 5$
d) $10x + x^2 + 7(10 + x) = -20 + 10x^2 + 17x$

Zu Aufgabe 8
Grundriss des
Wohnzimmers:

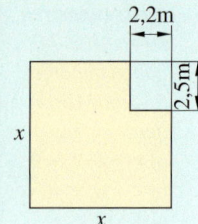

2,2m

2,5m

x

x

8 Die Hypotenuse in einem rechtwinkligen Dreieck ist $5{,}4\,\text{cm}$ lang. Das Dreieck ist gleichschenklig.
Berechne die Länge der Katheten des Dreiecks. Gibt es nur eine Lösung?

8 Das Wohnzimmer ist $50{,}75\,\text{m}^2$ groß. Die Decke soll mit Stuckleisten verziert werden. Beachte die Randspalte.
a) Berechne die Länge der Wand x.
b) Wie viel Meter Stuckleisten werden mindestens benötigt?

9 Zerlege die quadratische Gleichung in Linearfaktoren und bestimme ihre Lösungen. **Linearfaktoren** haben nur lineare Variablen, keine quadratischen Variablen oder höherer Potenz.
Beispiel für $x^2 - x - 12 = 0$
$\quad x^2 - x - 12 = (x + 3)(x - 4)$ Lösungen: $x_1 = -3$ und $x_2 = 4$
Überprüfe, ob nach der Umformung $x_1 \cdot x_2 = c$ und $x_1 + x_2 = -b$ gilt.
a) $x^2 - 7x + 6 = 0$
b) $x^2 - 14x + 33 = 0$
c) $x^2 - 9x + 14 = 0$
d) $x^2 + 2x - 3 = 0$
e) $x^2 + 6x - 16 = 0$
f) $x^2 + 4x + 3 = 0$
g) $x^2 = -20x - 64$
h) $x^2 + 2x - 80 = 0$
i) $2x^2 = 6x + 20$

10 Welche Gleichung hat keine Lösung? Begründe deine Antwort.
① $x^2 + 4x + 18 = 0$
② $x^2 + 5x + 29 = 0$
③ $x^2 + 6x + 10 = 0$
④ $x^2 - 12x + 45 = 0$
⑤ $x^2 - 14x + 45 = 0$
⑥ $x^2 - 16x + 64 = 0$

10 Welche Gleichung hat keine Lösung? Begründe deine Antwort.
① $2x^2 - 18x + 48 = 0$
② $5x^2 - 55x + 160 = 0$
③ $2x^2 - 12{,}8x = -8{,}3$

11 Ordne die Gleichungen nach der Anzahl ihrer Lösungen. Erläutere, wie du effektiv vorgehen kannst. Wenn du die Lösungen berechnest, denke an die Probe. Begründe, wenn eine Gleichung keine Lösung hat.
① $3(a + 5)^2 - 6 = 237$
② $1{,}5(b - 4)^2 + 9 = 190{,}5$
③ $2(x + 1)^2 - 32 = -32$
④ $5(z - 6)^2 + 9 = 2\,889$
⑤ $\frac{1}{4}\left(m + \frac{3}{4}\right)^2 - 19 = 881$
⑥ $\frac{3}{8}(s - 1{,}5)^2 + 14 = 38$
⑦ $-4(y + 24)^2 + 20 = -2\,480$
⑧ $6(n - 14)^2 - 15 = -4\,071$
⑨ $3(t - 26)^2 + 16 = 16$
⑩ $2{,}5(9 + r)^2 - 77 = 2\,645{,}5$

12 Addiert man zu einer Zahl x die Zahl 6 und multipliziert die Summe mit dem Vierfachen der Zahl, so erhält man 288.

12 Zu einer Quadratzahl x^2 wird ihr Wurzelwert x addiert.
Der Wert der Summe ist 240.

13 Subtrahiert man von einer Zahl x die Zahl 4 und multipliziert diese Differenz mit der Zahl x, so erhält man 12.

13 Addiert man zu der Hälfte des Quadrats der Zahl x das 0,8-Fache der Zahl x, so erhält man 0,4.

14 Die Seiten eines Quadrats werden verlängert. Der neue Flächeninhalt beträgt nun $1\,560{,}25\,\text{cm}^2$.
a) Welche Seitenlänge hatte das Quadrat ursprünglich?
b) Wurde der Flächeninhalt um mehr als 25 % vergrößert? Begründe.

5,5 cm

5,5 cm

14 Ein Prisma mit quadratischer Grundfläche besitzt ein Volumen von $1\,983{,}75\,\text{cm}^3$ bei einer Körperhöhe von $15\,\text{cm}$.
Die Seiten der Grundflächen werden jeweils um den Wert x verlängert. Das neue Volumen beträgt jetzt $2\,940\,\text{cm}^3$.
Fertige eine Skizze an. Berechne für beide Prismen die Seitenlänge der quadratischen Grundfläche.

Allgemein quadratische Gleichungen

Entdecken

1 Der arabische Mathematiker Ibn Musa Al-Khwarizmi (ca. 780–850 n. Chr.) beschäftigte sich mit quadratischen Gleichungen und schrieb darüber das Lehrbuch *„Ein kurz gefasstes Buch über die Rechenverfahren durch Ergänzen und Ausgleichen"*. Dort stellt er die Grundzüge der Algebra mit praktischen Anwendungen dar und deutet sie geometrisch.
Die Abbildung zeigt die geometrische Lösung der Gleichung $x^2 + 6x = 16$ nach Al-Khwarizmi.

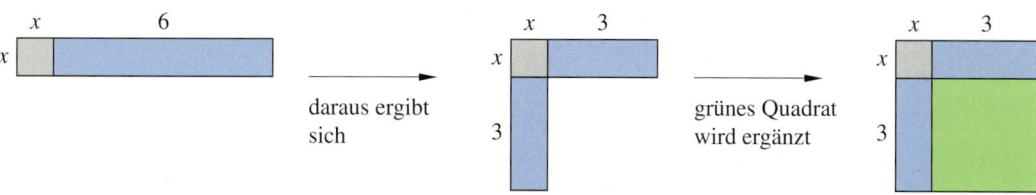

a) Ordne den Zeichnungen eine bzw. zwei der folgenden Gleichungen zu und erläutere das Verfahren von Al-Khwarizmi.

① $(x + 3)^2 = 25$ ② $x^2 + 2 \cdot 3x + 3^2 = 16 + 3^2$ ③ $x^2 + 2 \cdot 3x = 16$ ④ $x^2 + 6x = 16$

b) Wie groß ist x in diesem Beispiel? Orientiere dich an der rechten Zeichnung.

c) Mit diesem Verfahren gewinnt man nur eine Lösung der quadratischen Gleichung. Zeige, dass auch $x = -8$ eine Lösung der Gleichung ist.

d) Stelle auch die Gleichung $x^2 + 4x = 32$ geometrisch dar und löse sie wie Al-Khwarizmi. Finde auch hier eine zweite Lösung.

2 Der Mathematiker Leonhard Euler beschäftigte sich mit der Lösung von allgemein quadratischen Gleichungen und verfasste das Buch „Vollständige Anleitung zur Algebra" (1770).

Darin beschreibt er zunächst die Umformung einer allgemein quadratischen Gleichung.

Im folgenden Abschnitt beschreibt er die Entwicklung der Lösungsformel.

a) Erläutere die einzelnen Schritte, die zur Lösungsformel führen.

b) Löse die Gleichung $x^2 + 4x + 3 = 0$, indem du die Lösungsformel von Euler benutzt. *Tipp:* Überlege, zuerst welchen Wert du für die Variablen p und q einsetzen musst.

①
Da nun (in einer quadratischen Gleichung) alle Glieder auf eine Seite des Zeichens = gebracht werden können, so wird die Form dieser Gleichung sein: $ax^2 + bx + c = 0$.

Eine solche Gleichung kann durch Theilung (durch a) also eingerichtet werden, daß das erste Glied blos allein das reine Quadrat der unbekanten Zahl x^2 enthalte: hernach laße man das zweite Glied auf eben der Seite, wo x^2 steht …

Solcher Gestalt wird unsere Gleichung diese Form bekommen:
$$ax^2 + bx + c = 0$$
$$x^2 + \frac{b}{a}x + \frac{c}{a} = 0$$
$$x^2 + px + q = 0$$

② … wo p und q bekante Zahlen, sowohl positive als auch negative andeuten: und jetzo kommt alles darauf an, wie der wahre Werth von x gefunden werden soll … Wir können den Werth von x bestimmen:

$$x^2 + px + q = 0$$
$$x^2 + px = -q$$
$$x^2 + 2 \cdot \frac{p}{2} x = -q$$
$$x^2 + 2 \cdot \frac{p}{2} x + \left(\frac{p}{2}\right)^2 = -q + \left(\frac{p}{2}\right)^2$$
$$\left(x + \frac{p}{2}\right)^2 = -q + \left(\frac{p}{2}\right)^2$$
$$x_1 + \frac{p}{2} = \sqrt{-q + \left(\frac{p}{2}\right)^2}; \quad x_2 + \frac{p}{2} = -\sqrt{-q + \left(\frac{p}{2}\right)^2}$$

In dieser Formel ist nun die Regel enthalten, nach welcher alle Quadratgleichungen aufgelöst werden können, und damit man nicht immer nöthig habe, die obigen Operationen von neuem anzustellen, so ist genug, daß man den Inhalt dieser Formel dem Gedächtnis wohl einpräge.

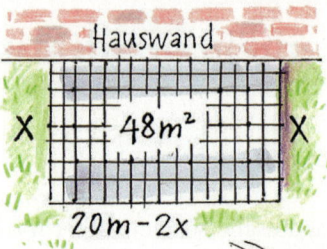

Verstehen

Miriam hat entlang der Hauswand einen Auslauf für ihre Kaninchen gebaut. Der Auslauf hat einen Flächeninhalt von 48 m². Die Länge des Zauns beträgt 20 m. Welche Seitenlängen hat der Auslauf?

Beispiel 1

Auslaufbreite: x 1. Sachangaben notieren
Auslauflänge: $20 - 2x$
Fläche: $48\,\text{m}^2$
Flächeninhalt des Rechtecks:
$$x \cdot (20 - 2x) \quad [\text{in m}^2]$$
Gleichung: $\quad x \cdot (20 - 2x) = 48$ 2. quadratische Gleichung aufstellen
$\qquad\qquad 20x - 2x^2 = 48 \quad |-48$ 3. ordnen, höchste Potenz nach vorne
$\qquad -2x^2 + 20x - 48 = 0 \quad |:(-2)$ 4. Gleichung durch den Faktor vor x^2 teilen
normiert: $\quad x^2 - 10x + 24 = 0$

Jede quadratische Gleichung lässt sich in die **Normalform $x^2 + px + q = 0$** umformen.
Zum Lösen einer allgemein quadratischen Gleichung in Normalform hat der Mathematiker Euler eine Lösungsformel entwickelt. Diese Lösungsformel wird ***p-q*-Formel** genannt.

> **Merke** Quadratische Gleichungen in der Normalform $x^2 + px + q = 0$ haben die Lösungen:
> $$x_1 = -\frac{p}{2} + \sqrt{\left(\frac{p}{2}\right)^2 - q} \quad \text{und} \quad x_2 = -\frac{p}{2} - \sqrt{\left(\frac{p}{2}\right)^2 - q} \qquad \text{kurz gefasst: } x_{1/2} = -\frac{p}{2} \pm \sqrt{\left(\frac{p}{2}\right)^2 - q}$$

Beispiel 2

$x^2 - 10x + 24 = 0$, also $p = -10$, $q = 24$ $x^2 - 10x + 24 = 0$, also $p = -10$, $q = 24$

$$x_1 = -\frac{-10}{2} + \sqrt{\left(\frac{-10}{2}\right)^2 - 24} \qquad\qquad x_2 = -\frac{-10}{2} - \sqrt{\left(\frac{-10}{2}\right)^2 - 24}$$
$$x_1 = 5 + \sqrt{25 - 24} \qquad\qquad\qquad x_2 = 5 - \sqrt{25 - 24}$$
$$x_1 = 5 + \sqrt{1} \qquad\qquad\qquad\qquad x_2 = 5 - \sqrt{1}$$
$$x_1 = 6 \qquad\qquad\qquad\qquad\qquad x_2 = 4$$

Die Lösungen sind $x_1 = 6$ und $x_2 = 4$. Der Auslauf ist 6 m breit und 8 m lang oder 4 m breit und 12 m lang. In beiden Fällen beträgt der Flächeninhalt 48 m².

> **Merke** Den Radikanden $\left(\frac{p}{2}\right)^2 - q$ nennt man **Diskriminante D**. Aus D kann die Anzahl der Lösungen abgelesen werden. Es gibt drei mögliche Fälle.

ERINNERE DICH
Aus einer negativen Zahl kann keine Wurzel gezogen werden. Daher haben quadratische Gleichungen mit $D < 0$ keine Lösungen.

$D > 0$: Es gibt zwei Lösungen. $D = 0$: Es gibt eine Lösung. $D < 0$: Es gibt keine Lösung.

Beispiel 3   **Beispiel 4**   **Beispiel 5**
$x^2 - 10x - 11 = 0$, $x^2 + 4x + 4 = 0$, $x^2 + 6x + 10 = 0$,
also $p = -10$, $q = -11$ also $p = 4$, $q = 4$ also $p = 6$, $q = 10$

$x_{1/2} = -\frac{-10}{2} \pm \sqrt{\left(\frac{-10}{2}\right)^2 + 11}$ $x = -2 \pm \sqrt{4 - 4}$ $x_{1/2} = -\frac{6}{2} \pm \sqrt{\left(\frac{6}{2}\right)^2 - 10}$

$x_{1/2} = 5 \pm \sqrt{25 + 11}$ $x = -2 \pm \sqrt{0} \quad (D = 0)$ $x_{1/2} = -3 \pm \sqrt{9 - 10}$

$x_{1/2} = 5 \pm \sqrt{36} \quad (D = 36)$ $x = -2$ $x_{1/2} = -3 \pm \sqrt{-1} \quad (D = -1)$

$x_1 = 11$ und $x_2 = -1$ ist nicht definiert

Üben und anwenden

1 Löse die quadratische Gleichung mithilfe der p-q-Formel.

a) $x^2 + 4x - 12 = 0$
b) $x^2 + 6x - 55 = 0$
c) $x^2 - 12x - 108 = 0$
d) $x^2 - 18x + 17 = 0$
e) $x^2 + 8x + 15 = 0$
f) $x^2 + 2x - 8 = 0$
g) $x^2 - 12x + 32 = 0$

1 Forme geschickt um. Löse die quadratische Gleichung mithilfe der p-q-Fomel.

a) $-4x^2 - 16x = -308$
b) $-36x - 3x^2 = -255$
c) $-12x^2 + 72x = 60$
d) $0{,}5x^2 - 0{,}6x = 1{,}1$
e) $0{,}1x^2 - 1{,}4x = -1{,}3$
f) $2{,}5x^2 - 3x = 5{,}5$
g) $47 + 46x = x^2$

2 Forme die Gleichung in die Normalform um, bestimme p und q und löse die Aufgaben mithilfe der p-q-Formel.

a) $3x^2 + 12x = 36$
b) $2x^2 - 36x = -34$
c) $4x^2 + 8x = 32$
d) $5x^2 - 50x = -80$
e) $3x^2 + 18x = 165$

2 Finde den einfachsten Lösungsweg zur Lösung der Aufgaben.

a) $(x + 12)^2 - 27 = 457$
b) $(m - 4)^2 = 4$
c) $(n + 17)^2 + 16 = 16$
d) $(y + 15)^2 = 0$
e) $13{,}64x - 23{,}56 = -8{,}68 - 6{,}2x^2$
f) $(x + 2{,}4)x + 0{,}63 = 0$

RÜCKBLICK
*Berechne die Fläche eines Rechtecks, dessen Umfang 100 cm beträgt.
Eine Seite ist 15 cm länger als die andere.*

3 Stelle zu jedem Zahlenrätsel eine passende Gleichung auf. Forme anschließend die Gleichung in die Normalform um und löse sie.

a) Quadriert man die Summe aus einer Zahl und neun, so erhält man 49.
b) Die Summe aus dem Quadrat einer Zahl und 25 ergibt 146.
c) Multipliziert man den Vorgänger einer Zahl mit sich selbst, so erhält man 225.
d) Multipliziert man den Vorgänger und Nachfolger einer Zahl, so erhält man 168.

4 Forme die Gleichungen in die Normalform um und bestimme anschließend p und q.

a) $3x^2 + 12x + 12 = 45$
b) $-5x^2 - 18x + 10 = 115$
c) $9x^2 + 14x + 4 = 0$
d) $x^2 = 165$
e) $0{,}5x^2 - 3{,}2 = 0$

4 Forme die Gleichungen in die Normalform um und bestimme anschließend p und q.

a) $\frac{1}{2}x^2 - 18x = -17$
b) $0{,}2x^2 - 34x + 0{,}8 = -145$
c) $x(x + 38) = 39$
d) $3x^2 - 12x + 20 = 2x^2 - 26x$
e) $x^2 - 7x = 2{,}5x - 17{,}5$

5 Sandra ist zwei Jahre älter als ihre Freundin Lisa. Multipliziert man das Alter der beiden miteinander, so erhält man 168. Gib eine passende Gleichung in Normalform an.

5 Louis löst die Gleichung $-26x^2 = -169x$. Er dividiert beide Seiten durch x und erhält $x = 6{,}5$ als Lösung.
Nimm dazu Stellung.

6 Eine quadratische Tischdecke wird rundherum mit einer Borte um jeweils 10 cm verlängert. Der Flächeninhalt der neuen Tischdecke beträgt 1,44 m².

a) Welche Maße hatte die alte Tischdecke?
b) Wurde der Flächeninhalt um mehr als 15 % vergrößert?
   Begründe.

6 Für einen Park wird ein kreisrundes Blumenbeet geplant. Im Endausbau wird der Durchmesser des Beets um 4 m vergrößert. Die Beetfläche ist nun 3 500 m² groß.

a) Welchen Radius sollte das Beet ursprünglich haben?
b) Um wie viel Prozent wurde die ursprüngliche Fläche vergrößert?

7 Bestimme die Anzahl der Lösungen der quadratischen Gleichungen.
Wie viele Gleichungen haben keine Lösung?

a) $x^2 + 0{,}4x = 5{,}25$

b) $x^2 - 3{,}2x = -1{,}75$

c) $x^2 - 1{,}6x = -2$

d) $x^2 + 7{,}4x = -5{,}85$

e) $x^2 + 4{,}2x = 7{,}84$

f) $x^2 - 5{,}2x = -2{,}35$

---

8 Forme zunächst in die Normalform um und bestimme p und q. Mache die Probe.

a) $x^2 + 4x = 12$

b) $x^2 + 6x = 55$

c) $x^2 - 12x = 108$

d) $6x + x^2 = 27$

e) $x^2 = 40 - 18x$

f) $47 + 46x = x^2$

8 Löse die mithilfe der Lösungsformel. Mache die Probe.

a) $2x^2 - 16x = -30$

b) $2x^2 + 4x = 16$

c) $3x^2 - 36x = -96$

d) $2x^2 - 20x + 50 = 32$

e) $0{,}4x^2 + 2x = 20$

f) $0{,}8x^2 - 2{,}4x = 3{,}2$

---

9 Löse mithilfe der Lösungsformel. Forme zunächst in die Normalform um und bestimme p und q.

a) $x^2 - 48x = -135$

b) $x^2 + 2{,}4x = 7{,}56$

c) $x^2 - 5{,}4x = 8{,}71$

d) $x^2 - 2{,}4x + 1{,}44 = 0$

e) $x^2 + 7{,}8x = -15{,}21$

f) $x^2 - 1{,}6x = -0{,}64$

9 Bestimme x.

a) $x^2 - \frac{4}{9}x = -\frac{4}{81}$

b) $x^2 + 3{,}2x = 22{,}44$

c) $x^2 + \frac{6}{13}x = -\frac{9}{169}$

d) $x^2 - 4{,}4x = 11{,}16$

e) $x^2 + \frac{12}{15}x = -\frac{36}{225}$

f) $x^2 + 7{,}2x = 12{,}04$

10 In einem rechtwinkligen Dreieck ist das Hypotenusenquadrat $400\,\text{cm}^2$ groß. Eine Kathete ist 4 cm kürzer als die andere. Berechne die Längen der Katheten.

---

10 Ein Rechteck hat einen Flächeninhalt von $28\,\text{cm}^2$ und einen Umfang von 23 cm. Wie lang sind die Seiten des Rechtecks?

11 Arbeitet zu zweit.
Der Franzose François Viète (meist Vieta genannt, 1540 bis 1603) untersuchte die Zusammenhänge zwischen der quadratischen Gleichung $x^2 + px + q = 0$ und ihren Lösungen x_1 und x_2. Dabei stellte er fest, dass die folgende Beziehung gilt:

---

11 Thomas meint, dass man die Lösung von vielen quadratischen Gleichungen in der Form $x^2 + px + q = 0$ auch raten kann, wenn man sich p und q ansieht.

Gleichung	p	q	x_1	x_2
$x^2 - 12x + 32 = 0$	-12	32	4	8
$x^2 + 2x - 15 = 0$	2	-15	3	-5
$x^2 - 9x + 18 = 0$	-9	18	6	3

$x^2 + px + q = 0 = (x - x_1)(x - x_2)$.
Man nennt diese Form der Darstellung auch **Linearfaktorform**.

a) Welche Zusammenhänge bestehen zwischen p und q und den Lösungen x_1 und x_2?

b) Bestimme die Lösungen der Gleichungen mit diesem Verfahren. Überprüfe deine Lösungen durch eine Probe.

① $x^2 - 15x + 56 = 0$ ② $x^2 - 7x - 44 = 0$

③ $x^2 - 13x + 36 = 0$ ④ $x^2 + 15x + 50 = 0$

a) Begründet, warum x_1 und x_2 Lösungen der Gleichung $(x - x_1)(x - x_2) = 0$ sind.

b) Zeigt durch Umformen der Gleichung $x^2 + px + q = (x - x_1)(x - x_2)$, dass $x_1 + x_2 = -p$ und $x_1 \cdot x_2 = q$ gilt.

---

12 Gib eine quadratische Gleichung an, die die folgenden Lösungen hat.

a) $x_1 = 12$ und $x_2 = -12$

b) $x_1 = 0$ und $x_2 = 7$

c) $x = 8$

d) keine Lösung

12 Gib eine quadratische Gleichung an, die die folgenden Lösungen hat.

a) $x_1 = 9$ und $x_2 = 12$

b) $x_1 = 0$ und $x_2 = 9$

c) $x_1 = 12$

d) x_1 ist doppelt so groß wie x_2

13 Welche Lösungen gehören zu welchen Gleichungen? Ordne zu.

Ⓐ $x_1 = 5; x_2 = -3$
Ⓑ $x_1 = 1; x_2 = 4$
Ⓒ $x_1 = 5; x_2 = 3$
Ⓓ $x_1 = -5; x_2 = -3$

① $x^2 - 5x + 4 = 0$
② $x^2 - 8x + 15 = 0$
③ $x^2 - 2x - 15 = 0$
④ $x^2 + 8x + 15 = 0$

14 Finde und korrigiere Kevins Fehler.

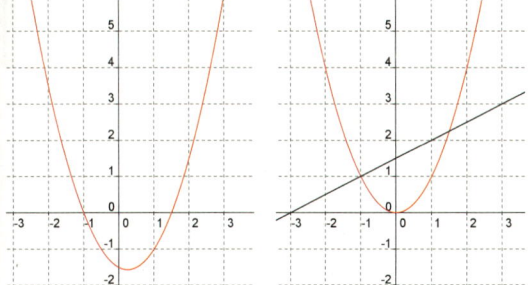

15 Der Umfang eines rechteckigen Feldes beträgt 1 034 m. Die Entfernung von einer Ecke zur diagonal gegenüberliegenden Ecke beträgt 407 m.
Wie lang ist jede Seite des beschriebenen Feldes?

16 Daniela und Marvin haben die Gleichung $x^2 - \frac{1}{2}x - 1{,}5 = 0$ gelöst, indem sie mit einem Funktionenplotter Zeichnungen angefertigt haben.

a) Vergleicht zu zweit die beiden Zeichnungen. Erklärt die Lösungswege von Daniela und Marvin und lest die Lösung aus der Zeichnung ab.
b) Löst durch eine geeignete Zeichnung:
① $x^2 - 3{,}5x + 3 = 0$
② $-x^2 + x + 6 = 0$
③ $x^2 - 4{,}5x + 4{,}5 = 0$
c) Warum hat die Gleichung $x^2 = -\frac{1}{2}x - 4$ keine Lösung?
Begründet grafisch.

13 Welche quadratische Gleichung hat die folgenden Lösungen?
a) $x_1 = 7$ und $x_2 = 3$
b) $x_1 = -5$ und $x_2 = 6$
c) $x_1 = -4$ und $x_2 = 12$
d) $x_1 = 8$ und $x_2 = -4$

14 Das innere Rechteck hat zu allen Seiten des äußeren Rechtecks den gleichen Abstand x.

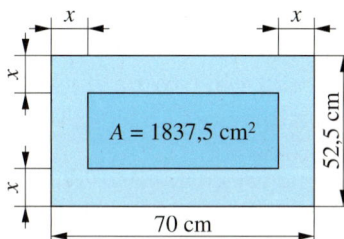

Stelle eine Gleichung auf und bestimme den Abstand x.
Überprüfe dein Ergebnis durch eine Probe.

15 Die Diagonale eines Rechtecks ist 7,5 cm lang. Sein Umfang beträgt 21 cm.
Berechne die Seitenlängen des Rechtecks.

16 Melina und Jan haben die Gleichung $x^2 + 10x = 0$ unterschiedlich gelöst.

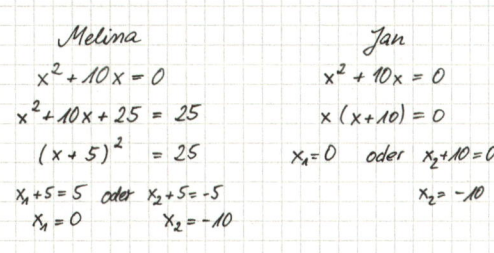

a) Erläutere und vergleiche die beiden Lösungswege.
b) Melina behauptet, dass man mit Jans Methode nicht alle quadratischen Gleichungen lösen kann.
Was meinst du?
c) Löse die folgenden Gleichungen mit beiden Methoden.
① $x^2 - 6x = 0$
② $x^2 + 12x = 0$
③ $x^2 - 24x = 0$
④ $2x^2 - 18x = 0$

RÜCKBLICK
Berechne die fehlenden Winkelgrößen im gleichschenkligen Dreieck.
a) b = c; β = 36°
b) a = c; β = 36°
c) a = b; γ = 72°
d) b = c; γ = 72°

Klar so weit?

→ Seite 64

Rein quadratische Gleichungen

1 Welche Gleichungen sind quadratische Gleichungen?
a) $x^2 = 9$
b) $2x + 5 = 0$
c) $x^2 - 2x = 4$
d) $x \cdot x = 25$
e) $4x + 4x^2 + 2 = 0$
f) $a^3 - a = 16$

2 Bestimme jeweils das quadratische, das lineare und das absolute Glied.
a) $x^2 + 5x + 16 = 0$
b) $4x^2 + x - 28 = 0$
c) $-x^2 + 8 = 0$
d) $18 - y + 6y^2 = 0$

3 Forme die quadratischen Gleichungen in die Form $x^2 = d$ um.
a) $3x^2 = 60$
b) $1{,}5x^2 = -75$
c) $\frac{1}{2}x^2 = 5$
d) $-x^2 = -100$
e) $x^2 + 8 = 24$
f) $x^2 - 50 = 3{,}5$
g) $2x^2 + 4{,}4 = 16{,}4$
h) $\frac{1}{4}x^2 - 0{,}4 = 7{,}6$

4 Gib ohne zu rechnen die Anzahl der Lösungen an.
a) $x^2 = -100$
b) $x^2 = 9$
c) $x^2 = 0$

5 Gib eine quadratische Gleichung der Form $x^2 = d$ an, die keine Lösung hat. Begründe.

6 Löse die quadratischen Gleichungen.
a) $x^2 = 49$
b) $x^2 = 144$
c) $x^2 = 289$
d) $x^2 = -25$
e) $y^2 - 9{,}61 = 0$
f) $s^2 = 0$
g) $b^2 - 625 = 0$
h) $-4a^2 = -784$

7 Eine quadratische Tischplatte hat eine Seitenlänge von 80 cm.
Wie lang ist die Diagonale des Tisches?
Schätze zuerst.

8 Multipliziert man eine natürliche Zahl mit ihrem Fünffachen, so erhält man 180.
Bestimme die natürliche Zahl.

1 Welche Gleichungen sind quadratische Gleichungen?
a) $16 + 3a^2 - a = 0$
b) $r \cdot 2 + r = 36$
c) $(x + 1)(x - 2) = 5$
d) $y + y - y^2 = 4$
e) $t^2 = -100$
f) $3v^3 - v = v^2$

2 Bestimme jeweils das quadratische, das lineare und das absolute Glied.
a) $6x + x^2 + 54{,}5 = 0$
b) $-x^2 + 2{,}1x = 0$
c) $a^2 - 81 = 0$
d) $-5{,}2s + 4{,}3s^2 = 22$

3 Forme die quadratischen Gleichungen in die Form $x^2 = d$ um.
a) $12x^2 = 240$
b) $-5x^2 = -5{,}5$
c) $9x^2 + 9 = 90$
d) $4{,}5x^2 + 3{,}5 = 35$
e) $\frac{1}{5}x^2 + 6 = 10$
f) $\frac{2}{3}x^2 - \frac{1}{2} = 8$
g) $x^2 - 6{,}8 + x^2 = 9{,}2$
h) $4{,}5 - 10a^2 = -0{,}7$

4 Gib je eine Gleichung der Form $x^2 = d$ mit der angegebenen Anzahl Lösungen an.
a) zwei
b) eine
c) keine

5 Gib eine quadratische Gleichung der Form $x^2 = d$ an, die die Lösungen $x_1 = 0{,}8$ und $x_2 = -0{,}8$ hat.

6 Löse die quadratischen Gleichungen.
a) $x^2 = 324$
b) $x^2 - 10 = 90$
c) $\frac{9}{121} - x^2 = 0$
d) $5{,}5 + 1{,}5x^2 = 19$
e) $7a^2 = 1014 + a^2$
f) $-b^2 + 3{,}2 = 82{,}5$
g) $-3{,}5a^2 = -2{,}24$
h) $-c^2 = 3721$

7 Ein Prisma mit einer quadratischen Grundfläche ist 7 cm hoch. Die Oberfläche beträgt 64 m².
Berechne die Seitenlänge der quadratischen Grundfläche.

8 Ein runder Teppich hat einen Flächeninhalt von 7 m². Passt der Teppich auf eine 3 m × 3 m große Fläche?
Begründe.

Gemischt quadratische Gleichungen

→ *Seite 70*

9 Löse die Gleichungen.
a) $(a + 2,5)^2 = 100$
b) $(y - 19)^2 = 225$
c) $(z - 4)^2 - 40 = -36$
d) $(4 + x)^2 - 53 = 47$

9 Löse die Gleichungen.
a) $(m - 1)^2 + 35 = 179$
b) $\left(\frac{1}{2}s + 29\right)^2 - 42 = 102$
c) $(0,25\,u - 12)^2 = 0$
d) $(1,4 + 3\,v)^2 + 2 = 66$

10 Löse die Gleichungen.
a) $x^2 + 4x + 4 = 16$
b) $x^2 - 10x + 25 = 64$
c) $y^2 + 3y + 2,25 = 90,25$

10 Löse die Gleichungen.
a) $a^2 + 18\,a + 81 = 240,25$
b) $4x^2 - 8x + 4 = 324$
c) $-11\,t^2 - 396\,t - 3564 = -3971$

Allgemein quadratische Gleichungen

→ *Seite 74*

11 Löse mithilfe der Lösungsformel. Forme, falls nötig, zuerst in die Normalform um. Mache die Probe.
a) $x^2 - x - 6 = 0$
b) $x^2 + 3x + 2,25 = 0$
c) $x^2 + 2x = 48$
d) $5x^2 - 20x + 20 = 125$
e) $2y^2 + 4y - 30 = 0$
f) $9t^2 + 3t = 20$

11 Löse mithilfe der Lösungsformel. Mache die Probe.
a) $x^2 - x - 3,75 = 0$
b) $x^2 + 0,4x = 5,25$
c) $3y^2 - 15y = -15,75$
d) $0,48z^2 = 9,6z$
e) $-\frac{1}{2}v^2 + 2v + 16 = 0$
f) $-4s^2 + 16s = 16$

12 Betrachte die Gleichung $x^2 + 2x - 12 = 0$.
a) Bestimme die Diskriminante D.
b) Gib ohne zu rechnen die Anzahl der Lösungen der Gleichung an.

12 Gegeben ist die Gleichung $a x^2 - a x + 1 = 0$.
a) Bestimme die Diskriminante D.
b) Für welche Werte von a besitzt die Gleichung keine, eine oder zwei Lösungen?

13 Wie viele Lösungen haben die quadratischen Gleichungen? Begründe und gib die Lösungen der Gleichungen an.
a) $(a + 12)^2 - 27 = 457$
b) $(y - 14)^2 + 45 = 25$
c) $(z - 4)^2 - 40 = -36$
d) $(b + 15)^2 + 12 = 12$

13 Wie viele Lösungen haben die quadratischen Gleichungen? Begründe und gib die Lösungen der Gleichungen an.
a) $(u - 1)^2 - 60 = 84$
b) $(17 + n)^2 + 16 = 33 - 17$
c) $\left(\frac{1}{2}p + 29\right)^2 - 70 = 74$
d) $(0,25\,u - 16)^2 = 0$

14 Karina ist vier Jahre jünger als ihr Freund Tom. Multipliziert man das Alter der beiden miteinander, so erhält man 357.
Wie alt sind die beiden?

14 Verlängert man den Radius eines Kreises um 15 cm, so verdoppelt sich der Flächeninhalt des Kreises.
Wie lang war der ursprüngliche Radius des Kreises?

Vermischte Übungen

1 Löse die folgenden Gleichungen mittels:
① Faktorisieren   ② quadratischer Ergänzung mit binomischer Formel   ③ p-q-Formel
Begründe, welche Methode du für die Lösung der Aufgabe bevorzugst.

a) $x^2 + 6x = 0$ b) $(x + 3)^2 = 0$ c) $(x - 4)^2 = 0$
d) $3x^2 - 48 = 0$ e) $2x^2 + 6x - 20 = 0$ f) $x^2 - 14x = -33$

---

2 Bestimme die Lösungen. Begründe, wenn eine Aufgabe nicht zu lösen ist.

a) $2x^2 + 7 = 169$
b) $3x^2 - 145 = 287$
c) $0{,}25x^2 - 4 = -35{,}6$

2 Bestimme die Lösungen. Begründe, wenn eine Aufgabe nicht zu lösen ist.

a) $3x^2 + 12x + 12 = 0$
b) $-2x^2 + 4x - 5 = 0$
c) $2x^2 - 12x + 20 = 0$

---

3 Zur Finanzierung des Kanalisationsbaus erheben die Kommunen Abwassergebühren. Fast alle Städte und Gemeinden erheben auch für Regenwasser Gebühren.
Die Gemeinde, in der Bauer Peters wohnt, verlangte im Jahr 2014 bei bebauten Flächen 1,78 € pro m² und bei unbebauten Flächen 1,37 € pro m².
Bauer Peters hat auf seiner rechteckigen Wiese eine Scheune gebaut. Die Scheune ist 2,5-mal so lang wie breit. Die Gesamtfläche des Grundstücks beträgt 793,5 m².

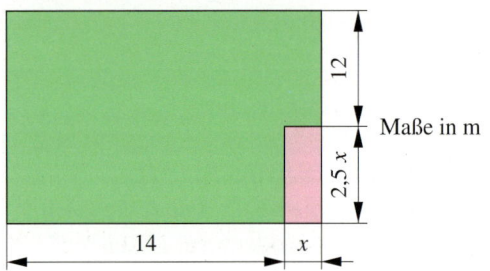

Maße in m

a) Berechne Länge und Breite der Scheune.
b) Gib den Flächeninhalt der durch die Scheune bebauten Fläche an und berechne die unbebaute Fläche.
c) Wie hoch waren im Jahr 2014 die Abwassergebühren, die Bauer Peters für sein Grundstück bezahlen musste?

3 Ein Industriegebäude soll mit einem Sägezahndach aus Glas versehen werden.

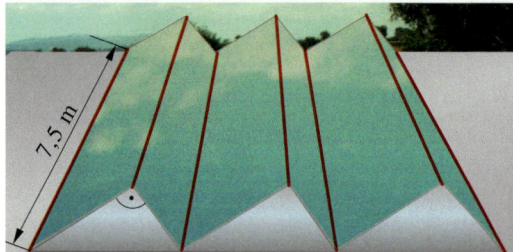

7,5 m

Die zu erwartenden Kosten für das Glasdach sollen überschlagen werden. 1 m² Sicherheitsglas kostet einschließlich Zuschnitt, Montage und Mehrwertsteuer etwa 375 €. Die Metallsparren, die das Glas tragen, braucht man zunächst nicht zu berücksichtigen. Jede Stirnfläche hat die Form eines rechtwinkligen Dreiecks. Eine Kathete dieses Dreiecks ist um 1 m, die andere um 0,5 m kürzer als die Hypotenuse.

a) Berechne die Länge der Hypotenuse und der Katheten.
b) Bestimme den Flächeninhalt einer dreieckigen Stirnfläche.
c) Wie viel m² Glas werden für das gesamte Dach geplant? Verwende das Maß aus der Grafik oben.
d) Wie hoch sind die etwa zu erwartenden Kosten für das Glasdach?

---

4 Pit bringt zum Jahresbeginn 1 200 € zur Bank. Nach genau zwei Jahren erhält er mit Zinsen 1 273,08 €.
Wie hoch ist der Zinssatz? Recherchiere, wie hoch der Zinssatz heute ist und berechne die Zinsen für zwei Jahre.

4 Bei einem Schachturnier mit n Teilnehmern soll jeder gegen jeden spielen.
Wie viele Spiele gibt es, wenn sechs (10, 15) Teilnehmer anwesend sind?

HINWEIS
zu Aufgabe 4
Das Kapital K_0 wächst um Zins und Zinseszins in zwei Jahren auf $K_2 = K_0 \left(1 + \frac{p}{100}\right)^2$.

5 Berechne das Volumen der Regentonne.
a) Gib an, wie viel Liter Regenwasser in die Tonne passen.
b) Da die bisherige Tonne zu wenig Regenwasser auffangen kann, ersetzt der Bauer sie durch eine neue, die bei gleicher Höhe das doppelte Fassungsvermögen hat. Wie groß ist der Durchmesser der neuen Tonne?

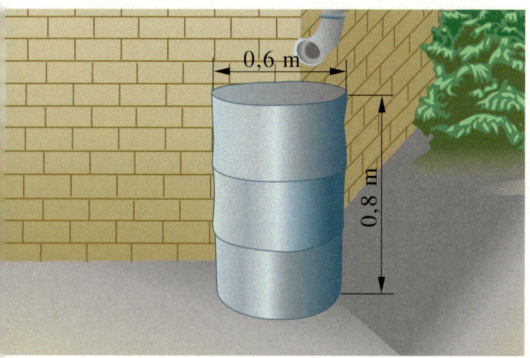

6 Louis stößt bei seiner Hausaufgabe auf einen Widerspruch.
1. Er löst die Gleichung $-\frac{1}{4}x^2 - 2 = 0$ wie folgt:

$-\frac{1}{4}x^2 - 2 = 0 \qquad | \cdot 4$
$x^2 - 8 = 0 \qquad | \, p\text{-}q\text{-Formel}$
$x_{1/2} = \pm \sqrt{8} \approx \pm 2{,}83$

Louis erhält rechnerisch *zwei* Lösungen.
2. Zur Probe verwendet er einen Funktionenplotter und gibt die Funktionsgleichungen $y = -\frac{1}{4}x^2$ und $y = 2$ ein. Louis erhält zeichnerisch *keine* Lösung. Prüfe

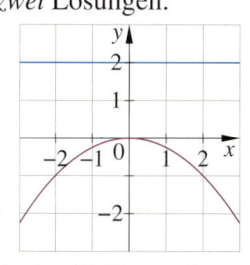

Louis Arbeitsschritte, finde den Fehler und korrigiere seine Hausaufgabe.

7 Die Länge eines rechteckigen Reitplatzes für Turnierpferde ist doppelt so lang wie seine Breite. Der Reitplatz hat eine Fläche von $242\,\text{m}^2$. Bestimme die Länge der Seiten des Reitplatzes. Stelle dazu eine quadratische Gleichung auf und löse sie.

5 Die Summe der ersten n Zahlen, die nach einem bestimmten Muster gebaut sind, lässt sich mithilfe einer quadratischen Funktion berechnen.
a) Ordne Summen und Terme einander zu.

© $n^2 + n$

① $1 + 3 + 5 + 7 + 9 + \dots$ Ⓐ n^2 Ⓑ $2n^2 + 2n$

② $2 + 4 + 6 + 8 + 10 + \dots$ ③ $4 + 8 + 12 + 16 + 20 + \dots$

b) Wie viele gerade Zahlen muss man addieren, um 240 zu erhalten?
c) Wie viele ungerade Zahlen muss man addieren, um als Summe 144 zu erhalten?
d) Gibt es eine Summe der Vielfachen von 4, die den Wert 1 000 annimmt?
e) Finde einen Term für die Summe aus $2 + 6 + 10 + 14 + \dots$ und bestimme eine Anzahl von Summanden, sodass die Summe 450 ergibt.

6 Timo löst mit einer Tabellenkalkulation quadratische Gleichungen.

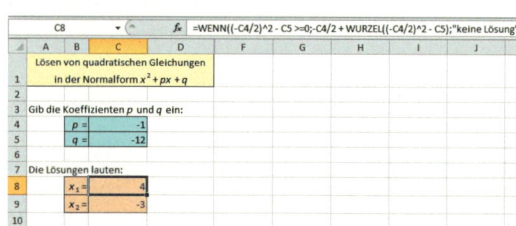

a) In Zelle **C8** benutzt er die **WENN**-Funktion für eine Fallunterscheidung. Erkläre den Aufbau des Befehls: f_x =WENN((-C4/2)^2 - C5 >=0;-C4/2 + WURZEL((-C4/2)^2 - C5);"keine Lösung")
b) Erläutere die Terme, die er innerhalb der **WENN**-Funktion benutzt.
c) Gib die Formel für Zelle **C9** an, um gegebenenfalls eine zweite Lösung berechnen zu lassen.
d) Erstelle selbst ein Tabellenblatt, mit dem die Lösungen berechnet werden.
e) Erstelle ein Tabellenblatt für die Lösung einer quadratischen Gleichung der Form $ax^2 + bx + c = 0$.

7 Vergrößert man den Radius eines Kreises um $2\,\text{cm}$, so entsteht ein Kreis, dessen Flächeninhalt dreimal so groß ist wie der des ersten Kreises. Bestimme den Radius.

HINWEIS
Beim Einfügen der WENN-Funktion wird folgende Erläuterung angezeigt:

Wenn(Prüfung; [Dann_Wert]; [Sonst_Wert])

TOURISTKKAUF-FRAU/-MANN
Die Ausbildung dauert 3 Jahre. Suche nach weiteren Informationen über den Beruf z.B. im Internet oder im BIZ.

Beruf Touristikkauffrau/-mann

Touristikkaufleute planen Abläufe von Reisen aller Art. Sie organisieren, ermitteln Reiseverbindungen und Übernachtungsangebote. Sie kalkulieren Reisepreise, erstellen Angebote und Rechnungen, nehmen Kundenbuchungen entgegen und reservieren entsprechend nach Terminwünschen. Außerdem überwachen sie Zahlungseingänge, Stornierungen und Reklamationen, planen Marketingmaßnahmen und deren Umsetzung.
Touristikkaufleute arbeiten meist in Reisebüros und bei Reiseveranstaltern.

8 Eine Rundreise planen

Eine Reisegesellschaft bietet im Rahmen einer Rundreise ein Zusatzprogramm an, an dem maximal 160 Reisende teilnehmen können. Der Preis ist mit 300 € kalkuliert. Acht Wochen vor Reisebeginn liegen erst 98 Buchungen vor. Die Reisegesellschaft entschließt sich zu nebenstehender Werbeanzeige in einer Zeitung.
Wie sich der Preisnachlass auf den Einzelpreis und die Einnahmen der Reisegesellschaft auswirkt, kann man für einige Personenzahlen aus der Tabelle entnehmen.

> **Preisnachlass**
> Normalpreis: 300 €. Wenn mehr als 100 Personen mitfahren, reduziert sich der Preis für jeden Teilnehmer um 2 €.
> Bei z.B. 110 Teilnehmern zahlt jeder nur noch 280 €.

Anzahl der Reisenden	Berechnung des Reisepreises pro Person	Reisepreis pro Person in €	Berechnung der Einnahmen der Gesellschaft	Einnahmen der Gesellschaft in €
98	300	300	98 · 300	29 400
99	300	300	99 · 300	29 700
100	300	300	100 · 300	30 000
100 + 1	300 − 2 · 1	298	101 · 298	30 098
100 + 2	300 − 2 · 2	296	102 · 296	30 192
100 + 3	300 − 2 · 3	294	103 · 294	30 282
...				
100 + 50	300 − 2 · 50	200	150 · 200	30 000

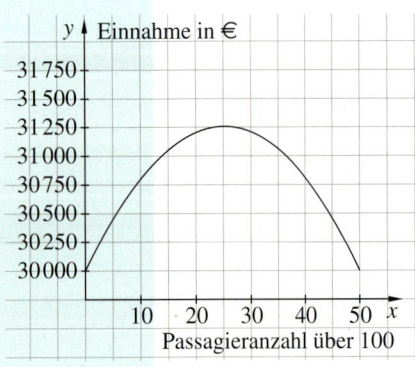

a) Bei welcher Anzahl von Teilnehmern kann das Charterunternehmen mit möglichst hohen Einnahmen rechnen?

b) Ab wie vielen Teilnehmern bringt die Werbekampagne keine zusätzlichen Einnahmen?
Übertrage die Tabelle ins Heft und berechne die fehlenden Werte.

Anzahl der Reisenden	100	110	120		140	
Einnahmen in €				31 200		30 000

c) Wie hoch ist der Verlust gegenüber den ursprünglich 98 Buchungen, wenn nun 160 Teilnehmer buchen würden?

Zusammenfassung

→ Seite 64

Rein quadratische Gleichungen

Quadratische Gleichungen sind Gleichungen, in denen die Variable in der zweiten Potenz (x^2), aber in keiner höheren Potenz vorkommt:
$ax^2 + bx + c = 0$

Gleichungen, bei denen die Variable nur in der zweiten Potenz vorkommt und die kein lineares Glied haben, lassen sich in die Form $x^2 = d$ bringen. Es gilt:
- $d > 0$: Die Gleichung hat zwei Lösungen.
- $d = 0$: Die Gleichung hat genau eine Lösung.
- $d < 0$: Die Gleichung hat keine Lösung.

$2x^2 + 8x + 14 = 0$

$$5x^2 - 20 = 0 \qquad | : 5$$
$$x^2 - 4 = 0 \qquad | + 4$$
$$x^2 = 4$$

$d > 0$, es gibt zwei Lösungen:
$x_1 = 2$ und $x_2 = -2$

→ Seite 70

Gemischt quadratische Gleichungen

Gleichungen der Form $x^2 + bx = 0$ und $x^2 + bx + c = 0$ lassen sich entweder durch
- zerlegen in **Linearfaktoren** und deren Nullsetzung $(x + x_1)(x + x_2) = 0$ oder
- mithilfe der **quadratischen Ergänzung** $\left(\frac{b}{2}\right)^2$ und Anwendung der binomischen Formeln lösen.

$$x^2 - 4x = 0$$
$$x(x - 4) = 0; \; x_1 = 0, \; x_2 = 4$$

$$x^2 - 8x - 105 = 0$$
$$(x - 15)(x + 7) = 0; \; x_1 = 15, \; x_2 = -7$$

$$x^2 - 8x + 16 - 105 = 16$$
$$(x - 4)^2 = 121$$
$$x - 4 = \pm 11; \; x_1 = 15, \; x_2 = -7$$

→ Seite 74

Allgemein quadratische Gleichungen

Jede quadratische Gleichung kann durch Umformungen in die **Normalform $x^2 + px + q = 0$** überführt werden.

$$2x^2 - 10x - 48 = 0 \quad | : 2$$
$$x^2 - 5x - 24 = 0, \; p = -5 \; \text{und} \; q = -24$$

Quadratische Gleichungen in Normalform können mit der **p-q-Formel** gelöst werden.
$$x_{1/2} = -\frac{p}{2} \pm \sqrt{\left(\frac{p}{2}\right)^2 - q}$$

$$x_{1/2} = -\left(-\frac{5}{2}\right) \pm \sqrt{\left(-\frac{5}{2}\right)^2 - (-24)}$$
$$x_{1/2} = \frac{5}{2} \pm \sqrt{\frac{25}{4} + 24}$$
$$x_{1/2} = \frac{5}{2} \pm \sqrt{\frac{121}{4}}$$
$$x_{1/2} = \frac{5}{2} \pm \frac{11}{2}; \; x_1 = 8, \; x_2 = -3$$

Für den Radikanden $\left(\frac{p}{2}\right)^2 - q$ gibt es drei mögliche Fälle, aus denen die Anzahl der Lösungen abgelesen werden kann.
Man nennt diesen Term **Diskriminante D**.
- $D > 0$: Die Gleichung hat zwei Lösungen.
- $D = 0$: Die Gleichung hat eine Lösung.
- $D < 0$: Die Gleichung hat keine Lösung.

$$x^2 + 10x + 25 = 0$$
$$p = 10 \; \text{und} \; q = 25$$
$$x_{1/2} = -5 + \sqrt{25 - 25}; \; x = -5$$

$$x^2 + 8x + 18 = 0$$
$$p = 8 \; \text{und} \; q = 18$$
$$x_{1/2} = -4 \pm \sqrt{16 - 18} = -4 \pm \sqrt{-2}$$

Es gibt keine Lösung, da $D < 0$ ist.

Teste dich!

6 Punkte

1 Löse die rein quadratischen Gleichungen.

a) $x^2 = 9\,801$ b) $5x^2 = 217,8$

c) $y^2 + 67 = 409,25$ d) $-11 + 4y^2 = 7,49$

e) $x^2 + 15 = 2x^2 - 1$ f) $0,08\,x^2 = 0,032$

3 Punkte

2 Gib jeweils eine quadratische Gleichung an, die folgende Lösungen hat.

a) $x_1 = 5$ und $x_1 = -5$ b) $x = 0$

c) keine Lösung

4 Punkte

3 Gib alle Lösungen der Gleichungen an.

a) $(a + 12)^2 = 484$ b) $(y - 14)^2 + 45 = 301$

c) $\left(\frac{1}{3}z - 12\right)^2 = 225$ d) $(3,7\,s - 99)^2 = 1\,225$

4 Punkte

4 Löse die Gleichungen. Rechne anschließend die Probe.

a) $x^2 + 26x + 169 = 0$ b) $x^2 - 14x = -49$

c) $x^2 + 7x = -12,25$ d) $x^2 + 6x = 27$

8 Punkte

5 Löse die quadratischen Gleichungen mithilfe der p-q-Formel.

a) $x^2 + 9x - 52 = 0$ b) $x^2 + x - 56 = 0$

c) $x^2 + 21,5x - 102 = 0$ d) $x^2 + 0,75\,x - \frac{1}{4} = 0$

e) $x^2 - 12,5x = 0$ f) $3x^2 - 1,5\,x = 0$

g) $2x^2 + 4x = 30$ h) $28x - 12 = -5x^2$

3 Punkte

6 Ermittle die Anzahl der Lösungen, ohne die Gleichung zu lösen. Begründe.

a) $x^2 + 4x + 29 = 0$ b) $x^2 + 16x + 64 = 0$

c) $x^2 - 14x + 45 = 0$

3 Punkte

7 Gib eine quadratische Gleichung in der Normalform an, die x_1 und x_2 als Lösungen hat.

a) $x_1 = -3$ und $x_2 = 7$ b) $x_1 = 9$ und $x_2 = -11$

c) $x_1 = -6$ und $x_2 = -9$

4 Punkte

8 Löse die Sachaufgaben.

a) Der Stamm einer Fichte hat einen Durchmesser von 40 cm. Daraus soll ein Balken mit möglichst großem quadratischen Querschnitt geschnitten werden. Welche Kantenlänge x hat der Querschnitt?

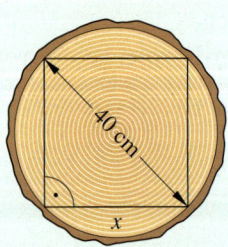

b) Die Hypotenuse eines rechtwinkligen Dreiecks ist 15 cm lang. Die Katheten unterscheiden sich um 3 cm. Erstelle eine Skizze und beantworte die Fragen:
① Wie lang sind die Katheten?
② Wie groß ist der Flächeninhalt des Dreiecks?

c) Ein rechteckiges Spielfeld wird durch eine 400 m lange Linie begrenzt. Läuft man von einer Ecke zur diagonal gegenüberliegenden Ecke, so legt man 143 m zurück. Wie lang und wie breit ist die Wiese? Stelle ein Gleichungssystem auf und löse es.

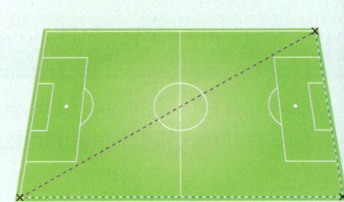

Potenzen und Wurzeln

Mit Elektronenmikroskop und Teleskop stößt der Mensch in unvorstellbar kleine und große Räume vor.

Bei elektronenmikroskopischen Aufnahmen von Viren sind Strukturen von 0,000 001 Millimeter noch sichtbar, und Teleskope blicken in Sternenwelten, die 280 000 000 000 000 000 und mehr Kilometer von uns entfernt sind. Wie kann man solche Größenangaben übersichtlich schreiben und mit ihnen sinnvoll rechnen?

Noch fit?

Einstieg

1 Große Zahlen lesen
Lies die Zahlen in der Stellenwerttafel.

Milliarden			Millionen			Tausend					
10^{11}	10^{10}	10^9	10^8	10^7	10^6	10^5	10^4	10^3	10^2	10^1	10^0
							1	1	8	8	9
				9	9	8	7	3	4	7	
1	1	1	5	0	3	0	0	2	3	8	6

2 Produkte als Potenzen schreiben
Schreibe vereinfacht als Potenz.
a) $x \cdot x$
b) $a \cdot a \cdot a \cdot a \cdot a$
c) $b \cdot b \cdot b \cdot b$
d) $i \cdot i \cdot i \cdot i \cdot i \cdot i \cdot i \cdot i$

3 Potenzen berechnen
Setze ein und berechne im Kopf.
a) x^2 für $x = 1; 2; 5; \frac{1}{2}; -1; 0$
b) $\sqrt{x}$ für $x = 1; 4; 25; 100$

4 Flächen und Körper berechnen
a) Berechne den Flächeninhalt eines Quadrats mit einer Seitenlänge von 7 cm.
b) Wie lang ist die Seite eines Quadrats mit einem Flächeninhalt von 144 cm²?

5 Größenangaben vergleichen
Ordne die Angaben der Größe nach.

a)
5050 m²
0,555 km²
50 000 mm²
5,55 m²

b)
50 000 cm³
64 dm³
33,5 m³
2000 mm³

Aufstieg

1 Große Zahlen lesen
Lies die Zahlen in der Stellenwerttafel.

Milliarden			Millionen			Tausend					
10^{11}	10^{10}	10^9	10^8	10^7	10^6	10^5	10^4	10^3	10^2	10^1	10^0
						4	5	6	0	3	0
			8	0	9	0	3	0	2	0	5
3	0	1	7	0	0	4	0	0	0	6	0

2 Produkte als Potenzen schreiben
Schreibe vereinfacht als Potenz.
a) $z \cdot z \cdot z$
b) $m \cdot m \cdot m \cdot m \cdot m \cdot m$
c) $s \cdot s \cdot s \cdot t \cdot t$
d) $c \cdot c \cdot d \cdot d \cdot c \cdot d$

3 Potenzen berechnen
Setze ein und berechne im Kopf.
a) x^3 für $x = 1; 2; 5; \frac{1}{2}; -1; 0$
b) $\sqrt[3]{x}$ für $x = 1; 8; 27; 1\,000$

4 Zeichnen und Größen berechnen
Überlege vorher genau. Zeichne …
a) ein Quadrat mit einem Flächeninhalt von $A = 25$ cm².
b) einen Kreis mit $A = 25$ cm².

5 Größenangaben vergleichen
Ordne die Angaben der Größe nach.

a)
500 m²
505 ha
500 000 mm²
5 m² 55 cm²

b)
0,07 m³
0,000 12 km³
4,5 dm³
77 000 000 mm³

6 Aufbau des Zahlensystems
Die Grafik zeigt den Aufbau des Zahlensystems. Zeichne sie so ab, dass du Platz zum Eintragen der Zahlen hast:
$-4; \sqrt{5}; \frac{2}{3}; 0,75; 35; 0; \sqrt{4}; \frac{3}{8}; -0,001; 6,5; -11; \frac{8}{2}; \sqrt[3]{2}; -9$
Aber Vorsicht: Manche Größen lassen sich noch vereinfachen.

> Natürliche Zahlen ℕ
> Ganze Zahlen ℤ
> Rationale Zahlen ℚ
> Reelle Zahlen ℝ

7 Maßeinheiten ordnen
Kannst du die folgenden Maßeinheiten benennen und nach Längen-, Flächen- und Raummaßen ordnen? Lege eine Tabelle an.
cm; cm³; km²; dm³; a; m; mm²; dm; l; m³; ha; ml; cm²; mm³; km

7 Maßeinheiten ordnen
Sortiere die folgenden Maßeinheiten nach Art der Größen (z. B. Längenmaße; Zeiteinheiten usw.). Lege eine Tabelle an: s; l; g; cm²; m³; min; kg; dm²; mm; ha; mg; km²; m; h; cm³; t; km; a; ms; ml; m²; dm

Lösungen ab Seite 222

Der Potenzbegriff

Entdecken

1 Aus den Augenzahlen von drei Spielwürfeln soll eine möglichst große Zahl gebildet werden. Dabei sind alle Rechenoperationen und Kombinationen der Augenzahlen erlaubt. Im Beispiel sind folgende Kombinationen möglich: $6 \cdot 32$; $2 \cdot 6^3$; 623 usw.
a) Welches ist die größtmögliche Zahl, die man aus 3, 4, und 5 bilden kann?
b) Suche die größtmögliche Zahl, die aus drei Sechsen entstehen kann.
c) Vergleicht in der Klasse: Wer hat die höchste Zahl gebildet?

2 Von Zeit zu Zeit tauchen per Post oder E-Mail sogenannte Kettenbriefe auf, in denen der Angeschriebene aufgefordert wird, den Brief zu kopieren und z. B. an zehn weitere Personen zu senden. Sollte er das nicht tun, würde etwas Unangenehmes passieren …
Jill hat einen solchen Brief erhalten. Sie rechnet aus: Wenn sie ihn jetzt an zehn Leute weitersendet und jede dieser zehn Personen dasselbe tut usw., dann sind nach acht Runden theoretisch alle Bundesbürger (80,5 Mio.) erreicht. Stimmt das?

3 Besorge dir einen großen Bogen Papier, z. B. Zeitungspapier. Schätze, wie oft du ihn in der Mitte zusammenfalten kannst.
a) Probiere es aus und vergleiche mit deiner Schätzung.
b) Wie viele Papierschichten übereinander erhältst du nach dem 1., 2., 3., …, 10. Falten?
c) Lege eine Tabelle an und suche einen Rechenterm für die Anzahl der Schichten nach der x-ten Faltung.

4 Ordne den Aussagen die gesuchten Zahlen zu.

Eine Zahl wird mit sich selbst 3-mal hintereinander multipliziert und das Ergebnis ist 216.	**3**	Eine Zahl wird mit sich selbst 4-mal hintereinander multipliziert und das Ergebnis ist 4096.
	4	
Eine Zahl wird mit sich selbst 5-mal hintereinander multipliziert und das Ergebnis ist 1024.	**5**	Eine Zahl wird mit sich selbst 8-mal hintereinander multipliziert und das Ergebnis ist 6561.
	6	
Eine Zahl wird mit sich selbst multipliziert und das Ergebnis ist 49.	**7**	Eine Zahl wird mit sich selbst 6-mal hintereinander multipliziert und das Ergebnis ist 15625.
	8	

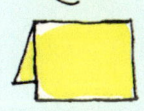

5 Übertrage die Tabelle in dein Heft und versuche, die fehlenden Werte auszurechnen.

3^5	3^4	3^3	3^2	3^1	3^0	3^{-1}				
243	81	27	9							

: 3

a) Wie ändern sich die Werte in den beiden Tabellenzeilen von links nach rechts?
b) Schreibe die Werte, die zu den Potenzen mit negativen Exponenten gehören, als Brüche.

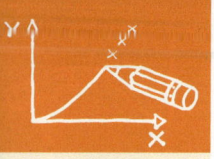

Verstehen

Bakterien vermehren sich durch Teilung. Manche Arten verdoppeln sich in nährstoffreicher Umgebung nach jeder Stunde. Auf welche Anzahl kann ein einzelnes Bakterium unter optimalen Bedingungen in 24 Stunden anwachsen?

Dauer in Std.		Anzahl Bakterien
Stunde 0		1
nach 1 Std.		2
nach 2 Std.		$2 \cdot 2 = 2^2 = 4$
nach 3 Std.		$2 \cdot 2 \cdot 2 = 2^3 = 8$
…	…	…

Die Anzahl nach 24 Stunden kann man so berechnen:

$$\underbrace{2 \cdot 2 \cdot 2 \cdot 2 \cdot 2 \cdot 2 \cdot 2 \cdot \ldots \cdot 2}_{24\text{-mal}} = 2^{24} = 16\,777\,216$$

Nach 24 Stunden sind ca. 16,8 Millionen Bakterien entstanden.

Merke Ein Produkt aus gleichen Faktoren kann man verkürzt als Potenz schreiben.

$$\underbrace{a \cdot a \cdot a \cdot a \cdot a \cdot \ldots \cdot a}_{n \text{ Faktoren}} = a^n \quad \text{(lies: } a \text{ hoch } n\text{)}$$

Für alle $a, b \neq 0$ gilt: $a^0 = 1$; $\quad a^1 = a$; $\quad \left(\frac{a}{b}\right)^n = \frac{a^n}{b^n}$

Der Exponent (Hochzahl) gibt an, wie oft die Zahl mit sich selbst multipliziert wird.

$$a^n = c$$

Der Wert der Potenz ist das errechnete Produkt.

Die Basis (Grundzahl) gibt an, welche Zahl mit sich selbst multipliziert wird.

Beispiel 1

$3^5 = 3 \cdot 3 \cdot 3 \cdot 3 \cdot 3 = 243$

$\left(\frac{2}{9}\right)^4 = \frac{2}{9} \cdot \frac{2}{9} \cdot \frac{2}{9} \cdot \frac{2}{9} = \frac{16}{6561}$

$(10v)^6 = 10v \cdot 10v \cdot 10v \cdot 10v \cdot 10v \cdot 10v = 1\,000\,000\,v^6$

$(1,5\,\text{m})^3 = 1,5\,\text{m} \cdot 1,5\,\text{m} \cdot 1,5\,\text{m} = 3,375\,\text{m}^3$

Die Tabelle zeigt Potenzwerte von Potenzen, deren Basis negativ ist.

$(-2)^2 = (-2) \cdot (-2) = 4$	$(-2)^3 = (-2) \cdot (-2) \cdot (-2) = -8$
$(-2)^4 = (-2) \cdot (-2) \cdot (-2) \cdot (-2) = 16$	$(-2)^5 = (-2) \cdot (-2) \cdot (-2) \cdot (-2) \cdot (-2) = -32$
$(-2)^6 = (-2) \cdot (-2) \cdot (-2) \cdot (-2) \cdot (-2) \cdot (-2) = 64$	$(-2)^7 = (-2) \cdot (-2) \cdot \ldots \cdot (-2) = -128$

Merke Bei **negativer Basis** ist der Potenzwert **positiv**, wenn der Exponent gerade ist. Der Potenzwert ist **negativ**, wenn der Exponent ungerade ist.

Beispiel 2

$(-4)^3 = (-4) \cdot (-4) \cdot (-4) = -64$

$\left(-\frac{2}{3}\right)^2 = \left(-\frac{2}{3}\right) \cdot \left(-\frac{2}{3}\right) = \frac{4}{9}$

$(-10)^5 = (-10) \cdot (-10) \cdot (-10) \cdot (-10) \cdot (-10) = -100\,000$

$(-0,1)^4 = (-0,1) \cdot (-0,1) \cdot (-0,1) \cdot (-0,1) = 0,0001$

aber $-0,1^4 = -0,1 \cdot 0,1 \cdot 0,1 \cdot 0,1 = -0,0001$

Es gibt auch Potenzen, bei denen der Exponent negativ ist (siehe Randspalte). Sie kommen beispielsweise zustande, indem man schrittweise mehrfach durch die Basis dividiert.

Merke Eine Potenz mit **negativem Exponenten** kann man als den Kehrwert der Potenz mit positivem Exponenten schreiben.

$$a^{-n} = \frac{1}{a^n} \quad \text{(mit } a \neq 0 \text{ und } n \text{ als ganze Zahl)}$$

Beispiel 3

$7^{-3} = \frac{1}{7^3} = \frac{1}{7 \cdot 7 \cdot 7} = \frac{1}{343}$

$\left(\frac{3}{4}\right)^{-2} = \left(\frac{4}{3}\right)^2 = \frac{4 \cdot 4}{3 \cdot 3} = \frac{16}{9}$

$(-5)^{-3} = \left(-\frac{1}{5}\right)^3 = \left(-\frac{1}{5}\right) \cdot \left(-\frac{1}{5}\right) \cdot \left(-\frac{1}{5}\right) = -\frac{1}{125}$

Üben und anwenden

1 Schreibe als Potenz.
a) $5 \cdot 5 \cdot 5 \cdot 5 \cdot 5 \cdot 5$
b) $\frac{1}{2} \cdot \frac{1}{2} \cdot \frac{1}{2} \cdot \frac{1}{2}$
c) $x \cdot x \cdot x \cdot x \cdot x \cdot x \cdot x \cdot x \cdot x$
d) $4a \cdot 4a \cdot 4a$
e) $0,1u \cdot 0,1u \cdot 0,1u \cdot 0,1u \cdot 0,1u$
f) $(-6) \cdot (-6) \cdot (-6)$

2 Schreibe die Potenzen als Produkt.
a) 4^3
b) $(-5)^4$
c) $\left(\frac{1}{3}\right)^6$
d) b^7
e) $(-a)^3$
f) $(3v)^6$

3 Berechne den Wert der Potenzen.
a) a^3 für $a = 1; 2; \ldots; 10$
b) a^3 für $a = -1; -2; \ldots; -10$
c) 2^n für $n = 0; 1; \ldots; 10$
d) 1^n für $n = 0; 1; \ldots; 10$

4 Berechne mit dem Taschenrechner.
a) 4^4
b) 6^3
c) 5^4
d) $3,2^3$
e) $0,1^5$
f) $0,65^6$
g) $\left(\frac{3}{8}\right)^5$
h) $\left(-\frac{3}{5}\right)^7$
i) $(-1)^{17}$

5 Schreibe die Potenzen als Produkt und berechne. Worin liegt der Unterschied?
a) -3^4 und $(-3)^4$
b) $\frac{2^2}{3}$ und $\left(\frac{2}{3}\right)^2$
c) $4 \cdot 5^3$ und $(4 \cdot 5)^3$

6 Schreibe mit negativem Exponenten.
a) $\frac{1}{4^2}$
b) $\frac{1}{12^4}$
c) $\frac{1}{3^5}$
d) $\frac{1}{5^6}$

7 Schreibe ohne negativen Exponenten und berechne dann im Kopf.
a) 4^{-3}
b) 10^{-4}
c) $(-5)^{-2}$
d) $(-1)^{-9}$
e) 3^{-4}
f) $(-2)^{-5}$

8 In jeder Zeile stehen gleichwertige Zahldarstellungen.
Übertrage die Tabelle ins Heft und ergänze.

10^{-3}	$\frac{1}{10^3}$	$0,001$
10^{-2}		
	$\frac{1}{10^5}$	
		$0,0001$
10^{-6}		
	$\frac{1}{10}$	

---

1 Schreibe als Potenz.
a) $12 \cdot 12 \cdot 12 \cdot 12 \cdot 12$
b) $\frac{5}{6} \cdot \frac{5}{6} \cdot \frac{5}{6} \cdot \frac{5}{6} \cdot \frac{5}{6} \cdot \frac{5}{6}$
c) $(-11) \cdot (-11) \cdot (-11) \cdot (-11)$
d) $(-7y) \cdot (-7y) \cdot (-7y) \cdot (-7y) \cdot (-7y)$
e) $0,15m \cdot 0,15m \cdot 0,15m \cdot 0,15m$
f) $3\frac{4}{7} \cdot 3\frac{4}{7} \cdot 3\frac{4}{7}$

2 Schreibe die Potenzen als Produkt.
a) 19^5
b) $(-y)^4$
c) $\left(\frac{2}{7}\right)^2$
d) $2 \cdot a^3$
e) $(2x)^2$
f) $(-5ab)^6$

3 Berechne den Wert der Potenzen.
a) a^4 für $a = 1; 2; \ldots; 6$
b) 3^n für $n = 0; 1; \ldots; 6$
c) a^5 für $a = -1; -2; \ldots; -5$
d) $(-1)^n$ für $n = 1; 2; \ldots; 10$

4 Berechne. Nutze den Taschenrechner.
a) 2^7
b) 17^2
c) 7^5
d) $\left(\frac{3}{4}\right)^4$
e) $(-2)^{17}$
f) $(-1,75)^7$
g) $\left(-\frac{5}{9}\right)^6$
h) $\left(-\frac{3}{10}\right)^5$
i) $3,25^4$

5 Warum sind die Ergebnisse verschieden?
a) $4v^3$ und $(4v)^3$
b) $a \cdot 5^2$ und $(a \cdot 5)^2$
c) $-x^6$ und $(-x)^6$
d) $\frac{b^4}{3}$ und $\left(\frac{b}{3}\right)^4$

6 Schreibe mit negativem Exponenten.
a) $\frac{1}{6^5}$
b) $\frac{1}{9^3}$
c) $\frac{1}{16}$
d) $\frac{5}{8}$

7 Schreibe ohne negativen Exponenten und berechne dann im Kopf.
a) 8^{-1}
b) 12^{-2}
c) $(-6)^{-3}$
d) $\left(\frac{3}{4}\right)^{-2}$
e) $(3a)^{-5}$
f) $2 \cdot 5^{-4}$

SCHON GEWUSST?
*Taschenrechner haben häufig die **Potenztaste** x^y oder die Taste $\boxed{\wedge}$ für **Exponenten**.*

RÜCKBLICK
Schreibe in der angegebenen Einheit.
a) dm³: 1,28 m³; 342 l; 486 ml; 587 cm³
b) l: 2300 ml; 800 cm³; 26 dm³; 0,74 m³

9 Bestimme das Vorzeichen der Potenz, ohne den Wert zu berechnen.
Begründe.
a) -15^7 b) $(-15)^8$
c) $(-12{,}55)^3$ d) $(-0{,}88)^6$
e) $-1{,}8^8$ f) $-0{,}0035^{100}$

9 Gib an, ob der Potenzwert positiv oder negativ ist.
a) $-0{,}4^5$ b) $(-0{,}4)^5$
c) $(-0{,}4)^6$ d) $-0{,}4^6$
e) $-1{,}2^4$ f) $(-1{,}2)^3$
g) $-1{,}2^3$ h) $(-1{,}2)^4$

10 In einem alten orientalischen Märchen wird von einem Wunderbaum berichtet:

Der Baum hat sechs Äste. Jeder dieser Äste hat sechs Zweige. An jedem Zweig sind sechs Blüten und jede Blüte besteht aus sechs Blütenblättern. Wie viele Blütenblätter trägt der Wunderbaum insgesamt?

10 Berechne.
a) $2 \cdot 3^4$ b) $7 \cdot 5^2$
c) $5 \cdot 6^2$ d) $-5 \cdot 6^2$
e) $5 \cdot (-6)^2$ f) $3{,}2 \cdot 1{,}5^3$
g) $4 \cdot 0{,}5^2$ h) $1{,}3 \cdot (-5)^2$
i) $-1{,}3 \cdot (-5)^2$ j) $-1{,}3 \cdot 5^2$

Potenzrechnung geht vor Punktrechnung!

11 Setze die richtige Zahl bzw. das richtige Zeichen ($<$, $=$, $>$) ein. Suche nach verschiedenen Möglichkeiten und vergleiche.
a) $2^6 \, \blacksquare \, (-2)^6$ b) $2^5 \, \blacksquare \, (-2)^5$
c) $-2^3 \, \blacksquare \, (-2)^3$ d) $-3^2 \, \blacksquare \, (-3)^2$
e) $-5^4 \, \blacksquare \, -4^5$ f) $0{,}3 \cdot 5 \, \blacksquare \, (-0{,}3)^5$
g) $\left(-\frac{3}{4}\right)^3 \, \blacksquare \, \left(\frac{3}{4}\right)^3$ h) $-\frac{1}{2} \cdot 4 \, \blacksquare \, \left(-\frac{1}{2}\right)^4$
i) $(-4)^2 = (-\blacksquare)^4$ j) $(-5)^3 > (-3)^\blacksquare$
k) $-4^3 = -2^\blacksquare$ l) $-\blacksquare^\blacksquare = -729$
m) $(-4)^3 \, \blacksquare \, (-3)^4$ n) $(-2)^6 = \blacksquare^\blacksquare$
o) $(-\blacksquare)^\blacksquare = 1024$ p) $(-3)^4 = (-\blacksquare)^\blacksquare$

11 Berechne und vergleiche.
a) $(-4)^3$ und -4^3 b) $(-7)^2$ und -7^2
c) 2^4 und $(-2)^4$ d) $(-0{,}3)^5$ und $0{,}3^5$
e) $\frac{1}{2} \cdot 4$ und $\left(\frac{1}{2}\right)^4$ f) $(-2) \cdot 3$ und $(-2)^3$

12 Ordne die Potenzen. Beginne mit der Potenz, die den größten Wert hat.
a) 22^2; $(2^2)^2$; 2^{22}; $2^{(2^2)}$
b) 33^3; $(3^3)^3$; 3^{33}; $3^{(3^3)}$
c) 10^6; $(-10)^8$; 8^6; $(-6)^8$

12 Ordne den Umrechnungen eine passende Zehnerpotenz aus der Randspalte zu.

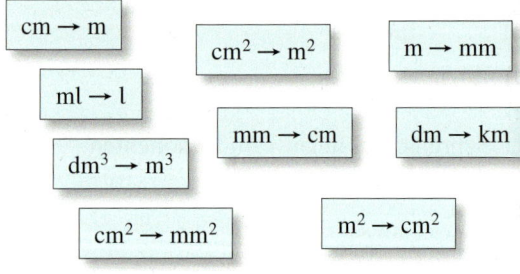

13 Lies die Schach-Legende mit den Reiskörnern auf Seite 107.
a) Lege eine Tabelle für mindestens die ersten 25 Felder an. Berechne die Anzahl der Reiskörner je Feld im Kopf.
b) Fülle die Tabelle mithilfe des Taschenrechners weiter bis zum 64. Feld aus.
c) Addiere die Anzahl aller Reiskörner.
d) Berechne das Gesamtgewicht aller Reiskörner auf dem Schachbrett. 1 000 Reiskörner wiegen ca. 30 g.

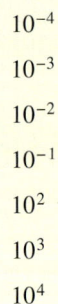

10^{-4}

10^{-3}

10^{-2}

10^{-1}

10^2

10^3

10^4

Zahlendarstellung in Zehnerpotenzschreibweise

Entdecken

1 Bearbeite diese Daten aus unserem Sonnensystem:

Oberfläche der Sonne:
6 Billionen km²

Entfernung Sonne – Saturn:
1,43 Milliarden km

Volumen des Mondes:
37 Millionen km³

Masse der Erde:
5,97 Trilliarden t

Umlaufzeit des Neptun
um die Sonne:
60 Tausend Tage

a) Schreibe alle Größenangaben als Zahlen aus und sortiere sie aufsteigend nach ihrer Größe.
b) Mache Vorschläge zur besseren Lesbarkeit solch großer Zahlen.

2 Rechne mit dem Taschenrechner und schreibe das im Display angezeigte Ergebnis auf:
a) $570\,000 \cdot 640\,000$ **b)** $0,04 \cdot 0,089$ **c)** $0,07^{11}$ **d)** 15^9
e) Versuche zu erklären, was die angezeigten Ergebnisse bedeuten; rechne notfalls selber
schriftlich aus.

3 Bei den folgenden Aufgaben sollst du herausfinden, ab welcher Zahlengröße dein Taschenrechner die Darstellungsweise des Ergebnisses ändert.
a) Nimm fortgesetzt die Zahl 200 mit sich selber mal, notiere jedes Einzelergebnis und stelle
fest, wann die Schreibweise des Ergebnisses „umspringt".
b) Verfahre genauso beim fortgesetzten Dividieren von 0,2 durch 10.
c) Addiere fortlaufend $9 + 1$; $99 + 1$; $999 + 1$ usw., notiere wie oben.
d) Rechne $1 - 0,1$; $0,1 - 0,01$; $0,01 - 0,001$ usw. und notiere die Ergebnisse.
e) Kannst du angeben, von welchen Zahlen an dein Taschenrechner die Darstellungsweise des
Ergebnisses ändert? Vergleiche deine Erkenntnisse mit anderen in deiner Klasse.

4 In einem Artikel über Mikrochips kann man Folgendes lesen:

> **Neues Fertigungsverfahren ermöglicht ultradünne flexible Mikrochips:**
> **Stuttgarter Institut stellt erstmals Chips mit $2 \cdot 10^{-2}$ mm Dicke her. (…)**
> Der Trend in der Elektronikindustrie geht nicht nur zu immer kleineren Schaltungsstrukturen auf dem
> Chip, sondern auch zu immer dünneren Mikrochips. Die Größen der Strukturen auf heutigen Mikrochips
> bewegen sich längst im Bereich von 10^{-4} mm und weniger. Zum Vergleich: ein menschliches Haar besitzt
> einen Durchmesser von etwa $5 \cdot 10^{-2}$ mm (…). Bei der Dicke von Mikrochips sieht es gegenwärtig noch
> ganz anders aus. Typisch für Mikrochips ist eine Dicke von $4 \cdot 10^{-1}$ mm, dabei reicht die elektrisch aktive
> Zone nur etwa $5 \cdot 10^{-3}$ mm von der Chipoberfläche in die Tiefe. Der Grund für die erhebliche Dicke heu-
> tiger Mikrochips ist die notwendige Robustheit: die Chips werden aus großen Siliziumscheiben, den so-
> genannten Wafern hergestellt. Diese Scheiben besitzen Durchmesser von 15 bis 30 cm. Da sich Silizium
> ähnlich wie Glas verhält, sind die Wafer relativ zerbrechliche Gebilde (…).

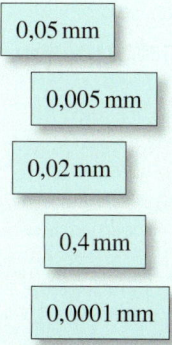

0,05 mm

0,005 mm

0,02 mm

0,4 mm

0,0001 mm

a) Schreibe alle Größenangaben in mm aus dem Text heraus. Was fällt dir daran auf?
b) Ordne die Angaben aus dem Text den Größenangaben in der Randspalte zu.
Wie bist du vorgegangen?

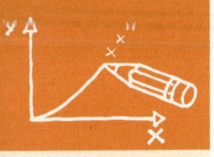

Verstehen

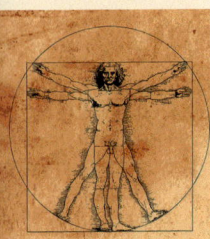

Ein erwachsener Mensch besteht aus etwa 100 000 000 000 000 Zellen.
Kleinste Zellen sind die roten Blutkörperchen mit einer Dicke von 0,000 001 m.
Die Gesamtlänge aller Nervenfasern eines Menschen beträgt ca. 780 000 000 m.
Ein DNA-Faden hat einen Durchmesser von 0,000 000 002 m.
Die Darstellung von sehr großen und sehr kleinen Zahlen wird schnell unübersichtlich. Außerdem kann der Taschenrechner beim Eingeben solcher Zahlen nur eine begrenzte Anzahl von Stellen aufnehmen.
Deshalb ist bei diesen Größen die Zahlendarstellung mit Zehnerpotenzen sinnvoll.

Merke Sehr große und sehr kleine Zahlen kann man übersichtlich in der Zehnerpotenzschreibweise darstellen.
Hierbei werden die Zahlen als Produkt geschrieben.
Der erste Faktor ist eine Zahl zwischen 1 und 10, der zweite Faktor eine Zehnerpotenz.
Bei Zahlen zwischen 0 und 1 ist der Exponent der Zehnerpotenz negativ.

Beispiel 1
Anzahl der Körperzellen eines Menschen:
$100 000 000 000 000 = 1 \cdot 10^{14}$
Dicke von roten Blutkörperchen:
$0,000 001 \, m = 1 \cdot 10^{-6} \, m$
Gesamtlänge der Nervenfasern eines Menschen: $780 000 000 \, m = 7,8 \cdot 10^{8} \, m$
Durchmesser eines DNA-Fadens:
$0,000 000 002 \, m = 2 \cdot 10^{-9} \, m$

HINWEIS
Der Exponent der Zehnerpotenz gibt an, um wie viele Stellen das Komma des 1. Faktors verschoben wird.
positiv →
*   nach rechts*
negativ ←
*   nach links*

Umgekehrt lassen sich Zahlen in Zehnerpotenzschreibweise ohne Zwischenschritt in normale Dezimalzahlen verwandeln, indem man das Komma verschiebt.

Je nach Taschenrechnerfabrikat gibt es verschiedene Tasten für die Eingabe von Zehnerpotenzen.

Beispiel 2
$8,42 \cdot 10^{7} = 84 200 000$ (Komma um 7 Stellen nach rechts verschoben)
$2,75 \cdot 10^{-4} = 0,000 275$ (Komma um 4 Stellen nach links verschoben)

Beispiel 3

| EXP | EE | $\times 10^{n}$ | $\times 10^{x}$ |

Tastenfolge für $3,69 \cdot 10^{4}$:

| 3 | . | 6 | 9 | EE | 4 | = |

Auch die Darstellung der Zehnerpotenzen ist je nach Fabrikat unterschiedlich.

Beispiel 4

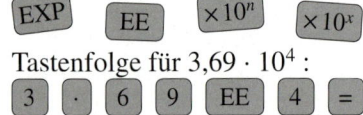

Manche Zehnerpotenzen tragen besondere Namen. Dann können Zehnerpotenzen durch **genormte Vorsätze** ersetzt werden.

SCHON GEWUSST?
*Hz (Hertz) ist eine Einheit für die Frequenz und gibt die Anzahl von Schwingungen pro Minute an.
B steht für Byte (Maßeinheit für eine Datenmenge von 8 Bit).*

Zehnerpotenz	Bezeichnung	Vorsatz	Beispiel
10^{-9}	Milliardstel	Nano (n)	$0,000 000 006 \, s = \quad 6 \cdot 10^{-9} \, m = 6 \, ns$
10^{-6}	Millionstel	Mikro (µ)	$0,000 008 \, m = \quad 8 \cdot 10^{-6} \, m = 8 \, µm$
10^{-3}	Tausendstel	Milli (m)	$0,004 \, m = \quad 4 \cdot 10^{-3} \, m = 4 \, mm$
10^{-2}	Hundertstel	Zenti (c)	$0,09 \, m = \quad 9 \cdot 10^{-2} \, m = 9 \, cm$
10^{-1}	Zehntel	Dezi (d)	$0,35 \, m = 3,5 \cdot 10^{-1} \, m = 3,5 \, dm$
10^{2}	Hundert	Hekto (h)	$700 \, l = \quad 7 \cdot 10^{2} \, l = 7 \, hl$
10^{3}	Tausend	Kilo (k)	$5 600 \, g = \quad 5,6 \cdot 10^{3} \, g = 5,6 \, kg$
10^{6}	Million	Mega (M)	$1 800 000 \, Hz = 1,8 \cdot 10^{6} \, Hz = 1,8 \, MHz$
10^{9}	Milliarde	Giga (G)	$7 000 000 000 \, B = \quad 7 \cdot 10^{9} \, B = 7 \, GB$
10^{12}	Billion	Tera (T)	$1 500 000 000 000 000 \, B = 1,5 \cdot 10^{12} \, B = 1,5 \, TB$

Üben und anwenden

1 Setze die Tabelle im Heft bis 10^{-4} fort.

Potenz	Dezimalzahl	in Worten
10^4	10 000	zehntausend
10^3	1000	…
…	…	…

2 Berechne wie im Beispiel.
Beispiel $4 \cdot 10^2 = 4 \cdot 100 = 400$
a) $3 \cdot 10^3$ b) $5 \cdot 10^4$
c) $2 \cdot 10^3$ d) $4 \cdot 10^6$
e) $1,8 \cdot 10^4$ f) $2,3 \cdot 10^5$
g) $3,7 \cdot 10^7$ h) $0,5 \cdot 10^6$

3 Schreibe die Zahl ohne Zehnerpotenz und in Worten.
a) $2 \cdot 10^5$ b) $9 \cdot 10^6$
c) $3 \cdot 10^9$ d) $1,5 \cdot 10^{12}$
e) $3,7 \cdot 10^2$ f) $3,05 \cdot 10^7$

4 Schreibe die Zahlen in Zehnerpotenz-schreibweise.
a) 3 000 000   b) 80 000 000 000
c) 7 400 000 000   d) 4 250 000
e) 86 300 000 000   f) 199 000 000 000

5 Übertrage und ergänze in deinem Heft.

10^{-3}	$\frac{1}{10^3}$	0,001
10^{-2}		
10^{-7}		
10^{-4}		
10^{-9}		
10^{-1}		
10^{-8}		

6 Schreibe als Dezimalzahl.
a) $3 \cdot 10^{-2}$ b) $7 \cdot 10^{-4}$
c) $5 \cdot 10^{-3}$ d) $2,7 \cdot 10^{-5}$
e) $1,8 \cdot 10^{-6}$ f) $3,25 \cdot 10^{-3}$

7 Schreibe in Zehnerpotenzschreibweise.
a) 0,0006   b) 0,000005
c) 0,003   d) 0,0038
e) 0,000026   f) 0,00000036
g) 0,0004   h) 0,0000000048

1 Schreibe als Zehnerpotenz. Welchen Vorteil hat die Potenzschreibweise?
a) Eintausend   b) 1 Million
c) 10 Milliarden   d) 100 Billionen
e) 0,1 Millionen   f) 0,001 Milliarden

2 Schreibe die Zahl ohne Zehnerpotenz.
a) $9 \cdot 10^6$ b) $6 \cdot 10^9$
c) $2 \cdot 10^4$ d) $2,4 \cdot 10^3$
e) $1,7 \cdot 10^5$ f) $3,14 \cdot 10^7$
g) $2,406 \cdot 10^8$ h) $1,0275 \cdot 10^6$
i) $0,00025 \cdot 10^{12}$ j) $0,000045 \cdot 10^{10}$

3 Schreibe die Zahl ohne Zehnerpotenz und in Worten.
a) $7 \cdot 10^9$ b) $5,3 \cdot 10^{15}$
c) $5 \cdot 10^{12}$ d) $1,2 \cdot 10^{10}$
e) $4,05 \cdot 10^7$ f) $6,7 \cdot 10^{13}$

4 Schreibe die Zahlen in Zehnerpotenz-schreibweise.
a) 120 000   b) 5 700 000
c) 24 580 000   d) 4 509 000
e) 625 000 000   f) 120 030 000

5 Schreibe als Zehnerpotenz. Welche Aufgaben führen zum gleichen Ergebnis?
a) 0,001   b) 0,00001
c) 0,0000001   d) 0,000000001
e) 0,01   f) 0,000001
g) $\frac{1}{10}$ h) $\frac{1}{100}$
i) $\frac{1}{10000}$ j) $\frac{1}{1000000}$
k) $\frac{1}{1000}$ l) $\frac{1}{100000}$

6 Forme in Dezimalschreibweise um.
a) $5 \cdot 10^{-2}$ b) $7,98 \cdot 10^{-7}$
c) $5,1 \cdot 10^{-5}$ d) $3,1034 \cdot 10^{-4}$
e) $2,06 \cdot 10^{-9}$ f) $1,85 \cdot 10^{-6}$

7 Schreibe in Zehnerpotenzschreibweise.
a) 0,01   b) 0,0002
c) 0,000204   d) 0,09075
e) 0,000000032   f) 0,00000000201
g) $\frac{4}{100}$ h) $\frac{2}{100000}$

HINWEIS
Million: 10^6
Milliarde: 10^9
Billion: 10^{12}
Billiarde: 10^{15}
Trillion: 10^{18}

8 Überprüfe, wie dein Taschenrechner die Zehnerpotenzen darstellt.

a) Rechne dazu die Aufgabe $250\,000 \cdot 300\,000$ und mache dich mit der Schreibweise deiner Rechenhilfe vertraut.

b) Tonias Taschenrechner gibt bei dieser Aufgabe als Ergebnis im Display $\boxed{7,5^{10}}$ an. Welche Zahl ist damit gemeint?

c) Welches Ergebnis erhältst du, wenn du $7,5^{10}$ mit der Tastenfolge $\boxed{7}$ $\boxed{.}$ $\boxed{5}$ $\boxed{x^y}$ $\boxed{10}$ eingibst? Warum ist das nicht dasselbe wie bei Aufgabe b)?

9 Arbeite mit dem Taschenrechner; gib das Ergebnis in Zehnerpotenzschreibweise an.

a) $40\,000 \cdot 90\,000\,000$

b) $250\,000 \cdot 80 \cdot 78\,000$

c) $60\,000 \cdot 12\,000 \cdot 960\,000$

d) $0,0004 \cdot 0,000001 \cdot 0,003$

e) $10^4 \cdot 4000 \cdot 16\,000$

f) $0,000458 \cdot 0,001 \cdot \frac{1}{100}$

g) $\frac{13}{10\,000} \cdot 0,0005 \cdot \frac{4}{1000}$

9 Berechne mit dem Taschenrechner; gib das Ergebnis in Zehnerpotenzschreibweise und als Dezimalzahl an.

a) $300 \cdot 26\,000 \cdot 350\,000$

b) $47 \cdot 618\,000 \cdot 4\,000\,000$

c) $0,00021 \cdot 0,0000006 \cdot 0,00001$

d) $10^7 \cdot 10^2 \cdot 10^{15} \cdot 2,05$

e) $10^{-2} \cdot 0,03 \cdot 10^{15} \cdot 2,71$

f) $10^{-7} \cdot \frac{6}{100\,000} \cdot 0,000006$

10 Gib die Aufgaben über die Zehnerpotenztaste in deinen Taschenrechner ein und notiere das Ergebnis.

a) $3 \cdot 10^4 + 5 \cdot 10^2$ b) $4 \cdot 10^3 + 8 \cdot 10^6$

c) $1,5 \cdot 10^3 + 2 \cdot 10^6$ d) $5 \cdot 10^2 + 1 \cdot 10^4$

e) $3 \cdot 10^{-5} + 2 \cdot 10^{-6}$ f) $2 \cdot 10^{-7} + 3 \cdot 10^{-2}$

g) $2,5 \cdot 10^{-3} + 1 \cdot 10^{-5}$ h) $7 \cdot 10^{-2} + 1,3 \cdot 10^{-4}$

10 Benutze den Taschenrechner und gib das Ergebnis sowohl in Zehnerpotenz- als auch in Dezimalschreibweise an.

a) $6 \cdot 10^7 + 3 \cdot 10^6$ b) $2,5 \cdot 10^6 + 3 \cdot 10^5$

c) $1,1 \cdot 10^3 + 3,6 \cdot 10^4$ d) $7 \cdot 10^4 + 1,3 \cdot 10^5$

e) $5 \cdot 10^{-4} + 7 \cdot 10^{-3}$ f) $4 \cdot 10^{-3} + 8 \cdot 10^0$

g) $1,1 \cdot 10^{-3} + 3,6 \cdot 10^{-4} + 9 \cdot 10^{-5}$

11 Welche Zahl ist größer? Trage < oder > ein.

a) $0,1$ ▨ $0,01$ b) $0,002$ ▨ $0,2$

c) $\frac{1}{1\,000}$ ▨ $\frac{1}{10\,000}$ d) $\frac{1}{10}$ ▨ $\frac{1}{100}$

e) 10^{-3} ▨ 10^{-1} f) 10^{-2} ▨ 10^{-4}

g) $2 \cdot 10^{-3}$ ▨ $2 \cdot 10^{-4}$

h) $2,5 \cdot 10^{-3}$ ▨ $3 \cdot 10^{-3}$

i) $1,3 \cdot 10^0$ ▨ $1,3 \cdot 10^{-1}$

11 Überprüfe mithilfe eines Taschenrechners, welche Aussagen wahr sind.

a) $5,6 \cdot 10^{-8} < 57,6 \cdot 10^{-9}$

b) $0,000\,438 = 4,38 \cdot 10^{-3}$

c) $7,34 \cdot 10^{-6} > 0,000\,007\,34$

d) $134,86 \cdot 10^{-3} = 1,348\,6 \cdot 10^{-5}$

e) $0,62 \cdot 10^{-4} < 62 \cdot 10^{-5}$

f) $7,1 \cdot 10^{-3} > 0,007$

12 Ein Gletscher hat eine durchschnittliche Fließgeschwindigkeit von $6,4 \cdot 10^{-6} \frac{m}{s}$. Berechne die Zeit, die ein Gletscher benötigt, um sich $100\,m$ weiter zu bewegen.

12 Ein Haar wächst durchschnittlich $3 \cdot 10^{-9} \frac{m}{s}$. Wie lange muss Andi nach Kahlrasur infolge einer verlorenen Wette warten, bis seine Haarlänge wieder $5\,cm$ beträgt?

13 Ordne den normierten Einheiten die passenden Größen, Abkürzungen und Beschreibungen zu.

1 Nanosekunde	$1 \cdot 10^{-3}$	GB	Längeneinheit
1 Megahertz	$1 \cdot 10^2$	kJ	Zeiteinheit
1 Hektoliter	$1 \cdot 10^6$	ns	Volumeneinheit
1 Kilojoule	$1 \cdot 10^9$	µm	Wellenfrequenzeinheit
1 Mikrogramm	$1 \cdot 10^{-9}$	hl	Datenmengeneinheit
1 Millimeter	$1 \cdot 10^3$	MHz	Masseneinheit
1 Gigabyte	$1 \cdot 10^{-6}$	mm	Energieeinheit

Potenzen und Wurzeln

Entdecken

1 Die 2011 fertiggestellte Stuttgarter Stadtbibliothek ist ein würfelförmiges Gebäude mit einem Volumen von 85 184 m³.

a) Schätzt die Länge bzw. Höhe der Gebäudekanten. Orientiert euch dabei z. B. an Gegenständen in Gebäudenähe.

b) Versucht mithilfe des Taschenrechners einen Term zu finden, mit dem ihr das gegebene Volumen von 85 184 m³ errechnen könnt.

c) Findet jemand eine Taschenrechnerfunktion, mit der man vom Volumen ausgehend direkt die Kantenlänge berechnen kann?

2 Ordne den Kantenlängen von Würfeln das entsprechende Volumen zu.

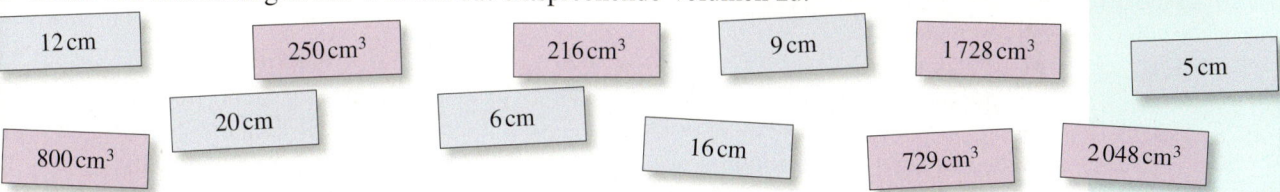

12 cm | 250 cm³ | 216 cm³ | 9 cm | 1 728 cm³ | 5 cm | 20 cm | 6 cm | 800 cm³ | 16 cm | 729 cm³ | 2 048 cm³

a) Welche Kärtchen gehören zusammen?

b) Je drei lilafarbene und blaue Kärtchen bleiben übrig. Kannst du die fehlenden Größen errechnen und die Kärtchen ergänzen? Welche Rechenschritte sind dazu erforderlich?

3 Berechne die Ketten bis zum Ziel.

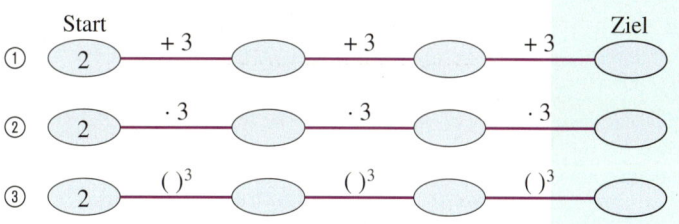

a) Betrachte die Verläufe der einzelnen Ketten und vergleiche sie miteinander.

b) Nach wie vielen Schritten erreicht bzw. überschreitet man bei den einzelnen Ketten die Zahl 1 000?

c) Finde für jede Kette eine Startzahl, mit der man nach drei Rechenoperationen die Zahl 1 000 genau oder annähernd erreicht.

d) Und jetzt umgekehrt: Mit welchen Zahlen muss man im letzten Kettenglied beginnen, um als Startzahl die 1 zu erhalten?

4 Gesucht ist die Lösung der Gleichung $x^3 = 100$. Wird die gesuchte Zahl x dreimal mit sich selbst multipliziert, muss man also das Ergebnis 100 erhalten. Probieren ergibt, dass x keine natürliche Zahl sein kann, denn $4^3 = 64$ und $5^3 = 125$. Nähere die Größe x schrittweise bis auf drei Nachkommastellen an. Nutze den Taschenrechner und fülle die Tabelle im Heft aus.

ERINNERE DICH
Diese Methode zur schrittweisen Annäherung an eine Größe nennt man **Intervallschachtelung***.*

Nachkommastellen	untere Näherungszahl	die gesuchte Zahl x liegt zwischen …	obere Näherungszahl
0	4; denn $4^3 = 64$	4 und 5	5; denn $5^3 = 125$
1	4,6; denn $4{,}6^3 = …$		
2			
3			

Verstehen

Ein Getränkehersteller plant die Produktion würfelförmiger Trinkpäckchen mit einem Fassungsvermögen von einem halben Liter. Welche Kantenlänge hat ein solches Päckchen?

Für das Volumen der würfelförmigen Verpackung gilt $V_{\text{Würfel}} = a \cdot a \cdot a = a^3$. Andererseits gilt $V_{\text{Würfel}} = \frac{1}{2}\,l = 500\,\text{cm}^3$. Gesucht ist also die Zahl a, die dreimal mit sich selbst multipliziert 500 ergibt.

Diese Zahl nennt man die dritte Wurzel aus 500 und schreibt dafür $\sqrt[3]{500}$. Die Betätigung der entsprechenden Taschenrechnertaste ergibt $\sqrt[3]{500} \approx 7{,}94$. Das Trinkpäckchen wird eine Kantenlänge von fast 8 cm haben.

ERINNERE DICH

*Wurzelziehen wird auch **Radizieren** genannt (von lat. radix = Wurzel). Der Begriff gilt für alle Wurzelexponenten.*

> **Merke** Die **dritte Wurzel** aus a ist die Zahl x, die dreimal mit sich selbst multipliziert a ergibt. Sie heißt auch **Kubikwurzel** aus a.
> Man schreibt: $\sqrt[3]{a} = x$, wenn $x \cdot x \cdot x = a$ ergibt (mit $a \geq 0$).
> Das Radizieren ist die Umkehrung des Potenzierens.

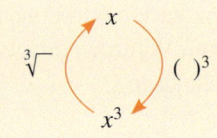

Beispiel 1

$\sqrt[3]{125} = 5$;   denn $5^3 = 5 \cdot 5 \cdot 5 = 125$ $\sqrt[3]{3{,}375} = 1{,}5$;   denn $1{,}5^3 = 3{,}375$

$\sqrt[3]{1\,000\,000\,a^3} = 100\,a$ $\sqrt[3]{\frac{8}{27}} = \frac{2}{3}$ $\sqrt[3]{5\,b^6} \approx 1{,}71\,b^2$

Möglich ist auch die Berechnung weiterer Wurzeln, z. B. $\sqrt[4]{16} = 2$; $\sqrt[5]{100\,000} = 10$ usw. Gleichungen wie $x^8 = 256$ sind nur lösbar, wenn man die 8. Wurzel aus 256 berechnen kann. Allgemein bezeichnet man diese höheren Wurzeln als ***n*-te Wurzeln**, für n ist jede natürliche Zahl einsetzbar.

HINWEIS

Taschenrechner haben für die n-te Wurzel oft Tasten mit diesen Symbolen:

Tastenfolge für $\sqrt[7]{128}$ z.B.:

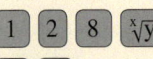

> **Merke** Die ***n*-te Wurzel** aus a ist die Zahl x, die n-mal mit sich selbst multipliziert a ergibt.
>
> Wurzelexponent — $\sqrt[n]{a} = x,$ wenn $\underbrace{x \cdot x \cdot x \cdot \ldots \cdot x}_{n \text{ Faktoren}} = a$ ergibt (mit $n > 0$ und $a \geq 0$)
>
> Radikant   Wert der Wurzel
>
> *Beachte*: Bei der Quadratwurzel fällt der Wurzelexponent weg. Man schreibt $\sqrt{x}$ statt $\sqrt[2]{x}$.

Beispiel 2

$\sqrt[7]{128} = 2$;   denn $2^7 = 128$ $\sqrt[5]{243} = 3$;   denn $3^5 = 243$

$\sqrt[4]{\frac{81}{625}} = \frac{3}{5}$;   denn $\left(\frac{3}{5}\right)^4 = \frac{81}{625}$ $\sqrt[6]{0{,}5} \approx 0{,}89$;   denn $0{,}89^6 \approx 0{,}5$

Man kann Wurzeln auch als Potenzen schreiben. Bisher wurden nur Potenzen mit ganzzahligen Exponenten benutzt. Nach der nebenstehenden Herleitung von Zweierpotenzen kann man auch zu gebrochenen Exponenten gelangen. Zieht man beispielsweise aus den Potenzwerten schrittweise die Wurzel, dann wird der jeweilige Exponent der Zweierpotenz halbiert. Somit gelangt man zu Potenzschreibweisen wie $2^{\frac{1}{2}}$ für $\sqrt{2}$, $2^{\frac{1}{4}}$ für $\sqrt[4]{2}$ usw.

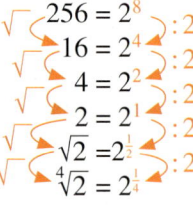

$256 = 2^8$: 2
$16 = 2^4$: 2
$4 = 2^2$: 2
$2 = 2^1$: 2
$\sqrt{2} = 2^{\frac{1}{2}}$: 2
$\sqrt[4]{2} = 2^{\frac{1}{4}}$

> **Merke** Für die n-te Wurzel einer nicht negativen Zahl a gilt: $\sqrt[n]{a} = a^{\frac{1}{n}}$ (für $n > 1$).

Beispiel 3

$3^{\frac{1}{2}} = \sqrt{3}$ $7^{\frac{1}{5}} = \sqrt[5]{7}$ $27^{\frac{2}{3}} = \left(\sqrt[3]{27}\right)^2 = 3^2 = 9$ $16^{0{,}75} = 16^{\frac{3}{4}} = \left(\sqrt[4]{16}\right)^3 = 2^3 = 8$

$27^{-\frac{1}{3}} = \frac{1}{27^{\frac{1}{3}}} = \frac{1}{\sqrt[3]{27}} = \frac{1}{3}$ $32^{-\frac{3}{5}} = \frac{1}{32^{\frac{3}{5}}} = \frac{1}{\left(\sqrt[5]{32}\right)^3} = \frac{1}{\sqrt[5]{32^3}} = \frac{1}{2^3} = \frac{1}{8}$

Üben und anwenden

1 Löse durch Probieren und ordne richtig zu.

a) $\sqrt[3]{27}$ b) $\sqrt[3]{1\,000}$

c) $\sqrt[3]{512}$ d) $\sqrt[3]{1\,331}$

e) $\sqrt[3]{729}$ f) $\sqrt[3]{216}$

g) $\sqrt[3]{8}$

① 11   ② 8   ③ 9   ④ 10

⑤ 6   ⑥ 3   ⑦ 2

2 Potenziere den Wert der Wurzel und überprüfe somit, ob die Aufgabe stimmt. Korrigiere falls nötig.

a) $\sqrt[3]{1\,728} = 12$ b) $\sqrt[3]{16} = 2$

c) $\sqrt[3]{0,625} = 0,5$ d) $\sqrt[3]{\frac{64}{729}} = \frac{4}{9}$

e) $\sqrt[3]{1\,000\,000} = 100$ f) $\sqrt[3]{0,004} = 0,2$

3 Setze im Heft <, > oder = ein.

a) $\sqrt[3]{635}$ ▢ 9 b) $\sqrt[3]{1\,000}$ ▢ 11

c) $\sqrt[3]{1\,000\,000}$ ▢ 110 d) $\sqrt[3]{1\,431}$ ▢ 11

e) $\sqrt[3]{15\,635}$ ▢ 15 f) $\sqrt[3]{8\,008}$ ▢ 20

4 Ein Würfel wurde im Schrägbild dargestellt. Berechne die Kantenlänge a des Würfels aus dem vorgegebenen Volumen.

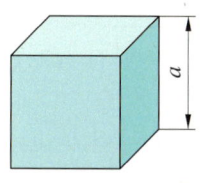

a) $V = 343\,\text{cm}^3$ b) $V = 27\,\text{cm}^3$

c) $V = 64\,\text{cm}^3$ d) $V = 1\,728\,\text{cm}^3$

e) $V = 3\,375\,\text{l}$ f) $V = 0,125\,\text{dm}^3$

5 Finde Beispiele und überprüfe daran, wann die folgende Aussage gilt.

„Die dritte Potenz einer Zahl ist immer größer als ihr Quadrat, weil der Exponent 3 größer ist als der Exponent 2."

6 Bestimme den Wert der Wurzel.

a) $\sqrt[4]{256}$ b) $\sqrt[5]{32}$

c) $\sqrt[4]{81}$ d) $\sqrt[6]{0,000\,064}$

e) $\sqrt[5]{0,000\,32}$ f) $\sqrt[7]{0,000\,000\,1}$

g) $\sqrt[5]{\frac{1}{243}}$ h) $\sqrt[8]{\frac{1}{256}}$

i) $\sqrt[5]{\frac{1\,024}{32}}$ j) $\sqrt[6]{\frac{64}{729}}$

1 Bestimme ohne Taschenrechner, zwischen welchen natürlichen Zahlen der Wert der 3. Wurzel liegt. Notiere wie im **Beispiel**

$\sqrt[3]{50}$: $3^3 = 27$ und $4^3 = 64$, also $3 < \sqrt[3]{50} < 4$

a) $\sqrt[3]{10}$ b) $\sqrt[3]{100}$

c) $\sqrt[3]{0,5}$ d) $\sqrt[3]{480}$

e) $\sqrt[3]{2\,000}$ f) $\sqrt[3]{400}$

2 Überprüfe durch Potenzieren.

Beispiel $\sqrt[3]{\frac{1}{27}} = \frac{1}{3}$; $\frac{1}{3} \cdot \frac{1}{3} \cdot \frac{1}{3} = \left(\frac{1}{3}\right)^3 = \frac{1}{27}$

a) $\sqrt[3]{\frac{1}{8}} = \frac{1}{2}$ b) $\sqrt[3]{\frac{1}{27}} = 0,3$

c) $\sqrt[3]{0,000\,1} = 0,1$ d) $\sqrt[3]{0,125} = 0,5$

e) $\sqrt[3]{0,064} = 0,4$ f) $\sqrt[3]{8\,000} = 20$

g) $\sqrt[3]{\frac{1}{64}} = 4$ h) $\sqrt[3]{900} = 30$

3 Berechne. Mache die Probe.

a) $2 \cdot \sqrt[3]{64}$ b) $5 + \sqrt[3]{216}$

c) $\sqrt[3]{20 + 7}$ d) $\sqrt[3]{100 - 36}$

e) $\sqrt[3]{1} + \sqrt[3]{1\,000}$ f) $5 \cdot \sqrt[3]{8}$

g) $4 \cdot \sqrt[3]{27}$ h) $\frac{1}{7} \cdot \sqrt[3]{343}$

4 Bestimme die Kantenlänge a des Würfels. Beschreibe, wie du dabei vorgehst.

a) $V = 1\,\text{dm}^3$ b) $V = 800\,\text{cm}^3$
   $V = 10\,\text{dm}^3$ $V = 80\,\text{cm}^3$
   $V = 100\,\text{dm}^3$ $V = 8\,\text{cm}^3$
   $V = 1\,000\,\text{dm}^3$ $V = 0,8\,\text{cm}^3$
   $V = 10\,000\,\text{dm}^3$ $V = 0,008\,\text{cm}^3$
   $V = 100\,000\,\text{dm}^3$ $V = 0,000\,8\,\text{cm}^3$

5 Finde jeweils Regeln für Quadratwurzeln und Kubikwurzeln:

Für welche Zahlen erhält man beim Ziehen der Wurzel bzw. der dritten Wurzel …

a) eine kleinere Zahl?

b) eine größere Zahl?

6 Suche Fehler und korrigiere sie.

a) $\sqrt[3]{0,003} = 0,1$ b) $\sqrt[3]{64} = 8$

c) $\sqrt[5]{3\,125} = 5$ d) $\sqrt[4]{810\,000} = 9$

e) $\sqrt[3]{343} = 7$ f) $\sqrt[4]{4\,096} = 8$

g) $\sqrt[5]{320\,000} = 20$ h) $\sqrt[6]{64\,000\,000} = 30$

i) $\sqrt[9]{512} = 2$ j) $\sqrt[5]{0,000\,1} = 0,1$

---

*BEISPIEL ZU **3***
$3 \cdot \sqrt[3]{125} = 15$
Probe:
$15 : 3 = 5$ *und*
$5^3 = 125$

$1\,\text{l} = 1\,\text{dm}^3$
$1\,\text{ml} = 1\,\text{cm}^3$

RÜCKBLICK
Berechne.

a) *4 % von 1024 km sind …*

b) *12,8 m von 256 m sind …*

c) *337,5 t sind 7,5 % von …*

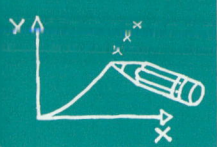

7 Hier gibt es nichts zu rechnen. Begründe.

a) $\sqrt[3]{7^3}$ b) $\sqrt[3]{19^3}$ c) $\sqrt[3]{8^3}$ d) $\sqrt[3]{27^3}$

7 Warum musst du hier nicht rechnen?

a) $\sqrt[2]{11^2}$ b) $\sqrt[4]{8^4}$ c) $\sqrt[3]{0{,}6^3}$ d) $\sqrt[7]{9^7}$

8 Finde die vier falschen Gleichungen, indem du nur die Endziffern betrachtest.

a) $\sqrt{676} = 27$ b) $\sqrt{10{,}89} = 3{,}3$
c) $\sqrt[3]{9\,261} = 21$ d) $\sqrt[3]{2\,744} = 16$
e) $\sqrt[3]{512} = 24$ f) $\sqrt[3]{216} = 6$
g) $\sqrt[3]{649} = 8$ h) $\sqrt[5]{1024} = 4$

8 Korrigiere die Gleichung, wenn nötig. Gibt es mehrere Möglichkeiten?

a) $\sqrt{299} = 17$ b) $\sqrt{361} = 19$
c) $\sqrt[3]{343} = 7$ d) $\sqrt[3]{100} = 10$
e) $\sqrt[4]{650} = 5$ f) $\sqrt[4]{16} = 4$
g) $\sqrt[6]{64} = 4$ h) $\sqrt[5]{243} = 3$

ERINNERE DICH
*Ein Wurzelwert, der nicht als endlicher oder periodischer Dezimalbruch geschrieben werden kann, gehört nicht zu den rationalen Zahlen, sondern ist **irrational**. Rationale und irrationale Zahlen bilden zusammen die **reellen Zahlen**.*

9 Welcher Wurzelwert ist rational, welcher irrational?
Schätze zuerst, rechne dann mit dem Taschenrechner.

a) $\sqrt[6]{64}$ b) $\sqrt[4]{64}$ c) $\sqrt[3]{0{,}027}$ d) $\sqrt[5]{125}$ e) $\sqrt[9]{512}$
f) $\sqrt[4]{625}$ g) $\sqrt[3]{0{,}125}$ h) $\sqrt[5]{0{,}32}$ i) $\sqrt[3]{0{,}000\,1}$ j) $\sqrt[7]{132}$

10 Bestimme die Lösung.

a) $x^3 = 729$ b) $y^3 - 216 = 0$
c) $z^5 = 1\,024$ d) $(1 + x)^9 = 512$
e) $x^5 = 32^4$ f) $y^6 = 0{,}004\,096$
g) $\sqrt[3]{7 \cdot z} = 7$ h) $\sqrt[x]{32 \cdot 32} = 4$

10 Löse durch Probieren.

a) $\sqrt[x]{729} = 3$ b) $\sqrt[x]{256} = 2$
c) $\sqrt[x]{64} = 4$ d) $\sqrt[x]{1} = 1$
e) $\sqrt[5]{y} = 5$ f) $\sqrt[3]{y} = 0{,}2$
g) $\sqrt[4]{y} = 4$ h) $\sqrt[6]{y} = 2$

11 Schreibe die Potenzen als Wurzel und umgekehrt.

a) $3^{\frac{1}{4}}$ b) $5^{\frac{1}{2}}$ c) $10^{\frac{2}{3}}$ d) $100^{-\frac{1}{5}}$ e) $\sqrt[3]{6}$ f) $\sqrt[2]{7}$ g) $\sqrt[5]{2^3}$ h) $\sqrt[4]{16^{-3}}$

12 Ordne die gegebenen Zahlen richtig zu. Schätze zuerst.

a) $\blacksquare^{\frac{3}{2}} = 27$ b) $\blacksquare^{\frac{3}{4}} = 8$ c) $\blacksquare^{\frac{5}{2}} = 32$
d) $\blacksquare^{\frac{3}{2}} = 125$ e) $\blacksquare^{\frac{2}{3}} = 4$ f) $\blacksquare^{\frac{5}{3}} = 243$

(4, 25, 9, 8, 16, 27)

12 Für welche natürliche Zahl steht x?

a) $x^{\frac{1}{2}} = 5$ b) $x^{\frac{2}{3}} = 9$
c) $x^{\frac{7}{3}} = 128$ d) $x^{\frac{6}{3}} = 9$
e) $x^{\frac{5}{6}} = 1$ f) $\sqrt[4]{x^3} = 512$
g) $\sqrt[5]{x^3} = 8$ h) $\sqrt[3]{x^2} = 4$
i) $\sqrt{3x} = 6$ j) $\sqrt[3]{7 + x} = 2$

13 Beginne mit dem Dominostein ❶ und gib an, in welcher Reihenfolge die anderen Steine rechts angelegt werden müssen.

13 Berechne den Potenzwert, setze den Taschenrechner falls möglich nur zur Kontrolle ein.

a) $8^{\frac{1}{3}}$ b) $81^{\frac{1}{2}}$
c) $16^{\frac{1}{2}}$ d) $8^{\frac{4}{3}}$
e) $1^{\frac{4}{3}}$ f) $9^{\frac{3}{2}}$
g) $27^{\frac{2}{3}}$ h) $16^{-\frac{3}{4}}$
i) $4^{-\frac{3}{2}}$ j) $-8^{-\frac{2}{3}}$
k) $-32^{-\frac{3}{5}}$ l) $-27^{-\frac{4}{3}}$

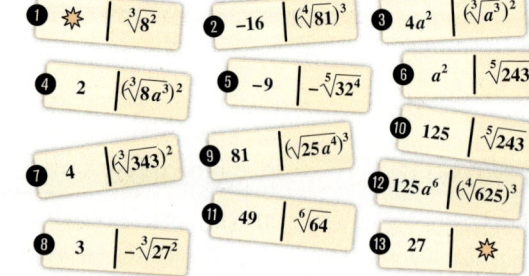

Thema: Kennst du deinen Taschenrechner?

In den letzten Jahren ist dir dein Taschenrechner wohl zum ständigen Begleiter und Hilfsmittel im Mathematikunterricht geworden. Aber nutzt du seine vielen Funktionen auch wirklich aus? Diese Seite gibt dir Tipps, wie du noch effektiver mit ihm arbeiten kannst.

Da es hunderte unterschiedliche Taschenrechnertypen (verschiedene Hersteller/zahlreiche Modelle) und keine normierten Tastenbeschriftungen gibt, ist es wichtig, dass du dein eigenes Modell gut kennst.

TIPP
Unbedingt die Bedienungsanleitung deines Taschenrechners gründlich studieren und zum Nachschlagen bereithalten.

1 Lege eine Tabelle mit den wichtigsten Tasten deines Taschenrechners an.

2 Betrachte die einzeln hervorgehobenen Tasten der obigen Grafik.
a) Überprüfe, welche dieser Tasten auf deinem Rechner vorhanden sind.
b) Finde heraus, was sie errechnen bzw. wie sie funktionieren.
c) Ermittle durch Vergleiche mit deinen Mitschülern, welche Tasten abweichende Symbole haben.
d) Kennst du weitere Tasten und kannst deren Funktion erklären?

Für komplexere Aufgaben oder für Rechnungen mit immer wiederkehrenden Größen bietet sich die Speicherfunktion an, die jeder Rechner besitzt. Hierzu benötigst du mehrere Tasten.

M+	Memory plus	speichert den angezeigten Wert oder addiert zum bereits vorhandenen Speicherwert
M−	Memory minus	speichert den angezeigten Wert mit negativem Vorzeichen oder subtrahiert vom bereits vorhandenen Speicherwert
MR	Memory recall	ruft den gespeicherten Wert wieder auf
MC	Memory clear	löscht den gesamten Speicherinhalt
Min	Memory in	löscht den vorhandenen Speicherwert und speichert stattdessen den neu angezeigten Wert

3 Mache dich mit den Speichertasten vertraut, indem du Zwischenergebnisse abspeicherst oder änderst und später wieder aufrufst. Probiere es mit Aufgaben wie den folgenden aus.
a) Speicher als Konstante nutzen: ① $\sqrt{2}$ M+ $+ 5$ ② MR $+ \sqrt{6}$ ③ MR $+ \sqrt{7}$ ④ MR $+ \sqrt{8}$ ⑤ MC
b) Ergebnis als Speicher weiterverwenden: ① $24 + 42$ M+ ② $\sqrt[3]{512}$: MR ③ $6{,}4 \cdot 10^5$: MR ④ MC
c) Speicherwert überschreiben: ① $10^5 : 2^5$ M+ ② $\sqrt[7]{25} \cdot$ MR Min ③ $\sqrt{1{,}25} \cdot$ MR ④ MC

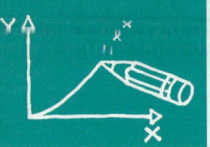

Klar so weit?

→ Seite 88

Der Potenzbegriff

1 Berechne den Wert der Potenzen.

a) 2^5 b) $(-1)^7$ c) $(-4)^4$

d) $0{,}5^3$ e) $\left(\frac{1}{2}\right)^4$ f) $\left(\frac{3}{5}\right)^2$

g) 5^{-3} h) $(-3)^{-5}$ i) $(-10)^{-4}$

1 Berechne den Wert der Potenzen.

a) 7^3 b) $(-3)^5$ c) $(-0{,}2x)^6$

d) $\left(\frac{1}{11}\right)^2$ e) 2^{-4} f) $(-7)^{-3}$

g) $0{,}1^{-2}$ h) $\left(\frac{2}{3}m\right)^4$ i) $\left(\frac{1}{2}\right)^{-3}$

2 Größer, kleiner oder gleich? Fülle im Heft aus, möglichst ohne zu rechnen.

a) 6^9 ■ 6^{10} b) 4^7 ■ 2^7

c) $(-5)^3$ ■ -5^3 d) -10^6 ■ $(-10)^6$

e) $\frac{1}{3^4}$ ■ $\left(\frac{1}{3}\right)^4$ f) $(4 \cdot 3)^2$ ■ $4 \cdot 3^2$

2 Vergleiche und erkläre gegebenenfalls, wie Unterschiede zustande kommen.

a) $(-12)^4$ und -12^4 b) $-4x^8$ und $(-4x)^8$

c) $(2b)^6$ und $22b^6$ d) $(0{,}5y)^2$ und $0{,}25y^2$

e) $\frac{3^4}{7}t^4$ und $\left(\frac{3}{7}t\right)^4$ f) $-\frac{1}{5^3}$ und $\left(-\frac{1}{5}\right)^3$

3 Wie schnell wird 200 erreicht?
Starte bei 2 (3; 4; 5) und multipliziere die Startzahl so oft mit sich selbst, bis das Ergebnis größer als 200 ist.
Schreibe das Ergebnis verkürzt als Potenz.

3 Starte bei 3 (4; 5, 6; 7) und multipliziere die Startzahl so oft mit sich selbst, bis das Ergebnis größer als 1 000 ist.
Schreibe das Ergebnis verkürzt als Potenz.
Was passiert, wenn du mit 1 startest?

4 Ergänze die Tabelle.

2^{-4}	$\frac{1}{2^4}$	0,0625
3^{-3}		
	$\frac{1}{4^2}$	
	$\frac{1}{3^4}$	
5^{-2}		
6^{-2}		

4 Übertrage die Tabelle ins Heft und berechne die Werte der Potenz a^b.
Runde auf vier Nachkommastellen.

a \ b	-1	0	2	3
-1				
$0{,}5$				
$\frac{3}{4}$				
$\sqrt{2}$				

→ Seite 92

Zahlendarstellung in Zehnerpotenzschreibweise

5 Schreibe in Dezimalschreibweise.

a) $5 \cdot 10^3$ b) $1{,}7 \cdot 10^6$

c) $9{,}45 \cdot 10^4$ d) $8 \cdot 10^{-2}$

e) $3 \cdot 10^{-4}$ f) $7{,}5 \cdot 10^{-5}$

5 Schreibe in Dezimalschreibweise.

a) $9{,}76 \cdot 10^6$ b) $8{,}321 \cdot 10^{11}$

c) $5{,}001 \cdot 10^8$ d) $1{,}54 \cdot 10^{-4}$

e) $3 \cdot 10^{-6}$ f) $2{,}1045 \cdot 10^{-7}$

6 Stelle in Zehnerpotenzschreibweise dar.

a) 2 800 000 000   b) 8 Millionen

c) 91 Milliarden   d) 0,000 004 3

e) 0,000 000 112   f) 0,000 000 05

6 Stelle in Zehnerpotenzschreibweise dar.

a) 63 400 000 000   b) 4 Trillionen

c) 5,8 Billiarden   d) 0,012 08

e) 0,000 000 084   f) 0,000 070 50

7 Ordne die passenden Kärtchen einander zu. Zwei Größen bleiben übrig.

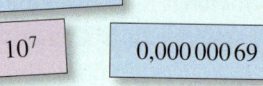

0,69	$6{,}9 \cdot 10^4$	$6{,}9 \cdot 10^{-7}$	69 000 000	0,000 69	$6{,}9 \cdot 10^{-1}$

$6{,}9 \cdot 10^2$	690	$6{,}9 \cdot 10^{-3}$	69 000	$6{,}9 \cdot 10^7$	0,000 000 69

8 Rechne die Angaben in Meter um und gib sie dann in Zehnerpotenzschreibweise an.
a) 12 080 cm
b) 12 700 km
c) 32 500 dm
d) 61 mm
e) 2,4 cm
f) 5 mm

8 Rechne in die angegebene Längeneinheit um und gib sie dann in Zehnerpotenzschreibweise an.
a) 64 000 m = ■ cm
b) 5,9 mm = ■ km
c) 0,75 dm = ■ km
d) 204 m = ■ dm
e) 0,004 cm = ■ m
f) 8 100 km = ■ dm

9 Ordne richtig zu, orientiere dich an dem Beispiel.
Beispiel: Entfernung Cuxhaven – Göttingen = $3 \cdot 10^2$ km = 300 km

a) Länge eines Zollstocks
b) Eine Runde um den Sportplatz
c) Körpergröße eines Erwachsenen
d) Länge eines Klassenzimmers
e) Entfernung Hamburg – Berlin
f) Entfernung Berlin – Tokio
g) Entfernung Erde – Mond
h) Höhe eines Aussichtsturms

① $2,5 \cdot 10^1$ m
② $6,4 \cdot 10^3$ km
③ $2 \cdot 10^0$ m
④ $1,8 \cdot 10^0$ m
⑤ $4 \cdot 10^2$ m
⑥ $3,8 \cdot 10^5$ km
⑦ $2,5 \cdot 10^2$ km
⑧ $8 \cdot 10^0$ m

I 1,8 m
II 380 000 km
III 250 km
IV 8 m
V 25 m
VI 400 m
VII 2 m
VIII 6 400 km

Potenzen und Wurzeln

→ Seite 96

10 Berechne die Wurzeln im Kopf.
a) $\sqrt{81}$
b) $\sqrt{16^2}$
c) $\sqrt{900}$
d) $\sqrt{0,36}$
e) $\sqrt[3]{216}$
f) $\sqrt[3]{0,027}$
g) $\sqrt[3]{8\,000}$
h) $\sqrt[3]{0,5^3}$

10 Berechne die Wurzeln im Kopf.
a) $\sqrt{289}$
b) $\sqrt{3,61}$
c) $\sqrt[3]{343}$
d) $\sqrt[3]{0,125}$
e) $\sqrt[4]{26^4}$
f) $\sqrt[5]{32}$
g) $\sqrt[3]{27\,000}$
h) $\sqrt[4]{0,0001}$

11 Berechne. Runde an der Tausendstelstelle.
a) $\sqrt[7]{4}$
b) $\sqrt[6]{3^5}$
c) $\sqrt{4^2} : \sqrt{6}$
d) $\sqrt[4]{7^2} \cdot \sqrt{3}$
e) $\sqrt[3]{6^{-4}}$
f) $\sqrt[5]{7^{-3}}$

11 Berechne.
a) $\left(\frac{1}{81}\right)^{\frac{1}{4}}$
b) $\left(\frac{9}{4}\right)^{-\frac{1}{2}}$
c) $\left(\frac{121}{144}\right)^{-\frac{1}{2}}$
d) $\left(\frac{361}{484}\right)^{-\frac{1}{2}}$
e) $128^{-\frac{2}{7}}$
f) $243^{-\frac{3}{5}}$

12 Schreibe als Wurzel und rechne aus.
a) $16^{\frac{1}{4}}$
b) $27^{\frac{2}{3}}$
c) $100\,000^{\frac{3}{5}}$
d) $625^{-\frac{3}{4}}$

12 Schreibe als Wurzel.
a) $a^{\frac{7}{8}}$
b) $b^{\frac{4}{9}}$
c) $a^{-\frac{3}{4}}$
d) $a^{-1\frac{1}{2}}$
e) $b^{-\frac{4}{7}}$
f) $-a^{\frac{7}{3}}$

13 Betrachte die Endziffern und ordne zu.

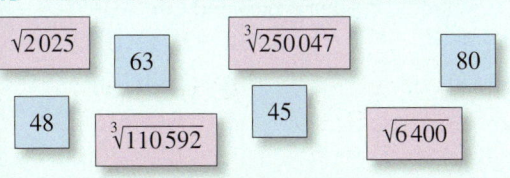

$\sqrt{2\,025}$ 63 $\sqrt[3]{250\,047}$ 80
48    $\sqrt[3]{110\,592}$ 45 $\sqrt{6\,400}$

13 Welche Endziffer kann das Ergebnis haben? Gibt es mehrere Möglichkeiten?
a) $\sqrt[3]{\blacksquare\blacksquare\blacksquare 5}$
b) $\sqrt{\blacksquare\blacksquare\blacksquare\blacksquare 6}$
c) $\sqrt[5]{\blacksquare\blacksquare\blacksquare\blacksquare\blacksquare 0}$
d) $\sqrt[4]{\blacksquare\blacksquare\blacksquare\blacksquare 6}$

14 Der Zauberwürfel hat ein Gesamtvolumen von 157,5 cm³.
a) Welche Kantenlänge hat er?
b) Überlege, aus wie vielen Einzelwürfeln der Zauberwürfel besteht.
c) Welches Volumen hat jeder dieser Einzelwürfel?
d) Wie groß ist die Würfeloberfläche?

Vermischte Übungen

1 Schreibe als Potenz.
a) $8 \cdot 8 \cdot 8 \cdot 8$
b) $(-7) \cdot (-7) \cdot (-7) \cdot (-7) \cdot (-7) \cdot (-7)$
c) $7,5 \cdot 7,5 \cdot 7,5 \cdot 7,5 \cdot 7,5$
d) $(-12,9) \cdot (-12,9)$
e) $\frac{2}{5} \cdot \frac{2}{5} \cdot \frac{2}{5} \cdot \frac{2}{5} \cdot \frac{2}{5} \cdot \frac{2}{5} \cdot \frac{2}{5}$
f) $6x \cdot 6x \cdot 6x$
g) $1,5k \cdot 1,5k \cdot 1,5k \cdot 1,5k$

1 Schreibe als Potenz.
a) $3 \cdot 3 \cdot 3 \cdot 3 \cdot 3 \cdot 3 \cdot 3 \cdot 3$
b) $(-4b) \cdot (-4b) \cdot (-4b) \cdot (-4b)$
c) $0,1u \cdot 0,1u \cdot 0,1u$
d) $-9,2 \cdot 9,2 \cdot 9,2 \cdot 9,2 \cdot 9,2 \cdot 9,2$
e) $\frac{1}{4} \cdot \frac{1}{4} \cdot \frac{1}{4} \cdot \frac{1}{4} \cdot \frac{1}{4}$
f) $5 \cdot 5 \cdot x \cdot x \cdot 5 \cdot x$
g) $n \cdot 3 \cdot 3 \cdot n \cdot 3 \cdot 3 \cdot 3 \cdot n \cdot n \cdot n$

2 Finde durch Berechnen oder Ausprobieren die passenden Zahlen für x.
a) $\sqrt{25} = x$
b) $\sqrt[x]{27} = 3$
c) $\sqrt{x} = 12$
d) $3^x = 81$
e) $0,5^x = 0,0625$
f) $100^x = 1\,000\,000$
g) $x^3 = 0,008$
h) $x^2 = 169$

2 Finde durch Berechnen oder Ausprobieren die passenden Zahlen für x.
a) $\sqrt[3]{125} = x$
b) $\sqrt[4]{81} = x$
c) $\sqrt[x]{32} = 2$
d) $\sqrt[3]{x} = 5$
e) $\sqrt[x]{3\,125} = 5$
f) $2,4^x = 33,1776$
g) $x^3 = 42,875$
h) $\sqrt[x]{1\,771\,561} = 11$

3 Welche der Zahlen sind Kubikzahlen? Schreibe sie als Potenzen der Form $\blacksquare^3$.

64   1
2198 -64 1331   27   49   100   141
1728   640   1000   2197   514   64000
729

3 Ordne die Potenzen der Größe nach. Überprüfe danach mit dem Taschenrechner.

5^3 11^3 16^2
3^7 7^4
4^5 20^2 2^{10}

4 Ordne jeweils drei Kästchen einander zu. Sortiere dann der Größe nach.

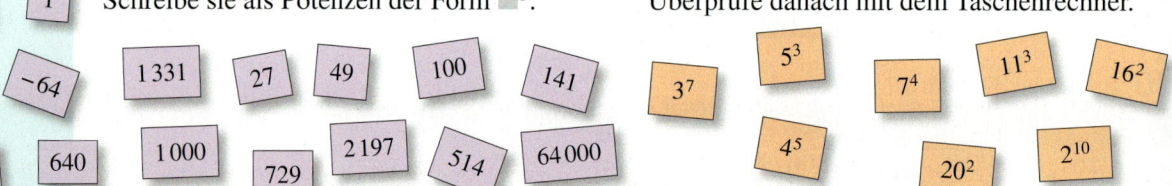

Million   Zenti   Millionstel   Hekto 10^9
Giga 10^{-2} Mega   Mikro
10^6 Hundert 10^{-6} 10^2 Hundertstel   Milliarde

5 Welche Zahl ist größer? Löse im Kopf.
a) 2^{10} oder 10^2
b) 5^0 oder 0^5
c) $(-7)^4$ oder $(-4)^7$
d) 3^{-1} oder 1^{-3}
e) $(-1)^6$ oder $(-6)^1$
f) 9^{-2} oder $(-2)^9$

5 Setze >, < oder = passend ein.
a) $3^5 \;\blacksquare\; 5^3$
b) $32^0 \;\blacksquare\; 0^{32}$
c) $\left(\frac{2}{5}\right)^3 \;\blacksquare\; \frac{2^5}{3}$
d) $\left(\frac{1}{2}\right)^3 \;\blacksquare\; \left(\frac{1}{3}\right)^2$
e) $(-13)^4 \;\blacksquare\; (-4)^{13}$
f) $(-3)^{16} \;\blacksquare\; 16^{-3}$

6 Schreibe ohne Zehnerpotenz bzw. in wissenschaftlicher Schreibweise.
a) $2,8 \cdot 10^2$
b) $3 \cdot 10^4$
c) $2,17 \cdot 10^3$
d) $8 \cdot 10^{-2}$
e) $3,45 \cdot 10^{-4}$
f) $5,6 \cdot 10^2$
g) $43\,200$
h) $5\,743\,000$
i) $1\,287$
j) $0,0002$
k) $0,00084$
l) $0,0268$

7 Schreibe als Potenzen und berechne mit dem Taschenrechner. Vereinfache falls möglich.

a) $\sqrt[3]{44^9}$ b) $\sqrt[9]{44^3}$ c) $\sqrt[5]{10^6}$ d) $\sqrt[6]{2^{-7}}$ e) $\sqrt{10^{10}}$ f) $\sqrt[8]{5^{-4}}$

---

8 Schreibe die Potenzen als Produkt. Beschreibe, worin der Unterschied liegt.

a) $(2x)^3 = \blacksquare$ und $2x^3 = \blacksquare$

b) $3y^2 = \blacksquare$ und $(3y)^2 = \blacksquare$

c) $(-9)^4 = \blacksquare$ und $-9^4 = \blacksquare$

d) $\left(\frac{2}{3}\right)^3 = \blacksquare$ und $\frac{2^3}{3} = \blacksquare$

8 Worin liegt der Unterschied zwischen den beiden Ergebnissen?

a) $7a^4$ und $(7a)^4$

b) $n \cdot 4^3$ und $(n \cdot 4)^3$

c) $-b^8$ und $(-b)^8$

d) $\frac{2}{x^5}$ und $\left(\frac{2}{x}\right)^5$

---

9 Stelle die Zahlen in Zehnerpotenzschreibweise dar und ordne nach der Größe.

a) 4 Billionen   b) 368 Milliarden
c) 46 Millionen   d) 0,000 008
e) 0,000 000 035   f) 9 783 400 000 000

9 Stelle die Zahlen übersichtlich in Zehnerpotenzschreibweise dar.

a) 46 Billionen   b) 347 Milliarden
c) 5,8 Trilliarden   d) 0,000 000 046 7
e) 1,65 Millionstel   f) 936 Milliardstel

---

10 Rechne in die Einheit Byte um und stelle dann in Zehnerpotenzschreibweise dar.

a) 25 Gigabyte   b) 1,5 Terabyte
c) 325 Kilobyte   d) 0,8 Megabyte

10 Rechne die Größenangaben um.

a) $7\,\text{GWh} = \blacksquare\,\text{Wh}$ b) $0,5\,\text{ms} = \blacksquare\,\text{s}$
c) $5\,780\,000\,\text{W} = \blacksquare\,\text{MW}$ d) $23\,\text{MB} = \blacksquare\,\text{B}$
e) $147\,350\,\text{l} = \blacksquare\,\text{hl}$ f) $10^{20}\,\text{Hz} = \blacksquare\,\text{GHz}$

---

11 Berechne die folgenden Additionsaufgaben, indem du zunächst die Zahlen ausschreibst und dann berechnest.

Beispiel $10^5 + 10^3 = 100\,000 + 1000$
$= 101\,000$

a) $10^6 + 10^5$ b) $10^4 + 10^2$
c) $10^5 + 10^2$ d) $10^6 + 10^2$
e) $10^3 + 10^6$ f) $10^4 + 10^7$
g) $10^{-4} + 10^{-2}$ h) $10^{-3} + 10^{-2}$
i) $10^{-3} + 10^{-4}$ j) $10^{-3} + 10^{-5}$

11 Berechne und setze das richtige Zeichen ($<$; $>$; $=$) in die Lücke.

a) $5^3 \cdot 20^3 \ \blacksquare\ 10^4$
b) $(2^{-3})^2 \ \blacksquare\ (2^{-2})^3$
c) $4^{-3} \cdot 4^3 \ \blacksquare\ 20^0$
d) $32^2 \ \blacksquare\ 2^{11}$
e) $100^{-3} \ \blacksquare\ 10^2$
f) $(4^2 \cdot 3^2)^3 \ \blacksquare\ 144^2$
g) $24^2 : 6^2 \ \blacksquare\ 4^2 \cdot 2^0$
h) $-(2^4)^3 \ \blacksquare\ ((-2)^4)^{-3}$

RÜCKBLICK
Berechne.
a) $\frac{1}{4} + \frac{1}{5}$
b) $\frac{7}{9} - \frac{3}{4}$
c) $\frac{5}{6} \cdot \frac{2}{3}$
d) $\frac{3}{8} : \frac{4}{7}$

ERINNERE DICH
Ein Term ist eine sinnvolle Verbindung von Variablen, Zahlen und Rechenzeichen.

HINWEIS

---

12 Schreibe als Term und berechne. Gib das Ergebnis auch in Worten an.

a) Zehn hoch drei mal zehn hoch vier
b) Zehn hoch fünf geteilt durch zehn hoch drei
c) Die dritte Wurzel aus tausend wird mit zehn hoch drei multipliziert.
d) Zehntausend zum Quadrat
e) das Fünffache von zehn hoch drei
f) Die Quadratwurzel aus zehntausend wird durch zehn hoch eins dividiert.

12 Übersetze und berechne.

a) Potenziere die zweite Potenz von fünf mit drei.
b) Potenziere drei mit vier und teile das Ergebnis durch drei hoch fünf.
c) Multipliziere vier hoch vier mit dem Produkt aus – Klammer auf – zwei mal zwei – Klammer zu – hoch minus fünf.
d) Dividiere die dritte Wurzel aus hundertfünfundzwanzig durch zwei hoch zwei.

---

13 Berechne in der Tabelle die Potenzen $(a + a)^2$ und $(a \cdot a)^2$ für die gegebenen Werte. Formuliere eine Regel, für welche a der erste Term größer ist als der zweite.

	$a = 1$	$a = 0{,}5$	$a = -2$	$a = 10$
$(a + a)^2$				
$(a \cdot a)^2$				

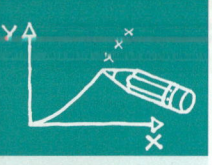

**BIOLOGIE-
LABORANT/IN**
*Die Ausbildung
dauert 3½ Jahre*

*Suche nach wei-
teren Informa-
tionen über den
Beruf z. B. im
Internet oder im
BIZ.*

**ZUR
INFORMATION**
*Als Auflösungs-
vermögen be-
zeichnet man
die Unterscheid-
barkeit feiner
Strukturen, also
z. B. den kleinsten
noch wahr-
nehmbaren Ab-
stand zweier
punktförmiger
Objekte.*

Beruf Biologielaborant/in

Biologielaborantinnen und Biologielaboranten führen Experimente an lebenden Organismen wie Pflanzen, Tieren, Mikroorganismen und Zellkulturen durch. Sie bereiten die Untersuchungen vor, beobachten den Versuchsablauf, dokumentieren die Ergebnisse und werten diese aus.
Solche Laboruntersuchungen dienen unter anderem der Erforschung des Verhaltens von Krankheitserregern oder zeigen mögliche Nebenwirkungen von Medikamenten auf. Beschäftigt werden Biologielaboranten in Forschungslaboratorien von Pharma- und Kosmetikunternehmen, bei Herstellern von Lebens-, Futter- und Düngemitteln sowie wissenschaftlichen Instituten.

14 Kenntnisse über die Mikroskoparten

Das Auflösungsvermögen eines Lichtmikroskops liegt bei $0{,}2\,\mu m$, das eines hochentwickelten Elektronenmikroskops beträgt etwa $0{,}1\,nm$.
a) Rechne beide Größen in mm um und benutze dann die Zehnerpotenzschreibweise.
b) Um das Wievielfache vergrößert ein Elektronenmikroskop stärker als ein Lichtmikroskop?
c) Die Dicke eines DNA-Strangs beträgt ca. $2\,nm$. Wie viele dieser Stränge müsste man nebeneinanderlegen, um einen Strang von $1\,mm$ Dicke zu erhalten?

15 Medizinische Wirkstoffe verdünnen

In der Homöopathie werden Arzneisubstanzen oft extrem verdünnt. Dieses Verfahren nennt man auch Potenzieren. Nach gängiger Vorstellung der Homöopathen werden dadurch die Nebenwirkungen einer Substanz verringert, nicht aber ihre Heilwirkung. Die Potenzstufen werden mit D1, D2, D3 usw. bezeichnet. D2 beispielsweise bedeutet, einen reinen Extrakt (Urtinktur) im Verhältnis $1:10^2$ zu verdünnen.
a) Ein Wirkstoff wird in einer D3-Potenz angeboten. Wie viel Prozent des Wirkstoffes ist in der Lösung noch vorhanden?
b) $1\,ml$ einer Urtinktur wird auf $0{,}5\,l$ verdünnt. Berechne das Verdünnungsverhältnis.
c) Bei Arzneimitteln werden standardisierte Tropfenzähler eingesetzt, die 20 Tropfen pro ml abgeben. Drei Tropfen einer Urtinktur sollen in D8-Potenz verdünnt werden. Wie viel Liter Flüssigkeit ergibt das?

ZU AUFGABE 16

20 µm

16 Größen von Mikroorganismen abschätzen

In einem rasterelektronenmikroskopischen Bild sind verschiedene Kieselalgen abgebildet.
a) Beschreibe einzelne Formen dieser Gebilde.
b) Welche ungefähren Größenmaße haben Kieselalgen? Orientiere dich an der beigefügten Skala und rechne in mm um.
c) Wie viele der in der Bildmitte dargestellten Kieselalgen müsste man hintereinanderlegen, um eine Kette von $1\,m$ Länge zu erhalten?

17 Botox – ein Bakteriengift macht Karriere

Botulinumtoxin wird von bestimmten Bakterienarten ausgeschieden und ist eines der stärksten in der Natur vorkommenden Gifte. In sehr starker Verdünnung wird es zu medizinischen Zwecken eingesetzt. Dazu zählt auch das Botox, das in einer Verdünnung von $1:(1{,}6\cdot10^6)$ zur Faltenglättung verwendet wird. Berechne die Botoxmenge, die man aus $1\,ml$ ($5\,ml$; $20\,ml$) des Gifts herstellen kann.

Zusammenfassung

Der Potenzbegriff

→ Seite 88

Ein Produkt aus gleichen Faktoren schreibt man verkürzt als **Potenz**. Die **Basis** gibt den Faktor a an, der **Exponent** die Anzahl der Faktoren.

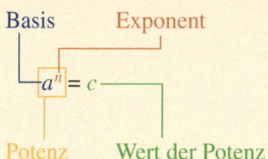

$$\underbrace{a \cdot a \cdot \ldots \cdot a}_{n \text{ Faktoren}} = a^n$$

$$a^0 = 1; \quad a^1 = a; \quad a^{-n} = \frac{1}{a^n}$$

(mit $a \neq 0$ und n aus $\mathbb{Z}$)

Bei **negativer Basis** ist der Potenzwert **positiv**, wenn der Exponent gerade ist, und **negativ**, wenn der Exponent ungerade ist.

$$(-4)^3 = (-4) \cdot (-4) \cdot (-4) = -64$$
$$\left(-\tfrac{2}{3}\right)^2 = \left(-\tfrac{2}{3}\right) \cdot \left(-\tfrac{2}{3}\right) = \tfrac{4}{9}$$

Eine Potenz mit **negativem Exponenten** kann man als den Kehrwert der Potenz mit positivem Exponenten schreiben.

$$7^{-3} = \frac{1}{7^3} = \frac{1}{7 \cdot 7 \cdot 7} = \frac{1}{343}$$
$$\left(\tfrac{3}{4}\right)^{-2} = \left(\tfrac{4}{3}\right)^2 = \frac{4 \cdot 4}{3 \cdot 3} = \frac{16}{9}$$

Zahlendarstellung in Zehnerpotenzschreibweise

→ Seite 92

Sehr große und sehr kleine Zahlen werden in **Zehnerpotenzschreibweise** als Produkt dargestellt:
Der erste Faktor ist eine Zahl zwischen 1 und 10, der zweite Faktor eine Zehnerpotenz.
Bei Zahlen zwischen 0 und 1 ist der Exponent der Zehnerpotenz negativ.

$$86\,000\,000\,000 = 8{,}6 \cdot 10^{10}$$
$$43 \text{ Milliarden} = 4{,}3 \cdot 10^{10}$$
$$0{,}000\,000\,000\,041\,2 = 4{,}12 \cdot 10^{-11}$$
$$\frac{1}{10\,000} = 10^{-4}$$

Potenzen und Wurzeln

→ Seite 96

Die **dritte Wurzel** aus a ist die Zahl x, die dreimal mit sich selbst multipliziert a ergibt. Sie heißt auch **Kubikwurzel** aus a. Man schreibt:
$\sqrt[3]{a} = x$, wenn $x \cdot x \cdot x = a$ ergibt (mit $a \geq 0$).
Das Radizieren ist die Umkehrung des Potenzierens.

$$\sqrt[3]{125} = 5, \quad \text{denn}$$
$$5^3 = 5 \cdot 5 \cdot 5 = 125$$

$$\sqrt[3]{3{,}375} = 1{,}5, \quad \text{denn}$$
$$1{,}5^3 = 3{,}375$$

Die Umkehrung des Potenzierens ist das Wurzelziehen. Die **n-te Wurzel** aus a ist die Zahl x, die n-mal mit sich selbst multipliziert a ergibt.

$$\sqrt[n]{a} = x \text{ (mit } n > 0 \text{ und } a \geq 0\text{)}$$
Statt $\sqrt[2]{a}$ schreibt man kurz $\sqrt{a}$.

Wurzeln kann man als Potenzen schreiben und umgekehrt. Für die n-te Wurzel einer nicht negativen Zahl a gilt:
$\sqrt[n]{a} = a^{\frac{1}{n}}$ (für $n > 1$).

$$\sqrt[3]{5} = 5^{\frac{1}{3}}; \quad \sqrt[7]{128^2} = 128^{\frac{2}{7}};$$

$$81^{\frac{3}{4}} = \sqrt[4]{81^3}$$

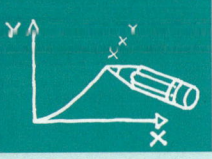

Teste dich!

9 Punkte

1 Fasse zusammen und berechne, falls möglich.

a) $3 \cdot 3 \cdot 3 \cdot 3 \cdot 3$
b) $x \cdot x \cdot x \cdot x \cdot x \cdot x \cdot x$
c) $(-1{,}8) \cdot (-1{,}8) \cdot (-1{,}8)$

d) $(-a) \cdot (-a) \cdot (-a) \cdot (-a)$
e) $\frac{1}{2} \cdot \frac{1}{2} \cdot \frac{1}{2} \cdot \frac{1}{2} \cdot \frac{1}{2} \cdot \frac{1}{2} \cdot \frac{1}{2}$
f) $3x \cdot 3x \cdot 3x \cdot 3x \cdot 3x$

g) $\left(-\frac{2}{5}\right) \cdot \left(-\frac{2}{5}\right) \cdot \left(-\frac{2}{5}\right) \left(-\frac{2}{5}\right) \cdot \left(-\frac{2}{5}\right)$
h) $x \cdot x \cdot x \cdot x \cdot x \cdot x^{-1}$
i) $4v \cdot 6 \cdot 4v \cdot 6 \cdot 4v \cdot 6$

8 Punkte

2 Schreibe die Zahlen als Potenz mit einer möglichst kleinen Basis.

a) 125
b) $1\,024$
c) $1\,000\,000$
d) -32

e) 729
f) $-100\,000$
g) 196
h) -216

12 Punkte

3 Berechne den Wert der Potenzen im Kopf.

a) 2^3
b) $(-5)^2$
c) $0{,}1^4$
d) 2^{-1}

e) $\left(\frac{3}{4}\right)^3$
f) 4^{-3}
g) -2^8
h) $\left(\frac{1}{2}\right)^{-5}$

i) $125^{\frac{1}{3}}$
j) $0{,}001^{\frac{1}{2}}$
k) $32^{\frac{3}{5}}$
l) $81^{-\frac{3}{4}}$

12 Punkte

4 Berechne den Wert der Wurzeln. Runde falls nötig auf zwei Nachkommastellen.

a) $\sqrt[3]{27}$
b) $\sqrt[3]{125}$
c) $\sqrt[3]{8}$
d) $\sqrt[3]{64\,000}$
e) $\sqrt[3]{1}$
f) $\sqrt[3]{729}$

g) $\sqrt[4]{1\,296}$
h) $\sqrt[7]{2\,187}$
i) $\sqrt[5]{243}$
j) $\sqrt[5]{30}$
k) $\sqrt[6]{432}$
l) $\sqrt[5]{1\,025}$

3 Punkte

5 Ein Würfel hat ein Volumen von $512\,\text{cm}^3$.

a) Welche Länge haben seine Kanten?

b) Das Volumen des Würfels soll sich verdreifachen.
   Wie ändert sich die Länge seiner Kanten?
   Runde auf zwei Nachkommastellen.

c) Ein Quader soll ebenfalls ein Volumen von $512\,\text{cm}^3$ haben.
   Welche Kantenlängen sind möglich?
   Finde drei Möglichkeiten.

8 Punkte

6 Schreibe die Zahlen aus bzw. in Zehnerpotenzschreibweise.

a) $2 \cdot 10^4$
b) $3{,}5 \cdot 10^7$
c) $5 \cdot 10^{-6}$
d) $1{,}2 \cdot 10^{-5}$

e) 17 Billionen
f) $23\,400\,000\,000$
g) $0{,}002\,8$
h) $0{,}000\,001\,025$

6 Punkte

7 Schreibe die Zehnerpotenz als Bruch und als Dezimalzahl.

a) 10^{-3}
b) 10^{-1}
c) 10^{-7}
d) 10^{-2}
e) 10^{-4}
f) 10^{-5}

3 Punkte

8 Aufgaben aus der Naturwissenschaft:

a) Ein Tropfstein wächst mit einer durchschnittlichen Geschwindigkeit von $1{,}4 \cdot 10^{-4}$ mm pro Stunde.
   Wie lange dauert es, bis der Tropfstein 1 m gewachsen ist?

b) Die Erde bewegt sich mit einer Geschwindigkeit von $3 \cdot 10^4 \frac{\text{m}}{\text{s}}$ um die Sonne.
   Wie viele Kilometer legt sie in 365 Tagen zurück?

c) Wanderdünen sind vom Wind getriebene Aufwehungen aus Sand, die sich ständig verlagern und alles Bestehende unter sich begraben. Die größte Wanderdüne Europas, die Dune du Pilat an der französischen Atlantikküste, wandert mit einer Geschwindigkeit von $1{,}4 \cdot 10^{-5}$ km pro Tag in östliche Richtung.
   Wann wird sie ein 300 m entferntes Strandhaus erreicht haben?

Wachstum

Der Legende nach soll der Erfinder des Schachspiels als Belohnung für seine Spielidee beim König einen Wunsch frei gehabt haben. Er wünschte sich Reiskörner, die wie folgt auf das Schachbrett gelegt werden sollten:

Ein Korn auf das erste Feld, zwei auf das zweite, vier auf das dritte usw., also auf jedes weitere Feld die doppelte Menge des vorhergehenden.
Der König wunderte sich über die Bescheidenheit des Erfinders …

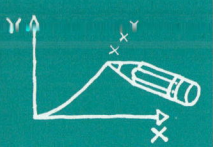

Noch fit?

Einstig

1 Lineare Funktionen
Betrachte die Funktionsgraphen.
a) Gib die allgemeine Funktionsgleichung einer linearen Funktion an.
b) Notiere je eine Funktionsgleichung zu den abgebildeten Graphen.
c) Welcher Graph hat die größte Steigung?
d) Woran ist die Steigung in der Gleichung ablesbar?
e) Welche Graphen haben eine negative Steigung? Wie ist das in der Zeichnung, woran in der Gleichung zu erkennen? Beschreibe.
f) Zeichne die Graphen zu folgenden Funktionsgleichungen in dein Heft.

Aufstieg

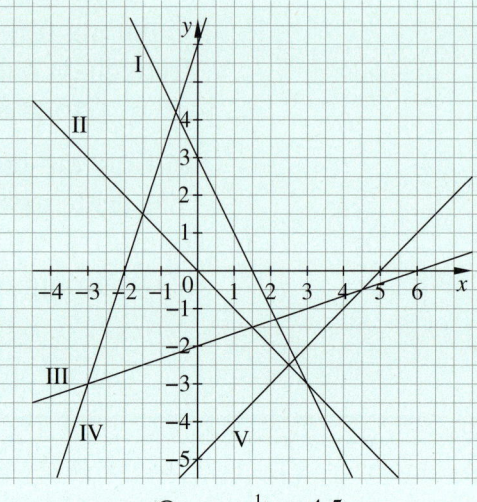

① $y = 2x + 5$ ② $y = 1,5x - 3$ ③ $y = -\frac{1}{2}x + 4,5$

2 Schreibweisen für Bruchteile
Schreibe als Prozentsatz, Bruch und Dezimalbruch.

	Beispiel	a)	b)	c)	d)	e)	f)	g)	h)
Prozentsatz	50%	75%				200%			
gekürzter Bruch	$\frac{1}{2}$		$\frac{3}{10}$				$\frac{6}{5}$		
Hundertstel-Bruch	$\frac{50}{100}$			$\frac{95}{100}$				$\frac{104}{100}$	
Dezimalbruch	0,50				1,1				0,88

3 Prozentrechnung
Die Winterkollektion wird im Februar 30% billiger angeboten. Berechne die reduzierten Preise. Die ursprünglichen Preise lauten:
a) Jacke: 98 €   b) Mantel: 189 €
c) Skianzug: 235 €   d) Handschuhe: 8 €

3 Prozentrechnung
Beim Kauf eines Neuwagens erhält der Käufer 4 000 € Preisnachlass. Berechne den Preisnachlass in Prozent. Die alten Preise lauten:
a) Kombi: 28 500 €   b) Van: 32 400 €
c) Cabrio: 31 700 €

4 Zinsrechnung
Übertrage die Tabelle ins Heft und ergänze. Die Anlagedauer beträgt ein Jahr.

	Kapital K	Zinssatz $p\%$	Zinsen Z
a)	612 €	9,5%	
b)	1 080 €		378 €
c)		3,6%	75,78 €

4 Zinsrechnung
Ergänze die Tabelle im Heft.

	Zinssatz $p\%$	Kapital K (alt)	Jahres-zinsen Z	Kapital K (neu)
a)	3,5%	41,50 €		
b)		6 600 €	165 €	
c)	12%		236,40 €	

5 Kurz und knapp
a) Berechne die Zweierpotenzen von 2^0 bis 2^{10}.
b) Starte bei 1 und halbiere sechsmal hintereinander.
c) Berechne den Wert der Funktion $y = x^2 + 3$ für $x = -2$ (0; 1; 5; 3; 6).

Lösungen ab Seite 222

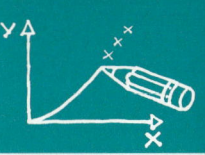

Lineares Wachstum

Entdecken

1 Betrachte die Grafiken. Sie stellen verschiedene Entwicklungen dar.

Produktionszahlen einer Firma

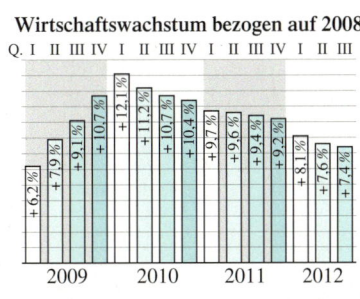

Wirtschaftswachstum bezogen auf 2008

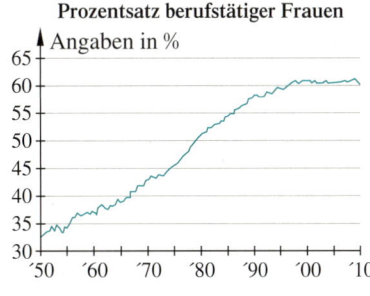

Prozentsatz berufstätiger Frauen

a) Beschreibe für jede einzelne Grafik die dargestellten Entwicklungen mit wenigen Worten. Benutze dabei die Begriffe Wachstum, Abnahme und Stagnation (= keine Veränderung).

b) Vergleiche die Grafiken miteinander. Was ist gleich, was unterscheidet sie?

c) Wage eine Prognose, wie die jeweilige Entwicklung in den nächsten drei Zeitabschnitten weitergeht. Vergleiche deine Prognose mit deinen Nachbarn.

d) Bei der linken Grafik ist dir bestimmt eine Hervorhebung aufgefallen. Was könnte sie beim Betrachter bewirken?

2 Informiere dich im Internet und im Lexikon über den Begriff „Wachstum".

a) In welchen Bereichen trifft man auf diesen Begriff?

b) Welche Arten von Wachstum gibt es? Beschreibe sie mit eigenen Worten.

c) Welche Wachstumsarten würdest du dem mathematischen Bereich zuordnen? Begründe deine Auswahl.

d) Welches Wachstum ist dir bereits aus dem vorangegangenen Mathematikunterricht, aber unter einem anderen Begriff, bekannt? Beschreibe.

e) Tragt eure Ergebnisse aus dem mathematischen Bereich zusammen und erstellt eine Übersicht, z. B. ein Plakat. Notiert dazu jeweils eine Situation, zu der ihr einen zugehörigen Funktionsgraphen angebt.

3 In der Grafik ist die Entwicklung des SMS-Versands in Deutschland für die Jahre 2003 bis 2013 dargestellt.

a) In welchen Jahren gab es Zuwächse, wann waren Abnahmen zu verzeichnen?

b) In welchem Jahr liegt der zahlenmäßig größte Zuwachs vor?

c) Berechne ab 2004 Zuwachs bzw. Abnahme pro Jahr gegenüber dem Vorjahr zunächst in absoluten Zahlen, dann in Prozent (siehe Randspalte).

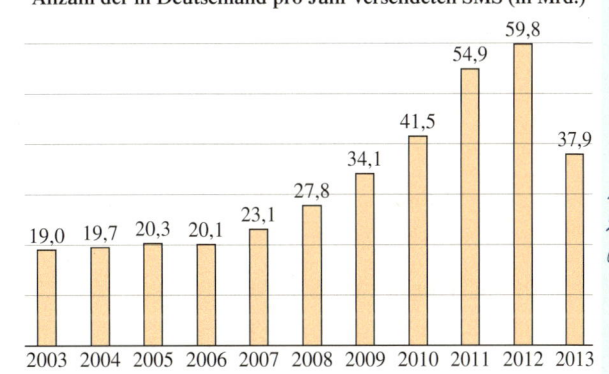

Anzahl der in Deutschland pro Jahr versendeten SMS (in Mrd.)

2003:   19,0 Mrd.
2004:   + 0,7 Mrd.
0,7 von 19,0 ≈ +3,7 %

d) Diskutiert in der Klasse, welche Angaben aussagekräftiger sind: Zuwächse bzw. Abnahmen in absoluten Zahlen oder in Prozentsätzen?

e) Sucht im Internet nach den aktuellen Zahlen zum SMS-Versand.

f) Findet jemand eine Erklärung für die unerwartete Entwicklung ab dem Jahr 2013?

Verstehen

Eine Firma stellt ihre Jahresumsätze in einem Diagramm dar. Sie interessiert, wann sie Zuwächse, also positives Wachstum, und wann sie Abnahmen, also negatives Wachstum, zu verzeichnen hatte.

Im Diagramm wurden die absoluten Umsätze und damit das absolute Wachstum dargestellt. Das prozentuale Wachstum kann in diesem Fall aus den absoluten Werten berechnet werden.

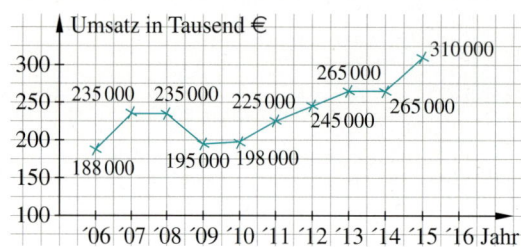

Beispiel 1

2006 bis 2007:
Zunahme um 47 Mio. €;
47 Mio. von 188 Mio. = 25 %
positives Wachstum

2008 bis 2009:
Abnahme um 40 Mio. €;
40 Mio. von 235 Mio. ≈ 17 %
negatives Wachstum

2007 bis 2008:
Der Umsatz blieb gleich (Stagnation).
Nullwachstum

> **Merke** Man spricht von einer Zunahme einer Größe, auch **positives Wachstum** genannt, wenn in gleichen Zeitspannen der jeweils nachfolgende Wert größer ist als der vorherige. **Negatives Wachstum**, also eine Abnahme, liegt vor, wenn der jeweils nachfolgende Wert kleiner ist als der vorherige.
> Zu- bzw. Abnahme kann man in absoluten Zahlen oder prozentual ausdrücken.

HINWEIS
G_0 ist der Wert zu Beginn eines Wachstumsprozesses, G_n ist der Wert nach n Zeitspannen, d ist die Schrittweite (Änderungsrate).

Im Umsatzdiagramm oben liegt für die Jahre 2011/2012 und 2012/2013 ein gleichbleibendes Wachstum von jährlich 20 Mio. € vor. Eine solche gleichmäßige Zunahme bezeichnet man als **lineares Wachstum**.

Beispiel 2

Die Firma produziert zur Zeit 50 000 Fertigteile. Die Produktion soll von nun an jährlich um 3 000 Teile steigen.
Wie viele Teile werden im 4. Jahr gefertigt?
$G_4 = G_0 + d \cdot n$
$G_4 = 50 000 + 3 000 \cdot 4 = 62 000$

Nach vier Jahren sind es 62 000 Teile.

Die Anzahl der Beschäftigten von zur Zeit 350 Arbeitskräften soll jährlich um zehn Mitarbeiter zurückgehen. Wie viele Mitarbeiter sind nach fünf Jahren noch beschäftigt?
$G_5 = G_0 - d \cdot n$
$w_5 = 350 - 10 \cdot 5 = 300$

Nach fünf Jahren sind noch 300 Mitarbeiter beschäftigt.

KURZ GESAGT
Der linearen Wachstumsgleichung
$G_n = G_0 + d \cdot n$
entspricht die lineare Funktionsgleichung
$y = mx + b$.

> **Merke** Nimmt in gleichen Zeitspannen der jeweils nachfolgende Wert G immer um den gleichen Betrag d zu oder ab, dann ist das **Wachstum linear**. Auch hier unterscheidet man zwischen positivem linearen Wachstum ($d > 0$) und negativem linearen Wachstum ($d < 0$). Den Wert nach n Zeitspannen berechnet man nach der Gleichung $\boldsymbol{G_n = G_0 + d \cdot n}$.

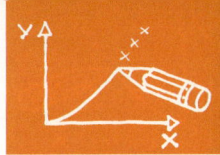

Die Firma möchte im Jahr 2016 ein Wachstum von 3% erreichen. Ausgehend vom Jahresumsatz 2015 sind das 9,3 Mio. € Umsatzsteigerung (≙ 3% von 310 Mio €). Der Umsatz wächst also auf das 1,03-Fache des Vorjahresumsatzes: 310 Mio. € · 1,03 = 319,3 Mio. €.

Merke Unter der **Wachstumsrate p %** versteht man die prozentuale Zu- oder Abnahme eines Wertes innerhalb einer Zeitspanne. Bei positivem Wachstum entspricht die Wachstumsrate dem Anteil über 100% (vermehrter Grundwert), bei negativem Wachstum dem Anteil unter 100% (verminderter Grundwert).
Aus dem Grundwert von 100% und der Wachstumsrate p % ergibt sich der **Faktor q** mit
$q = 100\% + p\% = 1 + \frac{p}{100}$.
Den nachfolgenden Wert G_1 berechnet man mit der Gleichung $G_1 = G_0 \cdot q$.

TIPP
Aus altem und neuem Wert können p % und q auch direkt berechnet werden:
$p\% = \frac{G_1 - G_0}{G_0}$
$q = \frac{G_1}{G_0}$

Beispiel 3

Die Passagierzahlen einer Fluggesellschaft gehen innerhalb eines Jahres von 150 000 Fluggästen um 2,5% zurück.
$q = 1 - 2,5\% = 0,975$ $G_1 = 150\,000 \cdot 0,975 = 146\,250$
Die Anzahl der Passagiere liegt im Folgejahr bei 146 250.

Der Preis einer Ware wird innerhalb eines Jahres von 125 € auf 135 € erhöht. $q = \frac{135}{125} \approx 1,08$
Der Preis wurde um 8% erhöht.

Üben und anwenden

1 Betrachte die beiden Diagramme.

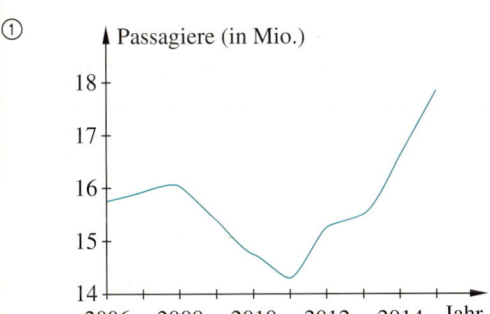

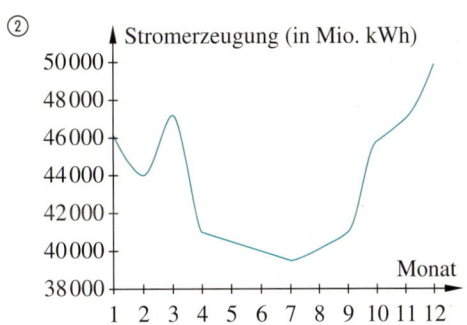

a) Beschreibe, mit eigenen Worten den Verlauf der beiden Kurven.
b) Finde bei ① Ursachen für den Rückgang und den späteren Anstieg der Passagierzahlen und bei ② für den Anstieg bzw. die Abnahme bei der Stromerzeugung.
   Stelle Vermutungen an, vergleiche mit deinen Mitschülern.
c) In welchen Zeitabschnitten lag positives, in welchen negatives Wachstum vor?
d) Prüfe, ob in Teilbereichen beider Diagramme lineares Wachstum vorliegt.

2 Die Entlasszahlen der Erich-Kästner-Realschule wurden tabellarisch erfasst.

Jahr	2007	2008	2009	2010	2011
Abgänger	156	163	121	170	156

a) Stelle die Daten grafisch dar.
b) Für welche Zeitabschnitte liegt positives bzw. negatives Wachstum vor?

2 In der Tabelle sind die Mitgliederzahlen eines Sportvereins pro Jahr für den Zeitraum von 2007 bis 2013 erfasst.

Jahr	2007	2008	2009	2010	2011	2012	2013
Mitglieder	355	401	432	410	456	456	472

a) Stelle die Daten grafisch dar.
b) Beschreibe, welches Wachstum vorliegt.

3 Betrachte die Grafik.

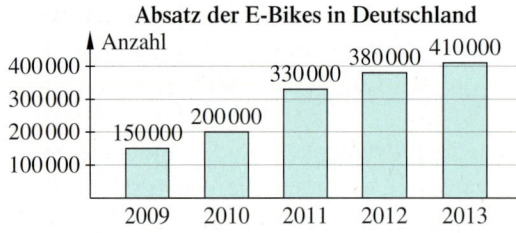

Absatz der E-Bikes in Deutschland

a) In welchem Jahr erreicht der Absatz gegenüber dem Vorjahr den höchsten bzw. niedrigsten Zuwachs …
   – in absoluten Zahlen?
   – prozentual?
b) Wie hoch ist der prozentuale Zuwachs von 2009 bis 2013?

3 Verkehrstote in Deutschland

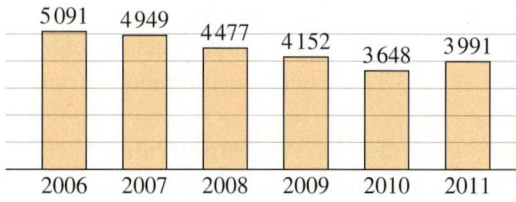

a) Wann ist die Abnahme gegenüber dem Vorjahr am höchsten? Gib in absoluten Zahlen und prozentual an.
b) Um wie viel Prozent nimmt die Anzahl der Toten zwischen 2010 und 2011 wieder zu?
c) Wie hoch ist die prozentuale Abnahme zwischen 2006 und 2011 insgesamt? Wie viel wäre das durchschnittlich pro Jahr?

4 Berechne den Faktor q.
a) $p\% = 4\%$ b) $p\% = 0,7\%$
c) $p\% = -2\%$ d) $p\% = -0,6\%$
e) $p\% = 1,5\%$ f) $p\% = 12\%$
g) $p\% = -1,25\%$ h) $p\% = -3,75\%$

4 Berechne den Faktor q.
a) $p\% = 5\%$ b) $p\% = 1,125\%$
c) $p\% = 0,5\%$ d) $p\% = 4,125\%$
e) $p\% = 10,175\%$ f) $p\% = -4\%$
g) $p\% = -0,125\%$ h) $p\% = -13,05\%$

5 Berechne die Wachstumsrate $p\%$.
a) $q = 1,04$ b) $q = 0,95$
c) $q = 1,15$ d) $q = 0,75$
e) $q = 1,005$ f) $q = 0,99$
g) $q = 1,1$ h) $q = 0,97$

5 Gib die Wachstumsrate $p\%$ an.
a) $q = 1,05$ b) $q = 1,067$
c) $q = 1,153$ d) $q = 1,107$
e) $q = 1,206$ f) $q = 0,98$
g) $q = 0,905$ h) $q = 0,875$

TIPP
Beachte die Formeln in der Randspalte auf Seite 111.

HINWEIS
Eine Aktie ist ein Wertpapier. Aktien sind Anteile am Eigenkapital eines Unternehmens (Aktiengesellschaft).

6 Berechne q und $p\%$.
a) Die Produktionszahlen nahmen innerhalb eines Jahres von 13 000 Stück auf 14 000 Stück zu.
b) Ein Ballkleid wurde von 198 € um 50 € reduziert.
c) Ein Azubi verdient im 1. Ausbildungsjahr 565 €, im 2. Jahr 610 € und im 3. Jahr noch einmal 55 € mehr.

6 Berechne jeweils den alten Wert (G_0) bzw. den neuen Wert (G_1).
a) Eine Aktie ist innerhalb eines Jahres um 15 % auf 76,50 € gesunken.
b) Ein Unternehmen will durch Rationalisierungsmaßnahmen 6,75 % der Produktionskosten einsparen. Das sind 155 Mio. €.
c) Preissturz! Ein Flachbildschirm kostet nur noch 129 €, der Kunde spart 25 %.

7 Entwicklung der Einwohnerzahlen von fünf norddeutschen Großstädten

	Braunschweig	Bremen	Hamburg	Hannover	Lübeck
Einwohnerzahl 2012	248 867	547 340	1 786 448	522 686	
Einwohnerzahl 2013	247 227	548 547			212 958
Wachstumsrate $p\%$			−2,25 %		
Faktor q				0,992	1,013

a) Fülle die restlichen Felder der Tabelle aus.
b) Lege eine Rangordnung fest: von der Stadt mit dem höchsten prozentualen Zuwachs bis zur Stadt mit dem höchsten Bevölkerungsrückgang.

Exponentielles Wachstum

Entdecken

1 Die Grafik zeigt die Entwicklung der Weltbevölkerung seit dem Jahr 1650.

a) In welchem Jahr lebten etwa 1 Mrd. Menschen? Wie lange dauerte es, bis sich diese Zahl verdoppelte?

b) Wann wurden die Grenzen zu 2, 3, 4 … Mrd. überschritten? Wie lange dauerte die Verdopplung von 2 Mrd. auf 4 Mrd. bzw. von 3 Mrd. auf 6 Mrd. Menschen? Vergleiche mit dem Ergebnis von a).

c) Erstelle eine Prognose für den Zeitraum von 2000 bis 2050. Vergleiche mit deinen Nachbarn und diskutiert darüber, wie zuverlässig solche Prognosen sein können. Informiere dich im Internet und im Lexikon über das Bevölkerungswachstum.

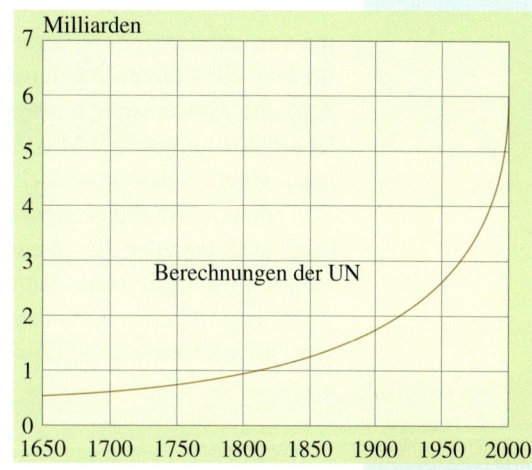

2 Der afrikanische Staat Simbabwe hat mit derzeit 4,4 % jährlicher Zunahme das höchste Bevölkerungswachstum der Welt. Zur Zeit leben in diesem Land 13,6 Mio. Einwohner.

a) Lege eine Excel-Tabelle wie im Beispiel an und berechne, nach wie vielen Jahren sich die Bevölkerungszahl verdoppelt haben wird.

b) Hast du eine Idee, wie du die Rechnung vereinfachen kannst?
Tipp: Dir ist vielleicht aufgefallen, dass der jährliche prozentuale Zuwachs immer gleich ist. Folglich ist die Bevölkerungszahl am Jahresende immer 104,4 % gegenüber der Zahl zum Jahresbeginn, die Bevölkerungszahl steigt also auf das 1,044-Fache.

D4	▾	f_x =B4+C4		
	A	B	C	D	E

	Einwohnerzahlen von Simbabwe (in Mio.)		
	zu Jahresbeginn	jährlicher Zuwachs	zum Jahresende
1. Jahr	13,6	0,5984	14,1984
2. Jahr	14,1984	0,6247296	14,8231296
3. Jahr	…		
…			

3 Bei einer Stiftung wird Geld zu einem bestimmten Zinssatz angelegt. Damit das Kapital erhalten bleibt, werden nur die Zinserträge für gemeinnützige Zwecke ausgegeben. Einer Schulstiftung stehen 50 000 € zur Verfügung. Das Geld soll zu einem Zinssatz von 4,5 % p. a. für fünf Jahre angelegt werden. Die Zinsen können jährlich ausgezahlt werden (①) oder erst nach Ablauf der fünf Jahre (②). Übertrage die Tabelle in dein Heft und fülle sie für beide Anlagemodelle aus.

a) Welcher Zinsgewinn steht der Stiftung nach fünf Jahren bei den beiden Anlagemodellen zur Verfügung?

b) Wie groß ist der Unterschied zwischen beiden Anlagemodellen nach zehn Jahren?

c) Wie sollte man mit diesem Geld nun verfahren? Diskutiert darüber und begründet eure Meinung.

Laufzeit (in Jahren)	① Kapital (in €)	② Kapital (in €)
0	50 000	50 000
1	52 250	52 250
2	…	…
3		
4		
5		
10		
Zinsgewinn nach 5 a		
Zinsgewinn nach 10 a		

HINWEIS
p. a. steht für „per anno" und bedeutet „pro Jahr".

4 In einer Thermoskanne befindet sich 90 °C heißer Kaffee. Stündlich nimmt die Temperatur um 10 % ab. Stelle die Entwicklung der Kaffeetemperatur für den Zeitraum von fünf Stunden als Tabelle und als Grafik dar.

113

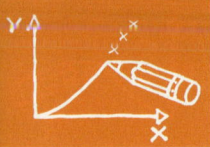

Verstehen

Wissenschaftler erstellen jährlich Prognosen zur Bevölkerungsentwicklung. Dazu liegen ihnen Daten aus den vergangenen Jahren vor, auf die sie ihre Voraussagen stützen.
Im Jahr 2014 lebten auf der Erde ca. 7,2 Mrd. Menschen. Die
jährliche Zuwachsrate beträgt konstant 1,2 %. In Deutschland
lebten 2014 etwa 81,7 Mio. Einwohner, es besteht ein konstantes
negatives Bevölkerungswachstum von −0,2 %.
Will man die Bevölkerungszahlen für die nächsten n Jahre ermitteln, muss man den Ausgangswert w_0 insgesamt n-mal mit dem
Faktor q multiplizieren, den man **Wachstumsfaktor** nennt. Die
Anzahl der Wachstumsfaktoren kann man verkürzt in der Potenz-
schreibweise darstellen: $G_n = G_0 \cdot \underbrace{q \cdot q \cdot q \cdot q \cdot q \cdot \ldots \cdot q}_{n\text{-mal}} = G_0 \cdot q^n$

Beispiel 1

Prognostizierte Entwicklung der Weltbevölkerung, $q = 1{,}012$

ERINNERE DICH
$q = 1 + p\,\%$

Jahr	2014	2015	2016	2017	...	2020	...	2030		2014	2030
Anzahl in Mrd.	7,20	7,28	7,37	7,46		7,73		8,71		7,20	8,71

$\cdot 1{,}012 \quad \cdot 1{,}012 \quad \cdot 1{,}012 \quad \cdot 1{,}012^3 \quad \cdot 1{,}012^{10} \qquad \cdot 1{,}012^{16}$

Prognostizierte Bevölkerungsentwicklung in Deutschland, $q = 0{,}998$

Jahr	2014	2015	2016	2017	...	2020	...	2030		2014	2030
Anzahl in Mio.	81,70	81,53	81,37	81,21		80,72		79,12		81,70	79,12

$\cdot 0{,}998 \quad \cdot 0{,}998 \quad \cdot 0{,}998 \quad \cdot 0{,}998^3 \quad \cdot 0{,}998^{10} \qquad \cdot 0{,}998^{16}$

KURZ GESAGT
Der Exponential-
gleichung
$G_n = G_0 \cdot q^n$
entspricht die
**Exponential-
funktion**
$y = G_0 \cdot q^x$.

> **Merke** Bei einem konstanten **Wachstumsfaktor q** wächst bzw. sinkt eine Größe G_0 nach n
> gleichen Zeitspannen auf die Größe G_n durch die Gleichung $G_n = G_0 \cdot q^n$.
> Diese Gleichung nennt man **Exponentialgleichung**, da die Variable n im Exponenten steht.

Ausgehend von der Bevölkerungszahl im Jahr 2014 lassen sich die Werte nicht nur für die Zukunft, sondern auch für die Vergangenheit berechnen. Voraussetzung ist eine gleich bleibende
Wachstumsrate $p\,\%$.

Beispiel 2

Bevölkerungszahlen in
Deutschland vor dem
Jahr 2014

Jahr	2010	2011	2012	2013	2014
Term	$G_0 \cdot q^{-4}$	$G_0 \cdot q^{-3}$	$G_0 \cdot q^{-2}$	$G_0 \cdot q^{-1}$	G_0
Anzahl in Mio.	82,36	82,19	82,03	81,86	81,70

$: 0{,}998$

Weltbevölkerung in früheren Jahren (in Mrd. Menschen)

Das Jahr 2014 wird als Ausgangsgröße G_0 angenommen: $G_0 = 7{,}2$ Mrd.; $\quad p\,\% = 1{,}2\,\%$; $\quad q = 1{,}012$	
Jahr 2000: $G_{-14} = 7{,}2 \cdot 1{,}012^{-14} \approx 6{,}09$	Jahr 1950: $G_{-64} = 7{,}2 \cdot 1{,}012^{-64} \approx 3{,}36$

> **Merke** Kennt man den Wachstumsfaktor q und war dieser auch in den zurückliegenden Jah-
> ren konstant, so lassen sich Werte aus der Vergangenheit ermitteln. In der Gleichung wird die
> Anzahl der zurückliegenden Jahre mit einem negativem Vorzeichen angegeben.

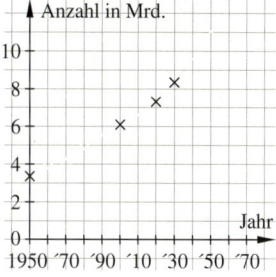

Üben und anwenden

1 Lege in Zehnjahresschritten eine Tabelle zur Entwicklung der Weltbevölkerung von 1950 bis 2050 an.

a) Nimm eine Wachstumsrate von 1,2 % an und übertrage die schon errechneten Zahlen von der Verstehensseite. Die übrigen Größen musst du nach der Formel berechnen und in der Tabelle ergänzen.

Jahr	1950	1960	1970	1980	1990	2000	...	2050
Anzahl in Mrd.	3,36					6,09		

b) Zeichne eine Grafik, trage die Werte dort ein und verbinde die Punkte miteinander.

c) Nenne die typischen Merkmale einer solchen exponentiellen Kurve.

---

2 In einem See nimmt die Lichtintensität pro Tiefenmeter um 20 % ab.

a) Lege eine Tabelle an und berechne die prozentuale Lichtmenge bis 10 m Tiefe.

b) Zeichne dazu eine Grafik.

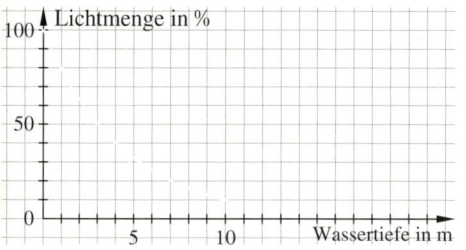

---

3 Im Jahr 2014 verdiente ein Unternehmen 368 000 €. Dann gingen die Gewinne um 2 % pro Jahr zurück.

a) Berechne den voraussichtlichen Gewinn für das Jahr 2024, falls q unverändert bleibt.

b) Stelle den Gewinn des Unternehmens grafisch dar.

---

4 Ein Stahlzylinder wurde zur Bearbeitung auf eine Temperatur von 950 °C erhitzt. Die Temperatur des Zylinders nimmt pro Stunde um etwa 18 % ab. Welche Temperatur besitzt der Zylinder noch nach acht Stunden?

---

2 Überprüfe, ob bei der Kurve exponentielles Wachstum vorliegt.

a) Wie gehst du dabei vor? Beschreibe und begründe.

b) Woran ist exponentielles Wachstum erkennbar?

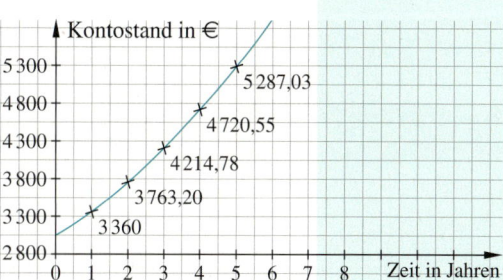

---

3 2014 hat ein Zoo 1,76 Mio. Tickets verkauft, 40 % davon für Kinder. Bei einem geschätzten jährlichen Besucherrückgang von 2,3 % ist mit Mindereinnahmen zu rechnen. Diese sollen durch eine entsprechende Erhöhung der Eintrittspreise aufgefangen werden. Zur Zeit bezahlt ein Erwachsener 14,50 €, ein Kind 7 € für den Eintritt.

a) Berechne die voraussichtlichen Besucherzahlen in fünf und in zehn Jahren.

b) Wie steigen in den kommenden fünf Jahren die Eintrittspreise, wenn sie jährlich um 2,3 % erhöht werden?

---

4 Im Jahr 2014 wurden in Deutschland täglich etwa 21,7 Mio. Tageszeitungen verkauft, aber die Verkaufszahlen sind seit Jahren rückläufig. Die durchschnittliche jährliche Abnahme beträgt 2,6 %.

a) Wie viele Tageszeitungen wurden in den Jahren 2010, 2005, 2000 täglich verkauft?

b) Berechne die voraussichtlichen Verkaufszahlen für die Jahre 2020 und 2030.

c) Kannst du Gründe für den Rückgang nennen?

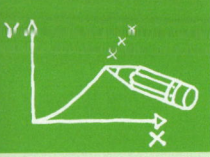

Thema: Zinseszins

Durch eine Erbschaft erhält Frau Mühlen 100 000 €. Das Geld möchte sie in fünf Jahren für eine Geschäftsgründung verwenden.
Bis dahin will sie das Geld bei einer Bank zu einem Zinssatz von 3,5 % anlegen. Nun überlegt sie, ob sie sich die Zinsen jährlich auszahlen lässt (Typ A) oder ob es günstiger ist, die Zinsen jährlich zum Kapital hinzu-zufügen (Typ B).

Welche Anlageform wirft mehr Gewinn ab?

Typ A:

3,5 % von 100 000 € sind 3 500 €	Zinsen für fünf Jahre: $5 \cdot 3\,500 \,€ = 17\,500 \,€$	Endkapital 117 500 €

Typ B:

Kapital zum Jahresbeginn in €	jährlicher Zinssatz (p %)	Zinsfaktor q	Anzahl der Zinsjahre (n)	Kapital zum Jahresende in €
100 000	3,5 %	1,035	1	103 500
103 500	3,5 %	1,035	2	107 122,50
107 122,50	3,5 %	1,035	3	110 871,79
110 871,79	3,5 %	1,035	4	114 752,30
114 752,30	3,5 %	1,035	5	118 768,63

Weil das Kapital fünf Jahre lang zu jedem Jahresende mit dem Zinsfaktor 1,035 multipliziert wird, kann man die Rechnung auch verkürzen: $100\,000\,€ \cdot 1,035^5 = 118\,768,63\,€$.

Auch beim Kapitalwachstum mit Zinseszins handelt es sich um exponentielles Wachstum.

In der Wachstumsformel wird die Größe G durch K (Kapital) ersetzt: $K_n = K_0 \cdot q^n$

1 Viele Banken und Sparkassen bieten ein Anla-geprodukt namens Zuwachssparen an, bei dem ein Stufenzins zum Einsatz kommt. Hierbei profitiert der Anleger von jährlich steigenden Zinssätzen (s. Zinstreppe). Der Sparer kann entscheiden, ob er sich die Zinsen jedes Jahr auszahlen lässt oder sie auf dem Konto ansammelt und am Ende der Lauf-zeit mit Zinseszinsen erhalten möchte.

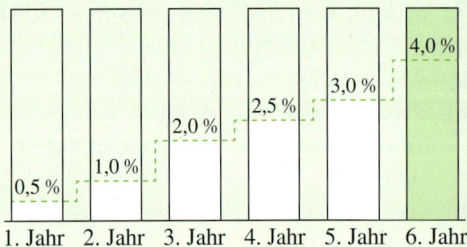

Stelle Berechnungen für eine Geldanlage von 10 000 € an.
a) Wie hoch ist der Zinsgewinn bei jährlicher Auszahlung?
b) Wie viel erhält der Sparer zusätzlich, wenn er die Zinsen auf dem Konto ansammelt?
c) Stelle zu beiden Varianten einen Term mit Zinsfaktoren auf, nach dem man die Zinsen in einem Schritt berechnen kann.

2 Zu ihrem 18. Geburtstag erhält Mia Zugang zu einem Sparkonto, das bei ihrer Geburt ange-legt wurde. Eingezahlt wurden damals 700 €, der vereinbarte Zinssatz betrug 4,5 %. Mia will von dem Geld ihren Führerschein bezahlen, der 1 500 € kosten wird. Reicht das Geld?

3 Autokredit: Eine Bank wirbt mit folgender Anzeige: „Wir leihen Ihnen 20 000 € für einen Autokauf, Sie zahlen uns in drei Jahren 25 000 € zurück".
Eine andere Bank wirbt: „Autokredit zu 8 % p. a., Laufzeit drei Jahre".
Welches Angebot ist günstiger?

4 Leite aus der Wachstumsformel $K_n = K_0 \cdot q^n$ die Gleichungen ab für …
a) K_0 b) q

5 Berechne die fehlenden Größen. Es erfolgt eine Verzinsung mit Zinseszinsen.

	a)	b)	c)	d)	e)	f)
Anfangskapital K_0	600 €	8 500 €	300 €	12 000 €		
Zinssatz $p\%$	2,8 %	5,75 %			3,25 %	7,5 %
Anzahl der Jahre n	4	9	2	5	3	6
Endkapital K_n			350 €	13 000 €	400 €	15 433 €

6 Felix findet ein altes Sparbuch, das seine Eltern zu seiner Einschulung vor zehn Jahren angelegt haben. Der gleichbleibende Zinssatz betrug damals 4 %. Es weist ein Guthaben von 1 000 € auf. Wie hoch war das Anfangskapital?

7 Betrachte die Bankenwerbung.
a) Wie hoch ist der Zinssatz?
b) In sechs Jahren beträgt der Gewinn durch Zinsen 1 000 €. Wie hoch wäre der Zinsgewinn in zwölf Jahren?
c) Welches Kapital müsste man anlegen, um nach sechs Jahren 5 000 € zu haben?

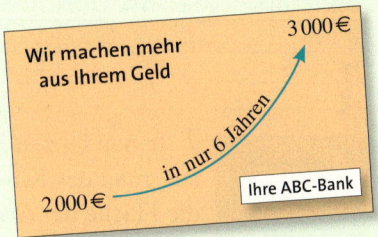

8 Angenommen, jemand hätte im Jahre 0 bei einer Bank 1 € zu einem Zinssatz von 1 % bei konstanter Verzinsung angelegt. Auf welchen Betrag wäre das Kapital bis heute gestiegen? Schätze erst, dann rechne.

9 In zehn Jahren geht Herr Fogg in den Ruhestand. Dann möchte er eine große Weltreise unternehmen, deren Kosten er mit 50 000 € veranschlagt. Seine Bank rät ihm dazu, jetzt Geld zu 4,5 % p. a. anzulegen, sodass der veranschlagte Betrag bei Reiseantritt komplett angespart ist. Welches Kapital muss Herr Fogg heute anlegen?

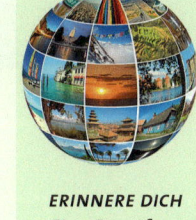

10 Nach wie vielen Jahren hat sich ein Kapital bei 7 % p. a. verdoppelt?

ERINNERE DICH
Eine Faustformel zur Verdopplung des Kapitals lautet $\frac{70}{p} = n$ (Jahre).

11 Überprüfe bei Verzinsung mit Zinseszins, ob die folgenden Aussagen zutreffen. Wähle z. B. die Größen $p\% = 3\%$; $K_0 = 1\,000$ € und $n = 4$ Jahre.
a) Wird die Laufzeit verdoppelt, so verdoppelt sich auch das Endkapital.
b) Wird das Anfangskapital verdoppelt, so verdoppelt sich auch das Endkapital.
c) Wird der Zinssatz verdoppelt, so verdoppelt sich auch das Endkapital.

12 Betrachte die Grafik.
a) Was wird in der Grafik dargestellt?
b) Wie hoch ist das Anfangskapital?
c) Lies K_5 und K_{10} für beide Zinssätze ab.
d) Nach welcher Zeit wird bei 4%iger Geldanlage ein Zinsgewinn von 300 € erreicht?
e) Nach wie vielen Jahren hat sich die Geldanlage bei der 8%-Verzinsung verdoppelt?
f) Liegen alle Punkte auf einer Geraden? Begründe.

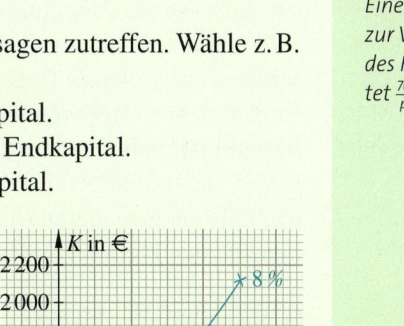

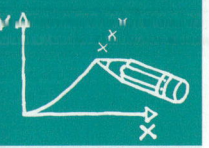

ZU AUFGABE 6
Wenn in einer Exponentialgleichung die Größe n gesucht wird, kann man die Aufgabe durch Probieren lösen. Dabei muss man q so oft mit sich selbst multiplizieren, bis $\frac{G_n}{G_0}$ erreicht oder überschritten wird. Die Anzahl der Faktoren ergibt dann die gesuchte Größe n.

5 Entscheide, ob in den Wertetabellen exponentielles Wachstum vorliegt.

a)

x	0	1	2	3
y	120	90	60	30

b)

x	−1	0	1	2
y	128	160	200	250

5 Liegt in den Wertetabellen exponentielles Wachstum vor?

a)

x	−1	0	1	4
y	10 000	12 000	14 400	20 736

b)

x	0	1	2	3
y	1	2	4	6

6 Ausgangspunkt für diese Aufgaben ist eine Exponentialgleichung der Form $G_n = G_0 \cdot q^n$. Forme die Gleichung äquivalent nach den Größen G_0 und q um.
Berechne die fehlenden Größen im Heft. Beachte den Hinweis in der Randspalte.

	a)	b)	c)	d)	e)	f)	g)	h)
G_0		150	5 000		4 000	1	8 000	500
G_n	16 105		10 368	80	3 000		9 261	163,84
$p\%$	10 %	−4 %					5 %	
q				0,85		1,3		0,8
n	5	10	4	7	6	3		

7 In den letzten 30 Jahren ist aufgrund des Klimawandels die Fläche der Arktis, die von Eis bedeckt ist, auf eine Größe von 4,7 Mio. km^2 zurückgegangen. Das ist ein durchschnittlicher jährlicher Schwund von 1,7 %.
Wie groß war die Eisfläche noch vor 30 Jahren?

7 Die Bevölkerung Nordamerikas wächst seit Jahrzehnten stark an. Berechne für jedes Jahrzehnt das durchschnittliche Wachstum (Rate).

Bevölkerung Nordamerikas

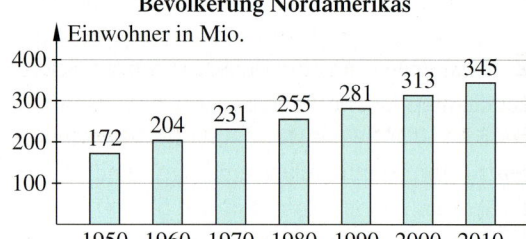

8 Der aus Nordamerika stammende Waschbär wurde bei uns anfangs nur in Zuchtanlagen zur Pelzgewinnung gehalten. Ausgesetzte oder entkommene Tiere leben inzwischen wild und haben sich deutschlandweit stark verbreitet. Mittlerweile sollen in Deutschland mindestens 600 000 Exemplare leben. Trotz intensiver Bejagung vermehrt sich ihr Bestand jährlich um etwa 8 %.
In wie vielen Jahren wird die 1-Million-Grenze überschritten, falls keine weiteren Maßnahmen ergriffen werden?
Beachte den Hinweis in der Randspalte.

9 Nach ihrer Ausbildung erhält Claudia ein monatliches Gehalt in Höhe von 1 200 €. Ihr Arbeitgeber sichert ihr eine jährliche Lohnerhöhung von 4,6 % zu.
a) Stelle einen Term zur Berechnung auf.
b) Nach wie viel Jahren wird ihr Gehalt 1 500 € übersteigen?

9 Thomas wiegt 80 kg und will durch eine komplette Ernährungsumstellung abnehmen. Eine Werbebroschüre verspricht, bei konsequenter Einhaltung der Diätvorgaben wöchentlich 1 % Gewicht zu verlieren. Wie lange muss Thomas die Maßnahme beibehalten, wenn er ein Gewicht von 70 kg erreichen will?

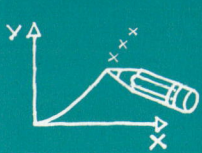

Wachstums- und Zerfallsprozesse

Erforschen und Entdecken

1 Ordne die Kärtchen in zwei Gruppen an.
a) Schlage diejenigen Begriffe nach, die dir unbekannt sind.

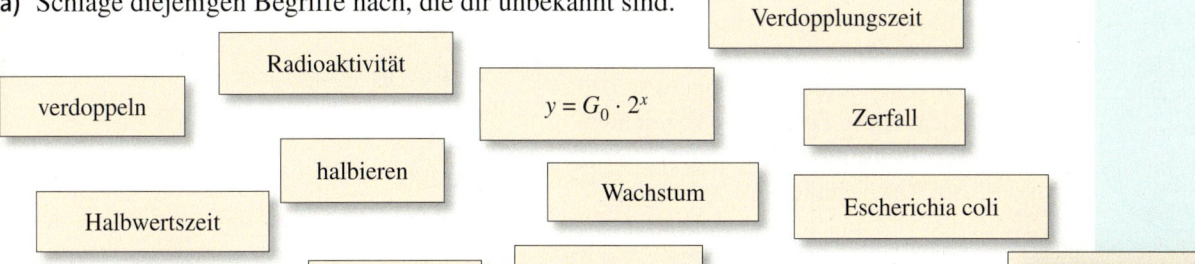

Verdopplungszeit

Radioaktivität

$y = G_0 \cdot 2^x$

verdoppeln

Zerfall

halbieren

Wachstum

Escherichia coli

Halbwertszeit

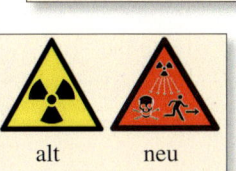

alt   neu

$y = G_0 \cdot 0{,}5^x$

Bakterien

Fortpflanzung

Biologie

Uran

Isotope

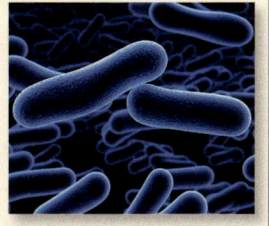

b) Beschreibe die beiden Gruppen, die du gebildet hast. Versuche, die Zusammenhänge innerhalb der beiden Gruppen zu erklären.
c) Beschreibe, was die jeweilige Funktionsgleichung aussagt.

2 *Rätselfrage*: Auf einem See wachsen Seerosen, die ihre Anzahl jährlich verdoppeln. Nach acht Jahren ist der halbe See zugewachsen. Wie lange dauert es noch, bis der ganze See damit bedeckt ist? Die meisten Leute beantworten die Frage folgendermaßen: „In weiteren acht Jahren ist der See zugewachsen."
a) Wie lautet die richtige Antwort?
b) Wo ist der Denkfehler bei der oben genannten Antwort?
c) Gib eine Funktionsgleichung an, mit der dieses Phänomen berechnet werden kann.
d) Zu welchem Teil war der See nach drei Jahren bedeckt? Erläutere deinen Lösungsweg.
e) Zeichne ein Modell des Sees nach sechs Jahren. Das Modell soll die Fläche eines Kreises mit dem Radius $r = 5\,\text{cm}$ haben. Wie groß ist der Mittelpunktswinkel der bewachsenen Fläche?

3 Bei der Nuklearkatastrophe im japanischen Fukushima im Jahre 2011 wurden große Mengen radioaktiv strahlender Stoffe freigesetzt, unter anderem das für Lebewesen gefährliche ^{137}Cäsium (lies: Cäsium 137). Dieser Stoff zerfällt innerhalb von 30 Jahren zur Hälfte, d. h., von 1000 Atomkernen sind nach 30 Jahren erst 500 zerfallen; nach weiteren 30 Jahren zerfällt die Hälfte der restlichen 500 Atomkerne, usw.

a) Lege eine Tabelle an, in der für 300 Jahre die Anzahl der restlichen Atomkerne angegeben wird; nimm 1 024 als Startzahl.
b) Zeichne dazu eine entsprechende Grafik.
c) Lies an der Grafik ab, nach welcher Zeit nur noch 10 %, 5 % und 1 % der ursprünglichen Menge vorhanden sind.
d) Findest du eine Exponentialgleichung, mit der du dieses Phänomen berechnen kannst?

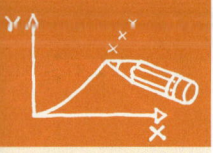

Verstehen

In der Natur kann man ständig Wachstums- und Zerfallsprozesse beobachten. Bei einer Infektion beispielsweise verdoppelt sich die Anzahl der Erreger in einer bestimmten Zeitspanne, und radioaktive Stoffe zerfallen gleichmäßig in berechenbaren Zeitabständen.
Solche Prozesse werden durch spezielle Exponentialfunktionen beschrieben.

Beispiel 1

Bakterien in einer Kultur verdoppeln sich alle zwei Stunden. Diese Zeitspanne bezeichnet man als **Verdopplungs-** oder auch **Generationszeit**. Am Anfang eines Prozesses sind 10 Bakterien vorhanden. Wie viele sind es nach 12 Stunden?

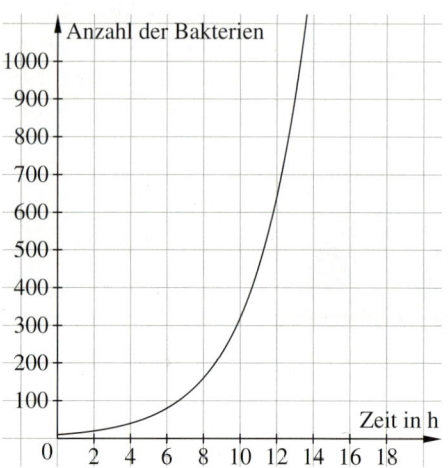

Wachstumsfaktor: $q = 1 + p\%$
$$= 1 + 100\%$$
$$= 1 + 1 = 2$$
Verdopplungszeiten: $n = \frac{12\,\text{h}}{2\,\text{h}}$
$$= 6 \text{ (Verdopplungszeiten)}$$
Exponentialgleichung: $G_n = G_0 \cdot q^n$
$$G_n = 10 \cdot 2^6 = 640$$

Nach 12 Stunden sind 640 Bakterien vorhanden.

> **Merke** Das Wachstum von Populationen lässt sich durch die spezielle Exponentialgleichung $G_n = G_0 \cdot 2^n$ beschreiben, da der Wachstumsfaktor beim Verdoppeln $q = 2$ beträgt und n die Anzahl der Verdopplungszeiten angibt.

Die Lebensdauer radioaktive Stoffe wird durch die sogenannte **Halbwertszeit** bestimmt. In einer solchen Zeitspanne sinkt die Anzahl der Atomkerne auf die Hälfte des ursprünglichen Wertes. Halbwertszeiten können Bruchteile von Sekunden oder auch viele Jahre dauern.

Beispiel 2

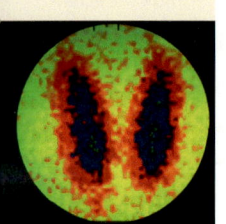

Zur Erstellung von Strahlungsbildern der Schilddrüse werden 6 g radioaktives Iod verwendet, das eine Halbwertszeit von etwa acht Tagen hat. Welche Menge an Jod ist nach 30 Tagen noch im Körper vorhanden?

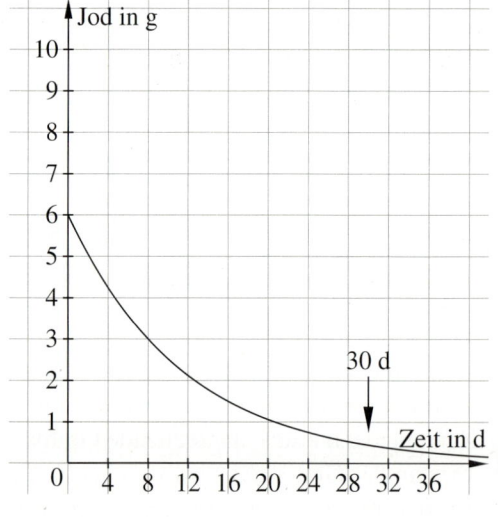

Wachstumsfaktor: $q = 1 - \text{p}\%$
$$= 1 - 50\%$$
$$= 1 - 0{,}5 = 0{,}5$$
Halbierungszeiten: $n = \frac{30\,\text{d}}{8\,\text{d}}$
$$= 3{,}75 \text{ (Halbwertszeiten)}$$
Exponentialgleichung: $G_n = G_0 \cdot q^n$
$$G_{3{,}75} = 6 \cdot 0{,}5^{3{,}75} = 0{,}446$$

Nach 30 Tagen sind noch knapp 0,5 g Jod im Körper vorhanden.

> **Merke** Der radioaktive Zerfall chemischer Stoffe lässt sich durch die spezielle Exponentialgleichung $G_n = G_0 \cdot 0{,}5^n$ beschreiben, da der Wachstumsfaktor beim Halbieren $q = 0{,}5$ beträgt und n die Anzahl der Halbwertszeiten angibt.

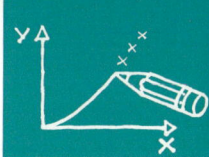

Üben und anwenden

1 Berechne die Anzahl der Verdopplungen beim Bakterienwachstum im Labor.
a) Verdopplungszeit 30 min; Dauer 2 h
b) Verdopplungszeit 1,5 h; Dauer 1 d
c) Verdopplungszeit 45 min; Dauer 5 h

1 Fülle die fehlenden Felder aus.

Verdopplungszeit	1 h 20 min	40 min	4 h	
Anzahl Verdopplungen			6	7,5
Versuchsdauer	1 d	3 h		60 h

2 Berechne die Anzahl der Bakterien nach der angegebenen Zeit. Bestimme zuvor, wie viele Verdopplungszeiten vorliegen.
a) $G_0 = 100$; Verdopplungszeit 1 h; Anzahl 5 Stunden nach Beginn?
b) $G_0 = 500$; Verdopplungszeit 20 min; Anzahl 4 Stunden nach Beginn?
c) $G_0 = 35$; Verdopplungszeit 40 min; Anzahl 3 Stunden nach Beginn?

2 Berechne die Anzahl der Bakterien zur angegebenen Zeit.
a) $G_0 = 3\,500$; Generationszeit 45 min; 360 min nach Untersuchungsbeginn
b) $G_0 = 5\,750$; Generationszeit 12,25 h; 24 h nach Untersuchungsbeginn
c) $G_0 = 4\,400$; Generationszeit 70 min; 3,5 h nach Untersuchungsbeginn

3 Da das Wachstum von Bakterien immer nach gleichen Gesetzmäßigkeiten verläuft, kann man auch ihre Anzahl vor dem Untersuchungsbeginn berechnen.

Zeit in min			− 20	0
Generationszeit x	− 3	− 2	− 1	0
Bakterienzahl y				120

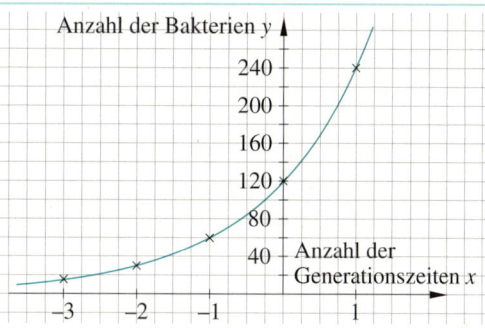

4 Wie viele Halbwertszeiten sind verstrichen, bis sich ein Stoff …
a) von 160 g auf 5 g,
b) von 32 mg auf 0,5 mg reduziert hat?

4 Nach n Halbwertszeiten ist Radon von 64 g auf 250 mg gesunken.
Wie lange hat dieser Prozess gedauert?

5 Wieviel Masse des radioaktiven Stoffes ist nach der angegebenen Zeitspanne noch vorhanden?
a) anfangs 12 g Radon; nach 19 Tagen
b) anfangs 80 g Kobalt; nach 14 Jahren
c) anfangs 1,5 g Polonium; nach 1 Stunde

5 Angegeben ist die Masse eines radioaktiven Stoffes zum Untersuchungszeitpunkt. Berechne seine Masse vor und nach der angegebenen Zeit.
a) 5 g Protactinium nach 10 Minuten
b) 5 g Kobalt vor 20 Jahren
c) 100 g Uran nach 1 Mrd Jahre
d) 4,5 g Iod vor 30 Tagen

6 Setzt du in die Exponentialgleichungen zum Berechnen der Verdopplungs- und Halbierungszeiten den Anfangswert $G_0 = 1$, so erhältst du die Exponentialfunktionen $y_1 = 2^n$ und $y_2 = \left(\frac{1}{2}\right)^n$.
a) Erstelle jeweils eine Wertetabelle für den Bereich von − 3 bis + 3; runde die Funktionswerte auf die erste Dezimalstelle.
b) Zeichne die Funktionsgraphen in ein Koordinatenkreuz.
c) Beschreibe die beiden Kurven und vergleiche deren Verlauf. Was haben sie gemeinsam, was unterscheidet sie?

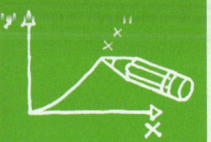

Thema: Funktionen unterscheiden

Du hast im Laufe deiner Schulzeit unterschiedliche Funktionstypen kennengelernt.

Lineare Funktionen

Beschreibung
Zu einer Größe wird in gleich bleibenden Abständen ein Summand m addiert.

Beispiel
Viele mengenabhängige Tarife mit oder ohne Grundgebühr, wie z. B. Handytarife, können als lineare Funktion dargestellt werden.

Eigenschaften
Funktionsgleichung: $y = m \cdot x + b$
m: Steigung; b: Achsenabschnitt

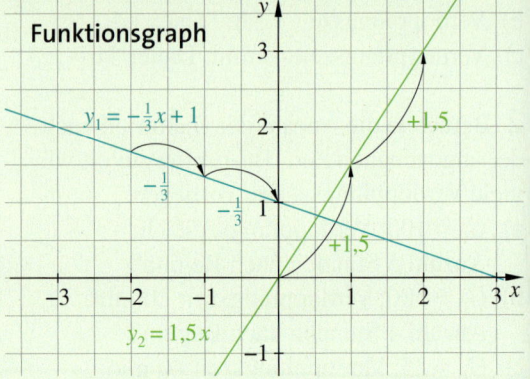

Quadratische Funktionen

Beschreibung
Eine Größe wird mit sich selbst multipliziert.

Beispiel
Die Flugbahn eines Korblegers beim Basketball kann mit einer quadratischen Funktion beschrieben werden.

Eigenschaften
– Funktionsgleichung: $y = ax^2 + bx + c$ bzw.
  $y = a(x - d)^2 + e, a \neq 0$
– Parabel durch den Scheitelpunkt $S(d|e)$
– nach oben geöffnet für $a > 0$, nach unten
  für $a < 0$
– keine, eine oder zwei Nullstellen: $x_{1/2} = -\frac{p}{2} \pm \sqrt{\left(\frac{p}{2}\right)^2 - q}$

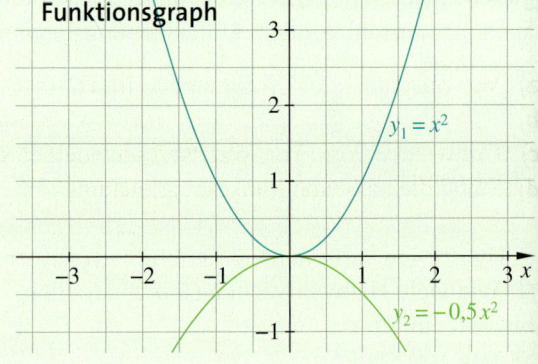

Exponentielle Funktionen

Beschreibung
Ein Faktor wird mit einer Größe potenziert.

Beispiel
Das Wachstum der Erdbevölkerung kann mit einer Exponentialfunktion dargestellt werden.

Eigenschaften
– Funktionsgleichung: $y = G_0 \cdot q^x$
  G_0: Anfangswert des Wachstumsprozesses,
  q: Wachstumsfaktor, $q > 0$
– für $q > 1$ erfolgt exponentielle Zunahme
– für $0 < q < 1$ erfolgt exponentielle Abnahme
– keine Nullstellen

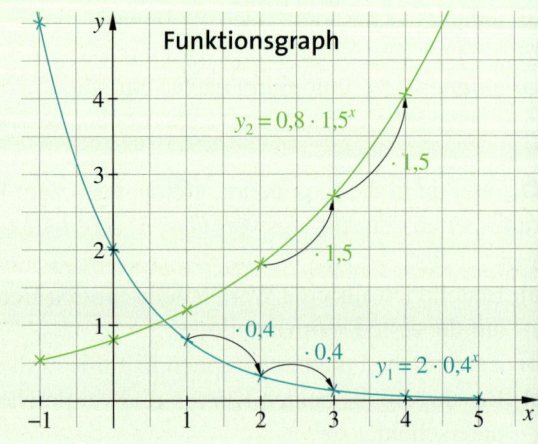

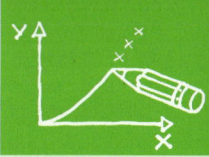

1 Schau dir die Beispielfunktionen zu den drei verschiedenen Funktionstypen an.

a) Gib für jede Beispielfunktion den Definitionsbereich und den Wertebereich an.

b) Welche Veränderung ergibt sich beim jeweiligen Funktionsgraphen durch Addition oder Subtraktion einer konstanten Zahl?

c) Erstelle mit einem Funktionenplotter für jeden Funktionstyp weitere Beispielgraphen. Finde heraus, wie sich Veränderungen einzelner Faktoren auf den Funktionsgraphen auswirken.

d) Dokumentiere deine Ergebnisse in einem Steckbrief für Funktionen. Präsentiere den Steckbrief vor der Klasse.

2 Ordne den Beispielen den passenden Funktionstyp zu.

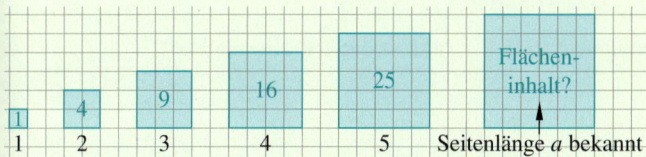

Flugbahn eines Basketballs

Beladen eines Lkw mit gleich schweren Kisten

Algenwachstum in einem Teich

Seitenlänge einer quadratischen Fliese

Zeit bis zum Ziel bei einer bestimmten Geschwindigkeit

3 Neben linearem und exponentiellem Wachstum gibt es auch quadratisches Wachstum.

Seitenlänge des Quadrats in cm	1	2	3	...	12
Flächeninhalt des Quadrats in cm²	1				

a) Vervollständige die Wertetabelle im Heft.

b) Begründe, warum es sich nicht um lineares oder exponentielles Wachstum handelt.

c) Um welche Form von Wachstum handelt es sich? Begründe.

d) Stelle die passende Funktionsgleichung auf.

4 Hier liegen verschiedene Funktionstypen vor.

x	0	1	2	3	4	5	Funktionstyp
y	10	5	2,5	1,25			
y	200	150	100	50			
y	12 000	14 400	17 280	20 736			
y	0	3	12	27			
y	1,8	5,4	9	12,6			

5 Zeichne die Graphen und notiere, ob sie zu linearem, quadratischen oder exponentiellem Wachstum gehören.

a) $y = 2x + 4$ **b)** $y = 1,5 \cdot 2^x$ **c)** $y = 0,5x \cdot (x - 8)$ **d)** $y = 3 \cdot 0,5x$

6 Starte bei fünf und verdopple fünfmal hintereinander.

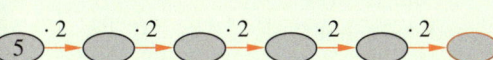

a) Zeichne den zugehörigen Funktionsgraphen in ein Koordinatensystem. Welche Art von Wachstum liegt vor?

b) Starte anschließend bei fünf und halbiere fünfmal hintereinander. Zeichne den Funktionsgraphen. Welche Art von Wachstum liegt vor?

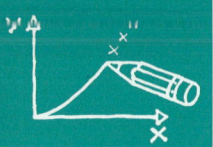

Klar so weit?

→ Seite 110

Lineares Wachstum

1 Für ihren Enkel legt Frau Ernemann jede Woche 5 € in eine Spardose.
a) Ist das Wachstum positiv oder negativ?
b) Ist das Wachstum linear?
c) Wie viel Geld ist nach einem Jahr gespart?
d) Setze die gegebenen Größen in die Gleichung $G_n = G_0 + d \cdot n$ ein.

1 Der Tank eines Autos ist mit sechs Litern Benzin gefüllt. An der Zapfsäule werden pro Sekunde 0,7 l dazu getankt.
a) Liegt lineares Wachstum vor? Ist es positiv oder negativ?
b) Stelle die Funktionsgleichung auf.
c) Zeichne ein passendes Diagramm.

2 Gib die Wachstumsrate $p\%$ bzw. den Wachstumsfaktor q an.
a) $p\% = 5\%$ b) $p\% = -12\%$
c) $p\% = 0,75\%$ d) $q = 0,93$
e) $q = 1,2$ f) $q = 1,075$

2 Gib die Wachstumsrate $p\%$ bzw. den Wachstumsfaktor q an.
a) $p\% = 3\%$ b) $q = 1,5$
c) $p\% = 54\%$ d) $q = 1,025$
e) $p\% = -7\%$ f) $q = 0,91$

3 Wie groß sind Wachstumsfaktor und Wachstumsrate?
a) von 500 € auf 650 €
b) von 40 kg auf 38 kg
c) von 12 m³ auf 12,6 m³
d) von 0,8 h auf 0,2 h

3 Ergänze die Tabelle im Heft.

	G_0	G_1	$p\%$	q
a)	40 km	65 km		
b)	3 000 €		−7,5 %	
c)		3 t		1,2
d)		45 min	−10 %	

→ Seite 114

Exponentielles Wachstum

4 Ergänze die Tabellen so, dass sie exponentielles Wachstum darstellen.

a)

x	−1	0	1	2
y	300	306	312,12	

b)

x	−2	0	2	4
y	0,75	3	12	

4 Jemand behauptet, in dem Diagramm wäre ein exponentielles Wachstum dargestellt. Bestätige oder widerlege dies.

Werte: 1,8 (2009); 3,9 (2010); 7,8 (2011); 11,3 (2012); 15,2 (2013); 22,2 (2014); 31,5 (2015)

5 Im Jahr 2010 hatte ein Sportverein 1 200 Mitglieder. Bis 2015 hat diese Zahl jährlich um durchschnittlich 5 % abgenommen.
a) Wie viele Mitglieder hat der Verein 2015?
b) Berechne die voraussichtliche Mitgliederzahl für das Jahr 2020, wenn die Austrittsrate von 5 % bestehen bleibt.
c) Zeichne ein Diagramm für die Zeit 2010 bis 2020.
d) Um welche Art von Wachstum handelt es sich?

5 Das äußere Quadrat hat die Fläche 1 m².
a) Welche Fläche hat das zweite kleinere Quadrat, das fünfte und das zehnte?
b) Stelle eine Funktionsgleichung für die Abnahme der Fläche auf.

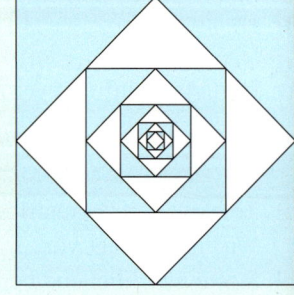

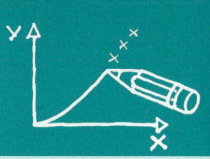

6 Das Diagramm zeigt die voraussichtliche Bevölkerungsentwicklung der Staaten Indien und China.

a) Lies die ungefähren Einwohnerzahlen beider Staaten für die Jahre 2000 und 2050 ab.

b) Berechne daraus die durchschnittlichen jährlichen Wachstumsraten.

c) Wann wird Indien China als bevölkerungsreichstes Land der Welt ablösen?

d) Erkundige dich im Internet über die tatsächlichen Zahlen.

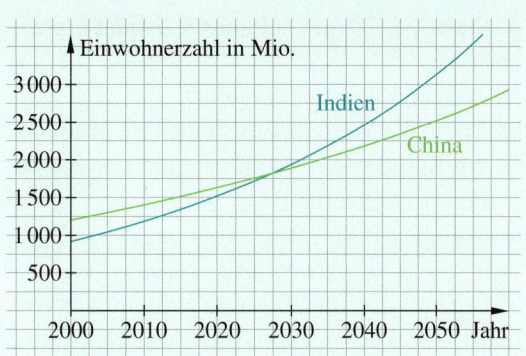

Wachstums- und Zerfallsprozesse

→ Seite 120

7 In einer Probe werden 120 Bakterien gezählt, die Verdopplungszeit beträgt 80 Minuten.

a) Auf wie viele Bakterien ist die Probe nach 5 Stunden angewachsen?

b) Wie viele Bakterien waren 3 Stunden vor der Zählung vorhanden?

7 Berechne die Anzahl der Bakterien zur angegebenen Zeit.

a) $G_0 = 2\,480$; Generationszeit 6,5 h; 4,5 h nach Untersuchungsbeginn

b) $G_0 = 875$; Generationszeit 130 min; 10 h nach Untersuchungsbeginn

c) $G_0 = 1\,130$; Generationszeit 35 min; 125 min nach Untersuchungsbeginn

8 Das radioaktive Element Protactinium hat eine Halbwertszeit von ca. 1 min.

a) Wie groß ist die Wachstumsrate q pro Minute?

b) Stelle die Anzahl der radioaktiven Atomkerne in einem Diagramm dar. Beginne bei 1024 Atomkernen.

8 Zu Beginn einer Messung liegen 5 g ^{223}Francium (Halbwertszeit 22 min) vor.

a) Wie viel Gramm radioaktives Francium enthält die Probe nach 110 Minuten?

b) Auf wie viel Gramm hat sich die Masse nach 5 Stunden reduziert?

c) Schätze ab, wann die Probe nur noch 1 g radioaktiver Masse enthält. Wie bist du vorgegangen?

9 In der Grafik ist der Zerfall von radioaktivem Stickstoff (^{13}N) dargestellt. Seine Halbwertszeit beträgt 10 Minuten. Zu Beginn der Messung sind 6 g radioaktives Material vorhanden.

a) In welcher Zeitspanne halbiert sich jeweils die Masse?

b) Was bedeuten die x-Werte 0, -3 und $+4$?

c) Fülle die fehlenden Werte der Tabelle aus.

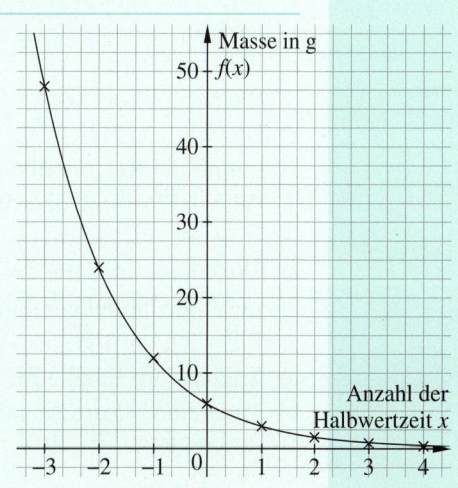

Zeit in min		-10	0	10			
Anzahl der Halbwertszeiten		-1	0	1			
Masse in g			6,0				

d) Welche Masse an Stickstoff ist nach 1 Stunde noch vorhanden?

Vermischte Übungen

1 Starte bei 20 und halbiere sechsmal hintereinander.
a) Welche Zahl wird erreicht?
b) Trage die Werte der einzelnen Schritte in ein Koordinatensystem ein und beschreibe den Kurvenverlauf.
c) Welche Art von Wachstum liegt vor?

1 Starte bei 3 und halbiere fünfmal hintereinander.
a) Zeichne den Funktionsgraphen.
b) Bestimme die Wachstumsart.
c) Starte bei 0,1 und verdopple zehnmal hintereinander. Zeichne auch den Funktionsgraphen und bestimme die Wachstumsart.

2 Ergänze die Tabelle so im Heft, dass bei y_1 lineares und bei y_2 exponentielles Wachstum vorliegt.

x	1	2	3	4	5
y_1 linear	2	4			
y_2 exponentiell	2	4			

2 Ergänze die Tabelle so, dass bei y_1 lineares und bei y_2 exponentielles Wachstum vorliegt. Findest du auch die Funktionsgleichungen dazu heraus?

x	1	2	3	4	5
y_1 linear	10	100			
y_2 exponentiell	10	100			

3 Gib die fehlenden Größen $p\%$ bzw. q an.
a) $p\% = 3\%$
b) $q\% = 1{,}042$
c) $p\% = 3{,}6\%$
d) $q = 0{,}973$
e) $p\% = -3{,}6\%$
f) $q = 0{,}673$
g) $p\% = -12{,}7\%$
h) $q = 1{,}463$

3 Bestimme Wachstumsrate und -faktor.
a) Ein Warenpreis steigt von 15 € auf 16,50 €.
b) Ein Wasserbehälter von 250 l verliert durch eine undichte Stelle 7,5 l.
c) Eine Fahrtdauer von geplanten $2\frac{1}{2}$ Stunden wird durch Stau eine $\frac{3}{4}$ Stunde länger.

4 Welche dieser Funktionen sind linear?
a) $y = 0{,}5\,x + 8$ b) $y = 60 - x$
c) $y = 12$ d) $y = 0{,}5\,x^2 + 3$
e) $y = -4 - 0{,}2\,x$ f) $y = 3\,x\,(2 + x)$

4 Bestimme die Funktionsarten.
a) $y = (x - 3)^2 + 5$ b) $y = 0{,}3^x$
c) $y = 4 - 1{,}5^x$ d) $y = x \cdot (x - 0{,}75)$
e) $y = 12 \cdot 1{,}05^x$ f) $y = 9 - x^2$

5 Die Grafik zeigt das Abbrennen einer Kerze.
a) Lege eine Tabelle dazu an.
b) Welche Art von Wachstum liegt vor?
c) Um wie viel cm nimmt die Kerzenhöhe pro Stunde ab? Wie viel Prozent sind das jeweils?

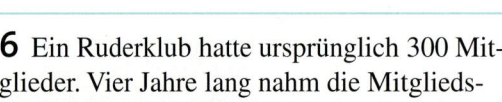

5 Welche Zahl erfüllt die Bedingungen?
a) Nach vier Verdopplungen wird 100 erreicht.
b) Nach nur drei Verdopplungen wird die Million um eins überschritten.
c) Nach fünf Halbierungen wird die 30 erreicht.
d) Nach sechs Verdopplungen lautet das Ergebnis eins.

6 Ein Ruderklub hatte ursprünglich 300 Mitglieder. Vier Jahre lang nahm die Mitgliedszahl jährlich um 10 % ab.
a) Ergänze die Tabelle im Heft.
b) Liegt eine lineare Abnahme vor? Begründe.

Jahr	Veränderung zum Vorjahr in absoluten Zahlen	Mitglieder
1		300
2	−30	270
3		
4		
5		

7   Siegeszug der E-Mails: Am 3. August 1984 erreichte die erste E-Mail einen deutschen Computer. Zehn Jahre später wurde allein für Deutschland die 1-Milliarde-Grenze überschritten.

a) Berechne die jeweilige Wachstumsrate für die Jahre 1994/95 und 2013/14. Vergleiche.

b) Wie viele E-Mails werden voraussichtlich in den Jahren 2015 bis 2020 verschickt, wenn die Wachstumsrate der Zeitspanne 2013/14 konstant bleibt?

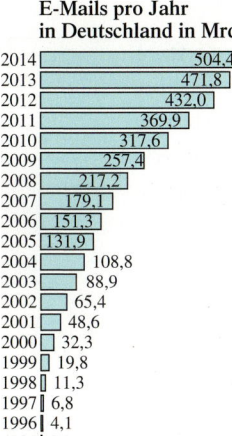

E-Mails pro Jahr in Deutschland in Mrd.

Jahr	
2014	504,4
2013	471,8
2012	432,0
2011	369,9
2010	317,6
2009	257,4
2008	217,2
2007	179,1
2006	151,3
2005	131,9
2004	108,8
2003	88,9
2002	65,4
2001	48,6
2000	32,3
1999	19,8
1998	11,3
1997	6,8
1996	4,1
1995	2,3
1994	1,0

7   Der Versand von E-Mails wird auch in Zukunft steigen.

a) Berechne die durchschnittlichen Wachstumsraten für jeweils fünf Jahre (1994–1999; 1999–2004; …; 2009–2014). Vergleiche.

b) Stelle Vermutungen über die Ursachen für den Rückgang der Wachstumsraten an.

c) Berechne mithilfe der Wachstumsrate der Zeitspanne 2013/14, in welchem Jahr voraussichtlich die 1-Billion-Grenze erreicht wird.

8 Beschreibe den Funktionsgraphen. Welche Art von Wachstum liegt vor?

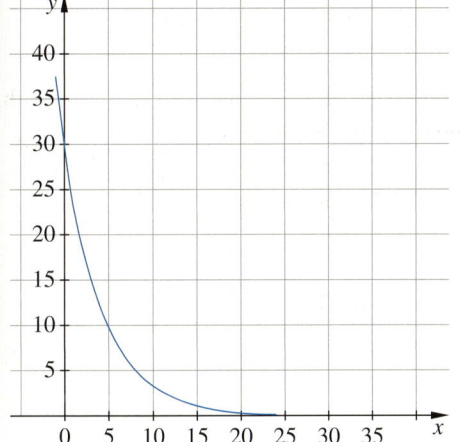

8 Der Heizöltank eines Mehrfamilienhauses ist mit 3000 Liter Öl gefüllt. Um das Haus zu heizen, werden täglich 22 Liter Öl verbrannt.

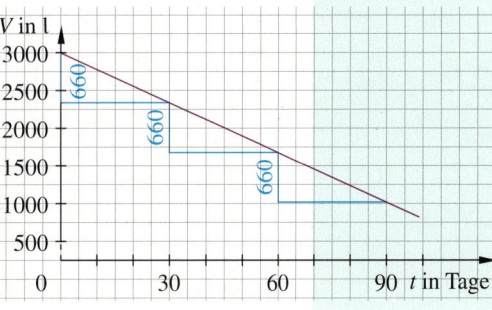

a) Liegt lineares Wachstum vor? Wenn ja, handelt es sich um lineare Zu- oder Abnahme?

b) Nach wie vielen Tagen ist der Tank leer?

c) Welche dieser Funktionsgleichungen passt zum Graphen?
① $y = 22x$
② $y = 3000 - 22x$
③ $y = 22x + 3000$

9   Eine Hähnchenprobe weist 90 Salmonellen auf. Die Anzahl der Bakterien verdoppelt sich alle 20 Minuten.

a) Zeichne den Graphen zum Anwachsen der Salmonellenzahl.

b) Wie viele Salmonellen enthielt die Probe drei Verdopplungszeiten zuvor? Wie viele sind es 2,5 Stunden danach?

9   Ein Medikamentenwirkstoff hat eine Halbwertszeit von 2 Stunden.

a) Zeichne den Graphen zum Abbauprozess.

b) Lies ab: Wie viel Prozent des Wirkstoffs sind nach 3 (5; 10) Stunden vorhanden?

c) Lies ebenso ab: Nach welcher Zeit sind noch 20% (10%; 5%) des Wirkstoffs im Organismus vorhanden?

10   Zur Schach-Legende mit den Reiskörnern von Seite 107

a) Lege einen Graphen an. Trage auf der x-Achse die Felder ab, auf der y-Achse die Anzahl der Reiskörner.

b) Welche Schwierigkeiten tauchen bei der grafischen Darstellung auf?

c) Um welche Art von Wachstum handelt es sich bei dieser Aufgabe?

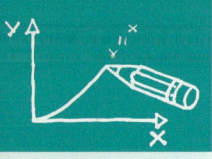

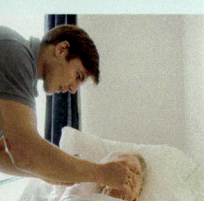

Beruf Altenpfleger/in

Altenpfleger kümmern sich um hilfsbedürftige ältere Menschen. Sie pflegen, betreuen und unterstützen sie im Alltag, begleiten bei Behördengängen oder Arztbesuchen. In der Behandlungspflege nehmen sie auch therapeutische und medizinisch-pflegerische Aufgaben wahr.

Altenpfleger arbeiten meist in Seniorenwohnheimen und Pflegeheimen, im Krankenhaus oder im ambulanten Pflegedienst.

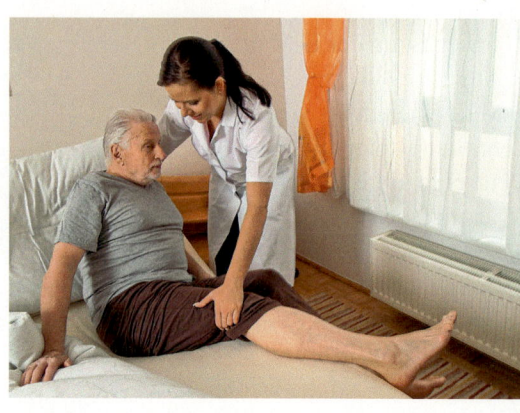

11 Pflegebedürftige Personen in Deutschland

Kerstin und Aaron interessieren sich für die Zukunftsaussichten von Pflegeberufen. Das Balkendiagramm zeigt die Anzahl von Pflegebedürftigen seit 1999. Berechne die jährlichen Wachstumsraten.

12 Pflegebedarfs-Prognose

Nach einer Prognose des Statistischen Bundesamtes wird auch in Zukunft der Pflegebedarf in Deutschland weiter steigen.

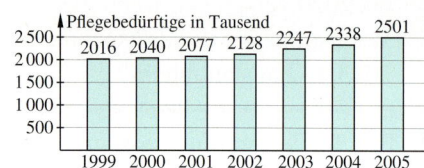

	2010	2020	2030	2040	2050
Pflegefälle (in 1 000)	2 417	2 809	3 267	3 758	4 447

a) Zeichne dazu eine Grafik.

b) Berechne die durchschnittliche Wachstumsrate je Jahrzehnt.

c) Im Jahr 2010 waren deutschlandweit 54 000 Jugendliche in der Altenpflege-Ausbildung. Wie müsste sich die Zahl der Auszubildenden für die Folgejahrzehnte verändern, damit sie im gleichen Maße steigt wie die Anzahl der Pflegefälle?

13 Abbau von Arzneiwirkstoffen

Eine Patientin möchte nach der Einnahme von Antibiotika wissen, wie lange das Medikament im Körper bleibt. Für das spezielle Präparat wird in der Arzneimittelbeschreibung eine Halbwertszeit von durchschnittlich zwölf Stunden angegeben. Wie viel Prozent des Wirkstoffs sind nach drei Tagen noch im Körper vorhanden?

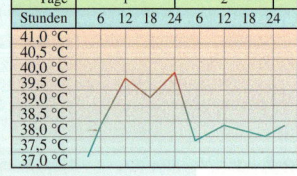

14 Fieberkurve beschreiben

Für die Beurteilung eines Krankheitsverlaufs ist die Anlage und Interpretation der Temperaturkurve hilfreich. Pflegeschüler Sandor soll einem Arzt telefonisch den Verlauf der Fieberkurve einer Patientin beschreiben. Wie kann er das mithilfe der Begriffe des mathematischen Wachstums ausdrücken?

15 Prognose zu Pflegekosten

Die Kosten für einen Altenheimplatz sind abhängig vom Grad der Pflegebedürftigkeit der Bewohner.
In Deutschland werden drei Pflegestufen unterschieden.

Stand 2014	Kosten pro Monat
Pflegestufe I (erheblich pflegebedürftig)	2 365 €
Pflegestufe II (schwer pflegebedürftig)	2 795 €
Pflegestufe III (schwerst pflegebedürftig)	3 252 €

Wie hoch sind die voraussichtlichen Pflegekosten je Pflegestufe in den Jahren 2015, 2020 und 2030 bei einer jährlichen Inflationsrate von 2 % (3 %)?

Zusammenfassung

Lineares Wachstum

→ Seite 110

Lineares Wachstum liegt vor, wenn in gleichen Zeitspannen der jeweils nachfolgende Wert w immer um den gleichen Betrag d zunimmt oder abnimmt.
Den Wert nach n Zeitspannen berechnet man mit der Gleichung $G_n = G_0 + d \cdot n$.

Ein Monatsgehalt von $1\,800\,€$ wird pro Jahr um $100\,€$ erhöht.
Wie hoch ist es nach drei Jahren?
$G_0 = 1\,800\,€;\quad d = 100\,€;\quad n = 3$
$G_3 = 1\,800\,€ + 100\,€ \cdot 3 = 2\,100\,€$

Prozentuales Wachstum wird mit der **Wachstumsrate $p\,\%$** ausgedrückt.

Wachstumsrate $p\,\%$ im 1. Jahr:
$p\,\% = \frac{100}{1\,800} \approx 5,6\,\%$

Aus dem Grundwert und der Wachstumsrate $p\,\%$ ergibt sich der **Faktor q** nach der Formel $q = 100\,\% + p\,\% = 1 + \frac{p}{100}$.

Faktor q im 1. Jahr:
$q \approx 100\,\% + 5,6\,\% = 1 + \frac{5,6}{100} = 1,056$

Für die Berechnung des nachfolgenden Wertes G_1 gilt die Gleichung $G_1 = G_0 \cdot q$.

Monatsgehalt nach einem Jahr:
$G_1 = 1\,800\,€ \cdot 1,056 \approx 1\,900\,€$

Exponentielles Wachstum

→ Seite 114

Ändert sich eine Größe in gleich bleibenden Zeitspannen um einen konstanten **Wachstumsfaktor q**, so spricht man von **exponentiellem Wachstum**.

Ein Monatsgehalt von $1\,800\,€$ wird pro Jahr um $2,5\,\%$ erhöht.
$G_3 = 1\,800\,€ \cdot 1,025^3 \approx 1\,938,40\,€$

Der Wert w nach n Zeitabschnitten wird mithilfe der **Exponentialgleichung $G_n = G_0 \cdot q^n$** berechnet.

$G_0 = 300\,000;\quad p\,\% = -1,4\,\%$
$G_5 = 300\,000 \cdot 0,986^5 = 279\,580$

Wachstums- und Zerfallsprozesse

→ Seite 120

Bakterienwachstum und radioaktiver Zerfall zeichnen sich durch besondere Wachstumsfaktoren aus.

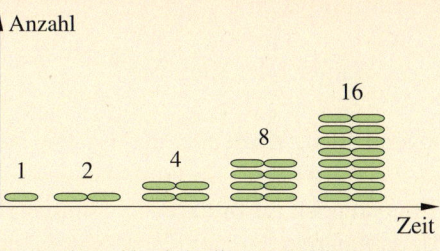

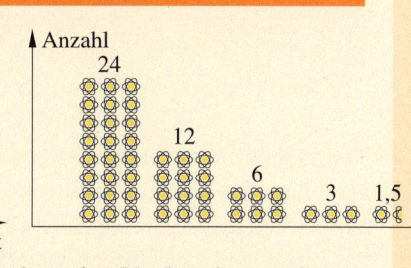

Beim Bakterienwachstum verdoppelt sich die Anzahl der Bakterien nach einer **Verdopplungszeit** oder **Generationszeit**. Mit $q = 2$ ergibt sich die Exponentialgleichung: $G_n = G_0 \cdot 2^x$.

Salmonellen haben eine Verdopplungszeit von ca. 20 min. Bei guten Bedingungen enthält eine Probe mit 60 Salmonellen nach 80 min bereits 960 Bakterien: $G_4 = 60 \cdot 2^4 = 960$.

Beim radioaktiven Zerfall halbiert sich die Anzahl der radioaktiven Atomkerne nach einer **Halbwertszeit**. Mit $q = 0,5$ ergibt sich die Exponentialgleichung: $G_n = G_0 \cdot 0,5^x$.

Die Halbwertszeit des radioaktiven ^{137}Cäsium liegt bei etwa 30 Jahren. Liegen zu Beginn 2 g dieses Stoffes vor, so sind es nach 90 Jahren nur noch 0,25 g: $G_3 = 2\,g \cdot 0,5^3 = 0,25\,g$.

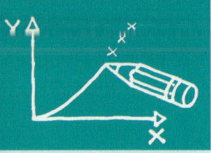

Teste dich!

4 Punkte

1 Ordne jedem Graphen die richtige Funktionsgleichung zu.

① $y_1 = \frac{1}{2} \cdot 85^x$ ② $y_2 = x^2 - 3$ ③ $y_3 = 85 \cdot 0,5^x$ ④ $y_4 = 5 + \frac{3}{4}x$ ⑤ $y_5 = -3x^2$ ⑥ $y_6 = 120 \cdot 2^x$

a) 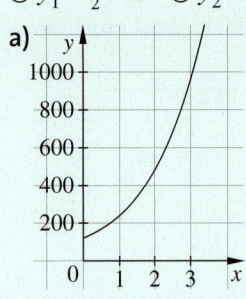 b) 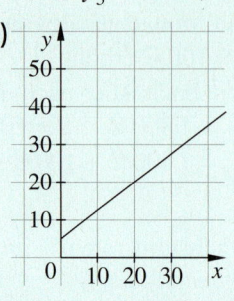 c) 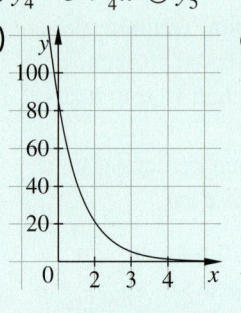 d)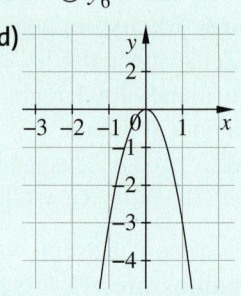

8 Punkte

2 Berechne die in der Tabelle fehlenden Größen, indem du die Exponentialgleichung $G_n = G_0 \cdot q^n$ äquivalent umformst.

	G_0	G_n	$p\%$	q	n
a)	1 200 €		8 %		3
b)		250 kg		0,97	6
c)	60 km	85 km			7
d)	100 h			0,85	5

2 Punkte

3 Brasilien hatte im Jahr 2014 etwa 202 Mio. Einwohner und hat eine Wachstumsrate von 0,87 % pro Jahr.

a) Wann wird das Land mehr als 250 Mio. Einwohner haben, wenn die Wachstumsrate konstant bleibt? Löse durch Probieren.

b) Wie viele Menschen lebten in den Jahren 2000, 1950 und 1900 in dem südamerikanischen Land?

2 Punkte

4 Ein Stahlblock wird zur Bearbeitung auf eine Temperatur von 950 °C erhitzt. Stündlich kühlt er um etwa 18 % ab.
Welche Temperatur besitzt der Stahlblock acht Stunden nach der Bearbeitung?

3 Punkte

5 Im Tank eines Autos sind noch vier Liter Benzin. Frau Huber tankt pro Sekunde 0,6 l nach.

a) Liegt positives oder negatives Wachstum vor?

b) Stelle eine Funktionsgleichung auf.

c) Der Tank fasst insgesamt 65 Liter. Wann ist der Tank voll?

2 Punkte

6 In einer kleinen Tasse Espresso sind 40 mg Koffein enthalten. Die Halbwertszeit von Koffein liegt bei etwa $3\frac{1}{2}$ Stunden.

a) Wie viel Koffein ist nach 14 Stunden noch im Blutkreislauf enthalten?

b) Bis zu welcher Uhrzeit kann Herr Maier noch einen Espresso trinken, wenn um 23 Uhr höchstens 5 mg Koffein im Blutkreislauf sein sollen?

3 Punkte

7 Beim Bergsteigen stellt man fest, dass der Luftdruck mit zunehmender Höhe um ca. 12 % je Kilometer abnimmt. Der Normalwert auf Meereshöhe liegt bei 1 013 hPa (Hektopascal).
Beim Tauchen steigt der Wasserdruck alle 10 m um ca. 1 bar an. An der Wasseroberfläche liegt der Druck bei 1 bar.

a) Zeichne einen Graphen für den Luftdruck von 0 km bis 6 km über Meereshöhe.

b) Zeichne einen Graphen für den Wasserdruck von 0 m bis 60 m Wassertiefe.

c) Welche Art von Wachstum bzw. Abnahme liegt jeweils vor?

Gold: 22–24 Punkte, Silber: 18–21 Punkte, Bronze: 15–17 Punkte   Lösungen ab Seite 222

Pyramide, Kegel, Kugel

In deiner Umwelt findest du viele Gegenstände, die die Form
eines geometrischen Körpers haben.
Diese Lichttürme befinden sich
auf dem Dach der Bundeskunsthalle in Bonn.
Sie haben die Form eines Kegels.

Noch fit?

Einstieg

1 Einheiten umwandeln
Gib in der in Klammern stehenden Einheit an.

a) $5\,cm$ (mm)
b) $3\,000\,m$ (km)
c) $50\,cm$ (dm)
d) $67\,mm$ (cm)
e) $7\,cm^2$ (mm^2)
f) $800\,m^2$ (dm^2)
g) $5\,dm^2$ (m^2)
h) $67\,mm^2$ (cm^2)
i) $40\,cm^3$ (mm^3)
j) $9\,500\,m^3$ (dm^3)
k) $3,5\,l$ (cm^3)
l) $67\,mm^3$ (cm^3)

2 Flächeninhalte berechnen
Berechne jeweils den Flächeninhalt der Figur.

a) Quadrat mit $a = 3\,cm$
b) Rechteck mit $a = 4\,cm$ und $b = 7\,cm$
c) Dreieck mit $g = 5\,cm$ und $h_g = 10\,cm$
d) Kreis mit $r = 6\,cm$

Aufstieg

2 Flächeninhalte berechnen
Berechne jeweils den Flächeninhalt der Figur.

a) Quadrat mit $a = 2,5\,cm$
b) Rechteck mit $a = 95\,mm$ und $b = 6\,cm$
c) Dreieck mit $c = 4,5\,cm$ und $h_c = 5,2\,cm$
d) Kreis mit $d = 8\,cm$

3 Körper erkennen
Benenne die Körper und beschreibe sie.

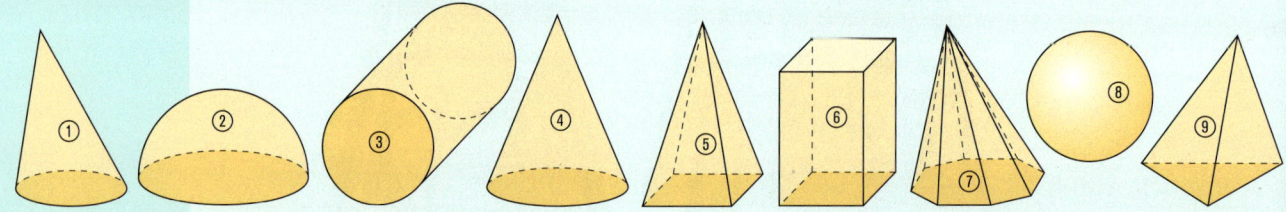
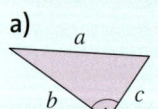
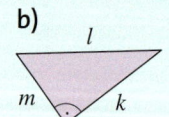
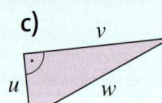

4 Oberfläche und Volumen
Berechne die Oberfläche und das Volumen eines Würfels mit der Kantenlänge $a = 7\,cm$.

4 Oberfläche und Volumen
Berechne die Oberfläche und das Volumen des Quaders: $a = 3,2\,cm$; $b = 4,2\,cm$; $c = 50\,mm$.

5 Satz des Pythagoras
Stelle eine Gleichung nach dem Satz des Pythagoras auf.

a)
b)
c)

5 Fehlende Seiten berechnen
Berechne die fehlende Seite und die Fläche des rechtwinkligen Dreiecks mit $\gamma = 90°$.

a) $a = 9\,cm$; $b = 6,5\,cm$
b) $b = 7\,dm$; $c = 11,3\,dm$
c) $a = 5,5\,m$; $c = 9,3\,m$

6 Schrägbilder zeichnen
Zeichne ein Schrägbild und ein Netz eines Würfels mit der Kantenlänge $a = 5\,cm$.

a) Berechne Volumen und Oberfläche.
b) Berechne die Länge der Raumdiagonalen.

6 Schrägbilder zeichnen
Zeichne ein Schrägbild und ein Netz eines Quaders mit $a = 5\,cm$; $b = 4\,cm$ und $c = 8\,cm$.

a) Berechne Volumen und Oberfläche.
b) Berechne die Länge der Raumdiagonalen.

7 Kurz und knapp
a) Nenne den Unterschied zwischen der Mantelfläche und der Oberfläche eines Zylinders.
b) Ein Eimer hat ein Volumen von $10\,l$, ein anderer hat ein Volumen von $1\,000\,cm^3$. Welcher Eimer hat das größere Volumen?
c) Bei welche Körpern gilt die Formel „Volumen = Grundfläche mal Höhe"?

Pyramiden und Kegel erkennen

Entdecken

1 Betrachte die folgenden Körper.

①    ②    ③ 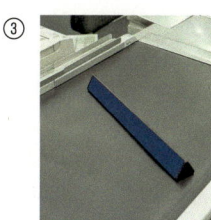   ④    ⑤

a) Welche Körper kennst du bereits? Nenne ihre Eigenschaften.
b) Fasse die Körper in Gruppen mit gleichen Eigenschaften zusammen. Findest du mehrere
   Einteilungsmöglichkeiten?
   Vergleiche deine Lösung mit der deiner Klassenkameraden.
c) Finde in deiner Umwelt weitere Objekte, die die Form dieser Körper besitzen.

2 Welcher Körper passt nicht in die Reihe? Begründet eure Auswahl.

a) ① 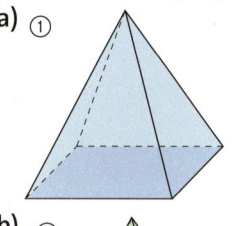   ② 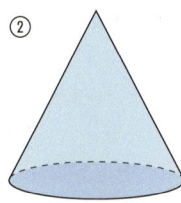   ③ 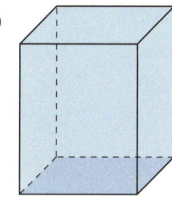   ④ 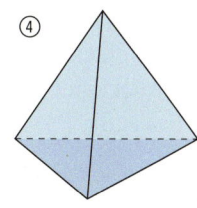   ⑤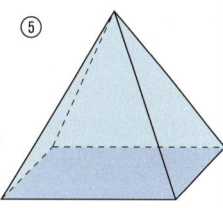

b) ① 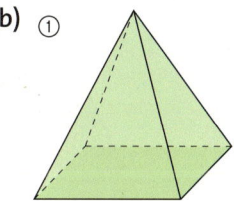   ② 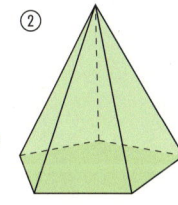   ③ 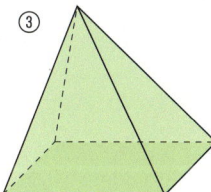   ④ 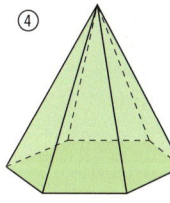   ⑤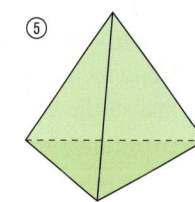

3 Prüfe, ob sich die abgebildeten Netze zu Körpern falten lassen.
a) Zu welchen Körpern passen diese Netze?
b) Welche dieser Netze sind Körpernetze von Prismen, welche von Spitzkörpern? Ordne zu.

① 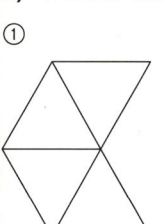   ② 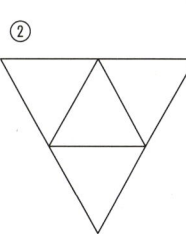   ③ 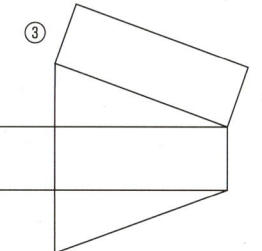   ④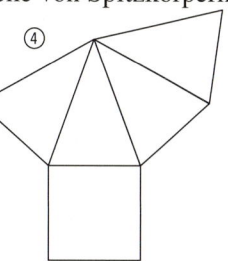

⑤ 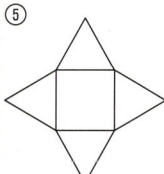   ⑥ 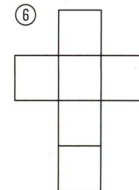   ⑦ 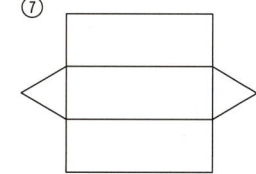   ⑧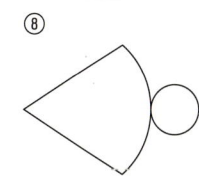

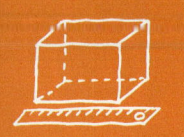
Verstehen

Jana soll die verschiedenen Körper nach Körpergruppen ordnen.
Sie unterscheidet zwischen Prismen und Spitzkörpern.
Zu den Spitzkörpern gehören die Pyramide und der Kegel, da sie von der Grundfläche aus nach oben spitz zulaufen und somit keine Deckfläche haben.

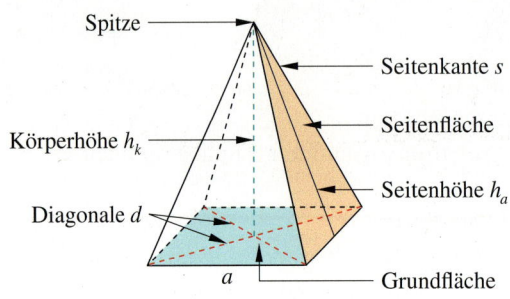

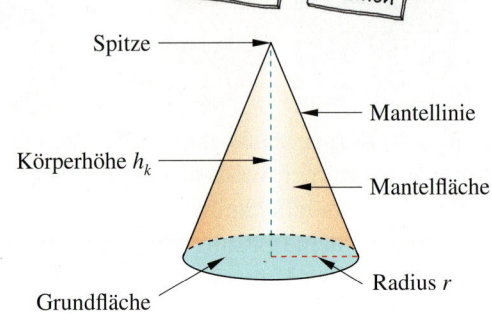

> **Merke**   Eine **Pyramide** ist ein Körper, dessen Grundfläche ein Vieleck ist und dessen Seitenflächen aus Dreiecken bestehen, die eine gemeinsame Ecke, die Pyramidenspitze, bilden.
>
> Ein **Kegel** ist ein Körper, der durch einen Kreis und einen Punkt außerhalb der Ebene des Kreises, der Spitze des Kegels, festgelegt wird.

Wenn von Pyramiden die Rede ist, denkt man häufig nur an die großen Königspyramiden in Ägypten, deren Grundflächen Quadrate sind. Besteht die Grundfläche aus einem regelmäßigen Vieleck, spricht man von einer **regelmäßigen Pyramide**.

Beispiel 1

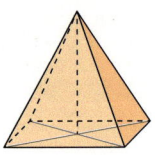 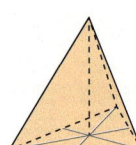 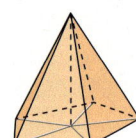 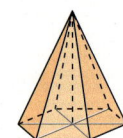

rechteckige Pyramide   dreieckige Pyramide   fünfeckige Pyramide   sechseckige Pyramide

Diese Pyramiden werden nach der Form ihrer Grundfläche benannt.

Bei Spitzkörpern unterscheidet man zwischen **geraden** und **schiefen** Körpern.
Bei geraden Pyramiden und Kegeln verläuft die Höhe von der Spitze zum Mittelpunkt der Grundfläche.
Andernfalls spricht man von einer schiefen Pyramide bzw. von einem schiefen Kegel.

Beispiel 2

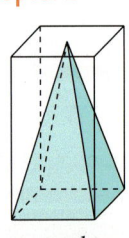 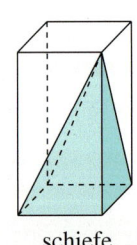 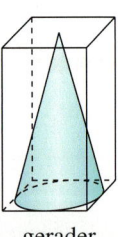 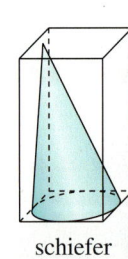

gerade, quadratische Pyramide   schiefe, quadratische Pyramide   gerader Kegel   schiefer Kegel

Auf den folgenden Seiten sind gerade Spitzkörper gemeint, falls nichts anderes explizit erwähnt wird.

Üben und anwenden

1 Nenne Gegenstände oder Gebäude in deiner Umwelt, die die Form einer Pyramide oder eines Kegels besitzen.

2 Welche der folgenden Körper sind Pyramiden oder Kegel? Sind die Pyramiden bzw. Kegel gerade oder schief?

a) 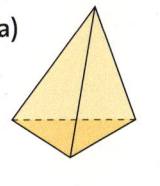   b) 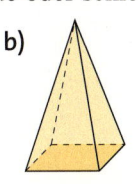   c)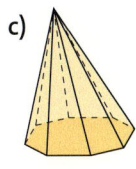

d) 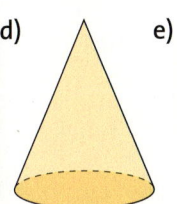   e) 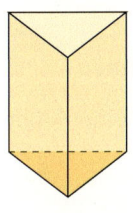   f)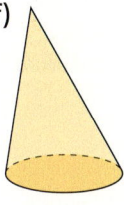

3 Aus welchen Körpern bestehen die folgenden Bauwerke?
Beschreibe sie möglichst genau.

①

②

③

④    ⑤

2 Die folgende Grafik zeigt eine sogenannte Ernährungspyramide. Sie gibt an, welche Lebensmittel viel bzw. wenig gegessen werden sollten.

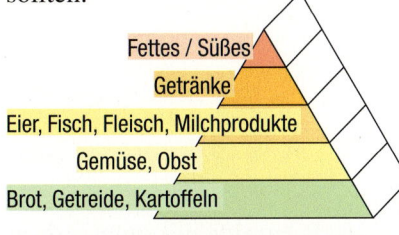

Fettes / Süßes
Getränke
Eier, Fisch, Fleisch, Milchprodukte
Gemüse, Obst
Brot, Getreide, Kartoffeln

a) Stellt die Abbildung eine Pyramide im mathematischen Sinn dar? Begründe.
b) Zeichne eine Ernährungspyramide, die diesen Namen verdient hat.

3 In dieser Abbildung einer Pyramide mit dreieckiger Grundfläche sind die Ecken lila und die Kanten blau gefärbt.

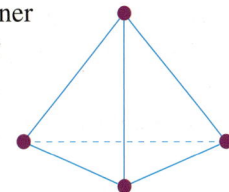

a) Übertrage die Tabelle ins Heft und vervollständige sie.

Grundfläche der Pyramide	Anzahl an der Pyramide		
	Ecken	Kanten	Flächen
Dreieck	4		
Viereck		8	
Fünfeck			6
Sechseck			
Siebeneck			
Achteck			
Neuneck			
Zehneck			

b) Wie viele Ecken (Kanten; Flächen) besitzt eine Pyramide mit einem 17-Eck als Grundfläche? Begründe.
c) Gib für die Anzahl der Ecken, Kanten und Flächen einer Pyramide mit einem n-Eck als Grundfläche eine Formel an.
d) Vervollständige die Pyramiden-Formel $E + F = K + \blacksquare$. Dabei steht E für die Anzahl der Ecken, F für die Anzahl der Flächen und K für die Anzahl der Kanten.

RÜCKBLICK
Berechne die fehlenden Winkelgrößen im Dreieck ABC mit $\overline{AB} = \overline{BC}$ und $\alpha = 28°$.

135

Methode: Schrägbilder zeichnen

Die Pyramiden von Gizeh in Kairo sind regelmäßige Pyramiden mit vier gleichen Seitenflächen auf einer quadratischen Grundfläche. Mithilfe eines Schrägbilds kann man sich die Pyramide besser vorstellen, besonders im Inneren.

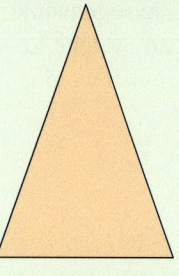

Vorderansicht

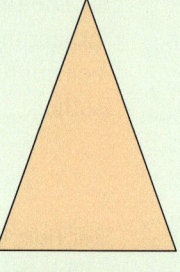

Seitenansicht

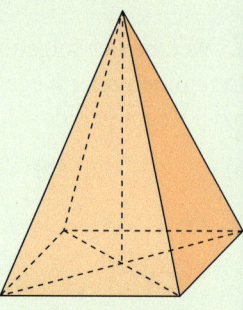

Schrägbild

Schrägbild einer Pyramide mit quadratischer Grundfläche zeichnen

Das Schrägbild einer Pyramide mit der Kantenlänge $a = 2{,}2$ cm und einer Höhe $h_k = 3$ cm kann nach bereits bekannten Regeln gezeichnet werden.

1. Schritt

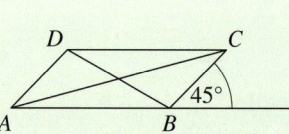

Zeichne die quadratische **Grundfläche** der Pyramide als Parallelogramm *ABCD*. Dabei werden die in Wirklichkeit nach hinten verlaufenden Kanten im Winkel von **45°** gezeichnet und in ihrer Länge **halbiert**. $\frac{1}{2} \cdot 2{,}2$ cm $= 1{,}1$ cm

2. Schritt

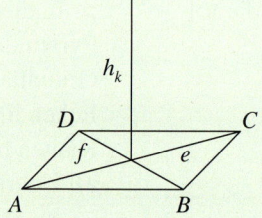

Zeichne die **Diagonalen** *e* und *f* ein. Zeichne die **Körperhöhe** $h_k = 3$ cm der Pyramide im Schnittpunkt der Diagonalen senkrecht ein.

3. Schritt

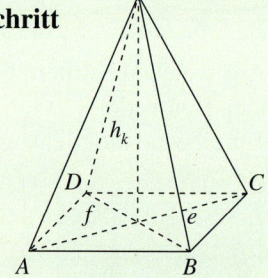

Verbinde die Spitze der Pyramide mit den Eckpunkten *A*, *B*, *C* und *D* der Grundfläche. Alle nicht sichtbaren Kanten werden **gestrichelt** gezeichnet. Wichtige Linien und Kanten werden beschriftet.

HINWEIS
Die den Zylinder begrenzenden Kreise erscheinen im Schrägbild als Ellipsen.

Schrägbild eines Zylinders skizzieren

① 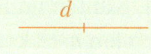   ② 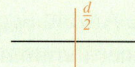   ③    ④ 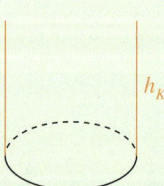   ⑤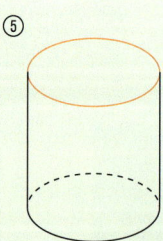

1 Ein Schrägbild eines Zylinders skizzieren.
a) Erläutere die abgebildeten Schritte ① bis ⑤.
b) Skizziere ein Schrägbild eines Zylinders mit dem Durchmesser $d = 4$ cm und der Höhe $h_k = 6$ cm.

2 Nenne die Eigenschaften von Schrägbildern …
a) einer Pyramide.   **b)** eines Zylinders.

3 Die Zeichnung zeigt das maßstäbliche Schrägbild eines 3 cm hohen pyramidenförmigen Daches mit quadratischer Grundfläche (Seitenlänge $a = 4$ cm).

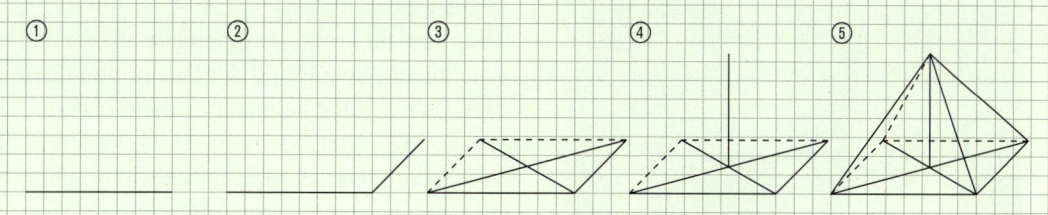

a) Betrachte die Bilder und erläutere die Arbeitsschritte.
b) Zeichne das Schrägbild der quadratischen Pyramide in dein Heft.
c) Zeichne das Schrägbild einer 4 cm hohen Pyramide mit rechteckiger Grundfläche ($a = 3$ cm; $b = 5$ cm) in dein Lerntagebuch oder dein Arbeitsheft.
Erläutere die einzelnen Arbeitsschritte ausführlich.

4 Zeichne die Schrägbilder der Pyramiden bzw. des Zylinders zu den Grundflächen ins Heft.
a) Höhe $h_k = 4,2$ cm   **b)** Höhe $h_k = 4,5$ cm   **c)** Höhe $h_k = 3,5$ cm

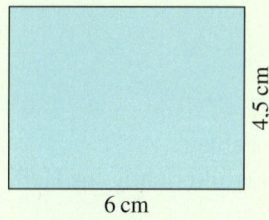
6 cm | 4,5 cm

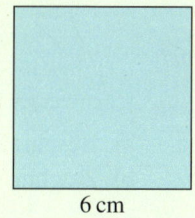
6 cm

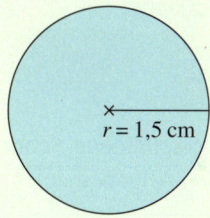
$r = 1,5$ cm

5 Zeichne das passende Schrägbild zum Netz der Pyramide. Beschreibe, wie du dabei vorgehst.

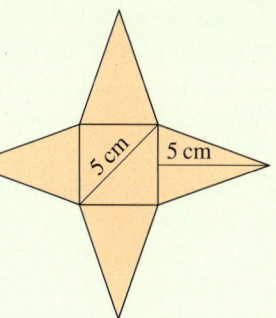
5 cm | 5 cm

6 Übertrage das Schrägbild der Pyramide in dein Heft. Entnimm alle Maße der Zeichnung.

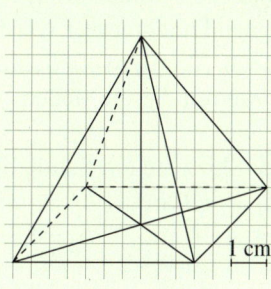
1 cm

7 Herr Schnittke möchte das Schrägbild eines zusammengesetzten Körpers erstellen. Beschreibe zunächst, aus welchen Teilkörpern der Körper zusammengesetzt ist. Zeichne jeweils das Schrägbild der zusammengesetzten Körper nach der oben beschriebenen Methode. Die Maße sind in cm gegeben.

BEACHTE
Die Zeichnungen in Aufgabe 7 sind nicht maßstabsgetreu.

a)
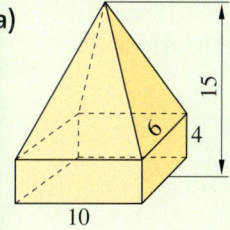
15 | 6 | 4 | 10

b)
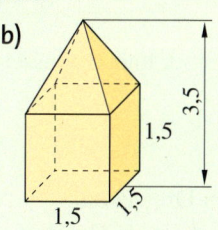
3,5 | 1,5 | 1,5 | 1,5

c)
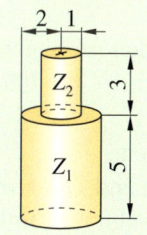
2 | 1 | Z_2 | 3 | Z_1 | 5

d)
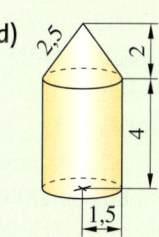
2,5 | 2 | 4 | 1,5

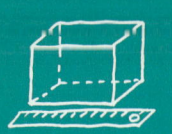

4 Zeichne das Schrägbild einer Dreieckspyramide mit einer Grundkante a und Körperhöhe h_k von 5 cm. Wie nennt man Dreieckspyramiden noch?

HINWEIS
Die Cestius-Pyramide ist das Grabmal des römischen Amtsträgers Gaius Cestius Epulo. Sie wurde zwischen 18 und 12 v. Chr. erbaut.

5 Die Cestius-Pyramide steht in Rom. Schätze die Maße der Pyramide.

Zeichne die Pyramide in einem geeigneten Maßstab ins Heft. Vergleiche deine Zeichnung mit der deines Nachbarn.

6 Wähle aus und zeichne zwei verschiedene Schrägbilder einer Pyramide mit quadratischer Grundfläche.

Wie viele verschiedene Schrägbilder könntest du mit diesen Angaben zeichnen?

7 Eine zylinderförmige Konservendose hat einen Durchmesser von 10 cm und ist 12 cm hoch. Skizziere ein Schrägbild der Konservendose mit diesen Maßen.

8 Skizziere ein Schrägbild eines Zylinders.
a) $d = 3$ cm; $h_k = 6$ cm
b) $d = 5$ cm; $h_k = 4,5$ cm

9 Zeichne die folgenden Schrägbilder.
a) quadratische Pyramide mit Höhe $h_k = 4$ cm und Kantenlänge $a = 5$ cm
b) rechteckige Pyramide mit Höhe $h_k = 5$ cm und Kantenlängen $a = 2$ cm und $b = 6$ cm

5 Die Grundfläche einer Pyramide ist ein gleichseitiges Dreieck mit $a = 5,5$ m. Die Pyramide ist 11 m hoch.
Überlege dir einen geeigneten Maßstab und zeichne ein Schrägbild der Pyramide in dein Heft. Beschreibe deine einzelnen Schritte.

6 Leo zeichnet als Hausaufgabe ein Schrägbild zu einer rechteckigen Pyramide mit den Maßen: $a = 4$ cm, $h_k = 4$ cm und $b = 3$ cm. Irgendetwas ist hier falsch gelaufen.

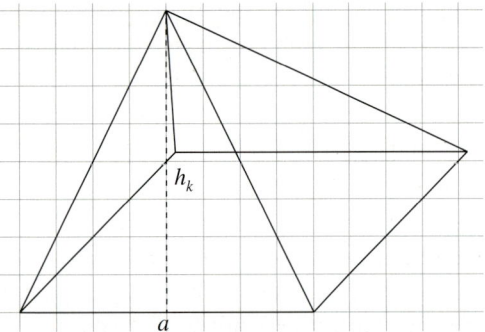

a) Beschreibe Leos Fehler.
b) Zeichne das Schrägbild richtig ins Heft.

7 Skizziere das Schrägbild einer zylinderförmigen Keksdose mit den Maßen: $d = 21,5$ cm und $h_k = 10$ cm.
Wähle einen geeigneten Maßstab.

8 Skizziere ein Schrägbild eines Zylinders.
a) $d = 5,4$ cm; $h_k = 7,5$ cm
b) $d = 38$ mm; $h_k = 5,5$ cm

9 Die Rote Pyramide war mit einer Höhe von 104 m die dritthöchste der ägyptischen Pyramiden. Die Grundfläche war ein Quadrat mit einer Seitenlänge von 220 m. Zeichne ein Schrägbild der Pyramide im Maßstab 1 : 2 000.

10 Überprüfe, ob die folgenden Aussagen richtig sind, und verbessere falsche Aussagen.
Eine Pyramide mit quadratischer Grundfläche …
a) hat fünf Ecken.
b) hat acht gleich lange Kanten.
c) besteht aus einem Quadrat und vier kongruenten Dreiecken.
d) besteht aus vier gleichschenkligen Dreiecken und einem Quadrat.

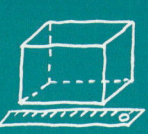

Oberfläche und Volumen von Pyramiden

Entdecken

1 Du siehst rechts das Netz einer quadratischen Pyramide.

a) Übertrage das Netz ohne die lila markierten Strecken auf ein kariertes Blatt Papier.

b) Färbe in dem Netz alle Seitenkanten s in grüner Farbe, alle Seitenhöhen h_a in blauer Farbe und alle Grundkanten a in roter Farbe.

c) Bestimme die Längen der Strecken a, h_a und s durch Messung oder durch geeignete Rechnung.

d) Berechne den gesamten Flächeninhalt des Netzes.

e) Was bedeutet es für den gesamten Flächeninhalt, wenn die Höhe des Seitendreiecks verdoppelt wird?

f) Wie hoch muss die Seitenhöhe bei $a = 3\,\text{cm}$ mindestens sein, damit eine Pyramide entsteht?

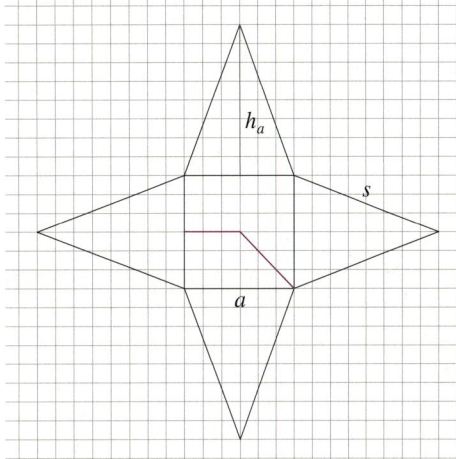

2 Übertrage das Netz aus Aufgabe 1 auf ein kariertes Blatt Papier und schneide es aus. Zeichne in das Netz die lila markierten Strecken ein.

a) Zeichne ein Dreieck mit $b = 1,5\,\text{cm}$, $c = 3,7\,\text{cm}$ und $\alpha = 90°$ sowie ein Dreieck mit $b = 2,1\,\text{cm}$, $c = 3,7\,\text{cm}$ und $\alpha = 90°$.

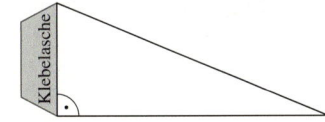
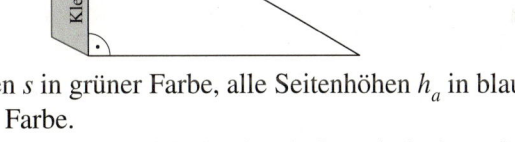

b) Färbe in den Stützdreiecken alle Seitenkanten s in grüner Farbe, alle Seitenhöhen h_a in blauer Farbe und alle Körperhöhen h_k in brauner Farbe.
Schneide die Dreiecke aus und klebe sie mit der grauen Klebelasche als Stützdreiecke auf die lila markierten Strecken.

c) Klebe das Netz mit den klappbaren Stützdreiecken in dein Heft. Fixiere nur die Grundfläche. Falze die Kanten, sodass sich das Netz zu einer Pyramide aufrichten lässt.

d) Gib mithilfe der Stützdreiecke Beziehungen zwischen Seitenkante s, Körperhöhe h_k, Grundkante a und Seitenhöhe h_a an, die auf den Satz des Pythagoras zurückzuführen sind. Schreibe die Beziehungen neben das Netz im Heft.

3 Für den folgenden Versuch benötigt ihr eine befüllbare Pyramide und einen Quader mit gleicher Grundfläche und Höhe.

Versuchsdurchführung:
Füllt die Pyramide mit einer Flüssigkeit. Schüttet die Flüssigkeit anschließend aus der Pyramide in den Quader mit gleicher Grundfläche und Höhe.

a) Wie oft muss der Vorgang wiederholt werden, bis der Quader vollständig gefüllt ist?

b) Was bedeutet das für das Volumen einer Pyramide? Stellt eine Formel auf.

Verstehen

Der Louvre ist eines der bedeutendsten Gebäude von Paris. Er war ursprünglich ein königliches Schloss. Heute beherbergt er das größte Museum der Welt. Bei der Neugestaltung des Louvre wurde der Haupteingang in den Innenhof, den *Cour Napoleon*, verlegt und durch eine Glaspyramide überdacht. Die Pyramide ist 22 m hoch. Die Grundkante der geraden, quadratischen Pyramide ist 35 m lang. Wie hoch ist die Seitenhöhe der Glaspyramide des Louvre?

BEACHTE
$\frac{a}{2}$ stellt die halbe Länge der Grundkante dar. $\frac{d}{2}$ ist die halbe Länge der Diagonalen der Grundfläche.

Bei einer Pyramide unterscheidet man verschiedene Höhen:
h_k (Körperhöhe)
h_a (Seitenhöhe zur Seite a)

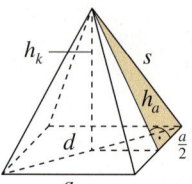 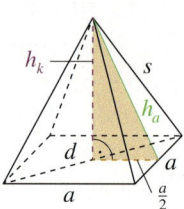 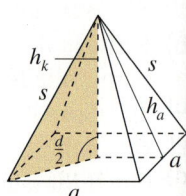

ZUR ERINNERUNG
Satz des Pythagoras:
$a^2 + b^2 = c^2$

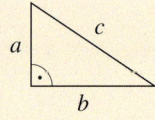

Beispiel 1

Da h_k, h_a, $\frac{a}{2}$ und s die Seitenkanten von rechtwinkligen Dreiecken sind, kann man diese mithilfe des Satzes des Pythagoras berechnen:

$$h_a{}^2 = h_k{}^2 + \left(\frac{a}{2}\right)^2$$
$$= (22\,\text{m})^2 + \left(\frac{35\,\text{m}}{2}\right)^2$$
$$= 790{,}25\,\text{m}^2 \quad | \sqrt{}$$
$$\approx 28{,}11\,\text{m}$$

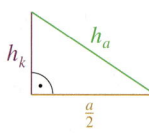

Die Seitenhöhe h_a der Glaspyramide des Louvre beträgt etwa 28,11 m.

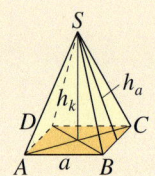

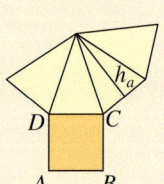

Merke Die dreieckigen Seitenflächen einer Pyramide bilden die **Mantelfläche M**.
Die **Oberfläche O** der Pyramide setzt sich aus der Grundfläche G und der Mantelfläche M zusammen.
Für die Berechnung der Mantelfläche einer quadratischen Pyramide gilt:

$$M = 4 \cdot \left(\tfrac{1}{2} \cdot a \cdot h_a\right)$$
$$= 2 \cdot a \cdot h_a$$

Für die Berechnung der Oberfläche einer quadratischen Pyramide gilt:

$$O = G + M$$
$$= a^2 + 2 \cdot a \cdot h_a$$

Beispiel 2

Die vier dreieckigen Seitenflächen der Pyramide des Louvre sind verglast. Wie viel Glas wurde verbaut?

$$M = 2 \cdot a \cdot h_a$$
$$\approx 2 \cdot 35\,\text{m} \cdot 28{,}11\,\text{m}$$
$$= 1\,967{,}7\,\text{m}^2$$

Es wurden etwa $1\,967{,}7\,\text{m}^2$ Glas verbaut.

Beispiel 3

Welche Oberfläche hat die Pyramide?

$$O = a^2 + 2 \cdot a \cdot h_a$$
$$\approx (35\,\text{m})^2 + 2 \cdot 35\,\text{m} \cdot 28{,}11\,\text{m}$$
$$= 3\,192{,}7\,\text{m}^2$$

Sie hat eine Oberfläche von ca. $3\,192{,}7\,\text{m}^2$.

Wie groß ist das Volumen der Pyramide des Louvre?

Merke Das **Volumen V** einer Pyramide wird bestimmt, indem der Flächeninhalt der Grundfläche G mit der Höhe h_k der Pyramide und dem Faktor $\frac{1}{3}$ multipliziert wird:
$$V = \tfrac{1}{3} \cdot G \cdot h_k$$
Für die Pyramide mit quadratischer Grundfläche gilt:
$$V = \tfrac{1}{3} \cdot a^2 \cdot h_k$$

Beispiel 4

$$V = \tfrac{1}{3} \cdot a^2 \cdot h_k$$
$$= \tfrac{1}{3} \cdot (35\,\text{m})^2 \cdot 22\,\text{m}$$
$$\approx 8\,983{,}33\,\text{m}^3$$

Die Pyramide des Louvre hat ein Volumen von ca. $8\,983{,}3\,\text{m}^3$.

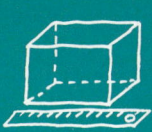

Üben und anwenden

1 Überprüfe zeichnerisch, ob die Aussagen richtig sind. In einer quadratischen Pyramide gilt immer …

a) $s > h_a$ **b)** $h_k > h_a$ **c)** $a > h_a$ **d)** $h_k < s$ **e)** $h_k < a$ **f)** $a < s$

2 Von einer geraden quadratischen Pyramide sind folgende Maße bekannt. Berechne die Mantel- und die Oberfläche der Pyramide.

a) $a = 5\,\text{cm}$; $h_a = 7\,\text{cm}$
b) $a = 12\,\text{cm}$; $h_a = 18\,\text{cm}$
c) $a = 15\,\text{cm}$; $h_a = 14\,\text{cm}$
d) $a = 3\,\text{cm}$; $s = 6,3\,\text{cm}$
e) $a = 2\,\text{cm}$; $s = 7,4\,\text{cm}$
f) $a = 8\,\text{mm}$; $h_a = 12\,\text{mm}$
g) $a = 7,6\,\text{m}$; $h_a = 14,3\,\text{m}$
h) $a = 4\,\text{dm}$; $s = 46\,\text{m}$

2 Von einer geraden quadratischen Pyramide sind folgende Maße bekannt. Berechne die Mantel- und die Oberfläche der Pyramide.

a) $s = 19\,\text{cm}$; $h_k = 17\,\text{cm}$
b) $a = 18\,\text{cm}$; $h_k = 22\,\text{cm}$
c) $s = 20\,\text{cm}$; $h_a = 16\,\text{cm}$
d) $a = 3,9\,\text{cm}$; $h_a = 10,2\,\text{cm}$
e) $a = 4,7\,\text{m}$; $s = 6,3\,\text{m}$
f) $d = 12\,\text{cm}$; $h = 8\,\text{cm}$
g) $d = 15\,\text{cm}$; $h_a = 7\,\text{cm}$
h) $s = 8\,\text{cm}$; $d = 4\,\text{cm}$

ERINNERE DICH
d bezeichnet die Diagonale der quadratischen Grundfläche.

3 Mit welcher Gleichung lässt sich h_a der regelmäßigen geraden dreieckigen Pyramide berechnen?

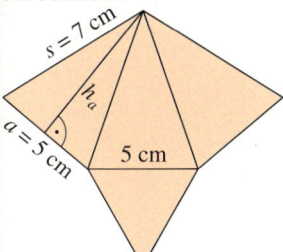

$$h_a{}^2 + a^2 = s^2$$

$$h_a{}^2 + \tfrac{1}{2}a^2 = s^2$$

$$h_a{}^2 + \left(\tfrac{1}{2}a\right)^2 = s^2$$

Beschreibe jeweils den Fehler bei den anderen Gleichungen. Berechne anschließend h_a.

3 Dargestellt ist das Netz einer regelmäßigen dreieckigen Pyramide. Skizziere das Netz im Heft und trage die Seitenhöhe h_a ein.

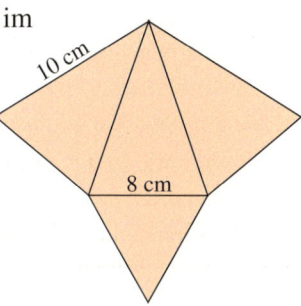

a) Berechne die Seitenhöhe h_a.
b) Berechne die Körperhöhe h_k.

4 Berechne die Mantelfläche und die Oberfläche der Pyramide aus den gegebenen Maßen der Skizze. Alle Maße sind in cm angegeben.

a)
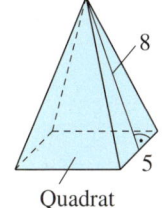
Quadrat

b) $G = 23{,}4\,\text{cm}^2$
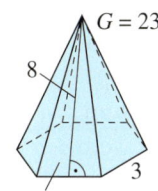
regelmäßiges Sechseck

c)
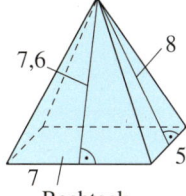
Rechteck

d)
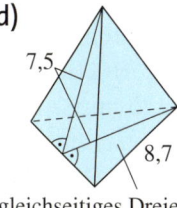
gleichseitiges Dreieck

5 Ein Turmdach hat die Form einer quadratischen Pyramide mit $a = 2,7\,\text{m}$ und $s = 11,6\,\text{m}$. Wie viel Quadratmeter Kupferblech braucht man für eine neue Dachabdeckung?

5 Ein Turmdach ist pyramidenförmig mit quadratischer Grundfläche. Das Dach soll mit Kupferplatten neu gedeckt werden. Die Grundkanten des Dachs sind 4,8 m lang. Die Höhe jedes Seitendreiecks beträgt 3,6 m. Wie viel Quadratmeter Kupferblech sind erforderlich, wenn mit 4 % Verschnitt gerechnet wird?

6 Berechne aus dem Netz der Pyramide ihr Volumen. Beachte die Randspalte.

HINWEIS ZU 6 b)
Die Seiten-flächen der Pyramide sind gleichseitige Dreiecke.

a)
6,5 cm
8,3 cm

b)
7,5 cm

c)
6,5 cm
5 cm
4,3 cm

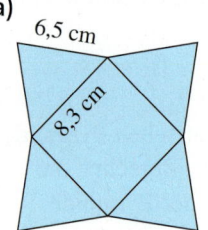
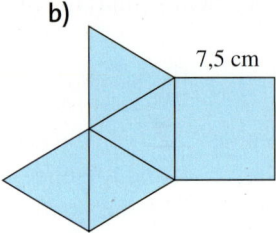

7 Berechne das Volumen der quadratischen Pyramide. Gib das Ergebnis auf zwei Nachkommastellen gerundet an.
a) $a = 2\,cm$; $h_k = 4\,cm$
b) $a = 5\,cm$; $h_k = 10\,cm$
c) $a = 8\,cm$; $h_k = 12\,cm$
d) $a = 2,5\,cm$; $h_k = 6\,cm$
e) $a = 4,2\,cm$; $h_k = 9,4\,cm$

7 Berechne das Volumen der quadratischen Pyramide. Gib das Ergebnis auf zwei Nachkommastellen gerundet an.
a) $a = 7\,cm$; $h_k = 11\,cm$
b) $a = 6,3\,cm$; $h_k = 10,7\,cm$
c) $a = 14,3\,dm$; $h_k = 21,7\,dm$
d) $a = 82,4\,cm$; $h_k = 110,8\,cm$
e) $a = 121,6\,dm$; $h_k = 135,4\,dm$

8 Übertrage die Tabelle in dein Heft und berechne von der quadratischen Pyramide die fehlenden Größen und das Volumen. Runde auf eine Nachkommastelle.

	a	s	h_a	h_k
a)	5 cm			7,5 cm
b)	5,6 cm		7 cm	
c)			12 m	8 m
d)			17,9 mm	8,7 mm
e)	3 cm	6,3 cm		
f)	4,7 cm	7,9 cm		
g)		18 cm	16 cm	

8 Eine Pyramide hat eine rechteckige Grundfläche mit den Längen a und b. Berechne jeweils den fehlenden Wert. Runde auf eine Nachkommastelle.

	a	b	h	V
a)	70 mm	9 cm	1,2 dm	
b)	5,8 mm	9,3 mm	1,6 cm	
c)	80 dm	12 m		456 m³
d)	123 mm	246 mm		1400 cm³
e)		100 dm	10 m	500 m³
f)	24 m		635 dm	965,2 m³
g)		5 mm	0,5 cm	29,2 mm³

9 Wie hoch ist die quadratische Pyramide?
a) $V = 100\,cm^3$; $a = 2\,cm$
b) $V = 270\,000\,cm^3$; $a = 71\,cm$
c) $V = 36\,cm^3$; $a = 2,4\,cm$
d) $V = 892,8\,cm^3$; $a = 9,3\,cm$
e) $V = 101,25\,cm^3$; $a = 4,5\,cm$

9 Wie hoch ist die rechteckige Pyramide? Runde auf zwei Nachkommastellen.
a) $V = 24\,m^3$; $a = 2\,m$; $b = 4\,m$
b) $V = 660\,cm^3$; $a = 15\,cm$; $b = 6\,cm$
c) $V = 52,3\,cm^3$; $a = 3,2\,cm$; $b = 9,8\,cm$
d) $V = 54\,000\,cm^3$; $a = 60\,cm$; $b = 33,75\,cm$
e) $V = 245,25\,m^3$; $a = 25\,m$; $b = 12\,m$

HINWEIS
Wie schwer 1 cm³ eines Stoffes ist, gibt die physikalische Größe Dichte ϱ an.

10 Eine quadratische Pyramide soll gemauert werden. Die Grundkante soll 2,4 m betragen, die Höhe 1,5 m.
a) Wie viel m³ Mauerwerk enthält der Bau?
b) Wie viele Mauersteine und wie viel m³ Mörtel werden mindestens benötigt, wenn man für einen Kubikmeter Mauerwerk mit 380 Steinen und 300 l Mörtel rechnet?

10 Eine Sandsteinpyramide hat eine rechteckige Grundfläche mit 2,3 m Länge und 1,7 m Breite. Die Pyramide ist 2,7 m hoch.
a) Berechne das Volumen.
b) Wie schwer ist die Pyramide, wenn 1 dm³ Sandstein 2,6 kg wiegt?

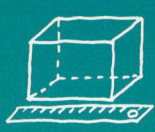

Oberfläche und Volumen von Kegeln

Entdecken

1 Ihr benötigt ein verpacktes Waffeleis.

a) Messt das Eis aus. Bestimmt den Radius des Grundkreises, die Seitenlänge des Eises sowie die Eishöhe.

b) Wickelt die Eisverpackung vorsichtig ab, sodass sie nicht zerreißt. Aus
   welchen Teilen besteht die Verpackung?
   Beschreibt die Verpackungsteile möglichst genau mit eigenen Worten.

c) Warum ist der Kreissektor größer als notwendig?
   Begründe.

d) Schneidet die nicht zum Kegelmantel gehörenden Teile der Verpackung
   ab. Dieser Kegelmantel stellt mit dem Deckel die Oberfläche des
   Kegels dar. Zeichnet die Oberfläche im Maßstab 1:1 in euer Heft.

2 Zeichne je einen Kreis mit dem Radius $r = 3\,\text{cm}$, $r = 4\,\text{cm}$ und $r = 5\,\text{cm}$ und schneide sie aus.
Übertrage dann die folgenden Kreissektoren auf ein Blatt Papier, schneide sie aus und klebe sie
mit Klebeband jeweils zum Mantel eines Kegels zusammen.

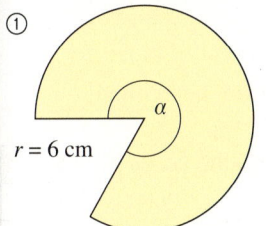

① $\alpha = 300°$

$r = 6\,\text{cm}$

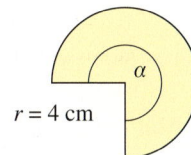

② $\alpha = 270°$

$r = 4\,\text{cm}$

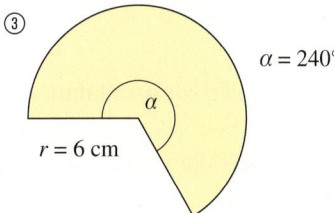

③ $\alpha = 240°$

$r = 6\,\text{cm}$

a) Welcher Kreissektor passt zu welchem Kreis und bildet mit ihm zusammen die Oberfläche
   eines Kegels?

b) Berechne die Flächeninhalte der Kreise und der Kreissektoren.

c) Beschreibe allgemein: Welche Eigenschaften müssen Kreissektor und Kreis haben, damit
   sie die Oberfläche eines Kegels bilden können?

d) Zu einem Kreis mit $r = 3,5\,\text{cm}$ soll ein Kreissektor gefunden werden, der mit dem Kreis die
   Oberfläche eines Kegels bildet.
   Bestimme den Radius und den Innenwinkel passender Kreissektoren.
   Wie bist du vorgegangen?
   Vergleiche mit deinen Mitschülern. Welchen Einfluss hat der Kreissektor auf die Eigen-
   schaften des Kegels?

3 Für den folgenden Versuch benötigt ihr einen befüll-
baren Kegel und einen Zylinder mit gleicher Grundfläche
und Höhe.
Versuchsdurchführung: Füllt den Kegel mit einer Flüssigkeit. Schüttet die Flüssigkeit anschließend aus dem Kegel
in den Zylinder mit gleicher Grundfläche und Höhe.

a) Wie oft muss der Vorgang wiederholt werden, bis der
   Zylinder vollständig gefüllt ist?

b) Was bedeutet das für das Volumen eines Kegels?
   Stellt eine Formel auf.

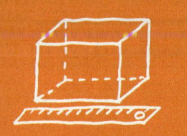
Verstehen

Zum Schulanfang möchte Lina ihrem kleinen Bruder Richard eine Schultüte basteln. Dazu hat sie aus einem rechteckigen Pappkarton eine Vorlage erstellt, die sie nun bekleben möchte. Wie groß ist die zu beklebende Fläche?

Die zu beklebende Fläche der Schultüte bildet die Mantelfläche M des Kegels und hat abgewickelt die Form eines Kreissektors.

Beispiel 1

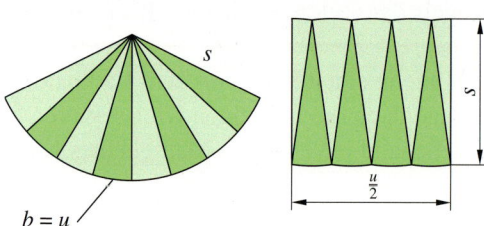

Um die Mantelfläche M zu berechnen, zerlegt man den Kegelmantel in kleine Teile und ordnet sie so an, dass annähernd ein Rechteck entsteht. Je kleiner die Teile sind, desto genauer wird das Rechteck. Es gilt:

$$M = \frac{u}{2} \cdot s$$
$$= \frac{2\pi r}{2} \cdot s$$
$$= \pi \cdot r \cdot s$$

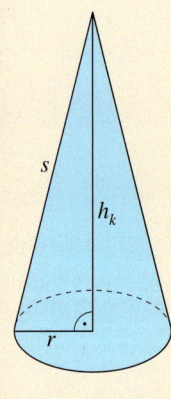

> **Merke**   Die **Mantelfläche M** eines Kegels lässt sich nach folgender Formel berechnen:
> $$M = \pi \cdot r \cdot s$$
> Die **Oberfläche O** eines Kegels besteht aus Mantelfläche M und Grundfläche G. Es gilt:
> $$O = G + M$$
> $$= \pi \cdot r^2 + \pi \cdot r \cdot s$$
> $$= \pi \cdot r \cdot (r + s)$$

Beispiel 2

Welche Mantelfläche M hat die zu beklebende Fläche einer Schultüte, die 70 cm hoch ist und einen Radius von 9 cm hat?

Zur Berechnung benötigt man die Länge der Mantellinie s.

Nach dem Satz des Pythagoras gilt:

$$s^2 = r^2 + h_k^2 \qquad\qquad M = \pi \cdot r \cdot s$$
$$= (9\,\text{cm})^2 + (70\,\text{cm})^2 \quad | \sqrt{} \qquad = \pi \cdot 9\,\text{cm} \cdot 70{,}6\,\text{cm}$$
$$\approx 70{,}58\,\text{cm} \qquad\qquad \approx 1\,995{,}50\,\text{cm}^2$$

Die zu beklebende Mantelfläche der Schultüte beträgt ca. 2 000 cm².

Welche Oberfläche hat ein solcher Kegel?

$$O = \pi \cdot r \cdot (r + s) = \pi \cdot 9\,\text{cm} \cdot (9\,\text{cm} + 70{,}6\,\text{cm}) \approx 2\,250{,}6\,\text{cm}^2$$

Die Oberfläche beträgt ca. 2 250,6 cm².

> **Merke**   Das **Volumen V** eines Kegels wird bestimmt, indem der Flächeninhalt der Grundfläche G mit der Höhe h_k des Kegels und dem Faktor $\frac{1}{3}$ multipliziert wird.
> $$V = \frac{1}{3} \cdot G \cdot h_k$$
> $$= \frac{1}{3} \cdot \pi \cdot r^2 \cdot h_k$$

Welches Volumen hat die Tüte?

$$V = \frac{1}{3} \cdot \pi \cdot r^2 \cdot h$$
$$= \frac{1}{3} \cdot \pi \cdot (9\,\text{cm})^2 \cdot 70\,\text{cm}$$
$$\approx 5\,937{,}6\,\text{cm}^3$$

Das Volumen beträgt ca. 5937,6 cm³.

Üben und anwenden

1 Berechne die Mantelfläche des Kegels.

a)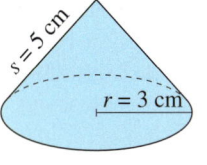

b)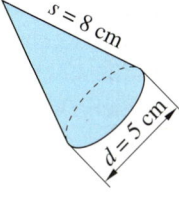

1 Berechne die Mantelfläche des Kegels.

a)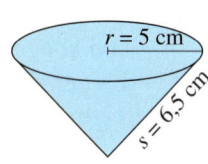

b)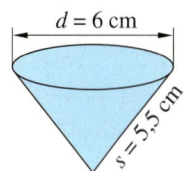

---

2 Berechne die Mantel- und Oberfläche des Kegels.

a) $r = 4\,cm$; $s = 9\,cm$
b) $r = 15\,mm$; $s = 3\,cm$
c) $r = 0,8\,m$; $s = 250\,cm$
d) $r = 4\,cm$; $h_k = 5\,cm$

2 Berechne die Mantel- und Oberfläche des Kegels.

a) $r = 0,35\,m$; $s = 0,2\,m$
b) $r = 5,4\,cm$; $h_k = 7,2\,cm$
c) $r = 3,4\,m$; $h_k = 8,4\,m$
d) $h_k = 4,7\,cm$; $s = 5,9\,cm$

---

3 Ein Kegel ist durch die Höhe $h_k = 4\,cm$ und den Radius $r = 3\,cm$ gegeben.

a) Berechne die Mantelfläche und Oberfläche des Kegels.
b) Welche Höhe und welchen Radius könnte ein Kegel mit einer doppelt so großen Oberfläche haben?
   Vergleicht eure Ergebnisse.

3 Ein Kegel ist gegeben durch die Mantellinie $s = 10\,cm$ und den Radius $r = 7\,cm$. Wie ändert sich die Mantelfläche, wenn folgende Änderungen vorgenommen werden?

a) r wird halbiert   b) r wird verdoppelt
c) r wird verdreifacht   d) s wird halbiert
e) r und s werden jeweils halbiert
f) r wird halbiert und s wird verdoppelt
g) r und s werden verdoppelt

---

4 Aus einem Blatt Papier im DIN-A4-Format (297 mm × 210 mm) soll ein Kegel gebastelt werden. Dabei soll die Oberfläche möglichst groß werden, also möglichst wenig Papier als Verschnitt abfallen.

a) Zeichne auf das Blatt einen Kreis und eine passende Mantelfläche.
   Worauf musst du achten?
b) Vergleicht eure Kegel im Klassenverband. Wer hat die größte Kegeloberfläche?

4 Zur Herstellung einer Schultüte wurde ein Karton zugeschnitten (siehe Skizze).

a) Berechne den Umfang der daraus gefertigten Schultüte an der Öffnung.
b) Welche Maße hat ein kleinstmögliches Rechteck, aus dem der Karton für die Schultüte geschnitten werden kann?
c) Wie viel Prozent Abfall entstehen bei dem Rechteck aus Teilaufgabe b)?

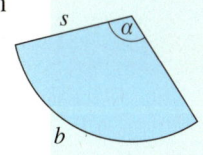

$\alpha = 110°$; $s = 65\,cm$

---

5 Wenn man das Dreieck *SMP* um die Seite $\overline{MS}$ dreht, entsteht ein Kegel. Berechne die Grundfläche, die Mantelfläche und die Oberfläche dieses Kegels.

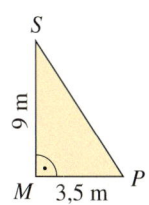

5 Wird eine rechtwinklige Dreiecksfläche mit der Hypotenusenlänge $c = 13\,cm$ und der Kathetenlänge $a = 7\,cm$ um a gedreht, wird ein Körper beschrieben.

a) Welcher Körper wird durch diese Drehung erzeugt?
b) Berechne die Oberfläche dieses Körpers.

---

6 Berechne die Oberfläche des Kegels.

a) $r = 5\,cm$; $s = 13\,cm$
b) $r = 3,4\,cm$; $s = 6,2\,cm$
c) $r = 7,1\,dm$; $s = 9,4\,dm$

6 Berechne die Oberfläche des Kegels.

a) $d = 5\,dm$; $s = 40\,cm$
b) $d = 4,6\,m$; $s = 47,5\,dm$
c) $d = 6\,m$; $s = 53\,dm$

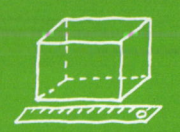

Thema: **Satz des Cavalieri**

 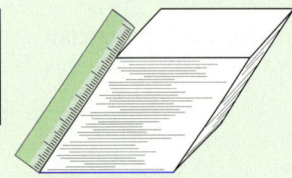

Stapelt man gleichförmige Papierbogen übereinander, so erhält man ein gerades Prisma. Wird dieser Stapel verschoben, ergibt sich ein schiefes Prisma. Die Rechtecke in beliebiger Höhe sind kongruent zur Grundfläche. Daher haben das schiefe und das gerade Prisma das gleiche Volumen.

Cavalieri hat diese Aussage verallgemeinert.

> **Satz des Cavalieri**
> Haben zwei Körper gleich große Höhen und in gleicher Höhe gleiche Querschnittsflächeninhalte, so haben die beiden Körper das gleiche Volumen.

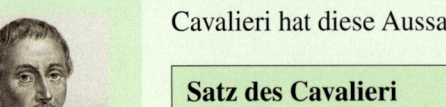

$\sqrt{\pi}\cdot r$, da für die Grundfläche des Kegels bzw. der Pyramide $A = \pi \cdot r^2$ gilt, ergibt sich für die Seitenlänge der quadratischen Pyramide:

$$a \cdot a = A$$
$$a^2 = \pi \cdot r^2 \quad | \sqrt{}$$
$$a = \sqrt{\pi} \cdot r$$

1 Berechne das Volumen der abgebildeten schiefen Körper.

a)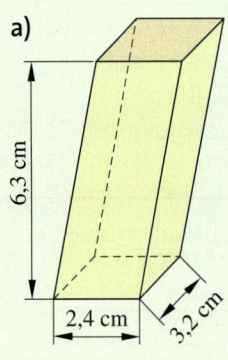
6,3 cm · 2,4 cm · 3,2 cm

b)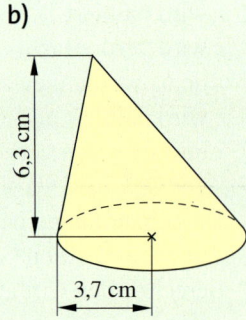
6,3 cm · 3,7 cm

c)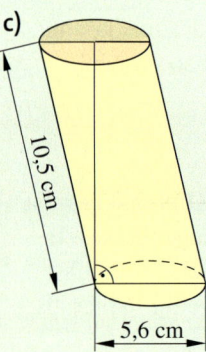
10,5 cm · 5,6 cm

d)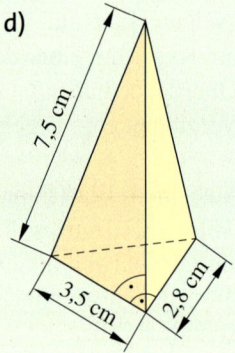
7,5 cm · 3,5 cm · 2,8 cm

2 Ein schiefes Prisma mit rechteckiger Grundfläche hat ein Volumen von 122,5 dm³. Eine Seite der Grundfläche ist 3,5 dm lang. Das Prisma ist 7 dm hoch. Welche Fläche hat die Schnittfläche, die in 4 dm Höhe parallel zur Grundfläche liegt?

3 Aus einem Würfel mit $a = 6$ cm entsteht eine Pyramide. Bestimme ihr Volumen.

a)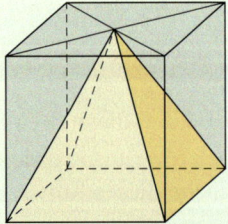
b)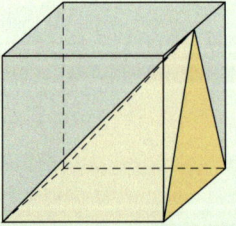
c)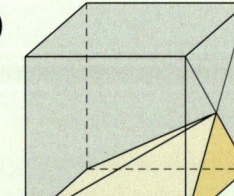

4 Berechne das Volumen eines schiefen Kegels mit …
a) $r = 4{,}3$ cm; $h_k = 8$ cm,
b) $r = 5{,}2$ cm; $h_k = 15$ cm,
c) $d = 3$ cm; $h_k = 9$ cm,
d) $d = 5{,}6$ cm; $h_k = 12$ cm.

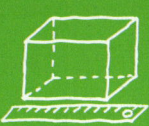

Thema: Beweisen in der Mathematik

Ein Ziel in der Mathematik ist es, **wahre Aussagen** über Zahlen, Variablen, Funktionen und geometrische Objekte zu formulieren. Diese Aussagen, die immer nur unter bestimmten Voraussetzungen gelten, nennt man **mathematische Sätze**.

Beispiel **Behauptung:** In jedem Dreieck beträgt die Innenwinkelsumme 180°.

Voraussetzung: Die Winkel α, β und γ sind die Innenwinkel eines Dreiecks.

Satz: In jedem Dreieck beträgt die Innenwinkelsumme 180°.

Die allgemeine Gültigkeit von Sätzen muss man beweisen. Eine Art der Beweisführung ist der **indirekte Beweis**, der von der Annahme ausgeht, die das Gegenteil des zu beweisenden Satzes ist. Durch logische Schlussfolgerungen erzeugt man einen Widerspruch zur Annahme. Dadurch wird der Satz bestätigt.

Das Beispiel verdeutlicht die Vorgehensweise:

1 Erkläre die folgenden Schritte des indirekten Beweises.

Behauptung: $\sqrt{2}$ ist irrational.

Annahme: $\sqrt{2}$ ist eine rationale Zahl.

1) $\sqrt{2}$ ist rational
2) $\sqrt{2} = \frac{p}{q}$ | quadrieren
3) $2 = \frac{p^2}{q^2}$ | $\cdot q^2$
4) $p^2 = 2q^2$
5) p^2 ist gerade (da Zweifaches von q^2)
6) p ist gerade
7) $p = 2n$
8) $p^2 = 4n^2$
9) $4n^2 = 2q^2$
10) $2n^2 = q^2$
11) q^2 ist gerade
12) q ist gerade
13) $q = 2m$
14) $\frac{p}{q}$ ist nicht vollständig gekürzt

2 Notiere den Beweis für den Satz richtig: Die Zahl 2 ist die einzige gerade Primzahl.

Damit ist diese Zahl keine Primzahl.
Die Zahl hat also außer 1 und sich selbst noch einen dritten Teiler, nämlich 2.
Das steht im Widerspruch zur Annahme.
Dann muss diese Zahl größer sein als 2.
Der Satz wurde bewiesen.
Es gibt also außer 2 keine weitere gerade Primzahl.
Jede gerade Zahl ist durch 2 teilbar.
Deswegen ist die Annahme falsch.
Annahme: Es gibt außer 2 noch eine gerade Primzahl.
Da diese Zahl außerdem gerade ist, ist sie durch 2 teilbar.

3 Zeige, dass $\sqrt{8}$ irrational ist. Warum funktioniert der Beweis für $\sqrt{4}$ nicht?

ZUM WEITERARBEITEN
Erfinde selbst eine Geschichte zum indirekten Beweis.

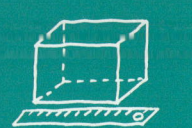

7 Berechne das Volumen des Kegels.

a)

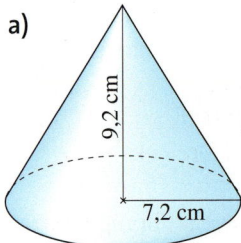

9,2 cm
7,2 cm

b)

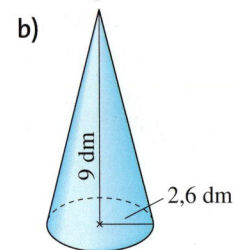

9 dm
2,6 dm

7 Berechne jeweils das Volumen des Kegels.

a)

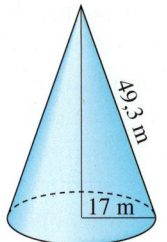

49,3 m
17 m

b)

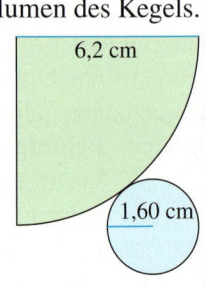

6,2 cm
1,60 cm

RÜCKBLICK
Welches Angebot ist günstiger?
① *750 g für 2,99 €*
② *1250 g für 5,10 €*
③ *500 g für 1,99 €*

8 Berechne das Volumen des Kegels.
a) $r = 14\,cm$; $h_k = 25\,cm$
b) $r = 5{,}4\,dm$; $h_k = 8\,dm$
c) $r = 5{,}2\,cm$; $h_k = 15\,cm$
d) $r = 3{,}8\,cm$; $h_k = 10\,cm$
e) $r = 2{,}45\,m$; $h_k = 7{,}8\,m$

8 Vervollständige im Heft.

	r	h_k	V
a)	5 cm	12 cm	
b)		9,5 dm	34,5 dm³
c)	4,5 cm		70,4 cm³
d)	27 mm	4,3 cm	
e)	1,5 dm		1 767 cm³
f)	0,3 dm		56,55 cm³
g)		1,4 m	718,38 dm³

9 Indianerzelte werden aus Stangen und Tier-häuten aufgebaut. Die Form eines sogenannten Tipis entspricht in etwa der eines Kegels. Das Zelt ist 4,9 m hoch und der Bodendurchmesser beträgt 3,4 m. Berechne das Volumen des Tipis.

9 Wenn trockener Sand mithilfe eines För-derbands aufgeschüttet wird, entsteht ein an-nähernd kegelförmiger Schütthaufen. Welche Bodenfläche bedeckt der Sand, wenn insge-samt 400 m³ bis zu einer Höhe von 8 m auf-geschüttet werden? Beschreibe dein Vorgehen.

ZU AUFGABE **9**

10 Der Schaiblingsturm ist eines der Wahrzeichen von Passau.
Das Dach des Turms hat eine Höhe von 12 Metern und einen Durchmesser von 11 Metern.
Welche Oberfläche und welches Volumen hat das Dach des Turms?

10 Ein Versandunternehmen verkauft Brief-beschwerer aus Glas in Kegelform.
Ein Briefbeschwerer ist 6 cm hoch und hat einen Durchmesser von 9 cm.
a) Welches Volumen hat ein Briefbeschwerer?
b) Jeder Briefbeschwerer wird in einem kleinstmöglichen quaderförmigen Papp-karton verpackt.
Wie viel Prozent des verpackten Raumes sind leer?

11 In einem Papierwarengeschäft gibt es zwei Sorten von Schultüten. Die eine ist 73 cm hoch und hat am oberen Rand einen Durchmesser von 17 cm. Die andere ist 53 cm hoch, hat aber ei-nen Durchmesser von 20 cm. Welche der beiden Schultüten hat das größere Volumen?

12 Berechne das Volumen des Kegels.
a) $r = 6{,}4\,cm$; $h_k = 13{,}6\,cm$
b) $r = 5\,cm$; $s = 10\,cm$
c) $s = 15\,mm$; $h_k = 10\,mm$
d) $d = 28\,m$; $s = 35\,m$

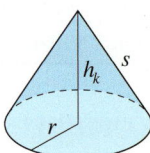

h_k s
r

12 Berechne den Mantel, die Oberfläche und das Volumen des Kegels.
a) $h_k = 17\,cm$; $r = 5\,cm$
b) $h_k = 20\,mm$; $d = 30\,mm$
c) $h_k = 10\,cm$; $s = 15\,cm$
d) $s = 9\,cm$; $r = 40\,mm$

Volumen und Oberfläche von Kugeln

Entdecken

1 Betrachte die folgenden Körper.

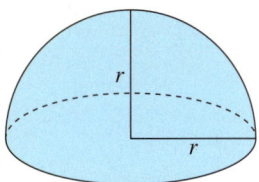
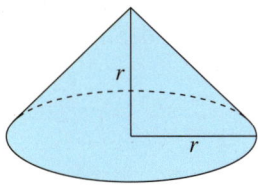
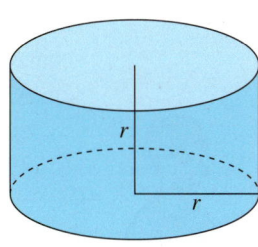

a) Um welche Körper handelt es sich?
b) Die Körper haben den gleichen Radius, der gleichzeitig auch die Körperhöhe ist.
   Skizziere die Körper in deinem Heft.
c) Schreibe das Volumen der Körper (in Abhängigkeit vom Radius r) unter deine Schrägbild-
   skizzen, sofern dir die Formel für das Volumen bekannt ist.
d) Ordne die Körper nach der Größe ihres Volumens. Beginne mit dem kleinsten Körper.
e) Stelle eine Vermutung für das Volumen einer Halbkugel auf.

2 Für den folgenden Versuch benötigt ihr:
– einen Messbecher mit Überlauf (z. B. aus der Chemie-Sammlung)
  oder ein großes Gefäß, z. B. einen Eimer, ein Aquarium, eine Wanne
– verschieden große Kugeln, z. B. Murmeln oder schwere, aber nicht
  schwimmende Bälle
– ein Maßband und
– viel Wasser

Versuchsvorbereitung:
Messt mit dem Maßband den Umfang der Kugeln und berechnet ihren Radius.
Übertragt die Tabelle in euer Heft und ergänzt die Werte.

Kugel	Umfang u	Radius r	Wasserstand	Geänderter Wasserstand	Differenz der Wasserstände
z. B. Golfball					
…					

Versuchsdurchführung:
– Füllt den Messbehälter (höchstens bis zur Hälfte) mit Wasser.
– Notiert den Wasserstand in der Tabelle.
– Legt eine Kugel vorsichtig ins Wasser und lasst sie versinken.
– Notiert den neuen Wasserstand in der Tabelle.
– Führt den Versuch mit allen Kugeln durch und tragt die Werte in die Tabelle ein.
– Überprüft mithilfe eurer Messwerte in der Tabelle die Formel aus Aufgabenteil 1 e).

3 Erkundige dich im Internet oder in Büchern über die Technik der „Handkaschierung"
beim Bau von Globen.
a) Welche Form haben die Flächen, die beim Bekleben eines Globus eingesetzt werden?
b) Wie viele dieser Flächen benötigt man beim Bau und wie groß ist eine dieser Flächen
   ungefähr? Beachte, dass die Flächengröße abhängig vom Durchmesser des Globus ist.

Verstehen

Die Körper haben die gleiche Grundfläche und Höhe.

Die Halbkugel ist voll, das restliche Wasser passt in den Kegel.

$V_Z = V_K + V_H$

Kathrin, Lars und Selim führen in der Schule Füllversuche zur Herleitung einer Formel für das Kugelvolumen durch.

Das Volumen einer Kugel lässt sich mithilfe bekannter Körper abschätzen, die die Kugel genau umschließen bzw. in sie hineinpassen. Alle Körper haben den Radius r und die Höhe $h_k = r$.

Zylinder

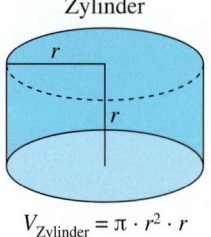

$V_{\text{Zylinder}} = \pi \cdot r^2 \cdot r$

Kegel

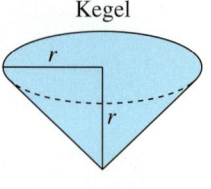

$V_{\text{Kegel}} = \frac{1}{3}\pi \cdot r^2 \cdot r$

Halbkugel

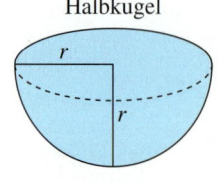

$V_{\text{Halbkugel}} = ?$

Es gilt: $V_{\text{Zylinder}} = V_{\text{Kegel}} + V_{\text{Halbkugel}}$

$V_{\text{Halbkugel}} = V_{\text{Zylinder}} - V_{\text{Kegel}} = \pi \cdot r^2 \cdot r - \frac{1}{3} \cdot \pi \cdot r^2 \cdot r = \pi \cdot r^3 - \frac{1}{3} \cdot \pi \cdot r^3 = \frac{2}{3} \cdot \pi \cdot r^3$

Kathrin, Lars und Selim wollen das Volumen einer Wurfkugel aus Eisen berechnen.

Merke Das **Volumen V** einer Kugel mit dem Radius r lässt sich wie folgt berechnen:

$V_{\text{Kugel}} = 2 \cdot V_{\text{Halbkugel}}$

$V_{\text{Halbkugel}} = \frac{2}{3} \cdot \pi \cdot r^3$

$V_{\text{Kugel}} = 2 \cdot \frac{2}{3} \cdot \pi \cdot r^3 = \frac{4}{3} \cdot \pi \cdot r^3$

Beispiel 1

Welches Volumen hat eine Kugel mit einem Radius von ca. 4,95 cm?

$V_{\text{Kugel}} = \frac{4}{3}\pi \cdot (4,95\,\text{cm})^3$

$\approx 508,05\,\text{cm}^3$

Die Kugel hat ein Volumen von ca. 508 cm³

Die bei den Bundesjugendspielen eingesetzte Kugel soll in der Altersklasse ab 16 Jahren ein Gewicht von 4 kg haben. Kathrin, Lars und Selim überprüfen das und berechnen die Masse.

Merke Die **Masse m** lässt sich wie folgt berechnen:

Masse = Dichte · Volumen

$m = \varrho \cdot V$

Beispiel 2

Bestimme die Masse der Kugel, bei einer Dichte von Eisen 7,874 $\frac{\text{g}}{\text{cm}^3}$.

$m = 7,874\,\frac{\text{g}}{\text{cm}^3} \cdot 508,05\,\text{cm}^3$

$\approx 4000,36\,\text{g}$

Die Kugel hat eine Masse von ca. 4000 g.

Zur Berechnung ihrer Oberfläche kann eine Kugel annähernd in Pyramiden mit quadratischer Grundfläche zerlegt werden. Die Summe dieser Grundflächen G_1 bis G_n ergibt näherungsweise die Oberfläche O der Kugel.

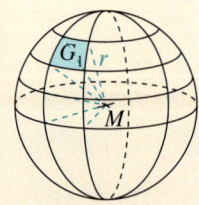

$V = V_1 + V_2 + \ldots + V_n$

$= \frac{1}{3} \cdot G_1 \cdot r + \frac{1}{3} \cdot G_2 \cdot r + \ldots + \frac{1}{3} \cdot G_n \cdot r$

$= \frac{1}{3} \cdot r \cdot (G_1 + G_2 + \ldots + G_n)$

$= \frac{1}{3} \cdot r \cdot O \qquad | \cdot 3 \; | : r$

$O = \frac{3}{r} \cdot V$

$= \frac{3}{r} \cdot \frac{4}{3} \cdot \pi \cdot r^3$

$= 4 \cdot \pi \cdot r^2$

Beispiel 3

Bestimme die Kugeloberfläche mit $r = 6$ cm.

$O = 4 \cdot \pi \cdot (6\,\text{cm}^2)$

$\approx 452,39\,\text{cm}^2$

Die Kugel hat eine Oberfläche von ca. 452 cm².

Merke Für die **Oberfläche** einer Kugel mit dem Radius r gilt: $O = 4 \cdot \pi \cdot r^2$

Üben und anwenden

1 Berechne das Volumen der Kugeln. Runde jeweils auf zwei Nachkommastellen.

①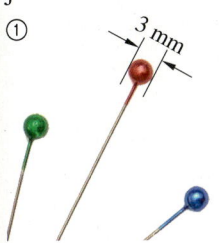

②

5,7 cm

---

1 Berechne das Volumen der Kugel mit folgenden Angaben.

a) $d = 4,8\,\text{cm}$
b) $r = 1,57\,\text{m}$
c) $d = 13,78\,\text{dm}$
d) $r = 20,5\,\text{cm}$
e) $d = 16\,\text{cm}$
f) $d = 3,8\,\text{dm}$

---

2 Stelle die Volumen- und die Oberflächenformel der Kugel nach r um. Erkläre deine Umformungen deinem Nachbarn.

---

3 Berechne den Radius der Kugel. Gib auf zwei Nachkommastellen gerundet an.

a) $V = 13,45\,\text{m}^3$
b) $V = 102,5\,\text{dm}^3$
c) $V = 345,046\,\text{cm}^3$
d) $V = 4\,200\,\text{mm}^3$
e) $V = 657,4\,\text{m}^3$
f) $V = 800,04\,\text{cm}^3$

4 Eine Kugel hat den Radius $r = 5\,\text{cm}$.
a) Berechne das Volumen der Kugel.
b) Welchen Radius hat die Kugel mit dem doppelten (dreifachen, vierfachen, fünffachen) Volumen?

5 Wie schwer ist ein Golfball, wenn 1 cm³ Material 1,15 g wiegt?

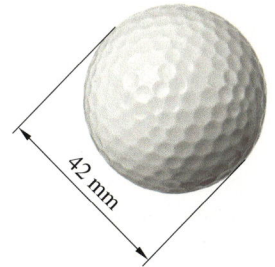

42 mm

6 In der Eisdiele von Luigi hat eine Eiskugel einen Durchmesser von 5 cm und wird für 0,60 € verkauft. Die Eiskugel in Paolos Eisdiele hat einen Radius von 3 cm. Paolo verkauft sie für 80 Cent. Welche Eisdiele verkauft ihr Eis günstiger?

---

3 Berechne den Durchmesser der Kugel. Gib in der in Klammern angegebenen Maßeinheit an. Runde dabei auf zwei Nachkommastellen.

a) $V = 12,67\,\text{m}^3$ (dm)
b) $V = 3\,700\,\text{mm}^3$ (cm)
c) $V = 305,4\,\text{dm}^3$ (cm)
d) $V = 451,7\,\text{dm}^3$ (m)
e) $V = 157,905\,\text{cm}^3$ (mm)

4 Annika meint, dass sich das Volumen einer Kugel verdoppelt, wenn der Kugelradius verdoppelt wird. Überprüfe Annikas Behauptung an einem Beispiel und korrigiere – falls notwendig – ihre Aussage.

5 Die auf einem Wasserfilm rotierende Granitkugel hat einen Durchmesser von 1,10 m. Berechne das Gewicht der Kugel in Tonnen. Ein Kubikzentimeter des verwendeten Granits wiegt 2,8 g. Vergleicht zu zweit eure Ergebnisse.

6 Ein halbkugelförmiger Eisportionierer hat einen Innendurchmesser von 5 cm. Wie viele „Eishalbkugeln" würde man theoretisch aus 15 l Eis erhalten?

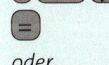
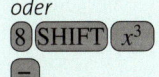
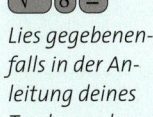

7 Nach internationalem Regelwerk muss ein Fußball einen Umfang zwischen 68 cm und 70 cm besitzen, ein Volleyball einen Umfang zwischen 65 cm und 67 cm und ein Basketball einen Umfang zwischen 75 cm und 78 cm.

Bestimme das maximale und das minimale Volumen aller drei Bälle.

8 Berechne die Oberfläche einer Kugel. Gib in der in Klammern angegebenen Maßeinheit an. Runde auf zwei Nachkommastellen.

a) $r = 4{,}3$ cm (mm²)   b) $r = 7{,}83$ dm (m²)
c) $r = 1{,}85$ m (dm²)   d) $r = 10{,}7$ cm (m²)

9 Eine Sportkegelkugel hat einen Durchmesser von 16 cm und ein Gewicht von 2 800 g.
a) Welches Volumen hat diese Kugel?
b) Wie schwer ist eine Kugel aus dem gleichen Material, die durch Abdrehen einer 1 cm dicken Schicht entsteht?

10 Elias meint, dass sich die Oberfläche einer Kugel verdoppelt, wenn der Kugelradius verdoppelt wird.
Überprüfe Elias' Behauptung an einem Beispiel und korrigiere – falls notwendig – seine Aussage.

11 Berechne den Radius der Kugel. Gib ihn auf zwei Nachkommastellen gerundet an.
a) $O = 14{,}32$ m²
b) $O = 105{,}6$ dm²
c) $O = 244{,}075$ cm²
d) $O = 3\,400$ mm²
e) $O = 552{,}1$ m²
f) $O = 700{,}08$ cm²

7 Bei Leichtathletikwettkämpfen werden beim Kugelstoßen genormte Stahlkugeln benutzt. Die Kugeln haben unterschiedliche Massen. 1 cm³ Stahl wiegt 7,86 g.

Altersklasse	Kugelmasse
Frauen	4 kg
männliche Jugend B	5 kg
männliche Jugend A	6,25 kg
Männer	7,26 kg

a) Berechne für jede angegebene Kugelart das Volumen.
b) Berechne für jede Kugel den Radius und den Durchmesser.

8 Berechne die Oberfläche einer Kugel. Gib in der in Klammern angegebenen Maßeinheit an. Runde auf zwei Nachkommastellen.

a) $d = 46$ cm (dm²)   b) $d = 7{,}19$ m (cm²)
c) $d = 2{,}4$ m (cm²)   d) $d = 23{,}45$ cm (m²)

9 Die Dicke einer Seifenblasenhaut beträgt etwa 0,000 35 mm.
Berechne, wie viele mm³ Seifenlauge für eine Blase von 5 cm Innendurchmesser nötig sind. Vergleiche dein Rechenergebnis mit dem Innenvolumen der Blase.

10 Wie verändert sich die Oberfläche einer Kugel, wenn sich der Durchmesser …
a) halbiert?
b) verdreifacht?
c) verzehnfacht?

11 Berechne den Durchmesser der Kugel. Gib in der in Klammern angegebenen Maßeinheit an. Runde auf eine Nachkommastelle.
a) $O = 22{,}58$ m² (dm)
b) $O = 2\,800$ mm² (cm)
c) $O = 105{,}9$ dm² (cm)
d) $O = 321{,}67$ dm² (m)
e) $O = 257{,}604$ cm² (mm)
f) $O = 1\,300{,}58$ cm² (dm)

12 Arbeitet zu zweit. Eine Kugel besitzt eine Oberfläche von 10 cm².
a) Berechne den Radius der Kugel.
b) Wie verändert sich der Radius, wenn sich die Oberfläche verdoppelt?
c) Wie verändert sich der Radius, wenn sich die Oberfläche halbiert?

13 Das Pantheon in Rom ist der größte und vollkommenste Rundbau der antiken römischen Baukunst. Ein architektonisches Meisterwerk ist bei diesem Bauwerk die Halbkugelkuppel, deren Durchmesser

43,3 m beträgt. Wie groß ist die Oberfläche einer solchen Halbkugel?

13 Ein Marmorwürfel hat eine Seitenlänge von 15 cm.
Aus ihm soll eine möglichst große Kugel herausgearbeitet werden.
a) Berechne die Oberfläche des Würfels und der Kugel.
b) Um wie viel Prozent weicht die Oberfläche der Kugel von der des Würfels ab?

14 Die Erde hat annähernd die Form einer Kugel.

Polradius

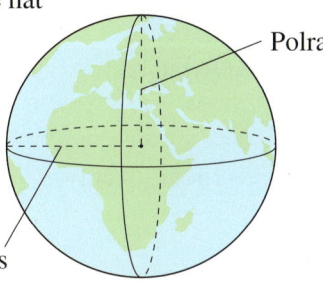

Äquatorradius

a) Berechne jeweils das Volumen einer Kugel aus dem Äquatorradius $r_{\ddot{A}} = 6\,378\,388$ m und dem Polradius $r_P = 6\,356\,912$ m.
b) In einem Lexikon wird der Oberflächeninhalt der Erde mit $510\,100\,933{,}5$ km² angegeben. Ist das möglich?
c) Mit $6\,371\,229$ m wird der mittlere Radius der Erde angegeben. Durchschnittlich wiegt 1 m³ der Erde 5,517 t. Wie schwer ist die Erde nach diesen Angaben?

14 Die Abbildung zeigt den Mond.

3 476 km

a) Berechne die Oberfläche des Mondes.
b) Bei Vollmond kann man 59 % der gesamten Mondoberfläche sehen.
Wie viel km² sind das?
c) Die Erde hat einen Durchmesser von $d = 12\,742$ km. Welchen Anteil der Erdoberfläche würde die Mondoberfläche ausmachen?
Gib den Anteil in Prozent an.

15 Die Erdoberfläche wird mit $510\,100\,933{,}5$ km² angegeben. Wie groß ist der Radius einer Kugel, die diese Oberfläche hat?
Vergleiche den Radius mit dem mittleren Erdradius von 6 371 km.
Was fällt dir auf?

16 Der „HI-Flyer" in Berlin ist der weltgrößte Fesselballon. Die Heliumfüllung wird mit 5 700 m³ angegeben, der Durchmesser mit 22,5 m.
a) Überprüfe die Angaben.
b) Berechne die Fläche der Hülle.

16 Ein hohlkugelförmiger Tank hat einen äußeren Durchmesser von 9,44 m und eine Wandstärke von 5 cm. Der Tank soll von innen und von außen einen neuen Anstrich erhalten. Berechne die Größe der gesamten Fläche, die zu streichen ist?

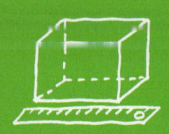

Methode: Zusammengesetzte Körper berechnen

Das Foto zeigt die Michaeliskirche in Hildesheim. Die Kirche setzt sich aus verschiedenen Körpern, z. B. Prisma, Zylinder, Pyramide und Kegel, zusammen.

Um das Volumen und die Oberfläche von zusammengesetzten Körpern zu berechnen, untersucht man zuerst, aus welchen Teilkörpern der zusammengesetzte Körper besteht.

Das Volumen V von zusammengesetzten Körpern berechnet man mit der Volumenformel der einzelnen Teilkörper.

Beispiel 1

Bestimme das Volumen V des abgebildeten Körpers.
Der Körper besteht aus einem Quader und einer quadratischen Pyramide mit gleicher Grundfläche.

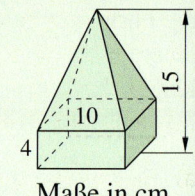

$$V_{\text{Quader}} = a \cdot b \cdot c$$
$$= 10\,\text{cm} \cdot 10\,\text{cm} \cdot 4\,\text{cm}$$
$$= 400\,\text{cm}^3$$

$$V_{\text{Pyramide}} = \tfrac{1}{3} \cdot a^2 \cdot h$$
$$= \tfrac{1}{3} \cdot (10\,\text{cm})^2 \cdot (15\,\text{cm} - 4\,\text{cm})$$
$$\approx 366{,}7\,\text{cm}^3$$

$$V_{\text{gesamt}} = V_{\text{Quader}} + V_{\text{Pyramide}}$$
$$\approx 400\,\text{cm}^3 + 366{,}7\,\text{cm}^3$$
$$\approx 766{,}7\,\text{cm}^3 \qquad \text{Das Volumen des zusammengesetzten Körpers beträgt etwa } 766{,}7\,\text{cm}^3.$$

Maße in cm

Um die Oberfläche O von zusammengesetzten Körpern zu berechnen, überlegt man, welche Flächen sichtbar sind, und berechnet den Flächeninhalt dieser Flächen mit den entsprechenden Formeln. Diese Flächeninhalte werden dann addiert.
Wie groß ist die Oberfläche O des Körpers.

HINWEIS
Berechnung der Seitenhöhe h_a mithilfe des Satzes des Pythagoras:
$$h_a{}^2 = h^2 + \left(\tfrac{a}{2}\right)^2$$
$$h_a{}^2 = 11^2 + \left(\tfrac{10}{2}\right)^2$$
$$h_a{}^2 = 146$$
$$h_a \approx 12{,}08$$

$$O_{\text{Quader}} = 2 \cdot (a \cdot b + a \cdot c + b \cdot c)$$
$$= 2 \cdot (10\,\text{cm} \cdot 10\,\text{cm} + 10\,\text{cm} \cdot 4\,\text{cm} + 10\,\text{cm} \cdot 4\,\text{cm})$$
$$= 360\,\text{cm}^2$$

$$O_{\text{Pyramide}} = G + M$$
$$= a^2 + 2 \cdot a \cdot h_a$$
$$\approx (10\,\text{cm})^2 + 2 \cdot 10\,\text{cm} \cdot 12{,}08\,\text{cm}$$
$$= 341{,}6\,\text{cm}^2$$

Maße in cm

$$O_{\text{gesamt}} = O_{\text{Quader}} + O_{\text{Pyramide}} - 2 \cdot G$$
$$\approx 360\,\text{cm}^2 + 341{,}6\,\text{cm}^2 - 2 \cdot 100\,\text{cm}^2$$
$$= 501{,}6\,\text{cm}^2 \qquad \text{Die Oberfläche des zusammengesetzten Körpers beträgt etwa } 502\,\text{cm}^2.$$

Beispiel 2

Verschiedene Körper können durch handwerkliches Geschick aus anderen Körpern erstellt werden.
Ein Zerspanungsmechaniker ist beispielsweise in der Lage, aus einem Zylinder einen Kegel zu fräsen. Um den Materialabfall zu bestimmen, subtrahiert man das Volumen der Körper voneinander.

$$V_{\text{Zylinder}} - V_{\text{Kegel}} = V_{\text{Rest}}$$

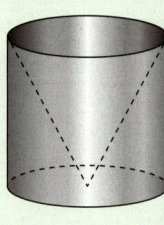

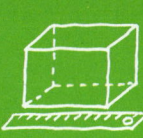

1 Betrachte die zusammengesetzten Körper. Alle Angaben in cm.

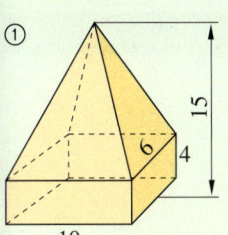
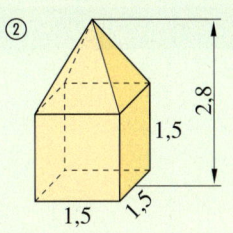
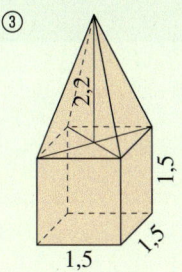
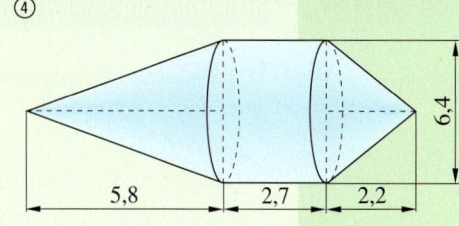

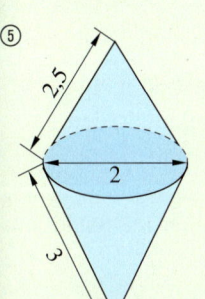
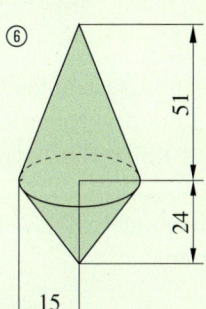
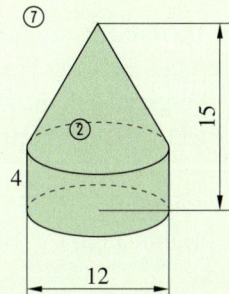
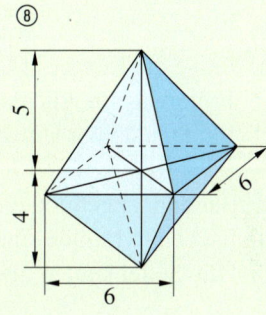
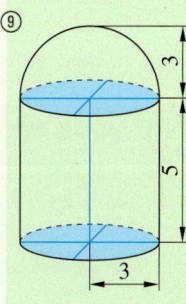

a) Beschreibe, aus welchen Teilkörpern der Körper zusammengesetzt ist.
b) Wähle einen zusammengesetzten Körper und skizziere ein Schrägbild des Körpers in deinem Heft.
c) Berechne das Volumen der zusammengesetzten Körper.
d) Berechne die Oberfläche der zusammengesetzten Körper.

2 Betrachte das abgebildete Silo.
a) Aus welchen Körpern besteht das Silo?
b) Berechne die Oberfläche des Silos.
c) Das Silo soll gestrichen werden. Berechne die benötigte Farbmenge, wenn mit einem Liter Farbe 5 m² gestrichen werden können.
d) 750 ml Farbe kosten 21,95 €. Wie viel kostet die benötigte Menge an Farbe?

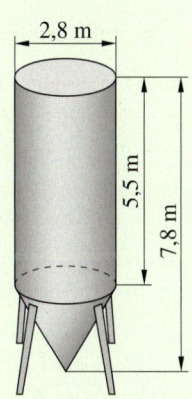

3 Aus einem Holzwürfel soll nach der Skizze ein möglichst großer Kegel gedreht werden.
Der Holzwürfel hat die Kantenlänge $a = 15$ cm.
a) Welches Volumen hat der Kegel?
b) Wie schwer ist der Kegel, wenn 1 dm³ Holz 0,65 kg wiegt?
c) Gib den Holzabfall in Prozent an.

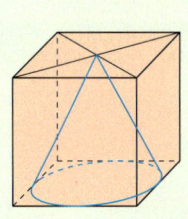

4 Ein Werkstück hat die Form einer quadratischen Pyramide, aus der eine kegelförmige Vertiefung ausgefräst wurde.
Die Höhe dieses Kegels beträgt $\frac{3}{7}$ der Höhe der Pyramide.
Wie schwer ist das Werkstück aus Aluminium, bei dem 1 cm³ Material 2,7 g wiegt?

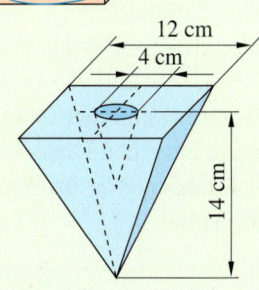

155

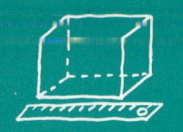

Klar so weit?

→ Seite 134

Pyramiden und Kegel erkennen

1 Betrachte die folgenden Körper.

①  ② 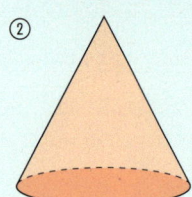 ③ 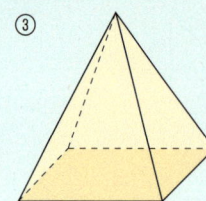 ④ 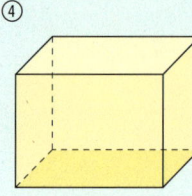 ⑤ 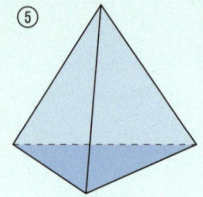 ⑥

a) Benenne die Körper und zähle ihre Eigenschaften auf.

b) Fasse die Körper in Gruppen mit gleichen Eigenschaften zusammen. Findest du mehrere Einteilungsmöglichkeiten? Vergleiche deine Lösung mit der deiner Klassenkameraden.

c) Finde in deiner Umwelt Objekte, die die Form dieser Körper besitzen.

2 Bei dem abgebildeten Netz einer quadratischen Pyramide sind die Grundkanten und die Seitenkanten gleich lang.

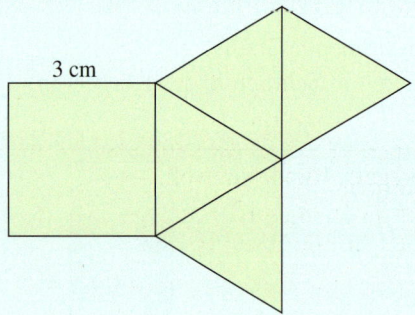

3 cm

a) Zeichne dieses Netz. Markiere mit verschiedenen Farben alle Linien, die Grundkanten bzw. Seitenkanten der Pyramide waren. Zeichne auch die Seitenhöhen ein.

b) Berechne die Länge der Seitenhöhe h_a.

c) Berechne die Körperhöhe h_k.

2 Abgebildet ist das Netz einer rechteckigen Pyramide.

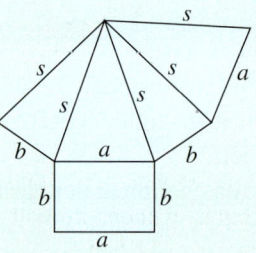

a) Zeichne nach der Skizze das Netz einer geraden rechteckigen Pyramide, deren Grundfläche die Maße $a = 2,4$ cm und $b = 1,6$ cm hat. Die Seitenkante beträgt $s = 3,5$ cm.

b) Zeichne die Seitenhöhe h_a bzw. h_b ein und berechne ihre jeweilige Länge.

c) Berechne die Höhe h_k der Pyramide auf verschiedenen Wegen.

→ Seite 140

Oberfläche und Volumen von Pyramiden

3 Berechne die Oberfläche und das Volumen der Pyramide.

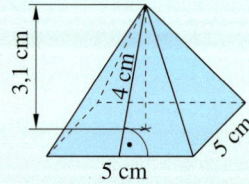

3,1 cm · 4 cm · 5 cm · 5 cm

3 Berechne die Oberfläche und das Volumen der Pyramide.

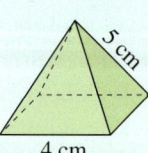

5 cm · 4 cm

4 Die Grundfläche einer quadratischen Pyramide hat einen Umfang von 13,8 m. Sie ist 2,1 m hoch. Wie groß sind ihre Oberfläche und ihr Volumen?

4 Die Spitze einer Dreieckspyramide mit $a = 3$ cm, $b = 4$ cm, $c = 5$ cm und $h_k = 6,5$ cm steht senkrecht über dem rechten Winkel. Bestimme ihre Oberfläche und ihr Volumen.

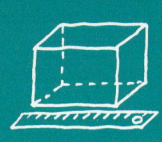

5 Berechne von einer quadratischen Pyramide die fehlenden Größen a, h_a, h_k und die Oberfläche O sowie das Volumen V. Runde auf zwei Nachkommastellen.

a) $a = 5\,\text{cm}$; $s = 9\,\text{cm}$
b) $d = 6\,\text{mm}$; $s = 10,5\,\text{mm}$
c) $h_k = 8,2\,\text{dm}$; $s = 9,7\,\text{dm}$

5 Berechne von der quadratischen Pyramide die fehlenden Größen von a, h_a, h_k und die Oberfläche O sowie das Volumen V. Runde auf zwei Nachkommastellen.

a) $a = 7,5\,\text{cm}$; $s = 12,4\,\text{cm}$
b) $d = 8,1\,\text{m}$; $s = 15\,\text{m}$
c) $h_k = 4,7\,\text{m}$; $s = 76\,\text{dm}$

6 In der australischen Stadt Perth steht ein Gewächshaus in Form einer quadratischen Pyramide. Alle Innenkanten sind 18,25 m lang, die Höhe misst 12,90 m.
a) Wie viel Raum steht den dort gezüchteten tropischen Pflanzen zur Verfügung?
b) Wie viel Quadratmeter hat der Fensterputzer zu reinigen?

Oberfläche und Volumen von Kegeln

→ Seite 144

7 Berechne die Oberfläche und das Volumen des Kegels.

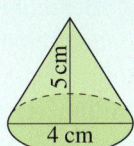

5 cm
4 cm

7 Berechne die Oberfläche und das Volumen des Kegels.

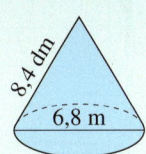

8,4 dm
6,8 m

8 Berechne die Mantelfläche und die Oberfläche des Kegels. Runde sinnvoll.
a) $s = 18,3\,\text{m}$; $h_k = 11,5\,\text{m}$
b) $r = 5\,\text{mm}$; $h_k = 7,5\,\text{mm}$

8 Berechne den Mantel und die Oberfläche des Kegels. Runde sinnvoll.
a) $d = 7\,\text{cm}$; $h_k = 12,4\,\text{cm}$
b) $r = 15,6\,\text{cm}$; $h_k = 207\,\text{mm}$

9 Der Grundkreis einer kegelförmigen Eiswaffel hat einen Durchmesser von 5,8 cm. Die Waffel ist 12 cm hoch. Welches Volumen hat die Eiswaffel?

9 Ein Hütchen hat die Form eines Kegels. Das Volumen beträgt $13\,\text{dm}^3$ und der Durchmesser des Hütchens beträgt $d = 2,1\,\text{dm}$. Berechne die Höhe des Hütchens.

Volumen und Oberfläche von Kugeln

→ Seite 150

10 Von einer Kugel sind die folgenden Angaben bekannt. Übertrage die Tabelle in dein Heft und ergänze die fehlenden Angaben.

	r	d	u	V	O
a)	3 cm				
b)		22 m			
c)			56,55 m		
d)				$7\,238,23\,\text{mm}^3$	
e)					$66,48\,\text{dm}^2$
f)		1 m			
g)					$1\,\text{m}^2$
h)			1 m		

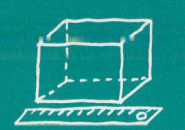

Vermischte Übungen

1 In der Randspalte ist ein Netz einer quadratischen Pyramide abgebildet. Es sind die Maße der Grundkante und der Seitenkante gegeben.

a) Berechne die Länge der Seitenhöhe h_a.

b) Berechne anschließend die Körperhöhe h_k.

2 Übertrage die Tabelle ins Heft und berechne die fehlenden Längen der geraden quadratischen Pyramide. Gib die Ergebnisse auf Millimeter gerundet an.
Die Maße sind in Zentimetern angegeben.

	a	s	h_a	h_k
a)	5			3
b)			23	15
c)	6			16
d)	4	6		
e)	5		12	
f)			8	7
g)		30	24	
h)	3	6		
i)	11		18	

3 Die Oberfläche einer quadratischen Pyramide mit der Grundseite $a = 3$ cm beträgt 33 cm².
Ricarda soll die Höhe der Pyramide bestimmen. Sie rechnet:

$$2 \cdot a \cdot h_a + a^2 = 0$$
$$2 \cdot 3\,cm \cdot h_a + (3\,cm)^2 = 33\,cm^2$$
$$6\,cm \cdot h_a + 9\,cm^2 = 33\,cm^2$$
$$6\,cm \cdot h_a = 24\,cm^2$$
$$h_a = 4\,cm$$

$$\left(\tfrac{a}{2}\right)^2 + h_k^2 = h_a^2$$
$$(1,5\,cm)^2 + h_k^2 = (4\,cm)^2$$
$$2,25\,cm^2 + h_k^2 = 16\,cm^2$$
$$h_k^2 = 13,75\,cm^2$$
$$h_k \approx 3,7\,cm$$

Übertrage die Rechnung in dein Heft.
Erkläre jeden Rechenschritt, indem du z. B. die Äquivalenzumformung ergänzt.

ERINNERE DICH
Wird eine Gleichung äquivalent umgeformt, so bleibt der Wahrheitswert der Gleichung unverändert.

4 Berechne die Oberfläche einer quadratischen Pyramide. Die Grundfläche der Pyramide hat eine Seitenlänge von $a = 4,6$ cm, die Seitenkante s ist 10 cm lang.
Tipp: Skizziere eine quadratische Pyramide und zeichne a und s ein.

1 Abgebildet ist eine quadratische Pyramide.

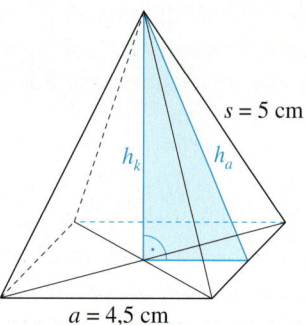

a) Berechne die Länge der Seitenhöhe h_a.

b) Schätze, wie hoch die Pyramide ist. Berechne anschließend die Körperhöhe h_k und vergleiche mit deiner Schätzung.

2 Berechne die fehlenden Längen a, s, h_a und h_k der geraden quadratischen Pyramide mit folgenden Maßen. Gib deine Ergebnisse auf Millimeter gerundet an.

a) $a = 12,5$ cm; $h_a = 18,5$ cm

b) $a = 9,6$ cm; $h_a = 14,5$ cm

c) $h_a = 21,0$ cm; $h_k = 14$ cm

d) $h_a = 12,3$ cm; $h_k = 9,8$ cm

e) $s = 24,0$ cm; $h_a = 18,0$ cm

f) $s = 31,3$ cm; $h_a = 24,9$ cm

g) $a = 8,3$ cm; $s = 10,2$ cm

h) $a = 7,5$ cm; $s = 12,8$ cm

i) $s = 16,0$ cm; $h_a = 11,5$ cm

3 Irina fand in einer Formelsammlung folgende Formel zur Berechnung der Oberfläche einer quadratischen Pyramide:
$$O = a \cdot (2\,h_a + a).$$
Sie kann nicht glauben, dass diese Formel richtig ist, da sie in der Schule eine andere Formel kennengelernt hat.
Erkläre Irina, warum auch diese Formel richtig ist.
Welche Darstellung bevorzugst du?

4 Berechne die Oberfläche einer Pyramide, deren Seitenkante 15 cm lang ist.
Die Grundfläche ist ein …

a) Quadrat mit $a = 6,4$ cm.

b) Rechteck: 5,3 cm lang und 2,9 cm breit.

c) regelmäßiges Dreieck mit $a = 2,5$ cm.

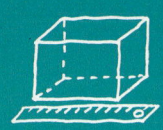

5 Die Sandsteinpyramide steht als Wahrzeichen auf dem Marktplatz der Stadt Karlsruhe.

a) Welches Volumen und welche Mantelfläche hat die Pyramide ungefähr?
b) Wie schwer ist das Grabmal?
Die Dichte von Sandstein beträgt $\varrho = \frac{2{,}6\,\text{kg}}{\text{dm}^3}$.

6 In einer Kerzenzieherei werden kegelförmige Kerzen in zwei verschiedenen Größen hergestellt:
Ein Teil der Kerzen ist 14 cm hoch mit einem Durchmesser von 6 cm, der andere Teil ist 10 cm hoch mit einem Durchmesser von 7 cm. Für welche Kerzen wird mehr Wachs benötigt?

7 Der Inhalt von drei kugelförmigen Gashochdruckspeichern wird nur bei plötzlich ansteigendem Bedarf an Verbraucher abgegeben. Der Innendurchmesser jedes Behälters beträgt 27,16 m.

a) Wie groß ist das Volumen eines Gasbehälters?
b) Im Gasbehälter herrscht Überdruck. Bei Normaldruck hätte das eingefüllte Gas ein 5,5-mal so großes Volumen.
Wie viel Gas wird in einem Behälter gespeichert?
c) Ein Haushalt mittlerer Größe verbraucht für die Gasheizung, Warmwasserbereitung und das Kochen mit Gas jährlich $2\,423\,\text{m}^3$.
Wie lange könnte allein dieser Haushalt aus dem Gasbehälter versorgt werden?

5 Aus wie viel Quadratmetern Stoff besteht dieses Moskitonetz ungefähr?

6 In Geschäften werden immer häufiger Wasserspender aufgestellt. Damit die Becher nicht in Regalen abgestellt werden können, verwendet man Kegelbecher aus Papier. Ein Becher hat einen Radius von 35 mm und eine Höhe von 78 mm.
a) Ermittle die Größe der Papierfläche für die Herstellung eines Kegelbechers, wenn für die Klebelaschen bei jedem Becher 15 % Papier zusätzlich berücksichtigt werden müssen.
b) Wie viele Becher könnten maximal aus einem Quadratmeter Papier hergestellt werden? Warum ist dies in der Realität nicht möglich?

7 Die Inuit können aus Eisblöcken Iglus bauen, die die Form einer Halbkugel haben.

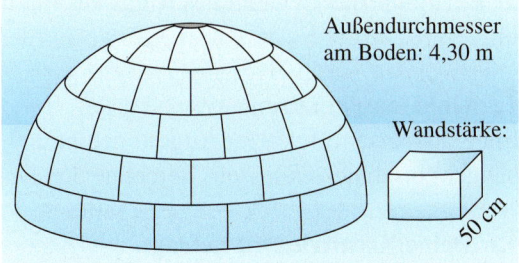

Außendurchmesser am Boden: 4,30 m

Wandstärke: 50 cm

a) Wie groß ist das Volumen des Iglus?
b) Wie groß ist das Volumen im Inneren des Iglus? Beschreibe, wie du vorgehst.

SCHON GEWUSST?
Inuit bedeutet „Mensch" und ist die Bezeichnung für arktische Volksgruppen.

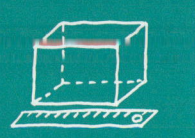

Beruf Goldschmied/in

Goldschmiede entwerfen Schmuckstücke und andere Gegenstände aus Edelmetall und gestalten diese. Je nach Fachrichtung werden in die Verarbeitung und Gestaltung auch Juwelen einbezogen. Sie arbeiten nach Kundenwunsch, Vorlagen oder eigenen Entwürfen.
In größeren Betrieben überwachen sie die maschinelle Fertigung der Schmuckstücke. Goldschmiede arbeiten meist in Schmiedewerkstätten, bei Juwelieren oder in der Schmuckindustrie.

8 Aufgabe aus dem 1. Lehrjahr
Ein Auszubildender hat den Auftrag erhalten, nach einer vorgegebenen Zeichnung eine Brosche anzufertigen. Die Brosche hat in der Zeichnung eine Länge von 7,90 cm.
Wie lang wird die Brosche in Wirklichkeit, wenn die Zeichnung mit einem Maßstab von 5 : 1 angefertigt wurde?

9 Färbung eines Ringaufsatzes
Der Aufsatz eines Rings (Kugel: $d = 12$ mm, Quader: $a = 8$ mm, $b = 8$ mm, $c = 3$ mm) soll mit einer Goldglasur gefärbt werden.
Wie viel Quadratmillimeter werden gefärbt?

10 Gewicht eines Kettenanhängers
Entnimm die benötigten Werte dem Tabellenausschnitt.
a) Berechne das Volumen des Anhängers.
b) Der Anhänger besteht aus 333er Gold. Wie schwer ist dieser Anhänger?
c) Wie hoch sind die Materialkosten?

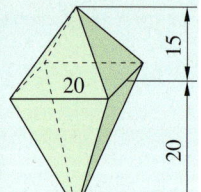

20   15   20

Angaben in mm

Bezeichnung	Dichte	Preis/g
Gold 333	11 g/cm³	9,65 €
Gold 585	13,7 g/cm³	16,95 €
Gold 750	15,4 g/cm³	21,73 €
Platin 950	21,5 g/cm³	25,50 €

11 Anfrage eines Kunden
Ein Kunde interessiert sich für einen ausgestellten 585er Goldring mit einem Gewicht von 16 g. Er möchte diesen aus 950er Platin anfertigen lassen.
a) Bestimme das Gewicht des Rings aus Platin.
b) Vergleiche die Kosten für die Ringe aus den beiden unterschiedlichen Metallen.

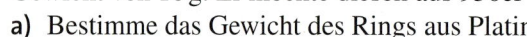

12 Gold einschmelzen
Ein Kunde hat 462 g 585er Altgold geerbt und möchte es zu einem kugelförmigen Kettenanhänger einschmelzen lassen. Berechne den Durchmesser der Kugel.

13 Deine Kreativität ist gefragt.
Entwirf selbst ein Schmuckstück.
a) Aus welchen geometrischen Körpern besteht dein Schmuckstück?
b) Fertige einen Entwurf an, z.B. eine Skizze oder ein Netz. Berechne das benötigte Material.
c) Erstelle aus Pappe ein Modell deines Schmuckstücks und färbe es.

Zusammenfassung

Pyramiden und Kegel erkennen

→ Seite 134

Eine **Pyramide** ist ein Körper mit einem n-Eck als Grundfläche und n Dreiecken als Seitenflächen, die einen gemeinsamen Eckpunkt, die Spitze, haben. Pyramiden werden nach ihrer Grundfläche benannt.

Ein **Kegel** ist ein Körper, der durch einen Kreis und einen Punkt außerhalb der Ebene des Kreises, die Kegelspitze, festgelegt wird.

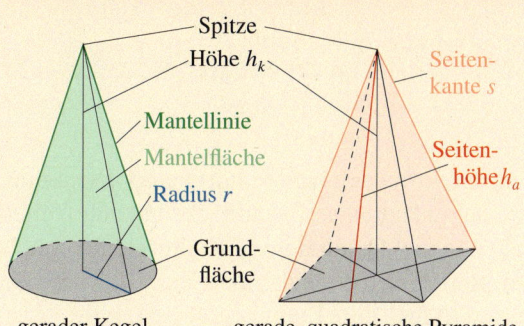

gerader Kegel   gerade, quadratische Pyramide

Oberfläche und Volumen einer Pyramide

→ Seite 140

Für die Berechnung an Pyramiden mit quadratischer Grundfläche gilt:

$M = 4 \cdot \left(\frac{1}{2} \cdot a \cdot h_a\right) = 2 \cdot a \cdot h_a$

$O = a^2 + 4 \cdot \left(\frac{1}{2} \cdot a \cdot h_a\right) = a^2 + 2 \cdot a \cdot h_a$

$V = \frac{1}{3} \cdot G \cdot h_k$

Die Längen h_k (**Körperhöhe**), h_a (**Seitenhöhe**), a (**Grundkante**) und s (**Seitenkante**) lassen sich mithilfe des Satzes des Pythagoras berechnen: $h_a{}^2 = h_k{}^2 + \left(\frac{a}{2}\right)^2$ $s^2 = \left(\frac{a}{2}\right)^2 + h_a{}^2$

$s^2 = h_k{}^2 + \left(\frac{d}{2}\right)^2$

geg.: $a = 35\,\text{m}$; $h_k = 22\,\text{m}$ und $h_a = 28{,}1\,\text{m}$

$M = 2 \cdot a \cdot h_a = 2 \cdot 35\,\text{m} \cdot 28{,}1\,\text{m} = 1\,967\,\text{m}^2$

$O = a^2 + 2 \cdot a \cdot h_a = (35\,\text{m})^2 + 2 \cdot 35\,\text{m} \cdot 28{,}1\,\text{m}$
$ = 3\,192\,\text{m}^2$

$V = \frac{1}{3} \cdot a^2 \cdot h_k = \frac{1}{3} \cdot (35\,\text{m})^2 \cdot 22\,\text{m} \approx 8\,983{,}33\,\text{m}^3$

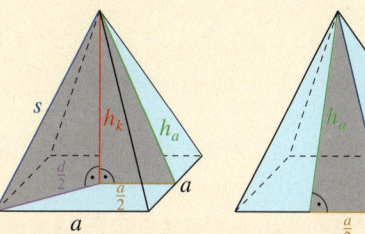

Oberfläche und Volumen eines Kegels

→ Seite 144

Schneidet man die Mantelfläche entlang einer **Mantellinie** s auf, so erhält man einen Kreissektor. Der **Bogen** b entspricht dem **Umfang** u des Grundkreises vom Kegel.
Der Radius entspricht der Mantellinie s des Kegels.

Es gilt: $M = \pi \cdot r \cdot s$

$ O = \pi \cdot r^2 + \pi \cdot r \cdot s = \pi \cdot r \cdot (r + s)$

$ V = \frac{1}{3} \cdot G \cdot h_k = \frac{1}{3} \cdot \pi \cdot r^2 \cdot h_k$

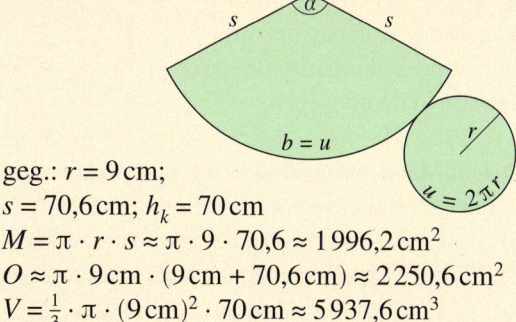

geg.: $r = 9\,\text{cm}$;
$s = 70{,}6\,\text{cm}$; $h_k = 70\,\text{cm}$

$M = \pi \cdot r \cdot s \approx \pi \cdot 9 \cdot 70{,}6 \approx 1\,996{,}2\,\text{cm}^2$

$O \approx \pi \cdot 9\,\text{cm} \cdot (9\,\text{cm} + 70{,}6\,\text{cm}) \approx 2\,250{,}6\,\text{cm}^2$

$V = \frac{1}{3} \cdot \pi \cdot (9\,\text{cm})^2 \cdot 70\,\text{cm} \approx 5\,937{,}6\,\text{cm}^3$

Oberfläche und Volumen einer Kugel

→ Seite 150

Für die Berechnung einer Kugel gilt:

$V = \frac{4}{3} \cdot \pi \cdot r^3$

$O = 4 \cdot \pi \cdot r^2$

Die Kugel hat einen Radius von $4\,\text{cm}$.

$V = \frac{4}{3} \cdot \pi \cdot (4\,\text{cm})^3 \approx 268{,}08\,\text{cm}^3$

$O = 4 \cdot \pi \cdot r^2 = 4 \cdot \pi \cdot (4\,\text{cm})^2 \approx 201{,}06\,\text{cm}^2$

Teste dich!

6 Punkte

1 Berechne das Volumen, den Mantel und die Oberfläche der quadratischen Pyramide.
Gib das Ergebnis sinnvoll gerundet an.

a) $a = 6\,cm$; $h_k = 10\,cm$ b) $a = 3\,cm$; $h_k = 7\,cm$

c) $a = 8{,}0\,cm$; $h_k = 11{,}5\,cm$ d) $a = 2{,}6\,cm$; $s = 13{,}0\,cm$

e) $a = 7{,}3\,cm$; $s = 10{,}6\,cm$ f) $h_a = 20\,cm$; $h_k = 12{,}5\,cm$

2 Punkte

2 Ein Turmdach hat die Form einer Pyramide. Seine Seitenkanten sind 10,8 m lang.
Seine quadratische Grundfläche hat eine Seitenlänge von 2,4 m.

a) Wie viel Quadratmeter Kupferblech braucht man für eine neue Dachbedeckung?

b) Berechne die anfallenden Kosten für die Dachdeckung, wenn mit 4 % Verschnitt kalkuliert
wird und 1 m² Kupfer 65 € kostet.

8 Punkte

3 Von einem Kegel sind die folgenden Angaben bekannt. Ergänze die Tabelle in deinem Heft.

	r	h_k	s	V	M	O
a)	36,5 m	78,2 m				
b)	79,8 dm	102,6 dm				
c)	22,4 cm		33 cm			
d)	0,4 km		0,81 km			
e)		10,6 mm	23 mm			
f)		36,7 km	38 km			
g)	2 m			77,5 m³		
h)	0,9 cm			21,3 cm³		

1 Punkt

4 In einer Glasfabrik werden Kelchgläser mit einem annähernd
kegelförmigen Kelch hergestellt.
Jedes Kelchglas hat die in der Zeichnung angegebenen Maße.
Überprüfe mithilfe einer Rechnung, ob 0,2 l Flüssigkeit in ein
Kelchglas passen.

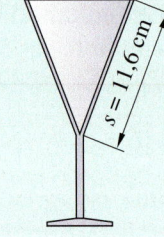

3 Punkte

5 Von einer Kugel sind die
folgenden Angaben bekannt.
Berechne und ergänze die
Tabelle in deinem Heft.

	r	d	V	O
a)		4 cm		
b)	12 cm			
c)			33,5 cm³	

2 Punkte

6 Ein Marmorwürfel hat eine Seitenlänge von 0,8 m. Aus ihm soll eine möglichst große Kugel
herausgearbeitet werden.

a) Berechne jeweils das Volumen von Würfel und Kugel.

b) Um wie viel Prozent weicht das Volumen der Kugel von dem des Würfels ab?

2 Punkte

7 Einem Quader wird ein pyramidenförmiges Dach aufgesetzt.
Die benötigten Maße kann man der Zeichnung entnehmen.

a) Berechne das Volumen des entstandenen Körpers.

b) Berechne den Mantel der Pyramide.

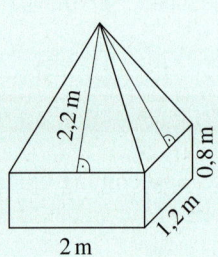

Gold: 22–24 Punkte, Silber: 18–21 Punkte, Bronze: 14–17 Punkte   Lösungen ab Seite 222

Trigonometrie

Im Mittelalter zogen Seefahrer aus, um die Welt zu entdecken.
Sie orientierten sich an den Sternen und
bestimmten durch Winkelberechnungen ihre Position auf See.

Noch fit?

Einstieg

1 Sätze vervollständigen
Ergänze im Heft zu wahren Aussagen.
a) Die Winkelsumme in einem Dreieck ABC beträgt _____ .
b) Im Dreieck ABC liegt die Seite a dem Winkel _____ gegenüber.
c) Der Winkel γ ist _____ immer der größte Dreieckswinkel.

2 Dreiecke konstruieren
Fertige eine Planskizze an und konstruiere die Dreiecke ABC.
a) $a = 6{,}5\,\text{cm}$, $b = 5{,}5\,\text{cm}$, $c = 10{,}5\,\text{cm}$
b) $a = 5\,\text{cm}$, $\beta = \gamma = 60°$

3 Fehlende Längen berechnen
Berechne am rechtwinkligen Dreieck mit $\gamma = 90°$ die fehlenden Größen.

	a	b	c	A
a)	3 cm	4 cm		
b)	50 mm		13 cm	
c)	18 mm			720 mm²

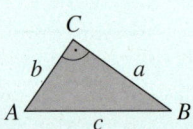

4 Rechtwinkligkeit prüfen
Ist das Dreieck rechtwinklig? Überprüfe rechnerisch.
a) $a = 3\,\text{cm}$, $b = 4\,\text{cm}$, $c = 5\,\text{cm}$
b) $a = 4\,\text{cm}$, $b = 6{,}5\,\text{cm}$, $c = 7\,\text{cm}$
c) $a = 11{,}7\,\text{cm}$, $b = 8\,\text{cm}$, $c = 7\,\text{cm}$

5 Berechne x mithilfe des Strahlensatzes.

(Angaben in cm)

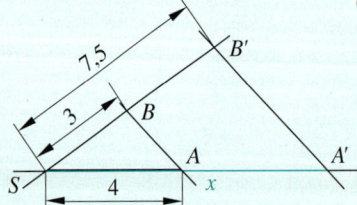

Aufstieg

1 Sätze vervollständigen
Ergänze im Heft zu wahren Aussagen.
a) Es gibt rechtwinklige Dreiecke, die _____ gleich lange Seiten haben.
b) Ein Dreieck ABC kann mehrere _____ Winkel haben.
c) Ein Dreieck ABC kann höchstens einen _____ oder einen _____ Winkel haben.

2 Dreiecke konstruieren
Fertige eine Planskizze an und konstruiere die Dreiecke ABC.
a) $b = 4{,}5\,\text{cm}$, $c = 8{,}5\,\text{cm}$, $\alpha = 70°$
b) $a = 3\,\text{cm}$, $c = 5\,\text{cm}$, $\beta = 45°$

4 Rechtwinkligkeit prüfen
Ist das Dreieck rechtwinklig? Beschreibe, wie du vorgehst.
a) $a = 3{,}5\,\text{cm}$, $b = 2\,\text{cm}$, $c = 4\,\text{cm}$
b) $a = 2{,}4\,\text{m}$, $b = 6{,}4\,\text{m}$, $c = 5\,\text{m}$
c) $a = 10{,}9\,\text{cm}$, $b = 91\,\text{mm}$, $c = 6{,}0\,\text{cm}$

5 Berechne x mithilfe des Strahlensatzes.

(Angaben in cm)

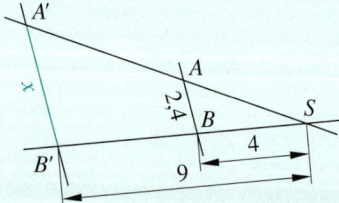

6 Kurz und knapp
a) Erkläre anhand einer Zeichnung den Strahlensatz.
b) Wie lautet der Satz des Pythagoras?
Entscheide und begründe mithilfe einer Skizze.

| $c^2 = a^2 + b^2$ | $c^2 = a^2 - b^2$ | $a^2 = c^2 + b^2$ | $a^2 + b^2 = c^2$ | $c^2 = a^2 \cdot b^2$ | $c^2 + a^2 = b^2$ |

Lösungen ab Seite 222

Seitenverhältnisse in rechtwinkligen Dreiecken

Entdecken

1 Ein großer Automobilkonzern hat für einen Werbespot sein
neues Pkw-Top-Modell die Ski-Sprungschanze Pitkävuori
im finnischen Kaipola mit etwa $60 \frac{km}{h}$ hinauffahren lassen.
Auf dem letzten Abschnitt der Schanze wurde eine Steigung
von fast 80% bewältigt.

a) Erläutere mithilfe der Abbildung den Begriff Steigung.
   Verwende dabei die Begriffe Höhenunterschied und
   Horizontalunterschied.
b) Erkläre, was unter 80% Steigung zu verstehen ist.
c) Kann es Steigungen geben, die größer als 100% sind?
   Können Steigungen beliebig groß werden? Begründe.

2 Konstruiere die folgenden Dreiecke.

① $a = 3\,cm, b = 4\,cm, c = 5\,cm$

② $a = 4{,}5\,cm, b = 6\,cm, \gamma = 90°$

③ $a = 5\,cm, b = 4\,cm, c = 6{,}4\,cm$

④ $\alpha = 37°, c = 8\,cm, \beta = 53°$

⑤ $a = 7\,cm, b = 5{,}6\,cm, \gamma = 90°$

a) Gibt es Gemeinsamkeiten aller fünf Dreiecke?
b) Miss in jedem Dreieck die Seitenlängen.
c) Auf wie viele verschiedene Arten kann man aus drei Seiten ein Verhältnis zweier Seiten
   bilden? Bilde alle Seitenverhältnisse.
d) Berechne jeweils die Seitenverhältnisse $\frac{a}{b}$; $\frac{a}{c}$; $\frac{b}{c}$. Was fällt dir auf?
   Finde eine Erklärung dafür.

3 Untersuche mit einer dynamischen Geometrie-Software unterschiedliche Seitenverhältnisse
in einem rechtwinkligen Dreieck.

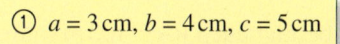

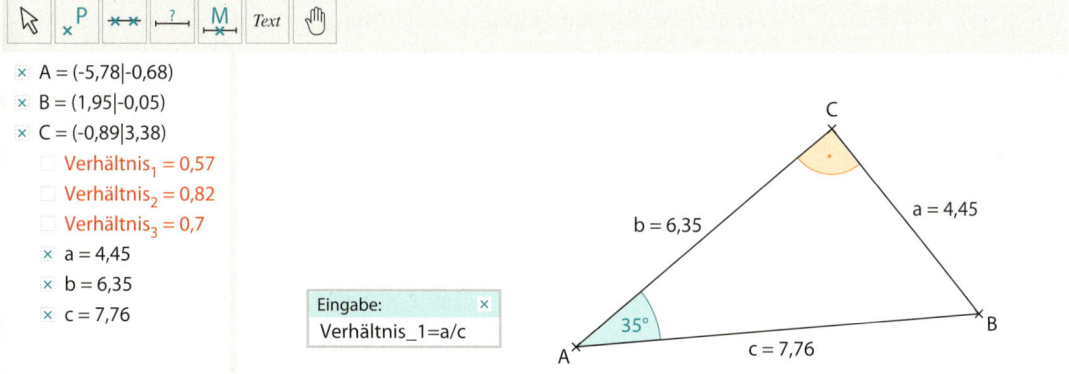

HINWEIS
*Erstelle mit einer
dynamischen
Geometrie-Soft-
ware **Variablen**,
die jeweils ein
Seitenverhältnis
berechnen.
In der Eingabe-
zeile siehst du
ein Beispiel für
das Seitenver-
hältnis $\frac{a}{c}$.*

a) Konstruiere ein rechtwinkliges Dreieck mit $\gamma = 90°$ und einem selbst festgelegten Winkel α.
   Verändere die Längen der Seiten, ohne den rechten Winkel oder den Winkel α zu verändern.
   Was stellst du für die Seitenverhältnisse $\frac{a}{c}$ und $\frac{b}{c}$ fest?
b) Verändere die Größe des Winkels α und beobachte dabei die Veränderungen bei den
   Dreiecksseiten und bei den Seitenverhältnissen $\frac{a}{b}$; $\frac{a}{c}$; $\frac{b}{c}$.
c) Verändere die Länge der Seite b. Beobachte, was passiert.

Verstehen

Ein Pilot hebt in Richtung Hannover ab. Beim Start muss er darauf achten, dass nach dem Abheben eine Steigung von 18% nicht überschritten werden darf. Der Pilot darf also pro 100 m zurückgelegter horizontaler Strecke (Horizontalunterschied) nicht mehr als 18 m in der Vertikalen (Höhenunterschied) steigen.

> **Merke** In jedem rechtwinkligen Dreieck wird die **Steigung m** aus dem Quotienten von **Höhenunterschied** und **Horizontalunterschied** ermittelt:
>
> Steigung $m = \dfrac{\text{Höhenunterschied}}{\text{Horizontalunterschied}}$
>
> Jeder Steigung m wird genau ein Steigungswinkel α zugeordnet.

Beispiel 1

Ist der Höhenunterschied einer Strecke $\overline{AB}$ = 18 m und ihr Horizontalunterschied 100 m, so beträgt ihre Steigung 18 %.

$\dfrac{18\,\text{m}}{100\,\text{m}} = \dfrac{18}{100} = 0,18 = 18\,\%$

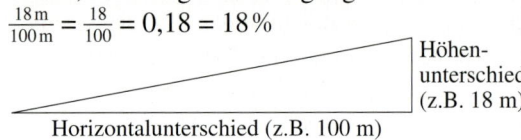

Die Steigung beträgt auch nach 400 m immer noch 18%: $\dfrac{72\,\text{m}}{400\,\text{m}} = \dfrac{72}{400} = 0,18 = 18\,\%$

Die Seitenverhältnisse sind in ähnlichen rechtwinkligen Dreiecken, also bei einem festen Steigungswinkel α, immer gleich.

Für den weiteren Steigflug gelten folgende Werte:

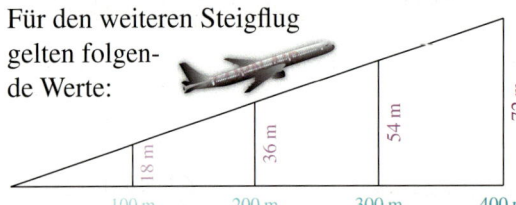

Für die Berechnung an rechtwinkligen Dreiecken wurden besondere Bezeichnungen festgelegt. Bei gegebenem spitzen Winkel α und dem Winkel β = 90° werden für die Seiten des rechtwinkligen Dreiecks die Bezeichnungen wie in der Abbildung verwendet.
Dabei liegt z. B. die Gegenkathete von α immer α gegenüber.

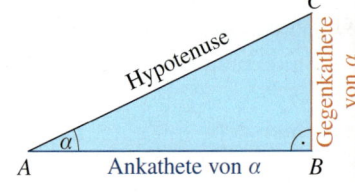

Mit diesen Bezeichnungen erhält man für den Quotienten der Steigung verschiedene Seitenverhältnisse, die für die Berechnung am Dreieck wichtig sind.

> **Merke** In einem rechtwinkligen Dreieck bezeichnet man den Quotienten aus den Längen …
>
> | der Gegenkathete und der Ankathete als **Tangens von** α, kurz **tan α**: | der Gegenkathete und der Hypotenuse als den **Sinus von** α, kurz **sin α**: | der Ankathete und der Hypotenuse als den **Kosinus von** α, kurz **cos α**: |
> |---|---|---|
> | $\tan \alpha = \dfrac{\text{Gegenkathete von } \alpha}{\text{Ankathete von } \alpha}$ | $\sin \alpha = \dfrac{\text{Gegenkathete von } \alpha}{\text{Hypotenuse}}$ | $\cos \alpha = \dfrac{\text{Ankathete von } \alpha}{\text{Hypotenuse}}$ |
> | 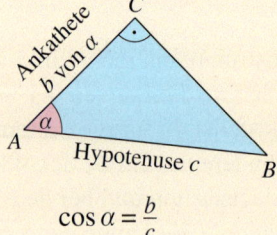 | | |
> | $\tan \alpha = \dfrac{a}{b}$ | $\sin \alpha = \dfrac{a}{c}$ | $\cos \alpha = \dfrac{b}{c}$ |

Üben und anwenden

1 Simon fragt sich: „Die Gegenkathete eines Winkels zu finden ist einfach, sie liegt dem Winkel gegenüber. Aber welche der anderen beiden Seiten ist die Ankathete?" Kannst du ihm helfen?

2 Wie heißt im Dreieck ABC ($\gamma = 90°$) …
a) … die Gegenkathete von α?
b) … die Hypotenuse?
c) … die Ankathete von β?
d) … die Gegenkathete von β?
e) … die Ankathete von α?

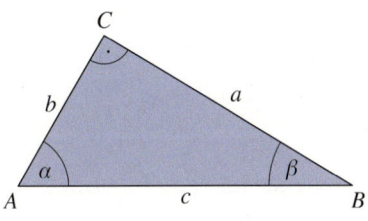

3 Gib den Quotienten für den Tangens jedes angegebenen Winkels an.

a) 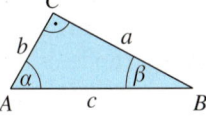   b)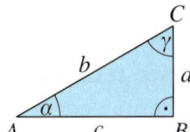

c) 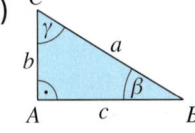   d)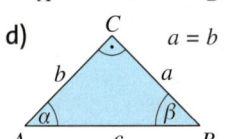

4 Die Höhe h teilt das rechtwinklige Dreieck ABC in zwei rechtwinklige Dreiecke ADC und DBC.

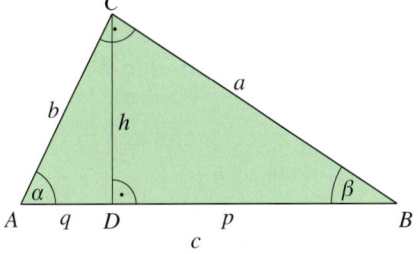

Gib jeweils zwei Quotienten für $\tan\alpha$ und für $\tan\beta$ an.

5 Fabian behauptet, dass der Tangens eines Winkels nicht größer als 100 werden kann. Stimmt das? Begründe deine Antwort.

2 Bestimme, falls möglich, bei den unten abgebildeten Dreiecken ① bis ④ die Hypotenuse sowie die Gegenkathete und die Ankathete …
a) … von α aus gesehen.
b) … von β aus gesehen.
c) Welche Eigenschaft muss ein Dreieck haben, sodass man die Hypotenuse sowie die Gegenkathete und die Ankathete angeben kann?

① 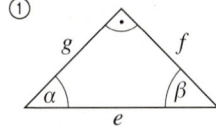   ②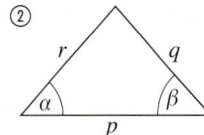

③ 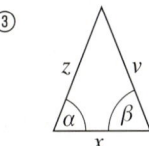   ④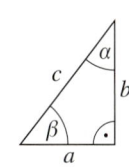

3 Wie werden $\tan\alpha$ und $\tan\beta$ berechnet?

a) 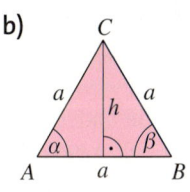   b)

4 Die Diagonalen teilen den Drachen in vier rechtwinklige Dreiecke.

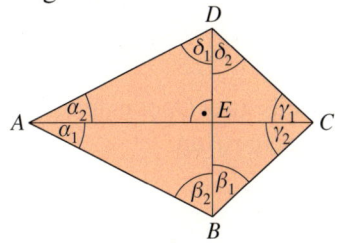

Gib jeweils zwei Quotienten für $\tan\alpha_1$ und für $\tan\beta_1$ an.

5 Für welchen Winkel kann man den Tangenswert genau angeben?

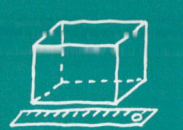

6 Gib jeweils die Quotienten für den Sinus und den Kosinus der beiden spitzen Winkel in dem rechtwinkligen Dreieck ABC an. Bestimme zunächst die Ankathete und die Gegenkathete des jeweiligen Winkels und die Hypotenuse.

a)
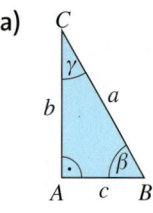

b)
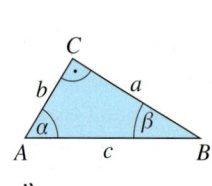

c)
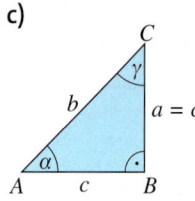

d)
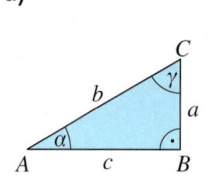

6 Gib jeweils die Quotienten für den Sinus und für den Kosinus der Winkel α und β in den Figuren an. Bestimme zunächst die Ankathete und die Gegenkathete des jeweiligen Winkels und die Hypotenuse.

a)
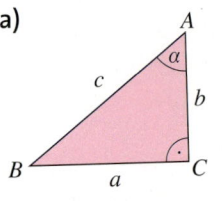

b)
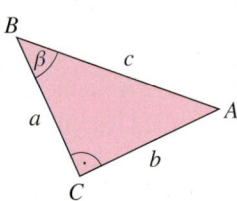

c)
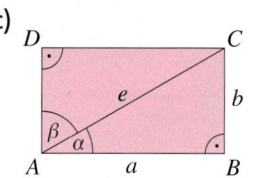

d)
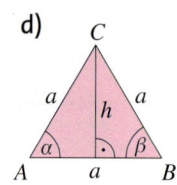

7 Begründe, warum der Sinuswert eines Winkels zwischen $0°$ und $90°$ immer kleiner als 1 ist.

8 Bestimme mit dem Taschenrechner die an der Zehntausendstelstelle gerundeten Näherungswerte für Sinus und Kosinus des Winkels.

a) $6°$ b) $12°$ c) $23°$
d) $46°$ e) $54°$ f) $65°$
g) $83°$ h) $0,5°$ i) $12,5°$

8 Bestimme mit dem Taschenrechner die an der Zehntausendstelstelle gerundeten Näherungswerte für Sinus und Kosinus des Winkels.

a) $9°$ b) $33°$ c) $55°$
d) $1,9°$ e) $74,76°$ f) $0,08°$
g) $89,8°$ h) $15,7°$ i) $10,3°$

9 Wie ändern sich in einem rechtwinkligen Dreieck ABC mit $\beta = 90°$ die Verhältnisse $\frac{a}{c}$ und $\frac{a}{b}$, wenn die folgenden Veränderungen an α vorgenommen werden und die Länge der Ankathete von α gleich bleibt?
a) α wird verkleinert (vergrößert).
b) α nähert sich der Winkelgröße $90°$.

9 Arbeite mit einer dynamischen Geometrie-Software.
Zeichne ein rechtwinkliges Dreieck. Verändere das Seitenverhältnis von Gegenkathete und Hypotenuse in diesem rechtwinkligen Dreieck.
Wie ändert sich der zugehörige Winkel?

10 Gib jeweils zwei Quotienten für $\sin\alpha$, $\cos\alpha$, $\sin\beta$ und $\cos\beta$ an.

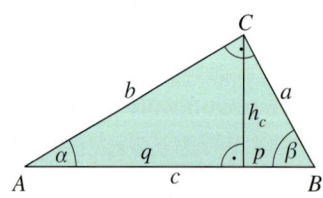

10 Gib jeweils zwei Quotienten für $\sin\alpha$, $\cos\alpha$, $\sin\beta$ und $\cos\beta$ an.

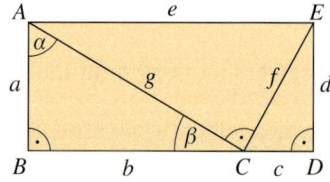

RÜCKBLICK
Berechne die Zinsen für ein Kapital von 450 € bei einem Zinssatz von 2,2 % p. a. für die Zeit vom 03.01. bis 30.03.

11 Stefan behauptet: „Das Seitenverhältnis zum Kosinus eines Winkels beträgt 1,2." Hat Stefan recht? Begründe.

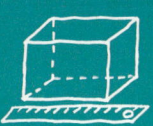

Strecken- und Winkelberechnungen mit sin, cos, tan

Entdecken

1 Eine Boeing 737-300 soll auf dem Hamburger Flughafen landen. Der Landeanflug beginnt 17 km entfernt vom Aufsetzpunkt. Die Boeing gleitet im Landeanflug geradlinig mit einem Gleitwinkel von $\alpha = 3°$.
a) Kann es sein, dass der Landeanflug in ca. 890 m Höhe beginnt? Begründe.
b) Finde eine geeignete Möglichkeit, um die Höhe beim Landeanflug zu bestimmen.

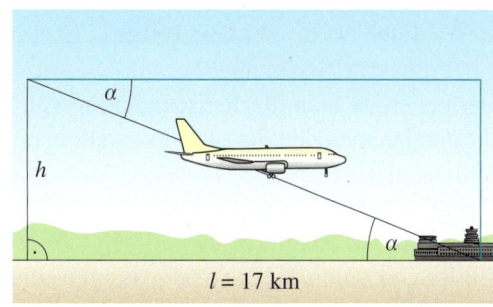

2 Die Abbildungen zeigen verschiedene rechtwinklige Dreiecke in unterschiedlichen Sachzusammenhängen.

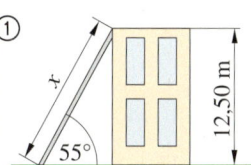
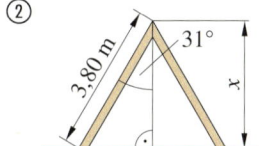
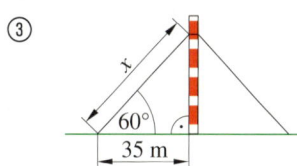

a) Beschreibe, was die Abbildungen darstellen.
b) Bisher kennst du die Möglichkeit, solche Aufgaben zeichnerisch zu lösen. Wie könnte man vorgehen, um x zu berechnen?
c) Vergleicht zu zweit eure Lösungen und Vorgehensweisen.

3 Arbeitet in Gruppen.
Basketballspieler sollten wissen, wie groß der Einfallswinkel β beim Korbwurf mindestens sein muss, damit der Ball ohne Berührung des Korbrings und ohne Verwendung des Spielbretts ins Netz fallen kann.
a) Recherchiert den inneren Durchmesser des Korbrings und den Durchmesser eines Basketballs.
b) Warum dürfen bei offiziellen Basketballwettkämpfen nur genormte Bälle eingesetzt werden?
c) Schätzt, wie groß der Einfallswinkel mindestens sein muss, damit der Ball im Korb landet, ohne den Korb oder das Brett zu berühren.
Fertigt eine passende Skizze an.
d) Findet eine Formel, um den minimalen Einfallswinkel zu bestimmen, bei dem der Ball im Korb landet.
e) Stellt euer Ergebnis der Klasse vor.
f) Findet und löst weitere Fragestellungen.

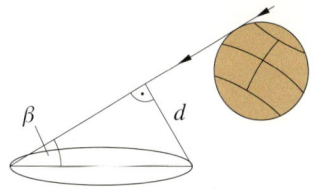

169

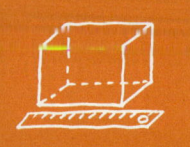

Verstehen

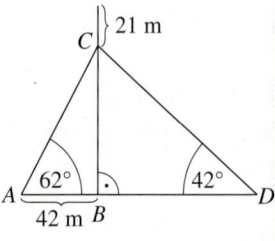

Ein Sendemast wird mit Abspannseilen gesichert, die fest im Boden verankert sind. Die Seiten bilden mit dem Boden einen Winkel von 62° bzw. 42°. Einige Schüler schätzen die Höhe des Sendemastes: Inga: 60 m; Lukas: 100 m; Elena: 35 m; Martin: 80 m. Wer hat die beste Schätzung?

Bisher benötigte man für die Berechnung von Seitenlängen im rechtwinkligen Dreieck den Satz des Pythagoras und die Angabe von zwei Seitenlängen.

> **Merke** Sind in einem rechtwinkligen Dreieck eine Seite und ein Winkel gegeben, so können mithilfe von Sinus, Kosinus oder Tangens die beiden **anderen Seiten** berechnet werden.

Beispiel 1

BEACHTE
Am Taschenrechner muss die MODE-Einstellung auf **DEG** *(englisch: degree = Grad) stehen.*

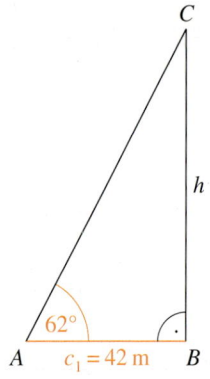

gegeben: $\alpha = 62°$, $c_1 = 42$ m;   gesucht: h (in m)

$$\tan \alpha = \frac{\text{Gegenkathete von } \alpha}{\text{Ankathete von } \alpha} = \frac{h}{c_1}$$

$$\tan \alpha = \frac{h}{c_1} \qquad | \cdot c_1$$

$$\tan \alpha \cdot c_1 = h$$

$$h = \tan 62° \cdot 42\,\text{m} \approx 79\,\text{m}$$

Sendemastlänge: $h + 21\,\text{m} \approx 79\,\text{m} + 21\,\text{m} = 100\,\text{m}$
Der Sendemast hat eine Länge von ca. 100 m.

> **Merke** Sind in einem rechtwinkligen Dreieck zwei Seiten gegeben, so können mithilfe von Sinus, Kosinus oder Tangens die **fehlenden Winkel** bestimmt werden.

BEACHTE
Für die drei Seitenverhältnisse gibt es eine Eselsbrücke.

sin	cos	tan
$\frac{G}{H}$	$\frac{A}{H}$	$\frac{G}{A}$

G: Gegenkathete
H: Hypotenuse

Mit dem Taschenrechner kann je nach Modell mit der Tastenfolge [2nd] [sin], [INV] [sin] oder [SHIFT] [sin] bei gegebenem Sinuswert der zugehörige Winkel bestimmt werden. Mit einer entsprechenden Tastenkombination lassen sich auch Winkel zu gegebenen Kosinus- oder Tangenswerten berechnen.

Beispiel 2

Von einem rechtwinkligen Dreieck ($\gamma = 90°$) sind die Kathete $b = 7,8$ cm und die Hypotenuse $c = 11,5$ cm gegeben.

① gesucht: Winkel α

$$\cos \alpha = \frac{7,8}{11,5} \qquad\qquad\qquad \cos \alpha \approx 0,6783$$

Bestimmung von α mit dem Taschenrechner:
[2nd] [cos] [0] [.] [6] [7] [8] [2] [=]
$\alpha \approx 47,3°$ Der Winkel α ist ca. 47,3° groß.

② gesucht: Winkel β

1. Möglichkeit:

$$\sin \beta = \frac{7,8}{11,5}$$
$$\sin \beta \approx 0,6783$$
$$\beta \approx 42,7°$$

2. Möglichkeit:

$$\alpha + \beta + 90° = 180° \qquad | - 90° - \alpha$$
$$\beta = 90° - \alpha$$
$$\beta = 90° - 47,3° = 42,7°$$
Der Winkel β ist ca. 42,7° groß.

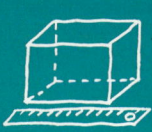

Üben und anwenden

1 Gib das Seitenverhältnis an und berechne die markierte Dreieckseite mithilfe von sin, cos oder tan.

a)
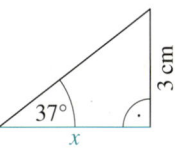

b)
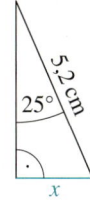

c)
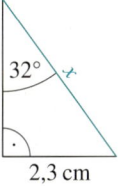

d)
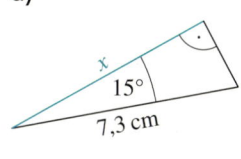

1 Gib das Seitenverhältnis an und berechne die markierte Dreieckseite mithilfe von sin, cos oder tan.

a)
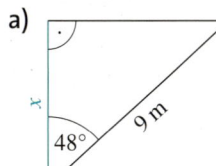

b)
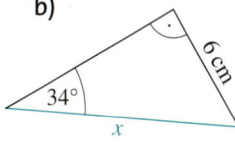

c)
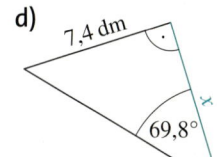

d)
7,4 dm
69,8°
x

2 Zeichne für das Dreieck ABC eine Skizze und markiere die gegebenen Größen farbig. Berechne die fehlenden Größen.

	α	β	γ	a	b	c
a)	43°		90°		3,9 cm	
b)		47°	90°		4,1 cm	
c)	90°	32°			2,6 cm	
d)	71°	90°				6,6 cm
e)		90°	14°			5,2 cm
f)	90°		29°			3,8 cm
g)	26°		90°		6,7 cm	

3 Bei einem Flugzeug beginnt der Landeanflug in 910 m Höhe. Der Gleitwinkel beträgt meist $\alpha = 3°$. Wie weit ist die Maschine dabei vom Aufsetzpunkt entfernt?
Fertige zunächst eine Skizze an.

4 Im gleichschenkligen Dreieck ABC sind $\alpha = 72°$ und $c = 4,5$ cm. Berechne die Höhe h_c. Verwende eines der rechtwinkligen Dreiecke.

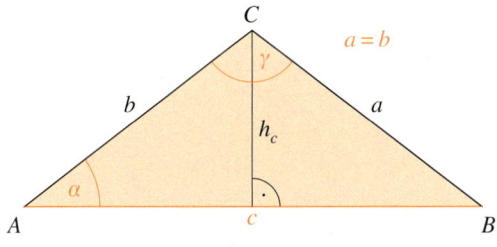

2 Im rechtwinkligen Dreieck ABC mit der Hypotenuse c sind jeweils zwei Größen gegeben. Berechne die fehlenden Seiten. Fertige zunächst eine Skizze an.

a) $a = 12,7$ cm; $\alpha = 24°$
b) $b = 15,9$ dm; $\beta = 65°$
c) $c = 112,3$ cm; $\beta = 48°$
d) $c = 58,3$ cm; $\alpha = 74°$
e) $a = 0,33$ m; $\alpha = 47°$
f) $b = 19,8$ dm; $\alpha = 60°$
g) $a = 78$ mm; $\beta = 40°$

3 Der Steigungswinkel einer Wasserrutsche beträgt 9°. Der Höhenunterschied beträgt 8 m. Berechne den Unterschied in der Waagerechten und die Steigung m. Löse die Aufgabe zeichnerisch und rechnerisch. Vergleiche und bewerte beide Lösungen.

4 Ein gleichschenkliges Dreieck ABC hat den Winkel $\alpha = 56,5°$. Die Länge der Basis beträgt $a = 6,6$ cm.
Berechne die Länge der Höhe h_a.
Beschreibe, wie du dabei vorgehst.

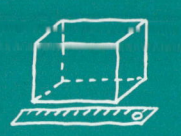

HINWEIS
Runde deine Ergebnisse auf eine Nachkommastelle.

5 Berechne in einem Dreieck ABC mit $\beta = 90°$ den Winkel α mit dem Taschenrechner. Gib auf eine Nachkommastelle genau an.

a) $\sin \alpha = 0{,}7389$
b) $\cos \alpha = 0{,}9455$
c) $\tan \alpha = 1{,}6135$
d) $\tan \alpha = 0{,}6135$

5 Berechne den Winkel des rechtwinkligen Dreiecks ABC mit dem Taschenrechner.

a) $\sin \alpha = \frac{3}{4}$
b) $\tan \alpha = \frac{6}{4}$
c) $\cos \alpha = \frac{4}{10}$
d) $\sin \alpha = \frac{12}{21}$

6 Bestimme die Winkel der entsprechenden Funktionswerte.

a) $\sin \alpha = 0{,}387$
b) $\cos \alpha = 0{,}135$
c) $\tan \alpha = 4{,}18$
d) $\cos \alpha = 0{,}64$
e) $\tan \alpha = 4{,}35$
f) $\sin \alpha = 0{,}89$

6 Schätze anhand einer Zeichnung die Größe des Winkels und überprüfe dein Ergebnis mit dem Taschenrechner.

a) $\sin \alpha = 0{,}5$
b) $\cos \alpha = 0{,}5$
c) $\tan \alpha = 0{,}8$
d) $\sin \beta = 0{,}7$
e) $\cos \beta = 1$
f) $\tan \beta = 2{,}7$

7 Berechne jeweils die Größe des angegebenen Winkels. Gib das Ergebnis ganzzahlig an.

a)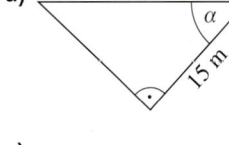
b)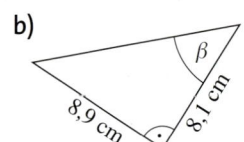
c)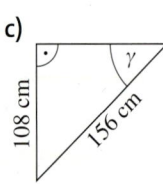
d)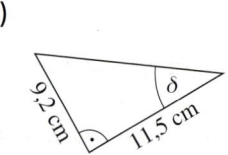

7 Berechne die beiden fehlenden Innenwinkel im rechtwinkligen Dreieck. Beschreibe, wie du vorgehst.

a)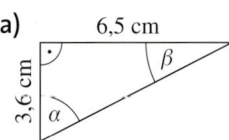
b)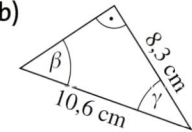
c)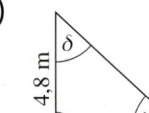
d)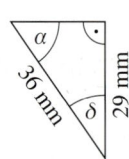

8 Berechne die Größe der fehlenden Winkel sowie die Länge der dritten Seite im rechtwinkligen Dreieck ABC mit $\beta = 90°$.

a) $a = 2{,}9\,\text{cm};$ $c = 6{,}3\,\text{cm}$
b) $a = 4{,}7\,\text{cm};$ $c = 4{,}7\,\text{cm}$
c) $a = 8{,}4\,\text{cm};$ $c = 2{,}3\,\text{cm}$
d) $a = 17{,}8\,\text{dm};$ $b = 36{,}4\,\text{dm}$
e) $b = 1{,}5\,\text{dm};$ $c = 1{,}1\,\text{dm}$

8 Berechne im Dreieck ABC ($\gamma = 90°$) die Winkel α und β sowie die Länge der Seite c.

	a	b
a)	35 mm	7,1 cm
b)	5,8 cm	0,43 dm
c)	6,2 cm	6,2 cm
d)	1,84 m	94 cm
e)	0,8 m	77 cm

HINWEIS ZU 9
Das Dreieck gehört zu Aufgabenteil b) und c).

9 Finde die Fehler, die gemacht wurden, und korrigiere sie.

a) $\tan \alpha = \frac{18\,\text{m}}{6\,\text{cm}}$, also $\tan \alpha = 3\,\text{cm}$

b) $\cos \alpha = \frac{40}{8{,}9}$

c) $\cos \gamma = \frac{40}{89}$, also $\cos \gamma = 0{,}449\,438$ und $\gamma = 63{,}3°$

10 Berechne β, γ und a. Skizziere zunächst das jeweilige Dreieck.

a) $b = 4{,}1\,\text{cm};$ $c = 7{,}3\,\text{cm};$ $\alpha = 90°$
b) $b = 3{,}8\,\text{cm};$ $c = 5{,}6\,\text{cm};$ $\alpha = 90°$
c) $b = 7{,}9\,\text{cm};$ $c = 6{,}6\,\text{cm};$ $\alpha = 90°$

10 Berechne β, γ und a. Skizziere zunächst das jeweilige Dreieck.

a) $b = 6{,}3\,\text{cm};$ $c = 8{,}7\,\text{cm};$ $\alpha = 90°$
b) $b = 12\,\text{mm};$ $c = 2\,\text{cm};$ $\alpha = 90°$
c) $b = 0{,}8\,\text{dm};$ $c = 12\,\text{cm};$ $\alpha = 90°$

11 Zeichne den Würfel in dein Heft. Beschrifte alle nötigen Strecken mit Variablen, um alle möglichen trigonometrischen Beziehungen für die angegebenen Winkel zu erhalten. Schreibe dann alle trigonometrischen Beziehungen auf.

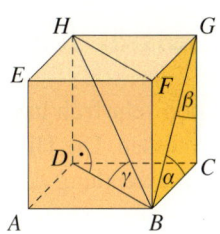

12 Bestimme zuerst die Winkel α und β. Berechne dann die Länge des eingesetzten Stützbalken im Dachstuhl.

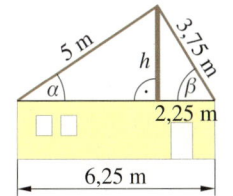

12 Betrachte den Querschnitt des Deichs.
a) Berechne den Böschungswinkel α sowie die Längen x und y.
b) Wie viel Kubikmeter Erde werden für einen 60 m langen Deich benötigt?

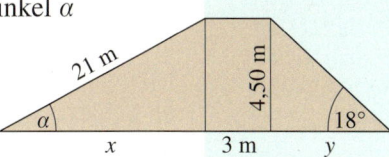

13 Bei einer quadratischen Pyramide können verschiedene rechtwinklige Dreiecke angegeben werden. Zeige dies mithilfe der Skizze und kläre die Bedeutung der dort benannten Winkel α und β.

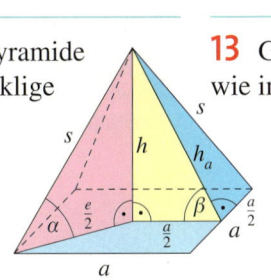

13 Gegeben ist eine quadratische Pyramide wie in der Zeichnung.
a) Berechne die Diagonalenlänge e der Grundfläche und den Winkel α für $a = 62\,\text{cm}$ und $h = 48\,\text{cm}$.
b) Berechne h, e, h_a und V für $a = 38\,\text{cm}$ und $\alpha = 52°$.

14 Die Mantellinie eines Kegels bildet mit der Grundfläche einen Winkel $\beta = 75°$. Die Grundfläche hat den Durchmesser $d = 10,5\,\text{m}$. Berechne Höhe und Volumen des Kegels.

15 Vor dem berühmten Museum Louvre in Paris wurde 1989 eine Glaspyramide mit quadratischer Grundfläche errichtet. Die Pyramide ist 21,64 m hoch und ihre Grundseite ist 35,42 m lang.

a) Berechne den Neigungswinkel der Seitenflächen.
b) Bestimme das Volumen der Pyramide.

14 Feuchter Sand lässt sich ohne abzurutschen bis zu einem Schüttwinkel von etwa 42° aufschütten.
a) Wie groß ist das Volumen eines kegelförmigen Sandhaufens mit $d = 30\,\text{m}$?

b) $20\,\text{m}^3$ feuchter Sand sollen kegelförmig aufgeschüttet werden. Reicht dafür eine Bodenfläche mit $r = 3\,\text{m}$ aus?

15 Der Giebel eines Einfamilienhauses hat die Form eines gleichschenklig-spitzwinkligen Dreiecks. Die Länge der Dachschräge beträgt 8 m und die Hausbreite 10 m.
a) Berechne den Neigungswinkel der Dachschräge, den Flächeninhalt der Giebelfläche und den sich daraus ergebenden Dachraum, wenn das Haus 14 m lang ist.
b) Wie verändert sich das Volumen des Dachraums, wenn der Neigungswinkel der Dachschräge halbiert wird?

16 Berechne die Winkelgröße α zwischen der Flächendiagonale e und der Raumdiagonale f.
a) $a = 4\,\text{cm}$
b) $a = 8,5\,\text{cm}$

16 Gegeben ist der Quader in der Randspalte. Berechne die Winkel α und β.
a) $a = 7\,\text{cm}$; $b = 3\,\text{cm}$; $c = 4\,\text{cm}$
b) $a = 3\,\text{cm}$; $b = 6\,\text{cm}$; $c = 5\,\text{cm}$

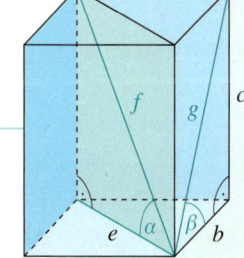

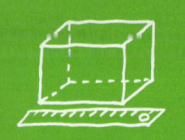

Thema: Messen und Berechnen im Gelände

Schon sehr früh hat man begonnen, Höhen und Entfernungen mit einfachen Mitteln ungefähr zu messen. Die Hilfsmittel bei der Schätzung von Höhen und Weiten beruhen sehr häufig auf der Anwendung der Strahlensätze und den Eigenschaften ähnlicher Dreiecke.

1 Die Daumen-Methode

Das Washington-Monument in Form eines Obelisken erinnert an den ersten amerika-nischen Präsidenten. Vom Obelisken zum Par-lament führt eine 2,5 km lange Grünanlage.

a) Schätze, ob es in der Grünanlage einen Punkt gibt, von dem aus du bei gestrecktem Arm das Monument vollständig mit deinem Daumen verdecken kannst.

b) Berechne, in welcher Entfernung vom Obe-lisken solch ein Punkt liegt.

2 Der Jakobsstab

Dieses Längen- und Win-kelmessgerät nutzten früher z. B. Seefahrer. Der Peilstab $\overline{CD}$ wird auf einer Achse $\overline{AB}$ so lange verschoben, bis er bei der Peilung das Objekt gerade verdeckt. Eine Insel wird von

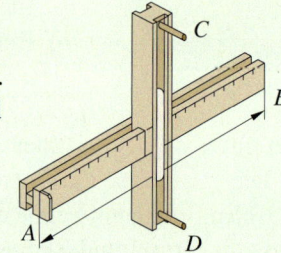
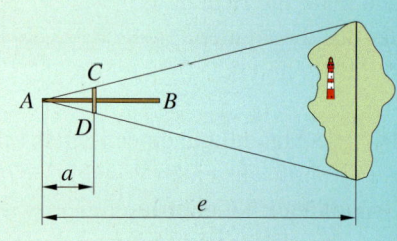

einem Schiff aus angepeilt: $a = 22$ cm, $\overline{CD} = 32$ cm und $e = 5,5$ km. Berechne die Inselbreite.

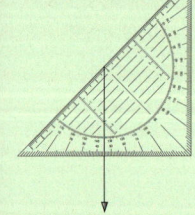

3 Das Försterdreieck

Die Höhe eines Baumes können Förster mit einem gleichschenklig-rechtwinkligen Dreieck be-stimmen. Sie peilen entlang der Hypotenuse die Baumspitze an. Dabei verändern sie so lange ihre Entfernung zum Baum, bis sie die Baumspitze in Verlängerung der Hypotenuse sehen.

a) Fertige ein Försterdreieck an und mache dich mit seiner Funktionsweise vertraut.

b) Mit einem Försterdreieck wird die Spitze eines Baumes in 11,5 m Entfernung angepeilt. Das Dreieck wird auf Augenhöhe, etwa 1,5 m über dem Boden, gehalten. Erstelle eine maßstabs-getreue Skizze und berechne die Höhe des Baumes.

c) Begründe, weshalb das Försterdreieck einen Faden mit einem Lot benötigt.

d) Diskutiert, ob das Försterdreieck auch zur Entfernungsmessung benutzt werden kann.

4 Messung nach Leonardo da Vinci

Leonardo da Vinci (1452–1519) stellte zur Vermessung eines Flusses eine Messlatte an ein Ufer. Aus 1 m Entfernung zur Messlatte peilte er einen Punkt am anderen Ufer an und markierte auf der Messlatte die Peilmarke und seine Augenhöhe.
Berechne die Breite des Flusses zu folgenden Messwerten:
$\overline{AB} = 25$ cm und $\overline{AD} = 1,40$ m.

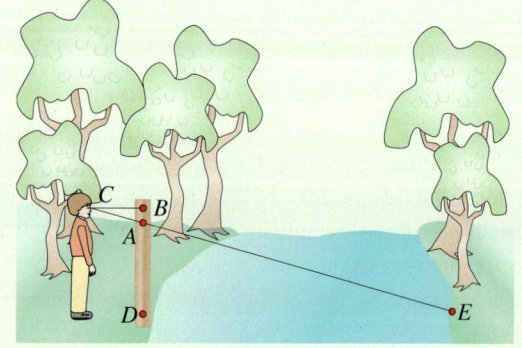

Bei der Landvermessung setzt man zur Bestimmung von Winkeln einen Theodolit ein. Kernstück dieses Winkelmessinstruments ist ein bewegliches Fernrohr, mit dem man auf einen Punkt zielt. Dabei dreht man es in horizontaler Richtung nach links oder rechts und kann es in vertikaler Richtung heben oder senken. Den jeweiligen Drehwinkel kann man auf einer horizontalen und einer vertikalen Skala ablesen.
Moderne Theodoliten können mithilfe der Reflexion eines Infrarot- oder Laserstrahls auch Entfernungen messen.

5 In einem Skigebiet

Ein Skigebiet wird mit Höhenlinien und Maßstab auf einer Karte dargestellt.

a) Ermittle jeweils die horizontale Entfernung zwischen der Talstation und der Bergstation der drei Lifte.
b) Lies den Höhenunterschied ab.
c) Unter welchem Winkel steigt das Gelände im Durchschnitt je Liftstrecke an?
d) Berechne die Länge der Liftstrecken.

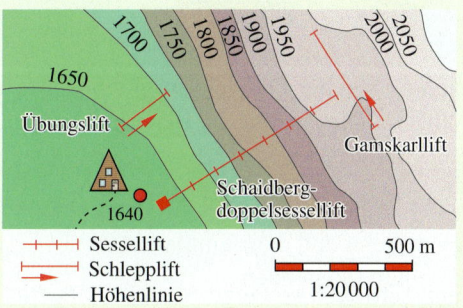

BEACHTE

6 Anstieg im Gelände

Aus einer Wanderkarte liest man ab, dass die Orte A und B eine horizontale Entfernung von 3,2 km haben. Ihr Höhenunterschied beträgt 122 m.

a) Fertige eine maßstäbliche Skizze an.
b) Berechne den durchschnittlichen Steigungswinkel zwischen den beiden Orten.

7 Aufstieg eines Wetterballons

An einer Wetterwarte steigt bei völliger Windstille ein Wetterballon senkrecht auf. Ein Beobachter, der 1 km von der Wetterwarte entfernt ist, peilt den Ballon mithilfe eines Theodolits an. Die Messung des Höhenwinkels ergibt einen Wert von $\alpha = 24°$. Der Theodolit befindet sich 1,5 m über dem Boden.

a) Wie weit war der Ballon zum Zeitpunkt der Messung vom Beobachter entfernt?
b) In welcher Höhe befand sich der Ballon zum Messzeitpunkt?

8 Vermessung der Schule

Stellt in kleinen Gruppen einen Theodolit her. Verwendet dazu z. B. ein Rohr, ein Geodreieck, einen Faden und ein Gewicht.
Überlegt zunächst selbst, wie ein Theodolit hergestellt werden kann. Anregungen und fertige Anleitungen findet ihr im Internet oder in Büchern.

a) Schreibt zu eurem Messgerät eine Bedienungsanleitung. Erklärt darin den Aufbau des Theodolits sowie die Methode zur Messung von Höhen und Entfernungen.
b) Vermesst mit euren Theodoliten z. B. das Schulgebäude, den Sportplatz, einen in der Nähe gelegenen Kirchturm oder ein anderes Gebäude.
c) Vergleicht eure Messergebnisse untereinander und diskutiert über die Ursachen eventueller Abweichungen.

Thema: Sinussatz und Kosinussatz

Für eine Schleppdachgaube hat der Architekt die Raumhöhe, die Fensterhöhe, die beiden Dachneigungen und die Breite der Gaube in einer Zeichnung vorgegeben.
Für die Herstellung des Dachstuhls muss der Zimmermann nun die Sparrenlängen bestimmen.

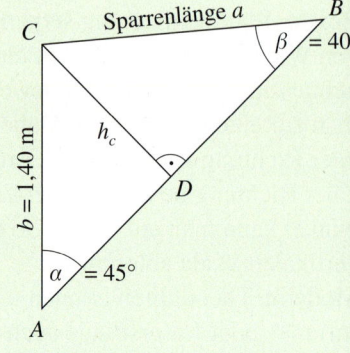

Jedes Dreieck lässt sich durch eine Höhe h in zwei rechtwinklige Teildreiecke zerlegen, hier in das Dreieck ADC mit $\sin \alpha = \frac{h_c}{b}$ und das Dreieck BCD mit $\sin \beta = \frac{h_c}{a}$.

Beide Gleichungen werden nach h_c aufgelöst, gleichgesetzt und umgeformt:

$$a \cdot \sin \beta = b \cdot \sin \alpha \qquad | : \sin \alpha$$
$$\frac{a}{\sin \alpha} \cdot \sin \beta = b \qquad | : \sin \beta$$
$$\frac{a}{\sin \alpha} = \frac{b}{\sin \beta}$$

BEACHTE
Durch Umformen des Sinussatzes erhält man:
$$\frac{\sin \alpha}{a} = \frac{\sin \beta}{b} = \frac{\sin \gamma}{c}$$
oder z. B.:
$$\frac{\sin \alpha}{\sin \beta} = \frac{a}{b} \text{ und}$$
$$\frac{\sin \alpha}{\sin \gamma} = \frac{a}{c} \text{ und}$$
$$\frac{\sin \beta}{\sin \gamma} = \frac{b}{c}$$

Unabhängig von der Dreiecksart gelten spezielle Verhältnisse zwischen Seiten und Sinuswerten von Winkeln. Dies macht die Berechnung mithilfe rechtwinkliger Dreiecke überflüssig.

Sinussatz
In jedem Dreieck ABC sind die Quotienten aus einer Seite und dem Sinuswert des gegenüberliegenden Winkels gleich groß.

$$\frac{a}{\sin \alpha} = \frac{b}{\sin \beta} = \frac{c}{\sin \gamma}$$

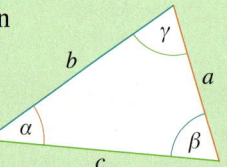

Beispiel 1
geg.: $b = 1{,}40\,\text{m}$, $\alpha = 45°$, $\beta = 40°$; ges.: a
$$\frac{a}{\sin \alpha} = \frac{b}{\sin \beta}$$
$$\frac{a}{\sin 45°} = \frac{1{,}40\,\text{m}}{\sin 40°} \qquad | \cdot \sin 45°$$
$$a = \frac{1{,}40\,\text{m} \cdot \sin 45°}{\sin 40°}$$
$$a \approx 1{,}54\,\text{m}$$

Die Sparrenlänge beträgt ungefähr 1,54 m.

Zur Berechnung mancher Dreiecke hilft der Sinussatz nicht weiter. Hier wendet man den Kosinussatz an, der ähnlich wie der Sinussatz hergeleitet werden kann.

HINWEIS
Man kann mithilfe des Kosinussatzes auch gesuchte Innenwinkel bei drei gegebenen Seitenlängen berechnen. Dazu wird der Kosinussatz umgestellt:
$$\cos \alpha = \frac{b^2 + c^2 - a^2}{2bc}$$
$$\cos \beta = \frac{a^2 + c^2 - b^2}{2ac}$$
$$\cos \gamma = \frac{a^2 + b^2 - c^2}{2ab}$$

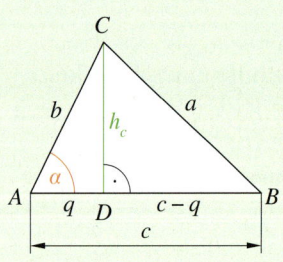

Die Dreiecke ADC und BCD haben die Höhe h_c gemeinsam.
Im Dreieck ADC gilt: $h_c^2 = b^2 - q^2$
Im Dreieck BCD gilt: $h_c^2 = a^2 - (c - q)^2$
Die Terme für h_c^2 werden gleichgesetzt und umgeformt:
$$b^2 - q^2 = a^2 - (c - q)^2 \qquad | \text{ Klammer auflösen}$$
$$b^2 - q^2 = a^2 - c^2 + 2cq - q^2 \quad | + q^2$$
$$b^2 = a^2 - c^2 + 2cq \qquad | + c^2 - 2cq$$
$$a^2 = b^2 + c^2 - 2cq$$

In der erhaltenen Gleichung kann q ersetzt werden, denn es gilt: $\cos \alpha = \frac{q}{b}$, also $q = b \cdot \cos \alpha$
Das ergibt die Gleichung: $a^2 = b^2 + c^2 - 2bc \cdot \cos \alpha$

Kosinussatz
In jedem Dreieck ABC gilt:
$$a^2 = b^2 + c^2 - 2bc \cdot \cos \alpha$$
$$b^2 = a^2 + c^2 - 2ac \cdot \cos \beta$$
$$c^2 = a^2 + b^2 - 2ab \cdot \cos \gamma$$

Beispiel 2
geg.: $a = 4\,\text{cm}$, $b = 6\,\text{cm}$, $\gamma = 48°$; ges.: c
$$c^2 = a^2 + b^2 - 2ab \cdot \cos \gamma$$
$$c^2 = (4\,\text{cm})^2 + (6\,\text{cm})^2 - 2 \cdot 4\,\text{cm} \cdot 6\,\text{cm} \cdot \cos 48°$$
$$c^2 \approx 19{,}88\,\text{cm}^2$$
$$c \approx 4{,}5\,\text{cm}$$
Die Seite c ist ca. 4,5 cm lang.

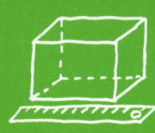

1 Berechne die markierten Größen.

a)
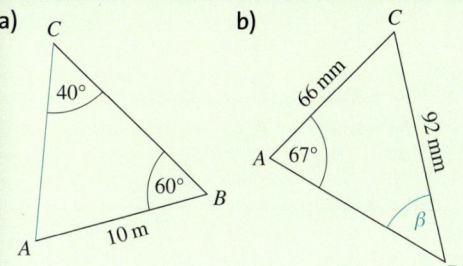

b)

c)

d)

e)

ERINNERE DICH
Die Winkelsum-me in Dreiecken beträgt 180°.

2 Bestimme die Höhe des Kirchturms (Augenhöhe: 1,50 m).
$\alpha = 25{,}2°$
$\beta = 62{,}1°$

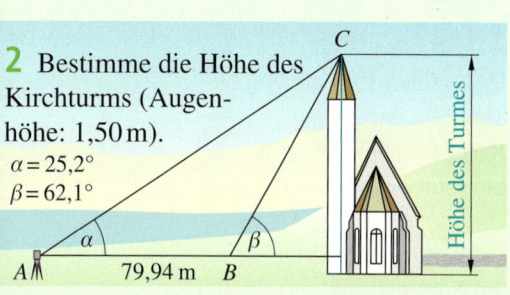

3 Von einem Beobachtungspunkt aus wurden die Entfernungen zu den Tunnelöffnungen sowie der von diesen Strecken eingeschlossene Winkel bestimmt.
a) Welchen Satz wendest du an?
b) Wie lang ist der Tunnel?

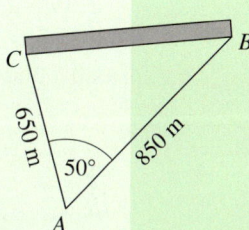

4 Das Bermudadreieck ist ein Seegebiet im westlichen Atlantik. Es wurde durch mysteriöse Vorfälle bekannt. Seit Jahrhunderten sollen in diesem Dreieck ungewöhnlich viele Schiffe und Flugzeuge spurlos verschwunden sein. Miami (Florida), San Juan (Puerto Rico) und die Bermudainseln bilden die Dreieckspunkte.
a) Wie groß ist die Entfernung zwischen Miami und San Juan?
b) Berechne die Fläche des Bermudadreiecks.

ZUM WEITERARBEITEN
Warum kann der Satz des Pythagoras als Sonderfall des Kosinussatzes betrachtet werden? Begründe.

5 Für einen Rundwanderweg im Wald sollen zwei Schutzhütten mit einem geraden Weg verbunden werden. Von der Gaststätte „Wilder Eber" erreicht man die Schutzhütten auf zwei geraden Wegen, die 4,3 km bzw. 3,4 km lang sind. Die Wege schließen einen Winkel von 38° ein.
a) Fertige eine Skizze an.
b) Wie lang wird der Rundweg nach Fertigstellung des Verbindungsweges sein?

6 Ein beliebtes Urlaubsziel ist die Insel Teneriffa mit dem hoch aufragenden Vulkan Pico de Teide. Ein Segler sieht den Berg unter einem Höhenwinkel von 21,9°. Eine Seemeile weiter misst er nochmals und ermittelt einen Höhenwinkel von 26,7°. Ermittle aus diesen Angaben die Höhe des Pico de Teide. Vergleiche anschließend mit der Angabe im Atlas. Womit kann man eventuelle Unterschiede erklären? Diskutiert darüber in der Klasse.

HINWEIS
Eine Seemeile (sm) oder auch nautische Meile entspricht 1852 m.

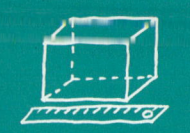

Klar so weit?

→ Seite 166

Seitenverhältnisse in rechtwinkligen Dreiecken

1 Wahr oder falsch? Korrigiere falls nötig.
a) c ist die Ankathete von β
b) c ist die Hypotenuse des Dreiecks
c) b ist die Ankathete von α
d) b ist die Gegenkathete von α
e) a ist die Gegenkathete von α
f) a ist die Ankathete von α

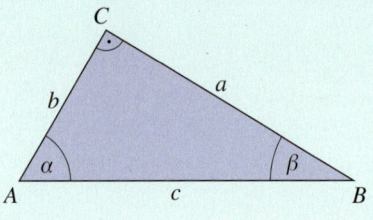

2 Gib jeweils zwei Quotienten für $\tan\alpha$, $\sin\alpha$ und $\cos\alpha$ an.

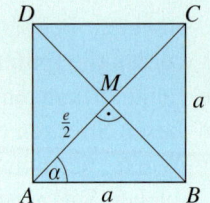

2 Gib jeweils einen Quotienten für den Tangens, Sinus und Kosinus der Winkel α und δ_1 an.

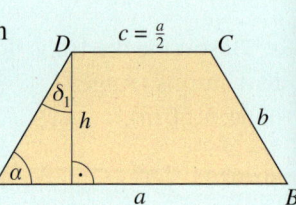

3 Ordne zu und begründe, welche der angegebenen Seitenverhältnisse gelten.

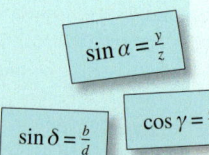
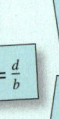
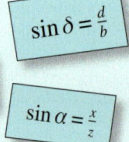
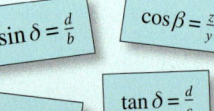

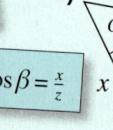
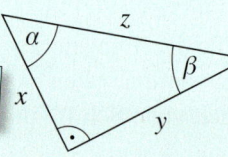
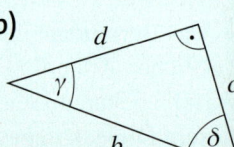

a)

b)

4 Gib jeweils an, ob es sich um den Sinus, Kosinus oder Tangens handelt.

a)

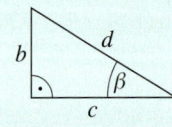

① $\frac{b}{d}$ ② $\frac{c}{d}$

b)

① $\frac{b}{c}$ ② $\frac{a}{b}$

4 Gib Sinus, Kosinus oder Tangens als Seitenverhältnis an.

a)

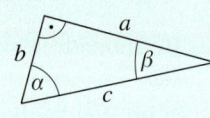

① $\sin\alpha$ ② $\cos\beta$

b)

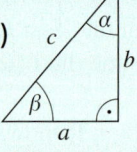

① $\cos\alpha$ ② $\tan$ /

c)

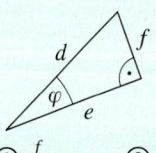

① $\frac{f}{d}$ ② $\frac{e}{d}$

d)

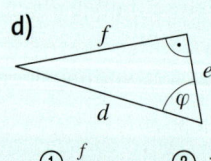

① $\frac{f}{d}$ ② $\frac{f}{e}$

c)

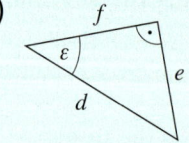

① $\sin\varepsilon$ ② $\tan\varepsilon$

d)

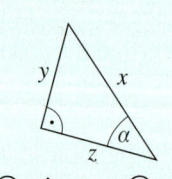

① $\sin\alpha$ ② $\tan$ (

5 Zeichne je zwei rechtwinklige Dreiecke ABC mit $\gamma = 90°$ und dem angegebenen Winkel α ins Heft.
Miss dann die Seitenlängen a, b und c aus deiner Zeichnung und gib die Seitenverhältnisse $\frac{a}{b}$, $\frac{b}{c}$ und $\frac{a}{c}$ an.
Was fällt dir auf?
a) $\alpha = 30°$ b) $\alpha = 70°$

5 Konstruiere je zwei rechtwinklige Dreiecke ABC mit $\gamma = 90°$ und dem angegebenen Winkel α im Heft.
Miss alle Seitenlängen und gib die Seitenverhältnisse $\frac{a}{b}$, $\frac{b}{c}$ und $\frac{a}{c}$ an.
Was fällt dir auf?
Begründe.
a) $\alpha = 33°$ b) $\alpha = 68°$

Strecken- und Winkelberechnungen mit sin, cos, tan

→ *Seite 170*

6 Im Rechteck $ABCD$ ist $a = 12\,\text{cm}$ und $e = 14\,\text{cm}$. Berechne die Winkel α_1 und γ_1.

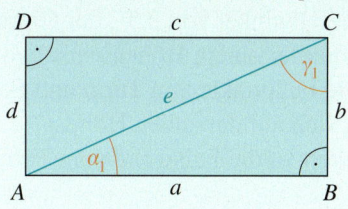

7 Gegeben ist eine Raute $ABCD$ mit $e = 2{,}8\,\text{cm}$ und $f = 7\,\text{cm}$.

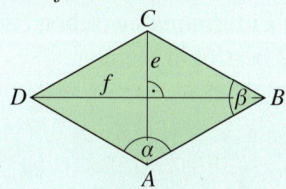

a) Gib einen Quotienten für $\tan\frac{\alpha}{2}$ und für $\tan\frac{\beta}{2}$ an.

b) Bestimme jeweils den Wert für $\tan\frac{\alpha}{2}$ und für $\tan\frac{\beta}{2}$.

c) Wie groß sind α und β?

8 Von einer Schule zum Aussichtsturm beträgt die horizontale Entfernung 7,2 km. Der Höhenunterschied beträgt 242 m. In welchem Winkel α steigt das Gelände von der Schule zum Aussichtsturm an?

9 Im Dreieck ABC sind zwei Seiten gegeben (Längen in cm). Berechne die fehlenden Größen und ergänze die Tabelle im Heft.

	α	β	γ	a	b	c
a)			90°		4,6	5,8
b)			90°	3,9		6,1
c)		90°		7,4	8	
d)		90°		4,8		3,1
e)	90°			5,4	1,5	
f)	90°				2	6,8

6 In einem Drachenviereck sind die Seitenlängen $a = 3\,\text{cm}$, $b = 6\,\text{cm}$ und die Länge der Diagonalen $e = 4{,}6\,\text{cm}$ gegeben.
Die Diagonale f halbiert die Diagonale e.

a) Erstelle im Heft eine Planskizze des Drachenvierecks.

b) Berechne alle Winkel.

c) Berechne die Länge der Diagonalen f.

7 Ein Parallelogramm $ABCD$ hat die Maße $a = 14\,\text{cm}$, $b = 8\,\text{cm}$, $a_1 = 6{,}4\,\text{cm}$ und $\tan\alpha \approx 0{,}75$.

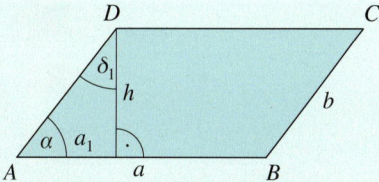

a) Gib den Quotienten für $\tan\alpha$ an.

b) Wie lang ist die Höhe h des Parallelogramms?

c) Berechne $\tan\delta_1$.

8 Die Nebelhornbahn bei Oberstdorf hat eine Gesamtlänge von 4840 m.
Die Talstation liegt 828 m, die Bergstation 1932 m hoch. Wie groß ist im Durchschnitt der Steigungswinkel?

9 Berechne die fehlenden Seiten im rechtwinkligen Dreieck ABC mit der Hypotenuse c. Eine Planskizze kann dir beim Lösen der Aufgabe helfen.

a) $a = 12{,}7\,\text{cm}$; $\alpha = 24°$

b) $b = 15{,}9\,\text{dm}$; $\beta = 65°$

c) $c = 112{,}3\,\text{cm}$; $\beta = 48°$

d) $c = 58{,}3\,\text{cm}$; $\alpha = 74°$

e) $a = 2{,}5\,\text{cm}$; $\beta = 50°$

f) $c = 3{,}3\,\text{cm}$; $\alpha = 68°$

10 Auf ein 8 m breites Haus soll ein gleichschenkliges Satteldach mit Sonnenkollektoren gebaut werden. Für die Sonnenkollektoren wird das Dach um 44° nach Süden geneigt.

a) Erstelle eine Skizze des Daches im Heft.

b) Wie hoch sollte das Dach sein?

c) Berechne die Länge der Dachsparren, wenn sie 45 cm überstehen.

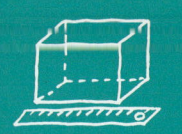

Vermischte Übungen

1 Ein **Theodolit** ist ein Teleskop auf einem Stativ. Das Teleskop ist mit einem Fadenkreuz und einem Winkelmesser ausgestattet. Mithilfe eines Theodolits werden horizontale oder vertikale Winkel gemessen.

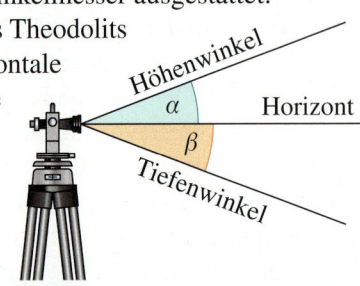

Die Instrumentenhöhe beträgt 1,45 m.
Wie hoch ist der Leuchtturm? Unterscheide folgende vier Fälle. Was stellst du fest?
① $\alpha = 12°$; $e = 18\,\text{m}$ ② $\alpha = 24°$; $e = 18\,\text{m}$
③ $\alpha = 12°$; $e = 180\,\text{m}$ ④ $\alpha = 24°$; $e = 180\,\text{m}$

2 Von der 6,20 m hohen Kaimauer eines Hafens wird ein Schiff mit einem Theodolit (Instrumentenhöhe 1,50 m) angepeilt.

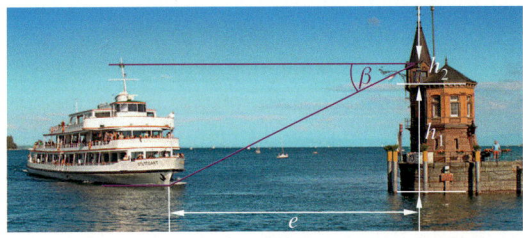

Das Schiff erscheint unter einem Tiefenwinkel $\beta = 2,6°$. Berechne die Entfernung e.

1 Von der Plattform eines Aussichtsturms wird in einer Höhe von 30,75 m eine Felswand mit einem Theodolit (siehe links) anvisiert. Der Fußpunkt der Felswand erscheint unter einem Tiefenwinkel von 2,5°, der Gipfel der Felswand unter einem Höhenwinkel von 10,3°. Die Fußpunkte von Turm und Felswand befinden sich auf derselben Höhe.
a) Wie weit ist die Felswand vom Turm entfernt?
b) Welche Höhe hat die Felswand?

2 Mit dem Theodolit kann bei freier Sicht die horizontale Entfernung zwischen zwei Punkten A und B bestimmt werden.

Auf der Messlatte kann man die Länge der Strecke $\overline{DE}$ ablesen. Mit dem Theodolit lässt sich die Größe des Winkels γ bestimmen.
a) Berechne den Abstand der Punkte A und B, wenn nach der Vermessung auf der Messlatte 52 cm und ein Winkel γ von 0,3° gemessen wurden.
b) Wie wirkt sich eine Ungenauigkeit beim Ablesen von γ auf die Länge von e aus, wenn $\overline{DE} = 0,52\,\text{m}$ beträgt?

γ	0,1°	0,2°	0,3°	0,4°	0,5°
e			99,31 m		

3 Eine Messlatte wird in einiger Entfernung mit einem Theodolit angepeilt.
Für die Höhe von 1,5 m auf der Messlatte ermittelt der Theodolit einen Winkel von 3°.
a) Wie weit sind der Theodolit und die Messlatte voneinander entfernt?
b) Wie weit sind die Messpunkte entfernt, wenn 2,7° gemessen werden?

4 Berechne für das rechtwinklige Dreieck mit $a = 3\,\text{cm}$ und der Hypotenuse $b = 5\,\text{cm}$ die Größe des Winkels α auf zwei Wegen.

4 Berechne für das rechtwinklige Dreieck mit $a = 4,5\,\text{cm}$ und der Hypotenuse $b = 7,6\,\text{cm}$ die Größe des Winkels α auf zwei Wegen.

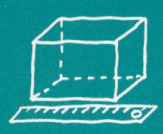

5 Der schiefe Turm von Pisa mit einer Höhe von 55 m wurde wieder so weit aufgerichtet, dass das obere Turmende horizontal nur noch 4,1 m von seiner ursprünglichen Position abweicht. Fertige eine Skizze an und berechne den Neigungswinkel des Turmes.

5 Eine 12 m breite Freilichtbühne wird von einem Scheinwerfer beleuchtet. Der Scheinwerfer wird so angebracht,

dass er zur linken Bühnenbegrenzung einen Abstand von 19 m und zur rechten Bühnenbegrenzung einen Abstand von 15 m hat. Um wie viel Grad muss der Scheinwerfer mindestens schwenkbar sein, um jede Stelle der Bühne voll ausleuchten zu können?

6 Betrachte das Schild.
a) Unter welchem Winkel fällt die Straße ab? Schätze zuerst.
b) Berechne den Höhen- und Horizontalunterschied für ein 700 m langes Gefälle.

6 Betrachte das Schild.
a) Mit welchem Neigungswinkel muss man bei dem angekündigten Gefälle rechnen?
b) Welche Strecke legt man bei 80 m Höhenunterschied zurück?

7 Die laut Guinness Buch der Rekorde steilste Straße der Welt liegt in Dunedin, Neuseeland. Sie hat einen Steigungswinkel von 31°.

a) Ermittle zeichnerisch und rechnerisch die Steigung in Prozent.
b) Entwirf ein entsprechendes Straßenschild.

7 An vielen Orten gibt es Straßen mit extremer Steigung. Das Mittelgebirge Odenwald erstreckt sich über die Bundesländer Hessen, Bayern und Baden-Württemberg. Dort gibt es eine Straße mit 27 % Steigung.

a) Bestimme den Steigungswinkel.
b) Begründe, ob sich der abgebildete Hang an dieser Straße befinden kann.

8 Gib jeweils die durchschnittliche Steigung in Prozent an.
a) Ein Sessellift überwindet auf einer horizontalen Strecke von 1,3 km einen Höhenunterschied von 600 m.
b) Mit einem Schlepplift können Skifahrer 500 m bergan fahren. Der Höhenunterschied zwischen Anfang und Ende des Lifts beträgt 113,9 m.

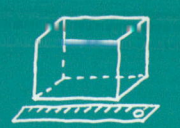

9 Eine Außenleuchte an einem Wohnhaus hat einen Infrarot-Bewegungsmelder. Die Leuchte schaltet sich selbstständig ein, wenn man in das Wahrnehmungsfeld des Bewegungsmelders eintritt. Solche Leuchten lassen sich so einstellen, dass sie sich beispielsweise nach fünf Minuten wieder ausschalten.

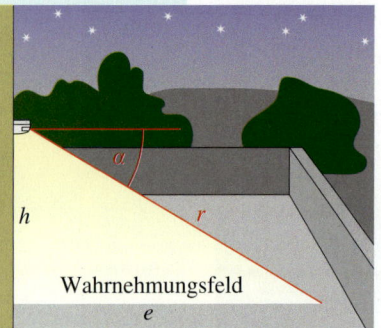

Wahrnehmungsfeld

Der Bewegungsmelder kann so geneigt werden, dass das Wahrnehmungsfeld in der Schnittzeichnung als rechtwinkliges Dreieck erscheint. Der Bewegungsmelder soll in 2,20 m Höhe angebracht werden und die gesamte Grundstücksbreite $e = 5,50$ m abdeckt.

a) Wie groß muss der Neigungswinkel α eingerichtet werden?

b) Die Reichweite des Bewegungsmelders beträgt 7 m. Die Seite r darf also nicht länger als 7 m sein. Überprüfe, ob das in diesem Beispiel zutrifft.

10 Bei einer Vorstellung will ein Artist mit seinem Motorrad auf einem Drahtseil das Dach eines 52 m hohen Gebäudes erreichen. Zum Befestigen des Seils am Dach werden zusätzlich 2,50 m Seil benötigt.
Das Motorrad hat eine maximale Steigungsfähigkeit von 40°.

a) Fertige eine Skizze an.

b) Wie lang muss das Seil mindestens sein?

c) Welcher Steigungswinkel würde sich bei einem 102 m langen Seil ergeben?

11 Eine Dachgeschosswohnung wird vermietet. Zur Berechnung der Mietfläche soll nur die Fläche mit einer Stehhöhe ab 2 m berücksichtigt werden (siehe Skizze).

a) Berechne die Giebelhöhe h in Metern.

b) Die Miete kostet 6,20 € pro m². Wie hoch ist die Miete der Dachgeschosswohnung?

c) Die Wohnung muss neu tapeziert werden. Die Fenster nehmen zusammen eine Fläche von 4,5 m² ein. Wie groß ist die zu tapezierende Fläche?

9 Eine Außenleuchte hat einen Infrarot-Bewegungsmelder.
Der Bewegungsmelder wird in einer Höhe von 1,80 m montiert. Er soll die gesamte Grundstücksbreite $e = 6$ m überwachen. Erreicht man eine solche Überwachung bei angegebenem Neigungswinkel? Erkläre, wie du vorgehst.

a) $\alpha = 17°$ **b)** $\alpha = 15°$

10 Familie Geiger möchte einen 3 m breiten Carport bauen. Das Dach des Carports soll die Form eines rechtwinkligen Dreiecks haben.

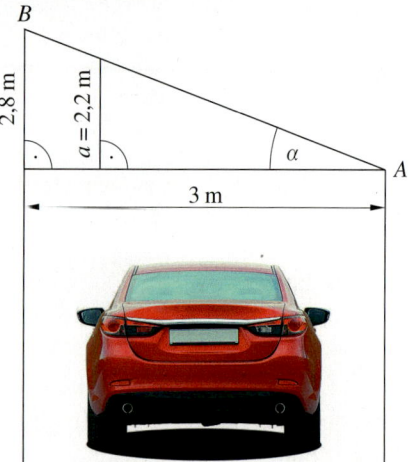

a) Wie lang ist die Strecke von Punkt A zur Stütze a?

b) Welche Dachneigung hat der Carport?

c) Berechne die Länge der Strecke $\overline{AB}$ für eine Dachneigung von 38°.

d) Der Carport ($\alpha = 43°$) wird 4 m lang. Wie viel Quadratmeter PVC werden zum Decken des Dachs benötigt?

Skizze

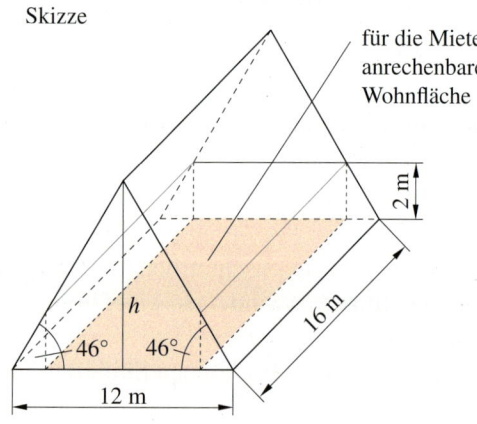

für die Miete anrechenbare Wohnfläche

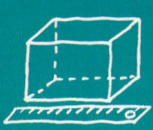

12 An einer Wetterwarte steigt ein Wetter-ballon senkrecht auf. Ein Beobachter, der von dort 800 m entfernt ist, sieht den Ballon unter einem Winkel von 17° zur Horizontalen.
a) Fertige eine passende Skizze an.
b) Wie weit war der Messballon in diesem Augenblick vom Beobachter entfernt?
c) Wie hoch war der Ballon über dem Boden, wenn die Augenhöhe des Beobachters 1,60 m beträgt?

12 Der Bug ist das Vorderteil eines Schiffs-rumpfes. Ein Schiff verursacht beim Fahren eine Bugwelle mit einem Öffnungswinkel von 40°. Das Schiff fährt in der Mitte der Weser, die an dieser Stelle eine Breite von 200 m hat.
a) Fertige eine Skizze zu der Situation an.
b) Wie weit ist der Bug des Schiffes von dem Punkt entfernt, an dem die Bugwelle am Ufer auftrifft?

13 Gib zwei Quotienten für $\tan \alpha$ an und bestimme die Länge der Strecke x, wenn $a = 4{,}2$ cm und $b = 2{,}8$ cm ist. Findest du verschiedene Lösungswege?

a)
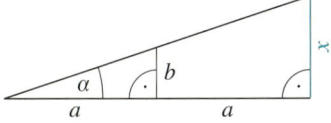

b)
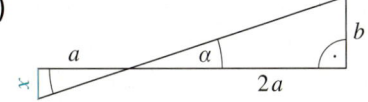

14 Eine der größten Skiflugschanzen der Welt steht im bayerischen Oberstdorf.

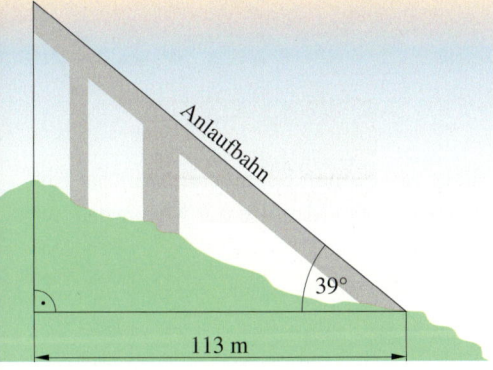

a) Wie lang ist die Anlaufbahn und welchen Höhenunterschied hat sie?
b) Im ersten Durchgang haben die Teilnehmer sehr große Weiten erreicht. Deshalb wird die Anlaufbahn um 5 m verkürzt. Welchen Höhenunterschied legt ein Springer jetzt auf der Anlaufbahn zurück?

14 An der Leine werden an vielen Stellen Sand und Kies abgebaut. Förderbänder laden zum Beispiel den Sand ab, sodass ein kegel-förmiger Haufen entsteht. Der Böschungswin-kel α ist abhängig vom aufgeschütteten Mate-rial (siehe Tabelle).

sandiger Kies	Sand	Zement
$\alpha = 32°$	$\alpha = 25°$	$\alpha = 40°$

a) Wie viel Kubikmeter Sand werden auf ei-ner Fläche von 4000 m² abgeladen?
b) Wie viel Kubikmeter Zement enthält ein 1 m hoher abgelade-ner Zementhaufen?
c) Stelle eine Frage zu sandigem Kies und beantworte sie.

15 Arbeitet zu zweit.
Die größere Kuhherde soll mehr Platz auf der Weide haben als die kleinere Herde.
Sollte der Bauer die Weiden tauschen?
Tipp: Die Aufgabe kannst du auch mithilfe des Sinussatzes lösen. Informationen zum Sinussatz findest du auf Seite 176.

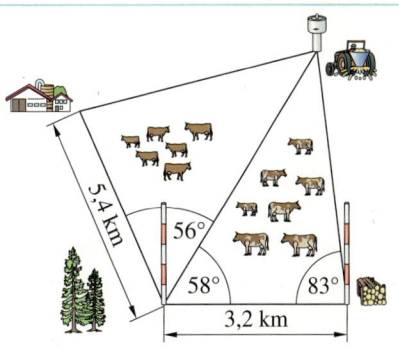

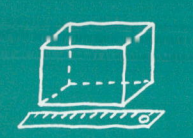

Beruf Vermessungstechniker/in

Vermessungstechniker führen vor Ort Vermessungen durch und verarbeiten die gewonnenen Daten am Computer, um daraus Pläne, Karten, Kataster oder Risswerke zu erstellen.
Es gibt die Fachrichtungen Geländevermessung und Bergvermessung. Dabei werden Geodaten über und unter Tage sowie die Gesteinsbeschaffenheit erfasst.
Sie arbeiten meist im Ingenieurbüro, Bergbau oder in Landesämtern für Vermessung.

16 Ein Stadtviertel in Berlin

Die Hardenbergstraße, die Uhlandstraße und der Kurfürstendamm beschreiben annähernd ein dreieckiges Gebiet. Das darin liegende Teilstück der Kantstraße ist 700 m lang.

a) Berechne die Länge der Uhlandstraße und beschreibe, wie du dabei vorgehst.
b) Um das Gebiet soll ein Halbmarathon-Lauf stattfinden.
   Ist diese Überlegung sinnvoll? Begründe.

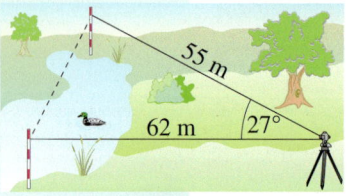

17 Länge einer Brücke berechnen

In einem Landschaftspark soll eine Brücke über einen See gebaut werden. Ein Vermessungstechniker hat das Gelände vermessen. Mithilfe der Messwerte wird die Länge der Brücke berechnet.
Welche Länge wird die fertige Brücke haben?
Beschreibe, wie du vorgehst.

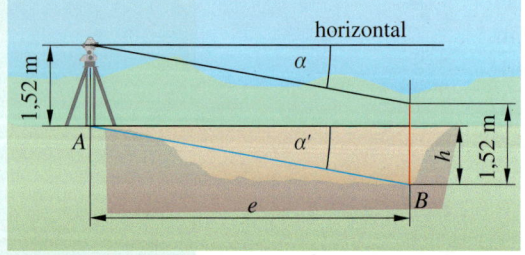

18 Vermessung einer Baustelle

Ein Vermessungstechniker bestimmt die Tiefe der Baugrube, indem er die Messlatte über B in Standhöhe des Theodolits über A anpeilt.

a) Berechne den Höhenunterschied h für folgende Messwerte:
   Tiefenwinkel $\alpha = 3{,}1°$, Peillänge $e = 20{,}5$ m
b) Wie kann der Vermessungstechniker die Höhe eines fertigen Gebäudes bestimmen? Beschreibe ein Verfahren.

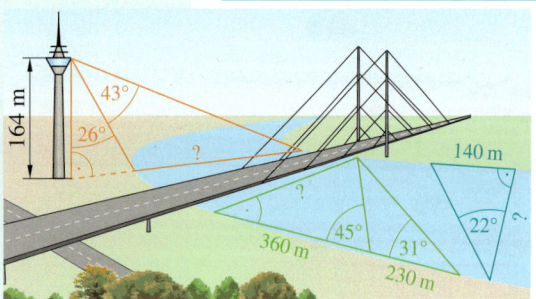

19 Bestimmung der Breite des Rheins

In einer Berufsschulklasse haben die Auszubildenden die Aufgabe bekommen, die Breite des Rheins zu bestimmen.

a) Drei Teams (siehe Zeichnung) haben diese Aufgabe auf verschiedenen Wegen gelöst.
   Kommen sie alle zum gleichen Ergebnis? Nenne Gründe.
b) Recherchiere die Rheinbreite in Düsseldorf. Vergleiche die Ergebnisse der Auszubildenden mit der recherchierten Breite.

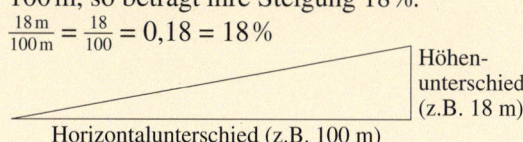

Zusammenfassung

→ Seite 166

Seitenverhältnisse in rechtwinkligen Dreiecken

In jedem rechtwinkligen Dreieck wird die **Steigung m** aus dem Quotienten von **Höhenunterschied** und **Horizontalunterschied** ermittelt:

Steigung $m = \dfrac{\text{Höhenunterschied}}{\text{Horizontalunterschied}}$

Ist der Höhenunterschied einer Strecke $\overline{AB} = 18\,\text{m}$ und ihr Horizontalunterschied $100\,\text{m}$, so beträgt ihre Steigung $18\,\%$.

$\dfrac{18\,\text{m}}{100\,\text{m}} = \dfrac{18}{100} = 0,18 = 18\,\%$

Höhenunterschied (z.B. 18 m)

Horizontalunterschied (z.B. 100 m)

Für die Berechnung an rechtwinkligen Dreiecken werden die Dreiecksseiten besonders benannt. Für die Seitenverhältnisse im rechtwinkligen Dreieck gilt:

$\tan \alpha = \dfrac{\text{Gegenkathete von } \alpha}{\text{Ankathete von } \alpha}$

$\sin \alpha = \dfrac{\text{Gegenkathete von } \alpha}{\text{Hypotenuse}}$

$\cos \alpha = \dfrac{\text{Ankathete von } \alpha}{\text{Hypotenuse}}$

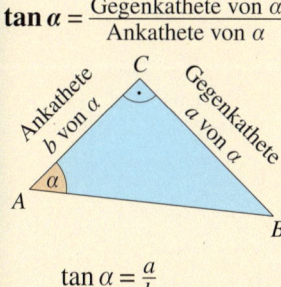

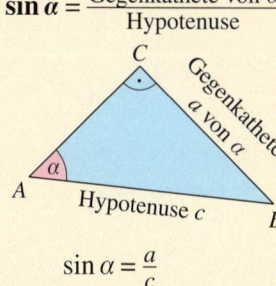

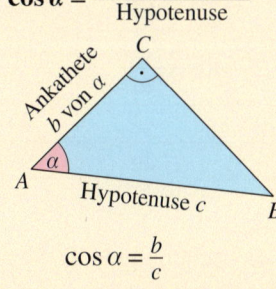

$\tan \alpha = \dfrac{a}{b}$

$\sin \alpha = \dfrac{a}{c}$

$\cos \alpha = \dfrac{b}{c}$

Strecken- und Winkelberechnungen mit sin, cos, tan

→ Seite 170

Sind in einem rechtwinkligen Dreieck eine Seite und ein Winkel gegeben, so können mithilfe von Sinus, Kosinus und Tangens die **fehlenden Seiten** berechnet werden.

1. geg.: $\alpha = 62°$, $c = 4,2\,\text{cm}$; ges.: a

$\tan \alpha = \dfrac{a}{c} \qquad | \cdot c$

$\tan \alpha \cdot c = a$

$a = \tan 62° \cdot 4,2\,\text{cm} \approx 7,9\,\text{cm}$

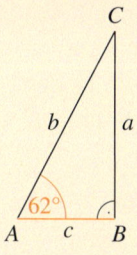

2. geg.: $\alpha = 62°$, $c = 4,2\,\text{cm}$; ges.: b

$\cos \alpha = \dfrac{c}{b} \qquad | \cdot b : \cos \alpha$

$b = \dfrac{c}{\cos \alpha}$

$b = \dfrac{4,2\,\text{cm}}{\cos 62°} \approx 8,9\,\text{cm}$

Sind in einem rechtwinkligen Dreieck zwei Seiten gegeben, so können mithilfe von Sinus, Kosinus und Tangens die **fehlenden Winkel** berechnet werden.

Beim Taschenrechner kann mit der Tastenfolge 2nd tan , INV tan oder SHIFT tan bei gegebenem Tangenswert der zugehörige Winkel bestimmt werden. Entsprechendes gilt bei gegebenem Sinus- oder Kosinuswert.

Wähle die MODE-Einstellung **DEG** für die Eingabe von Winkeln im Gradmaß.

geg.: $a = 12\,\text{m}$, $c = 100\,\text{m}$; ges.: α

$\tan \alpha = \dfrac{a}{c} = \dfrac{12}{100} = 0,12$

Eine Straße hat eine Steigung von $12\,\%$.

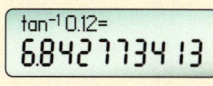

$\alpha \approx 6,8°$

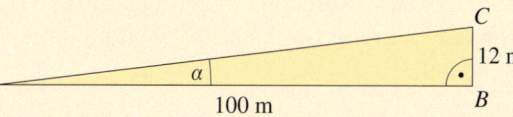

Teste dich!

12 Punkte

1 Gib jeweils den Quotienten für den Tangens, Sinus und Kosinus jedes spitzen Winkels in dem rechtwinkligem Dreieck an.

a) 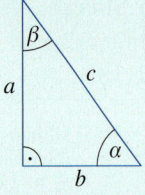   b) 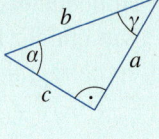   c) 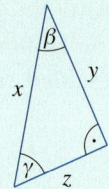   d)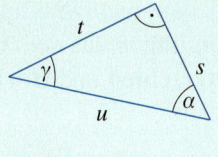

18 Punkte

2 Zeichne für das Dreieck ABC mit $\gamma = 90°$ eine Planskizze. Berechne die fehlenden Größen.

	α	β	γ	a	b	c
a)	45°		90°		4 cm	
b)		38°	90°		3,5 cm	
c)	50°		90°	4,5 cm		
d)		40°	90°		5,8 cm	
e)	49°		90°			5 cm
f)		29°	90°			7 cm

1 Punkt

3 Im gleichschenkligen Trapez $ABCD$ sind folgende Größen gegeben:
$a = 8$ cm, $c = 3,2$ cm und $\alpha = 53,13°$.
Wie lang ist die Höhe h?

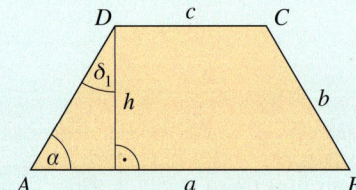

2 Punkte

4 Bei Malerarbeiten wurde eine 4,20 m lange Leiter an eine Wand gelehnt. Das Fußende steht 1,20 m von der Wand entfernt.
a) Welchen Winkel bildet die Leiter mit dem Boden?
b) In welcher Höhe liegt die Leiter an der Wand an?

2 Punkte

5 Bei einem Haus mit Satteldach sollen die Höhe und die Länge der Dachsparren berechnet werden. Entnimm alle Maße der Zeichnung.
a) Bestimme die Höhe des gesamten Hauses.
b) Wie lang sind die Dachsparren, wenn sie am Ende 40 cm überstehen?

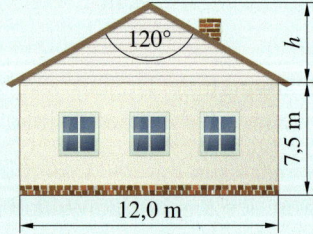

1 Punkt

6 Klara hält ihren Drachen an einer 25 m langen Schnur.
Berechne die Höhe des Drachens über dem Boden. Klaras Körpergröße beträgt 1,60 m. Schätze zuerst, auf welcher Höhe Klara ihre Hand hält.

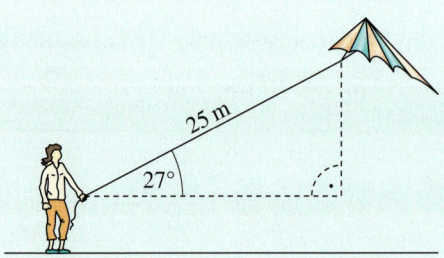

Gold: 34–36 Punkte, Silber: 28–33 Punkte, Bronze: 22–27 Punkte   Lösungen ab Seite 222

Daten und Zufall

Dinge, die weit verstreut sind,
wirken auf den ersten Blick oft sehr chaotisch.
Auf den zweiten Blick erkennt man aber Muster.
Vielleicht liegen alle Pullover in einer Ecke
und die Jeans in einer anderen
oder alle liegen nah am Bügelbrett.

Wie kann man Muster in Daten erkennen und präsentieren?

Noch fit?

Einstieg

1 Statistische Kennwerte
Ergänze die Sätze im Heft.
a) Der größte Wert einer Datenreihe heißt …
b) 50 % der Datenreihe sind größer als der …
c) Addiert man alle Daten und teilt sie durch die Gesamtzahl, erhält man das …

2 Median
Bestimme den Median der folgenden Werte:
8 min; 4 min; 11 min; 12 min; 3 min; 9 min

3 Geraden zeichnen
Trage die Punkte in ein Koordinatensystem ein und zeichne durch sie eine Gerade.
a) $(2|3)$ und $(3|1)$ b) $(1,5|2)$ und $(2|6,5)$
c) $(4,3|6)$ und $(3,2|6)$ d) $(-2|-3)$ und $(1|5)$

4 Kreisanteile
Ein Kreis hat 360°. Wenn 100 % die gesamte Kreisfläche ist, wie viel Grad entsprechen 1 %; 25 %; 20 %; 60 %; 12 %?

5 Kreisfläche
Berechne den Anteil der rotgefärbten Fläche am gesamten Kreis. Wie gehst du vor?

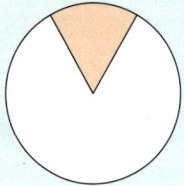

6 Ergebnisse und Ereignisse
Zehn Würfel werden geworfen. Was beschreibt ein Ergebnis, was ein Ereignis?
a) 5 Sechsen und 5 Einsen werden geworfen.
b) Die Summe der Würfe beträgt 32.
c) Mindestens eine Drei wird geworfen.
d) Die Würfel zeigen 5 Zweien, 3 Fünfen und 2 Vieren.

Aufstieg

1 Statistische Kennwerte
Erkläre anhand eines selbstgewählten Beispiels mit mindestens 7 Daten die Begriffe.
a) Spannweite
b) Median
c) arithmetisches Mittel

2 Median
Ergänze einen Wert, sodass der Median 5 s ist:
4 s; 9 s; 8 s; 4 s; 1 s; 2 s; 11 s

3 Geraden zeichnen
Trage die Punkte in ein Koordinatensystem ein und zeichne durch sie eine Gerade.
Bestimme die Funktionsgleichung.
a) $(2|3,5)$ und $(3,5|4)$ b) $(-1|-0,5)$ und $(9|2)$

4 Kreisanteil
Zeichne einen Kreis. Markiere
a) 5 %; 11 %; 28 % und 56 % der Fläche.
b) 16 %; 33 %; 39 % und 12 % der Fläche.

5 Kreisfläche
Bestimme den jeweiligen Anteil der grünen und roten Fläche. Vergleiche.

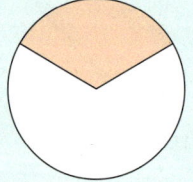 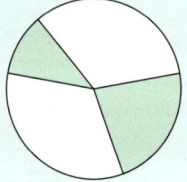

6 Ergebnisse und Ereignisse
Ein Würfel wird geworfen und ein Glücksrad gedreht, auf denen die Zahlen 11, 13 und 16 stehen.
a) Beschreibe die Ergebnismenge. Wie viele Ergebnisse gibt es?
b) Welche Ergebnisse gehören zum Ereignis „Die Summe beträgt 17"?

7 Laplace-Experiment
Dieses Buch besitzt 124 Doppelseiten und dieses Kapitel 11 Doppelseiten.
Man schlägt zufällig das Buch auf.
Wie groß ist die Wahrscheinlichkeit, eine Doppelseite dieses Kapitels aufgeschlagen zu haben?

Lösungen ab Seite 222

Streuung von Daten

Entdecken

1 Justus sind Reißzwecken aus der Verpackung auf die Fliesen im Bad gefallen.

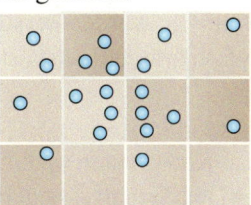

a) Welche Fliesen sind am gefährlichsten barfuß zu betreten?
   Formuliere „Die Dritte von links und Zweite von oben ist …"
b) Warum liegen in zwei Fliesen gar keine Reißzwecken?
c) Wo vermutest du, stand Justus, als ihm die Reißzwecken aus
   der Verpackung gefallen sind? Begründe deine Vermutung.
d) Zeichne ein Fliesengitter mit zwei Zeilen und vier Spalten.
   Stelle dir vor, an einer Stelle fallen dir 15 Reißzwecken herunter, und zeichne das Muster.

2 Ein Transportschiff soll vier Inseln beliefern. Das Schiff hat aber einen sehr großen Wendekreis, sodass Kurvenfahrten sehr aufwändig sind und sich nicht lohnen. Da die Inseln nicht viel benötigen, erfolgt der Endtransport durch Beiboote. Die Strategie des Kapitäns ist es, geradewegs durch die Inselgruppe zu fahren, sodass er möglichst nah an alle Inseln kommt und die Beiboote keinen weiten Weg haben. Er überlegt sich drei Alternativen:

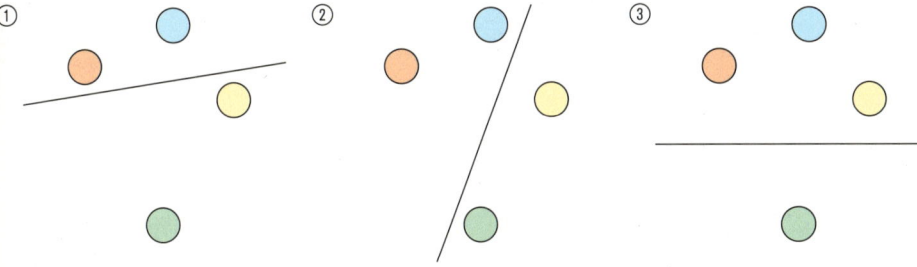

a) Welche Alternative sollte der Kapitän wählen?
b) Bestimme für jede Alternative, welche Insel am weitesten und welche am kürzesten von der
   Route entfernt ist.
c) Finde für dich Kategorien wie „sehr nah, nah, okay, weit enfernt, …" und betrachte dann die
   Alternativen. Formuliere Sätze wie: „In der Alternative ist zwar die grüne Insel sehr weit
   weg, dafür …" oder „In der Alternative sind zwei Inseln sehr nah dran, aber …".
d) Wenn du deine Ergebnisse aus c) anschaust, würdest du dich dann immer noch so entscheiden, wie du es in a) getan hast?

3 Matilda und Jakob rennen achtmal hintereinander 100 m. Die Tabelle zeigt die Ergebnisse in
Sekunden:

Runde	1	2	3	4	5	6	7	8
Matilda	12,4	12,5	12,3	12,9	12,5	13,0	12,8	13,0
Jacob	12,5	12,4	12,6	11,7	12,7	13,2	12,6	13,2

a) Wer war für dich besser? Argumentiere dabei auch mit statistischen Größen, wie Minimum,
   Maximum, Durchschnitt, Median, …
b) Jacob meint: „Im Schnitt war ich schneller als Matilda." Hat er recht?
c) Matilda erwidert: „Jakobs vierte Zeit war ein absoluter Ausreißer, ohne den er haushoch
   verloren hätte." Was meint sie mit „Ausreißer"? Hat sie damit recht, dass sie ohne die vierte
   Runde den schnelleren Schnitt gehabt hätte?
d) Jacob hat einen Vorschlag: „Wir werten nur die besten vier Zeiten." Matilda möchte aber
   lieber die langsamsten vier Zeiten werten. Wer hätte jeweils den Sieg verdient? Begründe.

Verstehen

Die Lebensunterhaltskosten sind die monatlichen Ausgaben für Miete, Nebenkosten (Wasser, Strom, Gas) und Nahrungsmittel. Dies sind die grundlegenden Dinge, die ein Mensch zum Leben benötigt. Darüberhinaus kann man Geld für weiterer Konsum ausgeben oder sparen. In einer Umfrage wurden Personen mit niedrigen und mittleren Einkommen nach ihrem Gehalt und ihren Lebensunterhaltskosten gefragt. Die Auswertung wird grafisch dargestellt.

Beispiel 1

In dem Koordinatensystem werden für die Befragten sowohl das Gehalt als auch die Lebensunterhaltskosten festgehalten.
Man erkennt, dass Personen mit mehr Gehalt auch mehr für den Lebensunterhalt ausgeben.

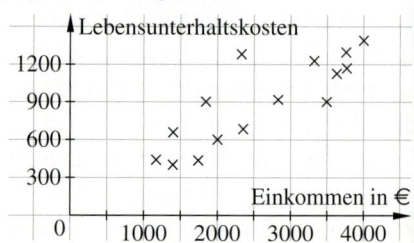

Merke In einem **Streudiagramm** kann man gleichzeitig zwei Merkmale eines Wertes darstellen. Wenn es zwischen beiden Merkmalen einen Zusammenhang gibt, zeigt sich das in einem Muster der Punkte (Wertepaare) im Streudiagramm.

Beispiel 2

Um den Zusammenhang noch besser zu beschreiben, kann man die Gerade $y = \frac{1}{3}x$ einzeichnen. Diese nähert die meisten Punkte an. Die Gerade zeigt, dass unabhängig vom Gehalt ungefähr ein Drittel für den Lebensunterhalt bezahlt werden.
Die Ausgleichsgerade muss nicht durch null gehen.

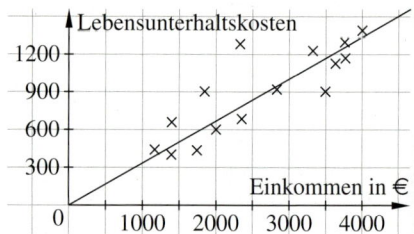

Merke Eine Gerade, die in einem Streudiagramm die meisten Punkte annähert, nennt man **Ausgleichsgerade**. Man kann mit ihr lineare Zusammenhänge besser verdeutlichen.
Die Ausgleichsgerade wird häufig per Augenmaß gezeichnet.

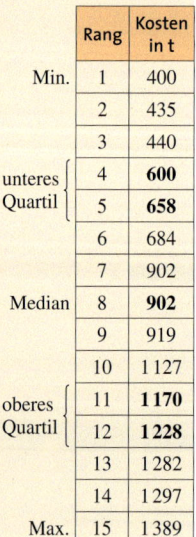

	Rang	Kosten in t
Min.	1	400
	2	435
	3	440
unteres Quartil	4	**600**
	5	**658**
	6	684
	7	902
Median	8	**902**
	9	919
	10	1 127
oberes Quartil	11	**1 170**
	12	**1 228**
	13	1 282
	14	1 297
Max.	15	1 389

Beispiel 3

Die Angaben zu den Lebensunterhaltskosten sind die y-Werte der Punkte des Streudiagramms. In der Randspalte sind sie in Euro der Größe nach sortiert. Sie sollen als Boxplot dargestellt werden.
Der Median ist 902.
Das untere Quartil (erste 8 Werte) ist $\frac{600 + 658}{2} = 629$.
Das obere Quartil (letzte 8 Werte) ist $\frac{1170 + 1228}{2} = 1199$.
Die Antennen enthalten je 25 % der Daten.

Merke Das **untere Quartil** einer Datenreihe ist der Median der ersten Hälfte, das **obere Quartil** der Median der zweiten Hälfte. Ist die Anzahl der Daten ungerade, gehört der Median zu beiden Hälften.
Ein **Boxplot** ist ein Diagramm, mit einer **Box** zwischen unterem und oberem Quartil und einem Strich, der den Median kennzeichnet.
Mit **Antennen** werden die Bereiche Minimum bis Box und Box bis Maximum dargestellt.

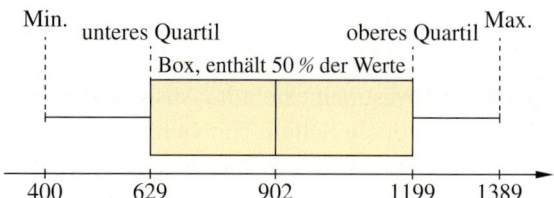

Üben und anwenden

1 In einer Tabelle werden Körpergewicht und Körpergröße von Zehntklässlern notiert. Die Daten werden dann in einem Streudiagramm eingetragen.

Schüler	Arian	Lea	Juri	Fatmire	Justin
Körpergröße in cm	179	167	182	171	176
Körpergewicht in kg	69	61	75	59	74

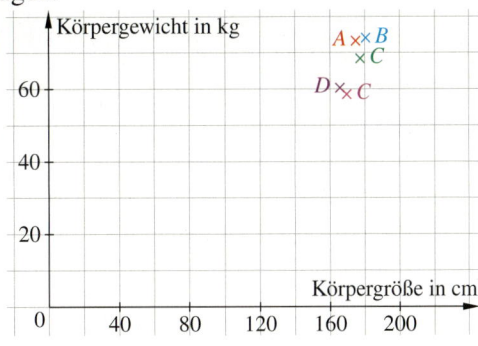

a) Ordne den Namen der Schüler die Punkte richtig zu.

b) Gibt es einen Zusammenhang zwischen den Merkmalen „Körpergröße" und „Körpergewicht"?

---

2 Familie Kramer fährt mit dem Auto in den Urlaub. Silvia notiert die zurückgelegte Strecke zwischen den Autobahnausfahrten und die dafür benötigte Zeit und stellt dies dar.

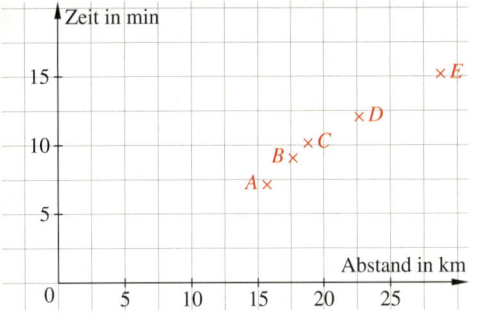

a) Wie viele Autobahnausfahrten gab es?

b) Wie groß war der größte Abstand?

c) Wie lang war die kürzeste Zeit?

d) Trage die Ausgleichsgerade ein.

e) Kannst du einen Zusammenhang erkennen zwischen dem Abstand und der Zeit?

---

2 In diesem Streudiagramm ist der Zusammenhang zwischen der Körpergröße von Männern und ihren erwachsenen Söhnen dargestellt.

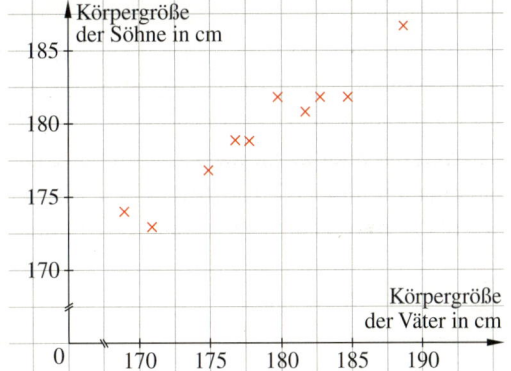

a) Lies mindestens drei Wertepaare ab.

b) Erkennst du einen Zusammenhang? Fasse ihn in Worte.

c) Zeichne die Ausgleichsgerade.

RÜCKBLICK
Die Kamine von zwei Kraftwerken sind zusammen 582 m hoch. Der eine ist 32 m höher als der andere. Wie hoch sind die Kamine?

---

3 In einer Umfrage wurde der Zusammenhang zwischen der Gehaltshöhe und den Kosten des letzten Urlaubs untersucht.

Person	A	B	C	D
Gehaltshöhe	2180 €	1460 €	1130 €	1870 €
Urlaubskosten	1250 €	620 €	480 €	890 €

a) Zeichne ein passendes Streudiagramm.

b) Trage die Ausgleichsgerade ein.

c) Begründe, ob es einen Zusammenhang zwischen der Gehaltshöhe und den Urlaubskosten gibt.

---

3 In der Tabelle sind drei Typen von Museen sowie deren Besucherzahl aufgeführt.

Museumstyp	Heimatmuseum	Kunstmuseum	Naturkundliches Museum
Anzahl der Museen	2117	488	233
Anzahl der Besucher im Jahr	15 576 000	19 941 000	12 482 000

a) Zeichne ein passendes Streudiagramm.

b) Entdeckst du einen Zusammenhang?

c) Ist es sinnvoll, eine Ausgleichsgerade zu zeichnen? Begründe.

Thema: Darstellung von Daten

Um Daten aufzubereiten und schön zu präsentieren, gibt es verschiedene Wege.

Diagramme

Säulendiagramm

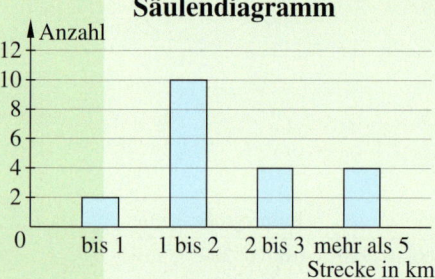

Streifendiagramm

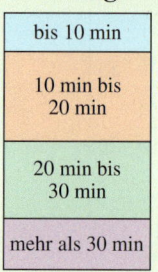

Kreisdiagramm

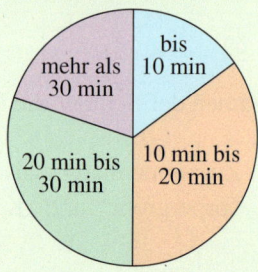

Die Säulenhöhe zeigt die absolute Häufigkeit der Antworten.

Die Streifenbreite zeigt die relative Häufigkeit der Antwort.

Die Sektorengröße zeigt die relative Häufigkeit der Antwort. $3,6°$ sind 1%, also $1°$ ist $\frac{1}{3,6}\%$.

Streudiagramme

Streudiagramme sind eigentlich Koordinatensysteme und stellen zwei Merkmale dar. Dabei versucht man Zusammenhänge dieser zwei Merkmale herauszufinden.
Man kann aber ebenfalls Aussagen über die einzelnen Merkmale treffen.

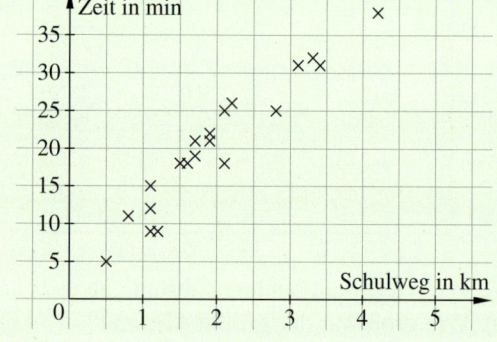

Boxplots

Boxplots stellen als Box mit Antennen das Minimum, Maximum, untere und obere Quartil und den Median dar. Die eigentlich Box enthält 50% der Daten. Der Median wird als Strich gekennzeichnet.

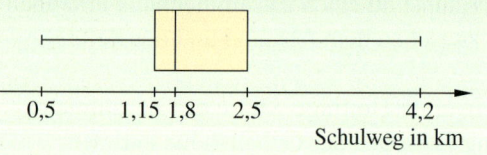

1 Die Umfragen wurden zum Thema Länge des Schulwegs und Zeit für den Schulweg durchgeführt. Betrachte die verschiedenen Darstellungen.
a) Welche Informationen bekommst du aus der jeweiligen Darstellung? Welche nicht?
b) Welcher Darstellung kannst du entnehmen, wie viele Schüler befragt wurden?
c) Welcher Darstellung kannst du konkrete Werte und wo nur Klassen entnehmen?
d) Welche Darstellungen wirken anschaulich und gut zu präsentieren?

2 Führt eine Umfrage zu zwei Merkmalen in der Klasse durch (z. B. Anzahl Fernseher im Haus und Stunden, die geschaut werden; Anzahl Personen im Haus und Anzahl der Stühle; Anzahl E-Mail-Accounts und Anzahl der E-Mails am Tag).
Entscheidet euch für zwei Darstellungsformen und präsentiert eure Ergebnisse in der Klasse.

4 Bestimme das untere und obere Quartil. Erstelle zunächst eine Rangliste.
a) 11 kg; 23 kg; 9 kg; 45 kg; 67 kg
b) 10 s; 2 s; 8 s; 4 s; 8 s; 23 s; 11 s; 12 s
c) 18 m; 5 m; 11 m; 15 m; 37 m; 17 m; 5 m

4 Bestimme die Quartile. Erstelle zunächst eine Rangliste.
a) 0,6 m; 3 m; 4,2 m; 1,2 m; 3,2 m; 4,1 m; 3,2 m; 1,2 m
b) 3,5 t; 3,5 g; 350 g; 3,5 kg; 35 kg; 35 g; 35 t

5 Gegeben sind folgende Daten:
13 h; 9 h; 12 h; 7 h
Ergänze einen weiteren Wert, sodass das untere Quartil bei 9 h ist.
Gibt es mehrere Lösungen?

5 Gegeben sind die Daten:
1 s; 5 s; 11 s; 2 s; 15 s; 17 s; 5 s; 6 s; 8 s
Ergänze einen Wert, sodass
a) das untere Quartil gleich bleibt.
b) das obere Quartil um 1 wächst.

6 In der Beschreibung der Erstellung eines Boxplots haben sich Fehler eingeschlichen. Korrigiere diese und übertrage die berichtigte Version in dein Heft.
1. Die Daten nach der Größe ordnen und den Median aller Werte bestimmen.
2. Das untere Quartil als Median des ersten Viertels der Werte bestimmen.
3. Das obere Quartil als Median der zweiten Hälfte bestimmen.
4. Eine Box zwischen unterem Quartil und Median zeichnen.
5. Den Median mithilfe eines Striches markieren.
6. Das Minimum und Maximum mit Kreuzen markieren und von der Box getrennt darstellen.

7 Oana schreibt täglich in ihrem Blog. Um zu sehen, welche Themen ankamen, betrachtet sie die Anzahl der Kommentare.

Tag	Mo	Di	Mi	Do	Fr	Sa	So
Kommentare	55	97	44	38	96	105	51

a) Erstelle den Boxplot zu den Kommentaren.
b) Beschreibe mithilfe des Kastens des Boxplots, wie viele Kommentare Oana normalerweise bekommt.

7 Frau Stolze hat die Benzinpreise der letzten Wochen notiert.

Woche	1	2	3	4	5	6	7	8
Preis in €	1,45	1,34	1,42	1,47	1,39	1,38	1,41	1,43

a) Erstelle den Boxplot zu den Benzinpreisen.
b) Welche Preisspanne würdest du in diesem Zeitraum als normal bezeichnen?
c) In Woche 9 beträgt der Preis 1,44 €. Sollte Frau Stolze tanken? Begründe.

8 Betrachte den Boxplot für die durchschnittlichen Regentage im Juli in Scatterton.

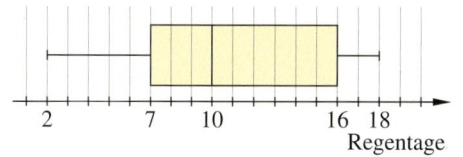

a) Lies die höchste und niedrigste Anzahl ab.
b) Wo liegt der Median der Regentage?
c) Wie groß ist das untere (obere) Quartil?

8 Betrachte den Boxplot des monatlichen Stromverbrauchs von Familie Herold in kWh.

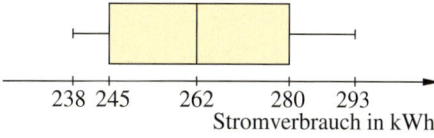

a) Wie groß war die Spannweite?
b) Wie weit ist der größte Ausreißer vom Median entfernt?
c) In welchem Bereich lagen 50 % der Werte?

9 Betrachte die drei Boxplots. Beschreibe Gemeinsamkeiten und Unterschiede.

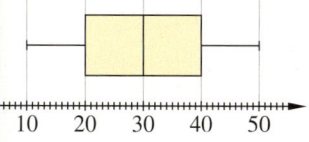
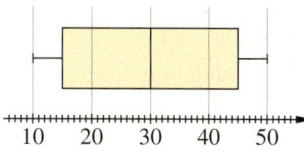
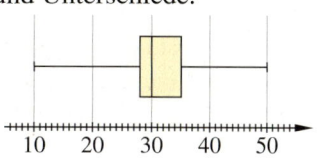

Thema: Lässt du dich beeinflussen?

Ein Zeichner soll die Tabelle über das Müll-aufkommen in den Jahren 1996 bis 2000 grafisch darstellen.
Er macht dazu drei verschiedene Entwürfe.

Jahr	Hausmüll pro Kopf (in kg)	Veränderung zum Vorjahr	
		absolut	in %
1996	429	–	–
1997	443	14	3 %
1998	437	−6	−1 %
1999	431	−6	−1 %
2000	425	−6	−1 %

① Hausmüll pro Kopf
jährlich in Kilogramm

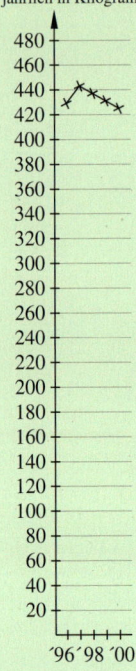

② **Hausmüll pro Kopf**
jährlich in Kilogramm

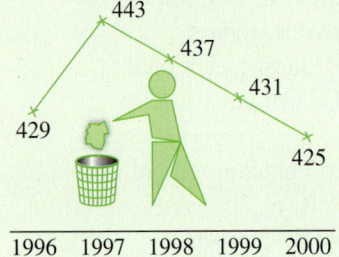

③ **Hausmüll pro Kopf**
jährlich in Kilogramm

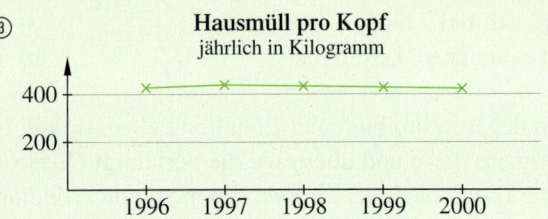

1 Vergleiche die drei Grafiken.
a) Notiere, welche Erkenntnis über das Müllaufkommen du aus jeder einzelnen Grafik gewinnst.
b) Welche Grafik sagt dir am meisten zu?
c) Fühlst du dich von einer der Abbildungen manipuliert? Und wenn ja, warum?
   Diskutiert die Aufgaben miteinander und tauscht euch über eure Eindrücke aus.

Das Beispiel zeigt, dass grafische Darstellungen oftmals kritisch hinterfragt werden müssen.
Durch **Weglassen von Werten oder Verzerren von Achsen** kann eine Zu- oder Abnahme dramatisch verstärkt oder verschleiert werden.
Weitere beliebte Tricks sind **Falschdarstellungen von Längen, Flächen** oder **Volumina**.

2 Die Abbildungen zeigen den Kursverlauf einer Aktie.

①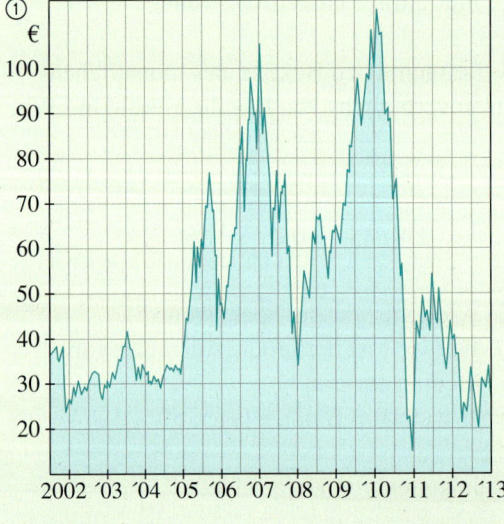

②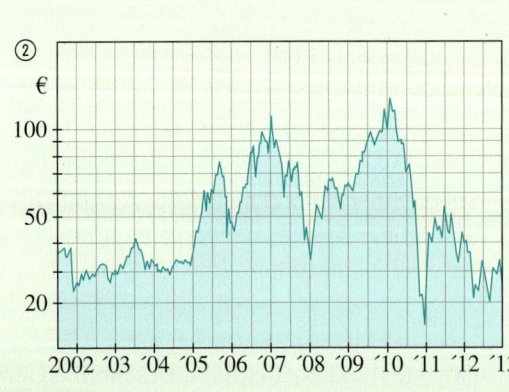

a) Woran erkennst du einen Manipulationsversuch?
b) Könntest du dir einen Grund vorstellen, welchen Zweck die manipulierte Darstellung erfüllen soll?

194

3 Im Biologieunterricht soll eine Arbeitsgruppe die Zunahme der Lachse im Rhein grafisch darstellen. Eine angenommene Zahl von zur Zeit 100 Lachsen nimmt jährlich um 30 % zu.

a) Stelle zunächst eine Exponentialgleichung zum Sachverhalt auf.

b) Es werden drei verschiedene grafische Darstellungen angefertigt.
   Welche Darstellung findest du angemessen?

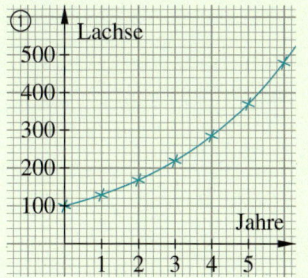
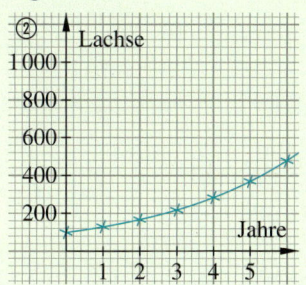
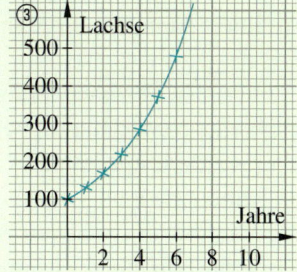

c) Worin bestehen hier Manipulationsmöglichkeiten? Diskutiert miteinander darüber.

4 Das Arbeitsamt einer Ruhrgebietsstadt veröffentlicht den Rückgang der Arbeitslosenzahlen in der Presse mit der linken Grafik. Die rot gepunktete Linie stellt den 12-Monats-Durchschnitt dar. Die Grafik rechts wurde nur internen Mitarbeitern gezeigt.

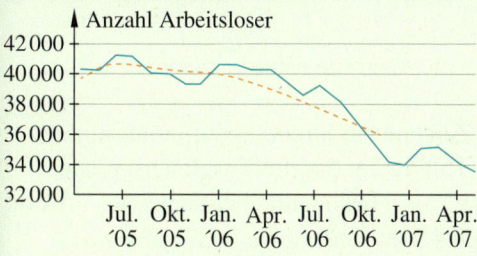
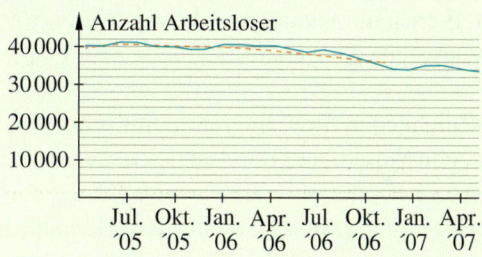

a) Betrachte die Grafiken. Was fällt dir auf?

b) Wieso wurde die linke Grafik veröffentlicht?

5 Das Diagramm ist ein Beispiel für eine besonders geschickte Manipulation.

a) Finde heraus, was die Begriffe „Primärenergie" und „erneuerbare Energie" bedeuten.

b) Betrachte nur die Kurven der beiden Energiearten. Was fällt dir auf?

c) Untersuche die Beschriftungen an der linken und der rechten Achse. Was bedeuten sie für die Wertigkeit der einzelnen Kurven?

d) Was könnte deiner Meinung nach die Absicht der Manipulation sein?

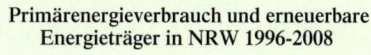
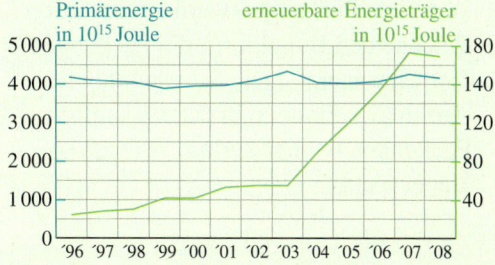

Primärenergieverbrauch und erneuerbare Energieträger in NRW 1996-2008

6 Vergleiche die beiden Säulendiagramme.

a) Was fällt dir auf?

b) Erstelle selbst ähnliche Diagramme zu einem Thema deiner Wahl.

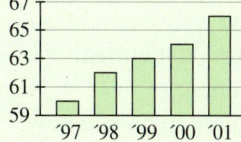
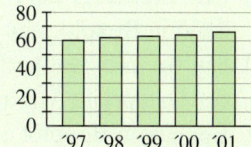

10 Schätzt die Anzahl aller Fahrzeuge, die die Familien in eurer Klasse zusammen besitzen. Schätzt außerdem, wie viele Liter Treibstoff diese Fahrzeuge pro Woche verbrauchen.
Schreibt euren Tipp, z. B. 45 Fahrzeuge, 563 l, auf einen Zettel.
Tragt dann die Ergebnisse in der Klasse zusammen und bildet drei Gruppen.
Eine erstellt ein Streudiagramm, eine den Boxplot für die Anzahl der Fahrzeuge und eine den Boxplot für den Verbrauch.
Präsentiert dann eure Ergebnisse.

11 Für einen Verbrauchertest wurden verschiedene Großmärkte besucht.
Dabei wurde festgehalten, wie lange man auf eine Kundenberatung warten musste und wieviele Mitarbeiter im Laden waren.
a) Erkennst du einen Zusammenhang?
b) Wie lang war die längste (kürzeste) Wartezeit?
c) Wie viele Mitarbeiter waren mindestens (maximal) im Laden?
d) Erstelle Boxplots für die Anzahl der Mitarbeiter und die Wartezeit. Sammle dazu die x-Werte (für Mitarbeiter) bzw. y-Werte (für Wartezeit) der Punkte.

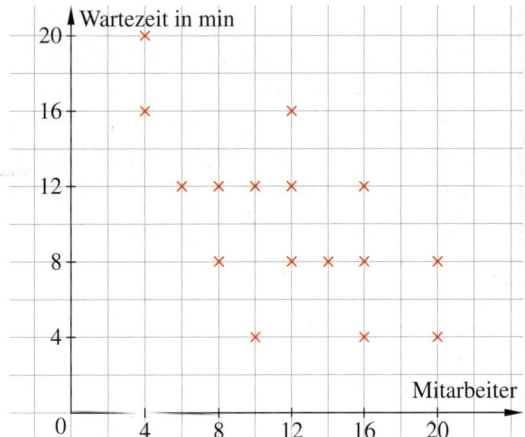

12 Zeichne ein Streudiagramm mit mindestens zehn Werten, das die Ausgleichsgerade $y = 0,5x$ besitzt.
Überlege dir, wofür die Daten stehen könnten.

12 Zeichne ein Streudiagramm mit mindestens 15 Werten, das die Ausgleichsgerade $y = 0,2x + 5$ besitzt und bei dem zwei x-Werte gleich 45 km sind.

13 Zur Endkontrolle der Packungen sortiert eine Maschine alle Packungen aus, die nicht zwischen 99 und 101 Pralinen enthalten.
Die letzten Packungen enthielten:
99; 100; 102; 99; 100; 99; 101; 98; 102; 102; 98; 99; 98; 100; 100; 99; 100; 99; 99; 100
a) Wie viele Packungen wurden aussortiert?
b) Zeichne den Boxplot für die Packungen.
c) Der Chef meint: „Die Schwankung der Anzahl der Pralinen in den verkauften Packungen ist sehr gering."
Hat er recht?

13 Eine Firma testet eine Abfüllanlage für ihre Kekse. Der Inhalt der 250 g-Packung soll höchstens um 0,5 g abweichen.
Beim Test wiegen die ersten gefüllten Packungen (in g):
250,1; 249,6; 249,6; 249,7; 250; 250,2; 249,8; 250; 250,2; 249,6; 250,3; 250; 249,7; 250,2
a) Zeichne den Boxplot für den Test.
b) Hat die Abfüllanlage den Test bestanden?
c) Der Vorarbeiter ist gegen die Anschaffung der Anlage. Er meint: „Die Anlage streut doch sehr."
Was meint er damit?

14 Begründe ob die Aussage stimmt.
a) Ein Streudiagramm stellt zwei Merkmale dar, ein Boxplot nur eins.
b) Ein Boxplot zeigt, ob Daten mehrfach in der Datenreihe vorkommen.
c) Bei einem Boxplot erkennt man, wie viele Daten die Datenreihe hat.

14 Begründe ob die Aussage stimmt.
a) Je schmaler die Box eines Boxplots, desto größer die Streuung der Daten.
b) Die Punkte in einem Streudiagramm liegen immer auf dem Graphen einer Funktion.
c) Punkte, die weit von der Ausgleichsgerade entfernt liegen, sind Ausreißer.

Mehrstufige Zufallsexperimente

Entdecken

1 Diara und ihr irischer Freund Ian wollen einen Film schauen. Diara hat drei deutsche und eine irische Euromünze in ihrer Tasche. Sie zieht eine Münze, wirft sie hoch und wenn die Münze eine Harfe zeigt, schauen sie die englische Fassung, ansonsten die deutsche.
a) Wie groß ist die Wahrscheinlichkeit, dass sie die irische Münze zieht?
b) Wie groß ist die Wahrscheinlichkeit, beim Münzwurf Wappen zu werfen?
c) Diara meint: „Eigentlich könnte ich auch blind aus drei deutschen und einem irischen Wimpel ziehen und zeitgleich irgendeine Münze werfen. Ziehe ich den irischen Wimpel und zeigt die Münze Wappen, dann schauen wir in englisch." Ist das dasselbe? Begründe.
d) Ian stellt sich eher vor, dass man viermal die Zahl eins, dreimal den Bundesadler und einmal die irische Harfe auf einen Zettel malt und dann blind zieht. Geht das auch? Begründe.
e) Unten sind die Baumdiagramme der beiden Ideen dargestellt. Beschreibe jeweils die Idee, die dahinter steckt. Benutze ein Baumdiagramm deiner Wahl, um die Frage zu beantworten, wie hoch die Wahrscheinlichkeit ist, dass die beiden die englische Fassung sehen.

2 In einer Urne liegen 8 Kugeln und 12 Würfel. Drei Viertel der Kugeln und drei Viertel der Würfel sind rot. Der Rest ist schwarz. Paula möchte berechnen, wie groß die Wahrscheinlichkeit ist, eine rote Kugel zu ziehen.
a) Paula hat eine Idee: „Ich betrachte die Form (Kugel oder Würfel) und die Farbe separat." Was sagst du zu ihrer Idee?
b) Berechne die Wahrscheinlichkeit, bei 20 Gegenständen eine von 8 Kugeln zu ziehen. Übertrage die Graphik in dein Heft und trage die Wahrscheinlichkeit an der Stelle I ein.
c) Wie viele rote und wie viele schwarze Gegenstände liegen in der Urne? Berechne die Wahrscheinlichkeit, einen roten Gegenstand zu ziehen. Trage die Zahl an der Stelle III ein.
d) Was muss an den Stellen II und IV stehen? Formuliere und berechne.
e) Paula hat errechnet, dass die Wahrscheinlichkeit, eine rote Kugel zu ziehen, bei $\frac{8}{20}\cdot\frac{15}{20}=\frac{3}{10}=30\%$ liegt. Wofür stehen die Faktoren?

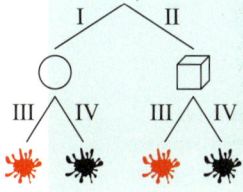

3 Eine Fahrradfirma ruft ihre Fahrräder zurück. In der Fabrik sind durch fehlerhafte Einstellungen der Maschinen Defekte aufgetreten. Die Firma rechnet damit, dass von den 15 000 produzierten Fahrrädern ungefähr folgende Anzahl Mängel hat:

Bremsinstabilität	poröse Zahnkränze
4 500	3 250

a) Erkläre, wie du ein Baumdiagramm zu diesem Zufallsversuch zeichnen kannst.
b) Christoph hat ein Fahrrad dieser Firma.
  ① Mit welcher Wahrscheinlichkeit hat sein Fahrrad beide Defekte?
  ② Wie viele produzierte Fahrräder haben zwei Mängel?
  ③ Wie groß ist die Wahrscheinlichkeit, dass sein Fahrrad nur einen der beiden Mängel hat?

Verstehen

Bei einer Lotterie gibt es grüne Gewinne und schwarze Nieten,
die in blickdichten Boxen liegen.
Der Spieler zieht aus der Box seiner Wahl.
Er wählt erst eine Box und zieht
dann daraus ein Los.

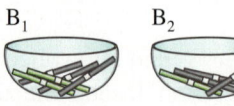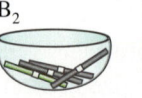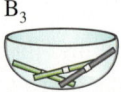

Beispiel 1

Der Losverkäufer fragt sich, wie wahrscheinlich es ist, dass sein nächster Kunde einen Gewinn zieht. Er hofft jedenfalls, dass der Spieler sich für Box 2 entscheidet.

Wahrscheinlichkeit für …			
die Wahl der Box	die Ziehung des Loses	die Aufschrift des Loses	einen Gewinn

$$\frac{1}{3} \cdot \frac{2}{5} = \frac{2}{15} \qquad \frac{2}{15}$$

$$\frac{1}{3} \cdot \frac{3}{5} = \frac{1}{5}$$

$$\frac{1}{3} \cdot \frac{1}{4} = \frac{1}{12} \qquad + \quad \frac{1}{12}$$

$$\frac{1}{3} \cdot \frac{3}{4} = \frac{1}{4}$$

$$\frac{1}{3} \cdot \frac{2}{3} = \frac{2}{9} \qquad + \quad \frac{2}{9}$$

$$\frac{1}{3} \cdot \frac{1}{3} = \frac{1}{9} \qquad = \frac{79}{180}$$

Produktregel — Summenregel

(Baumdiagramm: $\frac{1}{3}$ zu B_1, B_2, B_3; B_1: $\frac{2}{5}$, $\frac{3}{5}$; B_2: $\frac{1}{4}$, $\frac{3}{4}$; B_3: $\frac{2}{3}$, $\frac{1}{3}$)

$P(\text{Gewinn}) = \frac{2}{15} + \frac{1}{12} + \frac{2}{9} = \frac{79}{180} \approx 43{,}9\,\%$

Die Wahrscheinlichkeit, dass der nächste Kunde einen Gewinn zieht, beträgt rund $43{,}9\,\%$.

> **Merke** **Produktregel**:
> Bei Zufallsexperimenten ergibt sich die Wahrscheinlichkeit eines Ergebnisses aus dem Produkt der Wahrscheinlichkeiten der einzelnen Teilergebnisse.
>
> **Summenregel**:
> Die Wahrscheinlichkeit eines Ereignisses ergibt sich durch Addition der Wahrscheinlichkeiten von allen Ergebnissen, die zu diesem Ereignis gehören.

Wahrscheinlichkeiten mit der Produkt- und Summenregel berechnen
1. Zerlege die Situation in Teilversuche und zeichne ein Baumdiagramm.
2. Notiere die Wahrscheinlichkeiten der Versuchsausgänge an den Ästen.
3. Markiere die Pfade, die zu den gewünschten Ergebnissen führen. Berechne die Wahrscheinlichkeiten mit der Produktregel.
4. Berechne die Wahrscheinlichkeit des Ereignisses mit der Summenregel.

Es gibt Zufallsexperimente, bei denen der Ausgang des ersten Teilversuchs die Wahrscheinlichkeit des zweiten Teilversuchs beeinflusst.

Beispiel 2

Aus einer Urne mit fünf orangen und vier blauen Kugeln
wird eine Kugel gezogen. Sie wird nicht zurückgelegt,
dann wird noch einmal gezogen.
Wie groß sind die Wahrscheinlichkeiten?

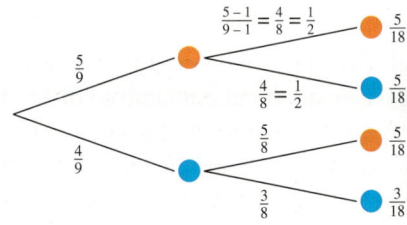

$$\frac{5-1}{9-1} = \frac{4}{8} = \frac{1}{2} \qquad \frac{5}{18}$$
$$\frac{5}{9} \qquad \frac{4}{8} = \frac{1}{2} \qquad \frac{5}{18}$$
$$\frac{4}{9} \qquad \frac{5}{8} \qquad \frac{5}{18}$$
$$\frac{3}{8} \qquad \frac{3}{18}$$

Seitenrandnotizen:

HINWEIS
*Die Wahrscheinlichkeit für eine zufällige Wahl ist jeweils an den **Pfad** des Baumdiagramms (Ast) geschrieben.*

HINWEIS
Die Produkt- und Summenregel werden auch Pfadregel genannt.

BEACHTE
*Bei jedem Zufallsexperiment sollte man sich überlegen, ob es sich um ein Zufallsexperiment mit oder ohne **Zurücklegen** handelt.*

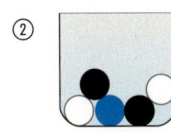

Üben und anwenden

1 Im Fernsehen zeigen $\frac{3}{10}$ aller Sender gerade Werbung (W) und $\frac{7}{10}$ Programm (P).

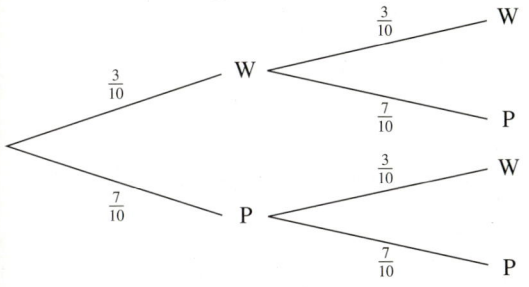

Wie groß ist die Wahrscheinlichkeit, beim Umschalten zu zwei Sendern …
a) zweimal Werbung zu sehen,
b) mindestens einmal Werbung zu sehen,
c) keinmal Werbung zu sehen,
d) mindestens einmal Programm zu sehen?

2 In einer Urne liegen zehn blaue und fünf rote Kugeln. Nacheinander werden zwei Kugeln gezogen und nach jedem Zug wieder in die Urne zurückgelegt.
a) Zeichne ein passendes Baumdiagramm.
b) Wie groß ist die Wahrscheinlichkeit, dass…
① zwei blaue Kugeln gezogen werden,
② zwei rote Kugeln gezogen werden,
③ zwei gleichfarbige Kugeln gezogen werden?
c) Bei welchem Aufgabenteil von b) musstest du die Summenregel anwenden?
d) Es wird noch eine rote Kugel in die Urne geworfen. Welche Wahrscheinlichkeiten in b) steigen (sinken)? Begründe.

3 Beim Sportunterricht liegt in 95 % der Fälle der Schlüssel für den Ballschrank parat. In 40 % der Stunden fehlen aber Bälle im Schrank. Wie groß ist die Wahrscheinlichkeit, dass die Klasse beim Sportunterricht auf alle Bälle zugreifen kann?

4 Die beiden Glücksräder werden gleichzeitig gedreht.
a) Zeichne ein Baumdiagramm.
b) Bestimme die Wahrscheinlichkeit dafür, dass beide Glücksräder auf „Weiß" stehen bleiben.
c) Mit welcher Wahrscheinlichkeit erhält man (① Rot | ② Weiß)?

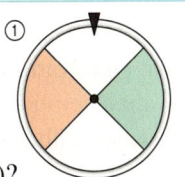 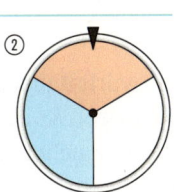

1 Aus den Urnen 1 und 2 wird je eine Kugel gezogen.

a) Zeichne ein zugehöriges Baumdiagramm.
b) Wie groß ist die Wahrscheinlichkeit, dass beide Kugeln die Farbe „Weiß" haben?
c) Mit welcher Wahrscheinlichkeit sind beide Kugeln schwarz?
d) Biyan hat folgende Idee. Er kippt einfach alle Kugeln in eine Urne, Er zieht dann zwei Kugeln mit Zurücklegen. Wie verändert sich die Wahrscheinlichkeit, zwei weiße Kugeln (zwei schwarze) zu ziehen?

2 In einer Urne liegen zwei rote, zwei blaue und zwei gelbe Kugeln. Erst zieht Arne eine Kugel und legt sie wieder zurück, dann zieht Britta eine Kugel.

a) Zeichne ein Baumdiagramm zu dem Experiment.
b) Wie groß ist die Wahrscheinlichkeit, dass Arne und Britta Kugeln mit der gleichen Farbe ziehen?
c) Arne wirft noch zwei grüne Kugeln in die Urne. Steigt die Wahrscheinlichkeit, zwei gleichfarbige Kugeln zu ziehen? Begründe.

3 Beim Fußball schlägt David 72 % der Flanken so, dass Karin sie erreichen kann. Karin konnte 14 der letzten 20 Flanken, die sie erreicht hat, in ein Tor umwandeln. Der Torwart sieht, dass David auf Karin flankt. Wie groß ist die Wahrscheinlichkeit, dass er kein Tor kassieren muss?

RÜCKBLICK
Schreibe als Bruch mit dem Nenner 100.
a) $\frac{9}{18}$
b) $\frac{14}{40}$
c) $\frac{100}{80}$
d) $\frac{45}{75}$

HINWEIS
Eine Flanke ist ein hoher Ball von der Seitenlinie in den gegnerischen Strafraum.

HINWEIS
*Nicht immer
braucht man in
einem Baumdia-
gramm alle
möglichen Pfade
darzustellen.*

5 Dies ist das Baumdiagramm zu einem Zufallsversuch mit 30 Kugeln in einer Urne.

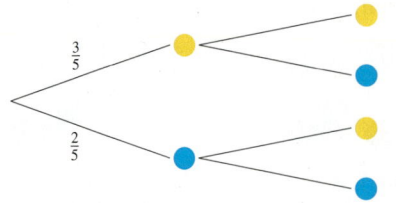

a) Wie viele Kugeln sind beim Start gelb, wie viele sind blau?
b) Das Baumdiagramm zeigt einen Versuch ohne Zurücklegen. Ergänze die fehlenden Zahlen an den Ästen im Heft.
c) Gib die Wahrscheinlichkeit für das Ereignis „erst wird Gelb gezogen und dann blau" an.

5 Beim Spiel „Verpass das Ass" bekommt man die Karten 7, 8, 9, 10, Bube, Dame, König, Ass von Herz. Man muss gleichzeitig drei Karten ziehen, wovon keine das Ass sein darf.

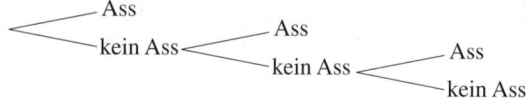

Das Baumdiagramm wurde entsprechend so gezeichnet, dass in den Ergebnissen nur „Ass" und „kein Ass" betrachtet wird.
a) Übertrage das Baumdiagramm in dein Heft. Vervollständige dann die Einzelwahrscheinlichkeiten entlang der Pfade.
b) Wie groß ist jeweils die Wahrscheinlichkeit, mit dem ersten, dem zweiten bzw. dem dritten Zug das Ass zu ziehen?

6 In seinem Teich hat Herr Auris 15 weiße und 25 orange Goldfische. Er schenkt seinem Enkel drei Fische, die er sich aus dem Teich keschern soll. Wie groß ist die Wahrscheinlichkeit, dass alle drei Fische weiß sind?

a) Beschreibe das Ereignis, das untersucht wird.
b) Beginne das Baumdiagramm. In der erste Stufe kann der Enkel einen orangen Goldfisch keschern. Was weißt du dann über Pfade, die von dort aus weitergehen? Kann man über sie zu einem Ergebnis gelangen, dass zum Ereignis „nur weiße Goldfische" gehört?
c) Zeichne schrittweise das Baumdiagramm. Pfade, die nicht zum Ereignis „nur weiße Goldfische" führen können, zeichnest du nicht weiter.
d) Schreibe die Einzelwahrscheinlichkeiten an die Pfade. Diese ändern sich in jeder Stufe.
e) Berechne die Wahrscheinlichkeit, dass der Enkel drei weiße Goldfische keschert.
f) Angenommen, im Teich leben 15 weiße, 20 orange und 5 gelbe Goldfische. Was ändert sich an der Wahrscheinlichkeit, dass alle drei gekescherten Fische weiß sind?

7 Von 25 gebackenen Berlinern enthalten 5 Senf und 20 Marmelade.
Emma wählt drei Berliner aus.
Wie groß ist die Wahrscheinlichkeit, dass sie keinen mit Senf erwischt hat?

7 Von 60 gebackenen Berlinern enthalten 5 Senf, 15 Plaumenmus und 40 Marmelade.
Emma wählt drei Berliner aus.
Wie groß ist die Wahrscheinlichkeit, dass sie keinen mit Senf erwischt hat?

ERINNERE DICH
*Primzahlen sind
2; 3; 5; 7; 11; …*

8 Gino hat einen Würfel und drei Karten, auf denen „gerade", „ungerade" und „Primzahl" steht.
Er würfelt und zieht eine Karte.
Wie groß ist die Wahrscheinlichkeit, dass die Karte eine wahre Aussage über die gewürfelte Zahl trifft?

8 Kira hat zwei Würfel und zwei Karten, auf denen „gerade" und „ungerade" steht.
Sie würfelt, addiert die Augenzahlen und zieht eine Karte.
Wie groß ist die Wahrscheinlichkeit, dass die Karte eine wahre Aussage über die gewürfelte Augensumme trifft?

9 Zu Österreichs National-feiertag gibt es ein Gewinn-spiel. Man dreht dreimal das Glücksrad und muss die Nationalfarben der Flagge in der richtigen Reihenfolge drehen (also (Rot|Weiß|Rot)).
Wie groß ist die Wahrscheinlichkeit dafür?

9 In den Niederlanden gibt es das Spiel, die Farben der Nationalflagge in der richtigen Reihenfolge zu drehen (also (Rot|Weiß|Blau)).
a) Wie groß ist die Wahrscheinlichkeit dafür?
b) Kannst du dir vorstellen, warum Rot das größte und Blau das kleinste Feld belegt?

10 Ein Spiel heißt ausgeglichen, wenn man mit einer Wahrscheinlichkeit von 50% ge-winnt. In einer Urne liegen Kugeln mit den Zahlen 4; 11; 8 und −5 darauf. Man gewinnt, wenn man zwei positive Zahlen zieht (ohne Zurücklegen). Ist das Spiel ausgeglichen?

10 Ein Spiel heißt ausgeglichen, wenn man mit einer Wahrscheinlichkeit von 50% ge-winnt. Schau dir das Spiel „Verpass das Ass" von Aufgabe 5 an. Wie viele Karten, von de-nen keine das Ass ist, muss man gleichzeitig ziehen, damit das Spiel ausgeglichen ist?

11 In einer Urne liegen schon zwei grüne und fünf gelbe Kugeln.
Wie viele grüne Kugeln muss man noch hin-zulegen, dass die Wahrscheinlichkeit, beim zweifachen Ziehen mit Zurücklegen zwei grüne Kugeln zu ziehen, bei $\frac{1}{4}$ liegt?

11 In einer Urne liegen bereits zwei rote und zwei blaue Kugeln.
Wie viele rote Kugeln muss man noch hinzu-legen, dass die Wahrscheinlichkeit, beim zweifachen Ziehen mit Zurücklegen zwei rote Kugeln zu ziehen, bei $\frac{16}{25}$ liegt?

12 Für das zweimalige Drehen eines Glücksrades mit den Farben blau, rot und grün wurden folgende Wahrscheinlichkeiten berechnet:
Zeichne das passende Glücksrad.
Wie bist du vorgegangen?
Gibt es noch andere Lösungswege?

Ereignis	(Rot|Rot)	(Rot|Blau)	(Grün|Grün)
Wahrschein-lichkeit	$\frac{1}{16}$	$\frac{1}{12}$	$\frac{25}{144}$

13 Arbeitet zu zweit. Das Streifendiagramm stellt Wahrscheinlichkeiten dar.

Denkt euch zu den Wahrscheinlichkeiten pas-send ein Zufallsexperiment aus. Überlegt euch dann Fragen zum zweimaligen Wiederholen des Experimentes aus und beantwortet sie.

13 Arbeitet zu zweit. Das Streifendiagramm stellt Wahrscheinlichkeiten dar.

Denkt euch zu den Wahrscheinlichkeiten pas-send ein Zufallsexperiment aus. Überlegt euch dann Fragen zum zweimaligen Wiederholen des Experimentes aus und beantwortet sie.

14 Jamie jongliert nach dem Shower-Muster, das heißt er wirft immer mit rechts und fängt immer mit links. Er hat vier Bälle zum Jonglieren. Einen Ball fängt er in 90% der Fälle.
a) Wie groß ist die Wahrscheinlichkeit, dass er die ersten drei Bälle fängt?
b) Wie groß ist die Wahrscheinlichkeit, die ersten drei Bälle zu fangen, aber den vierten fallen zu lassen?
c) Ab dem wievielten Ball ist die Wahrscheinlichkeit, alle bis dahin zu fangen, kleiner als 50%?

Klar so weit?

→ Seite 190

Streuung von Daten

1 Marcus isst Kekse. Für die letzten acht Kekse hat er festgehalten, wie viele Mandeln und Rosinen enthalten waren.

Keks	1	2	3	4	5	6	7
Rosinen	2	8	7	4	11	6	9
Mandeln	1	4	3	2	5	3	5

a) Trage die Ergebnisse in ein Streudiagramm ein.
b) Zeichne die Ausgleichsgerade.

2 Beschreibe die Lage eines Punktes im Streudiagramm, dessen erster und zweiter Eintrag jeweils das Maximum der jeweiligen Daten ist.

3 In einer Studie einer Kleinstadt wurden alle Einwohner befragt, welchen Anteil ihres Gehaltes sie für die Miete ausgeben. Zur Studie wurde ein Streudiagramm erstellt mit der Ausgleichsgerade $y = \frac{1}{3}x$. (x für das Einkommen) Stimmen die Aussagen? Begründe.
a) Bei einem Einkommen von 3 000 € gibt man in etwa 1 000 € für die Miete aus.
b) Jemand der 500 € Miete zahlt und 1 000 € Einkommen hat, der kann nicht aus der Kleinstadt kommen.

4 Der Boxplot ist unvollständig gegeben. Übertrage ihn ins Heft.

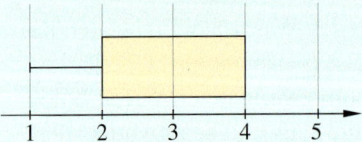

a) Die Spannweite der Daten beträgt 6. Der Median beträgt 3,5. Vervollständige den Boxplot im Heft. Wie groß ist das obere Quartil?
b) Wie groß ist das Minimum der Daten? Wie groß ist das untere Quartil?

5 Esther meint: „Kenne ich Minimum, Maximum und Median der Datenreihe, dann kann ich den Boxplot eindeutig zeichnen." Hat sie Recht? Begründe.

1 Eine kleine Bäckerei backt Törtchen unterschiedlicher Größe. Darin sind kleine Stückchen weiße und schwarze Schokolade, die gewogen wurden (Angabe in g):

Törtchen	1	2	3	4	5	6	7
schwarz	7,5	5	3	6	4	9	6
weiß	3,5	2,5	1,5	3,5	2	4,5	2,5

a) Erstelle das Streudiagramm.
b) Zeichne die Ausgleichsgerade.

2 Beschreibe die Lage eines Punktes im Streudiagramm, dessen erster Eintrag das Minimum und zweiter Eintrag das Maximum der jeweiligen Daten ist.

3 In einer Kleinstadt wurden alle Schüler befragt, welchen Anteil ihres Taschengeldes sie für Elektronik ausgeben. Zur Studie wurde ein Streudiagramm erstellt mit der Ausgleichsgerade $y = \frac{1}{5}x$.
a) Ein Schüler gibt 8 € für Elektronik aus. Wie viel Taschengeld bekommt er in etwa?
b) Ein Schüler zieht in die Kleinstadt, der von 40 € Taschengeld 20 € für Elektronik ausgibt. Wird sich die Ausgleichsgerade ändern? Begründe.

4 Der Boxplot ist unvollständig gegeben. Übertrage ihn ins Heft.

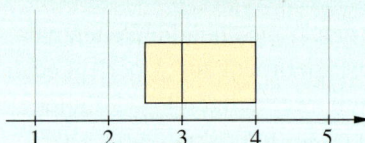

a) Wie groß ist das untere Quartil? Wie groß ist das obere Quartil?
b) Wo liegt der Median?
c) Die Spannweite beträgt 5,5. Die untere Antenne hat eine Spannweite von 1. Vervollständige den Boxplot im Heft.

5 Bernd stellt fest: „Es gibt Boxplots, deren Box nur aus dem Median besteht."
Erstelle eine Datenreihe aus 7 Daten, deren Boxplot Bernds Aussage erfüllt.

Mehrstufige Zufallsexperimente

→ Seite 198

6 Aus dem abgebildeten Würfelnetz wird ein Würfel gebaut.
Er wird zweimal geworfen.

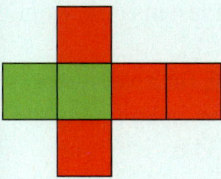

a) Zeichne für diesen Zufallsversuch ein passendes Baumdiagramm und trage die Wahrscheinlichkeiten ein.

b) Berechne die Wahrscheinlichkeit, zwei unterschiedliche Farben zu würfeln.

7 Das Ziel ist es, bei zweimaligen Drehen unterschiedliche Farben zu drehen. Welches Glücksrad sollte man dafür benutzen?

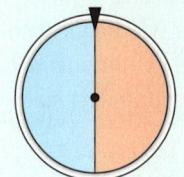 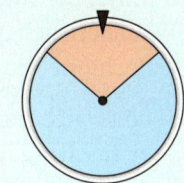

8 In einem Teich leben 12 Karpfen, 3 Hechte und 9 Barsche. Alle Fische sind gleich schwer zu angeln.
Herr Fischer will heute drei Fische angeln.

a) Wie groß ist die Wahrscheinlichkeit, dass Herr Fischer 3 Karpfen fängt?

b) Wie groß ist die Wahrscheinlichkeit, dass Herr Fischer keinen Hecht fängt?

9 In einer Urne liegen drei blaue und eine rote Kugel. Nacheinander werden die Kugeln ohne Zurücklegen gezogen, bis die Urne leer ist. Wie groß ist die Wahrscheinlichkeit, dass die rote Kugel als letztes gezogen wird?

10 Harald hat Spielkarten, zehn Kreuz und fünf Karo. Er zieht mit Zurücklegen. Er hat gerade 30 Karokarten nacheinander gezogen. Wie groß ist die Wahrscheinlichkeit, dass er als nächstes noch einmal Karo zieht?

6 Aus den abgebildeten Würfelnetzen werden zwei Würfel gebaut und diese nacheinander geworfen.

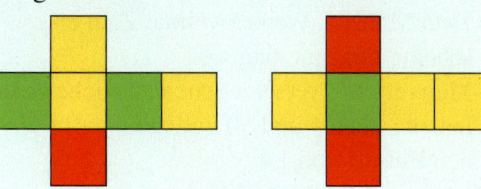

a) Zeichne für diesen Zufallsversuch ein passendes Baumdiagramm und trage die Wahrscheinlichkeiten ein.

b) Berechne die Wahrscheinlichkeit, dass keiner der beiden Würfel rot zeigt.

7 Das Ziel ist es, bei zweimaligen Drehen unterschiedliche Farben zu drehen. Welches Glücksrad sollte man dafür benutzen?

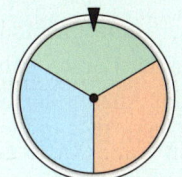 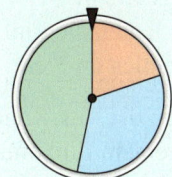

8 In ihrer Tasche hat Frau Thrum acht rote Fineliner, zwei rote Kugelschreiber und sechs schwarze Kugelschreiber.
Sie zieht drei Stifte aus ihrer Tasche.
Wie groß ist die Wahrscheinlichkeit, dass …

a) kein Kugelschreiber dabei ist?

b) mindestens ein Stift dabei ist, der rot schreibt?

9 In einer Urne liegen zwei blaue, zwei gelbe und eine rote Kugel. Die Kugeln werden ohne Zurücklegen gezogen, bis die Urne leer ist. Wie groß ist die Wahrscheinlichkeit, dass die rote Kugel als letztes gezogen wird?

10 Gritt hat Spielkarten Herz, Kreuz und Pik. Die Wahrscheinlichkeit, Pik zu ziehen, ist 20 %, die Wahrscheinlichkeit, dreimal Herz zu ziehen, 2,7 %. Wie groß ist die Wahrscheinlichkeit, erst dreimal Herz und dann zweimal Pik zu ziehen?

Vermischte Übungen

1 Ein Spiel heißt fair, wenn das Verhältnis von Einsatz zu Gewinn gleich der Gewinnwahrscheinlichkeit ist.
Sind die folgenden Spiele fair?
a) Man zahlt einen Einsatz von 1 € und wirft zwei Münzen. Wenn zweimal Zahl erscheint, gewinnt man 4 €.
b) Man rät zwei verschiedene natürliche Zahlen zwischen 1 und 50 und zahlt dafür einen Einsatz von 1 €.
Rät man beide richtig, bekommt man einen 2 450 € teuren Motorroller.

2 Ein Förster beobachtet gerne die Rehe in seinem Wald von seinem Hochstand aus. Er notiert sich dabei immer die Anzahl der Tiere:
3; 7; 14; 0; 11; 12; 1; 13; 9; 8
a) Wie viele Tiere sah er mindestens und maximal? Wie groß war also die Spannweite der gesehenen Tiere?
b) Wie lauten die fünf kleinsten (größten) Anzahlen an Tiere, die der Förster sah?
c) Wo liegt der Median der Anzahl der Rehe?
d) Erstelle den dazugehörigen Boxplot.

3 Auf einem Glücksrad sind die Zahlen von 1 bis 4 eingetragen.
Hier die Ergebnisse der letzten Durchgänge:
3; 1; 2; 3; 2; 4; 3; 1
a) Erstelle den dazugehörigen Boxplot.
b) Berechne die relative Häufigkeit der Ergebnisse.
c) Zeichne ein Glücksrad, dass die relativen Häufigkeiten aus b) besitzt.

4 Herr Tabbert baut gerade sein neues Regal auf. Dazu benutzt er zwei Arten von Dübeln. In der Anleitung zum Regal steht:

Im Material enthalten:
• 60 kleine Dübel
• 80 mittlere Dübel

Er greift in die Packung und bekommt drei Dübel zu fassen.
Wie groß ist die Wahrscheinlichkeit, dass kein kleiner Dübel dabei ist?
Erstelle dazu das dreistufige Baumdiagramm.

1 Ein Spiel heißt fair, wenn das Verhältnis von Einsatz zu Gewinn gleich der Gewinnwahrscheinlichkeit ist.
Sind die folgenden Spiele fair?
a) Man zahlt einen Einsatz von 7 € und wirft drei Münzen. Zeigt mindestens eine Kopf, erhält man 8 € Gewinn.
b) Man zahlt insgesamt 2 € für zwei Lose. Zieht man zwei Gewinne, bekommt man ein Radio im Wert von 35 €.
In der Lostrommel liegen 15 Nieten und 5 Gewinne.

2 Ein Bauer hat Hühner. Diese haben im letzten Monat unterschiedlich viele Eier gelegt:
13; 16; 11; 15; 18; 11; 17; 15; 19; 13; 14; 15
a) Erstelle den dazugehörigen Boxplot. Wo liegen das obere und untere Quartil?
b) Vergleiche den Median mit dem arithmetischen Mittel der Eieranzahl.
c) Wie verändert sich der Median, wenn man das schlechteste (beste) Huhn aus der Datenreihe streicht? Wie verändert sich das arithmetische Mittel?

3 Auf einem Glücksrad sind die Zahlen von 1 bis 5 eingetragen.
Hier die Ergebnisse der letzten Durchgänge:
1; 2; 2; 4; 2; 2; 1; 2; 3; 1; 2; 5; 2; 1; 2; 5; 3; 5; 2; 1
a) Erstelle den dazugehörigen Boxplot.
b) Zeichne ein Glücksrad, sodass die Wahrscheinlichkeiten dafür zu den letzten Ergebnissen passen.

4 Frau Krämer montiert ihren neuen Tisch. In der Anleitung steht:

Zur Montage liegen 3 Sorten Schrauben bei:
• Sorte A 24 Stück
• Sorte B 32 Stück
• Sorte C 16 Stück

Frau Krämer braucht jetzt eine Schraube der Sorte B. Sie greift in die Packung und erwischt drei Schrauben.
Wie groß ist die Wahrscheinlichkeit, dass keine richtige Schraube dabei ist?

5 Um zwei Elektrohändler zu vergleichen, wurde der Preis eines Fernsehers, den beide verkaufen, im letzten Jahr aufgezeichnet. Dazu wurden Boxplots erstellt.

Firma 1

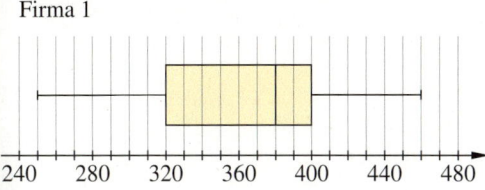

Firma 2

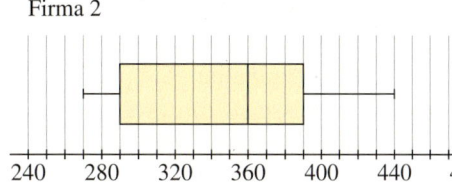

a) Vergleiche die beiden Boxplots.

b) Wie sehr schwankten die Preise insgesamt (wenn man nur die mittleren 50 % betrachtet)?

c) Wo war es „normalerweise" billiger? Begründe.

---

6 Die Ergebnisse des mehrfachen Drehens
eines Glücksrades wurden ausgewertet.
Dabei kam heraus, dass das untere Quartil bei
2 lag.

a) Welches Rad wurde gedreht? Überlege dazu, ob das Feld mit der 1 mehr als ein Viertel der Fläche ausmachen kann.

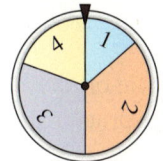 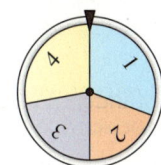

b) Berechne die Wahrscheinlichkeit, beim
zweimaligen Drehen des Rades zwei gerade Zahlen zu drehen.

6 Die Ergebnisse des mehrfachen Drehens
eines Glücksrades wurden als Boxplot dargestellt.

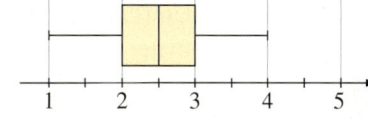

a) Welches Rad wurde gedreht? Beachte dazu
die Fläche des Feldes mit der 4.

 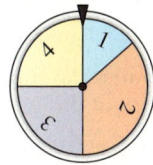

b) Berechne die Wahrscheinlichkeit, beim
zweimaligen Drehen des Rades die Summe 5 zu drehen.

---

7 In einem Teich leben Barsche und Karpfen. Es wurden mehrfach Fische gefangen und der
Gesamtfang in einem Streudiagramm festgehalten. Beim ersten Fang waren es z. B. 1 Barsch
und 1 Karpfen, beim zweiten Fang 4 Barsche und 0 Karpfen, sodass der zweite Punkt (5|1) ist.

HINWEIS ZU 7c)
Ist $m = \frac{y}{x}$, dann ist
die Wahrschein-
lichkeit $\frac{y}{y+x}$.

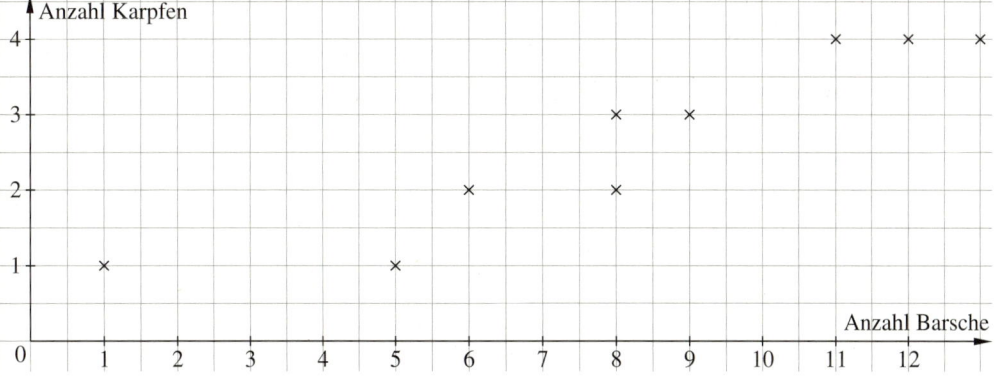

a) Wie viele Barsche und Karpfen wurden beim dritten (vierten, siebten) Mal gefangen?

b) Zeichne die Ausgleichsgerade $y = mx$. Bestimme das Verhältnis $m = \frac{y}{x}$.

c) Benutze das Verhältnis m, um die Wahrscheinlichkeit, einen Karpfen zu fangen, zu berechnen. Ist zum Beispiel $m = \frac{1}{9}$, dann ist die Wahrscheinlichkeit $\frac{1}{10}$.

d) Berechne die Wahrscheinlichkeit, beim Angeln von zwei Fischen, zwei Barsche zu fangen.

Beruf Fachangestellte/r für Markt- und Sozialforschung

Fachangestellte für Markt- und Sozialforschung untersuchen Entwicklungen in Wirtschaft und Gesellschaft, wie zum Beispiel Kaufverhalten oder Kriminalität. Sie planen Studien, deren Ergebnisse sie mit Programmen auswerten und aufbereiten. Außerdem erstellen sie Fragebögen, die zum Beispiel für Kundenbefragungen genutzt werden.
Arbeit finden Fachangestellte für Markt- und Sozialforschung bei Werbeagenturen und Markt- und Meinungsforschungsinstituten.

8 Erfassen von Umfragewerten

Eine Möbelfirma bietet ihren Kunden einen Transportservice der Möbel an. Dieser Service war früher kostenlos, seit einem Jahr kostet er 20 €. Die Firma beauftragt ein Institut damit, den Einfluss des eingeführten Preises auf das Verhalten der Kunden zu untersuchen.

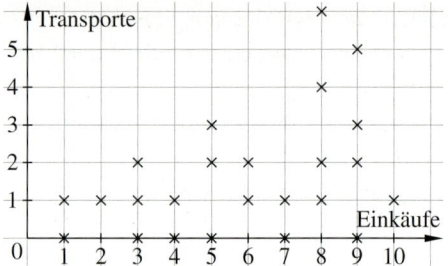

Rechts dargestellt ist das Ergebnis der aktuellen Umfrage. Gefragt wurde, wie oft die Kunden im letzten Jahr eingekauft haben und wie oft sie den Transportservice in Anspruch nahmen.
a) Wie viele Menschen wurden befragt?
b) Welche der Aussagen sind korrekt?
   ① Eine Person hat letztes Jahr sechsmal Möbel gekauft und zweimal den Transport genutzt.
   ② Es wurden überwiegend Leute befragt, die drei- bis siebenmal Möbel gekauft haben.
   ③ Je häufiger jemand eingekauft hat, desto häufiger hat er auch den Transport genutzt.
c) Teile die Anzahl der Einkäufe oder der Transporte in Klassen ein und zeichne jeweils ein Diagramm deiner Wahl dazu.
d) Erstelle ein Streudiagramm, das die Anzahl der Einkäufe zeigt und wie oft der Transportservice nicht genutzt wurde. Vergleiche dann mit dem anderen Streudiagramm. Wie ändert sich die Aussage des Diagramms?

9 Auswertung der Umfrage

Vor zwei Jahren, als der Transportservice noch kostenlos war, wurde schon einmal die Umfrage durchgeführt und für die Anzahl der Transporte der Boxplot erstellt. Die Anzahl der Einkäufe war dabei vergleichbar zur aktuellen Umfrage.

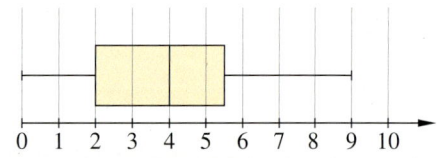

a) Zeichne einen Boxplot zur Anzahl der Transporte zum Streudiagramm in Aufgabe 8.
b) Vergleiche beide Boxplots. Wie hat die Einführung des Preises das Entscheidungsverhalten, den Transportservice in Anspruch zu nehmen, verändert? Begründe.

10 Prognose

Die Firma hat leider nur zwei Transportfahrzeuge. Es stehen gerade drei Kunden an der Kasse.
a) Berechne die Wahrscheinlichkeit, dass ein Kunde den Transportservice nimmt.
b) Wie groß ist die Wahrscheinlichkeit, dass für Kunde Nummer 3 kein Transport möglich ist?

Zusammenfassung

Streuung von Daten

→ Seite 190

In einem **Streudiagramm** kann man gleichzeitig zwei Merkmale eines Wertes darstellen. Wenn es zwischen beiden Merkmalen einen Zusammenhang gibt, erkennt man ein Muster. Eine Gerade, die in einem Streudiagramm die meisten Punkte annähert, nennt man **Ausgleichsgerade**.

Der **Median** einer geordneten Datenreihe ist der Wert in der Mitte. Das **untere Quartil** ist der Median der ersten Hälfte, das **obere Quartil** der Median der zweiten Hälfte. Ist die Anzahl der Daten ungerade, gehört der Median zu beiden Hälften.

Ein **Boxplot** ist ein Diagramm, das die Kenngrößen Minimum, Maximum, unteres Quartil, oberes Quartil und Median veranschaulicht.

In einer Studie wurden Personen nach ihrem Einkommen und den Lebensunterhaltskosten gefragt:

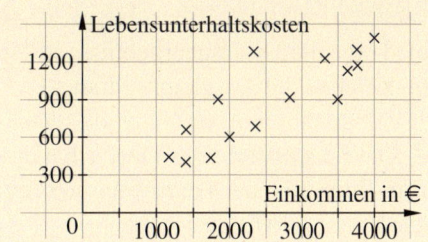

Anschließend wurden die Lebensunterhaltskosten in einem Boxplot dargestellt.

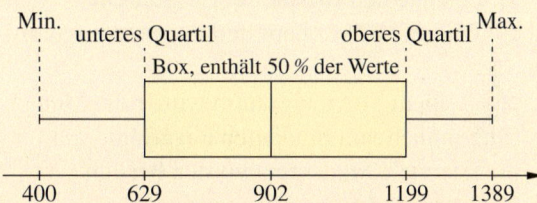

Mehrstufige Zufallsexperimente

→ Seite 198

Setzt sich ein Zufallsexperiment aus mehreren Teilexperimenten zusammen, so nennt man es **mehrstufiges Zufallsexperiment**.

Beim Notieren der Wahrscheinlichkeiten ist zu überlegen, ob das Ergebnis des ersten Teilversuchs die Wahrscheinlichkeiten beim zweiten Teilversuch beeinflusst, d. h. ob es sich um ein Experiment mit oder ohne **Zurücklegen** handelt.

Produktregel
Bei mehrstufigen Zufallsexperimenten ergibt sich die Wahrscheinlichkeit eines Ergebnisses aus dem Produkt der Wahrscheinlichkeiten der einzelnen Teilergebnisse.

Summenregel
Die Wahrscheinlichkeit eines Ereignisses ergibt sich durch Addition der Wahrscheinlichkeiten von allen Ergebnissen, die zu diesem Ereignis gehören.

Aus einer Urne mit drei gelben und zwei blauen Kugeln wird eine Kugel gezogen. Sie wird zurückgelegt und es wird noch einmal gezogen. Wie groß ist die Wahrscheinlichkeit, zwei gelbe Kugeln zu ziehen?

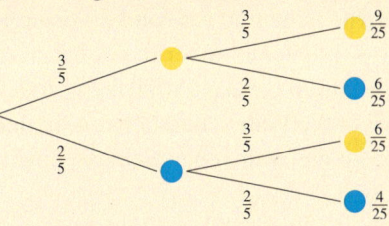

$P(\text{Gelb}|\text{Gelb}) = \frac{3}{5} \cdot \frac{3}{5} = \frac{9}{25}$

Aus der gleichen Urne werden zwei Kugeln ohne Zurücklegen gezogen. Bestimme die Wahrscheinlichkeit, mindestens eine gelbe Kugel zu ziehen.

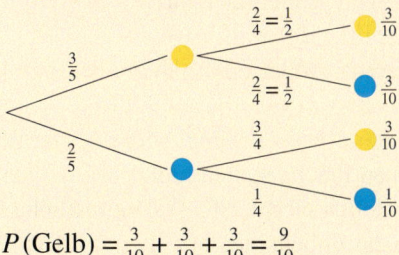

$P(\text{Gelb}) = \frac{3}{10} + \frac{3}{10} + \frac{3}{10} = \frac{9}{10}$

Teste dich!

2 Punkte

1 In einer Umfrage zum Thema geschlafene Stunden und Kaffeekonsum gab es folgende Antworten.

Schlaf in h	7	7	4	6	5	8	3	7	2	6
Tassen	1	2	4	2	3	0	5	3	6	1

a) Trage die Umfrageergebnisse in ein Streudiagramm ein.

b) Zeichne die Ausgleichsgerade.

3 Punkte

2 Die Feuerwehr eines Dorfes hat dokumentiert, wie lange es vom Aufnehmen des Notrufs bis zum Eintreffen der Feuerwehr vor Ort gedauert hat.
Die Zeiten in Minuten waren:
5; 8; 6; 15; 7; 8; 12; 8; 10; 6; 10; 8; 12; 10; 15; 12; 10; 10; 14; 10

a) Bestimme den Median.

b) Zeichne den Boxplot der Datenreihe.

c) Wo liegen das obere und das untere Quartil?

4 Punkte

3 In einem Streudiagramm wurde die Menge an Trinkwasser, die man täglich trinkt und das Einkommen von Studenten abgefragt.

a) Wie viele Studenten wurden befragt?

b) Erkennst du einen Zusammenhang?

c) Wie viele Studenten gaben ein Einkommen von 1500 € an?

d) Wie groß war die Spannweite des getrunkenen Wassers und des Einkommens der befragten Studenten?

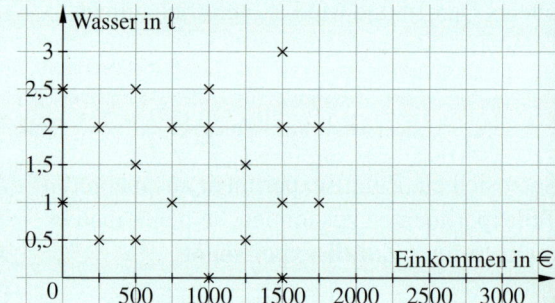

3 Punkte

4 In einer Urne liegen 30 rote und 30 blaue Kugeln. Es wird nacheinander ohne Zurücklegen gezogen, bis keine Kugel mehr in der Urne ist.

a) Wie viele Stufen hat das Zufallsexperiment?

b) Wie groß ist die Wahrscheinlichkeit, in den ersten drei Zügen nur blaue Kugeln zu ziehen?

c) Wie groß ist die Wahrscheinlichkeit, eine rote Kugel als letztes zu ziehen?
Begründe.

3 Punkte

5 Das Spiel läuft so ab: Man dreht zweimal dasselbe Glücksrad und zieht die kleinere von der größeren Zahl ab. Dreht man zum Beispiel erst eine 1 und dann eine 2, dann ist die Punktzahl 1.
Wie groß ist die Wahrscheinlichkeit, dass …

a) die Differenz größer als 0 ist?

b) die Differenz größer als 1 ist?

c) die Differenz größer oder gleich 1 ist?

2 Punkte

6 Ein Glücksrad wird dreimal gedreht. Die Wahrscheinlichkeit, dass das Glücksrad dreimal auf der grünen Fläche stehen bleibt, ist $\frac{1}{27}$. Die Wahrscheinlichkeit, dass es dreimal auf der gelben Fläche stehen bleibt, ist $\frac{8}{125}$. Die restliche Fläche ist blau.

a) Zeichne das Glücksrad.

b) Wie groß ist die Wahrscheinlichkeit, dass dreimal blau gedreht wird?

Bist du vorbereitet?

Du hast dich in den letzten Jahren mit vielen Bereichen der Mathematik beschäftigt und in Praktika auch Erfahrungen gesammelt.

Ob du dich für die weiterführende Schule oder eine duale Ausbildung entscheidest, die Mathematik wird dich weiterhin begleiten.

In diesem Kapitel hast du die Möglichkeit, dich auf Berufseignungstests, Einstellungstests, Aufnahme- und Abschlussprüfungen vorzubereiten.

Prüfungstypen

Prüfungen gibt es zu vielen Gelegenheiten und in unterschiedlichen Formen. Hier findest du die Typen, die dir in der Schule und in der Ausbildung am häufigsten begegnen.

Klassenarbeiten überprüfen, was du im Unterricht erlernt und bearbeitet hast.

Mündliche Prüfungen sind eine Ergänzung zu schriftlichen Prüfungen. Dabei kann es sich auch um eine kurze Präsentation handeln.

Lernstandserhebungen fragen Fähigkeiten aus einem bestimmten Zeitraum ab.

Aufnahmeprüfungen werden abgenommen, um beispielsweise zu einem bestimmten Schulzweig oder Verein zugelassen zu werden.

Eignungstests vermitteln einen ersten Eindruck, ob du für einen Beruf geeignet bist.

Abschlussprüfungen am Schul- oder Ausbildungsende geben Auskunft über erworbene Kompetenzen und Fähigkeiten. Meist setzt sich eine solche Prüfung aus einem allgemeinen Bereich (Basisfertigkeiten) und einem komplexeren bzw. berufsspezifischen Bereich zusammen.

Einstellungstests werden von vielen Unternehmen durchgeführt, um Bewerber einzuschätzen und eine Vorauswahl zu treffen.

Operatoren

Für alle mathematischen Prüfungstypen gibt es Arbeitsanweisungen, die genau vorgeben, was von dir erwartet wird. Eine Auswahl dieser **Schlüsselbegriffe** findest du in der Tabelle.

nennen, angeben	das Dargestellte in eigenen Worten wiedergeben, aufzählen
beschreiben	den Lösungsweg in vollständigen Sätzen aufschreiben
erklären	dein Vorgehen mithilfe von Regeln, Skizzen oder Zuordnungen verdeutlichen
lösen, bestimmen, ermitteln, berechnen	einen erkennbaren Lösungsweg auswählen, angeben und mit Rechenoperationen ausführen
begründen	die Entscheidung für einen Lösungsweg durch Argumente belegen
zeigen, beweisen, widerlegen	durch eine Rechnung oder ein Gegenbeispiel zeigen, wie dein Ergebnis zustande gekommen ist
schätzen, überschlagen	eine Vermutung angeben, wie das Ergebnis lauten könnte, ohne genaue Werte zu haben
skizzieren	eine Zeichnung anfertigen, die nicht exakt sein muss
zeichnen	eine *exakte* Zeichnung z. B. mit einem Geodreieck anfertigen
grafische Darstellung	z. B. ein Koordinatensystem erstellen und Werte einzeichnen
bewerten	mithilfe von mathematischen Überlegungen Stellung zu einer Aussage nehmen
vergleichen	verschiedene Lösungen oder Lösungswege anschauen und Gemeinsamkeiten bzw. Unterschiede ermitteln
prüfen, überprüfen	das Ergebnis auf der Grundlage eigener Kenntnisse bzw. mithilfe mathematischer Regeln und Gesetzmäßigkeiten absichern

Mathematik im Überblick

Die Mindmap gibt dir einen Überblick über verschiedene Bereiche der Mathematik und zeigt dir, was du bisher gelernt hast. Auf den folgenden Seiten findest du eine Formelsammlung. Dort kannst du Formeln zu allen wichtigen Themen der Klassen 5–10 nachschlagen.

 **Arithmetik und Algebra:**
Zahlen und Symbole nutzen

 **Geometrie:**
Ebene und räumliche Figuren nach Maß und Form erfassen und berechnen

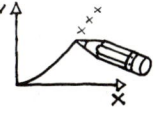 **Funktionen:**
Beziehungen erkunden und beschreiben

 **Daten und Zufall:**
Daten und Wahrscheinlichkeiten nutzen

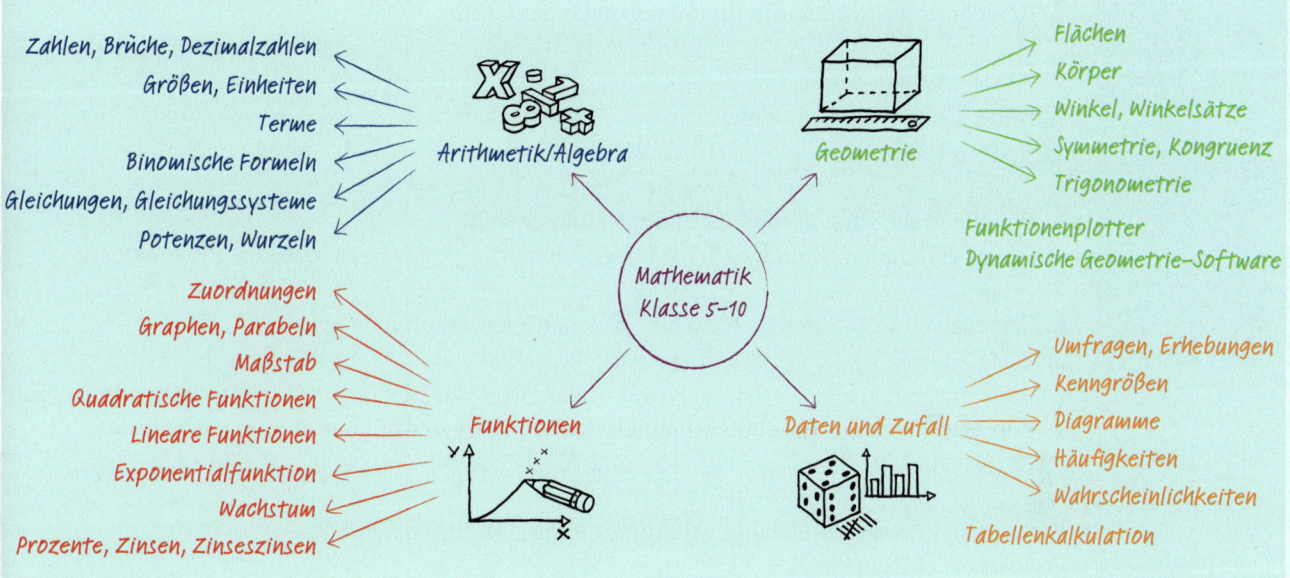

Tipps

Die folgenden Tipps helfen, leichter zum Ziel zu kommen und den Überblick zu behalten.

- **Erstelle** eine **Checkliste** mit den geforderten Inhalten.
- **Schätze** ein, was du schon kannst und was du wiederholen musst.
- **Beginne rechtzeitig** mit der Vorbereitung und teile dir den Stoff ein.
- Versuche, den Stoff zu komprimieren, sodass du am Ende eine **sinnvolle Übersicht** hast.
- Behalte sowohl bei der Vorbereitung als auch in der Prüfung die **Zeit** im Blick.
- Sorge dafür, dass zugelassene **Werkzeuge** und **Medien** bereitstehen.
- **Lies** die Aufgabenstellung **sehr sorgfältig**.
- Überlege, was von dir verlangt wird, und schreibe die wichtigsten Informationen heraus.
- Löse zuerst die Aufgaben, die dir leicht fallen.
- **Überprüfe** am Ende deine Lösungen auf **Vollständigkeit** (z. B. Maßeinheiten).
- Achte auf Ordnung und Übersichtlichkeit.

Allgemeiner Teil

Für den Allgemeinen Teil ist **keine** Formelsammlung und **kein** Taschenrechner zugelassen. Benutzt werden darf lediglich ein Geodreieck.

1 Ordne den Zahlen die Punkte auf dem Zahlenstrahl zu.

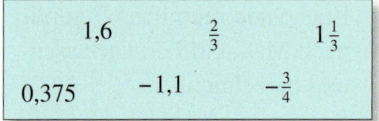

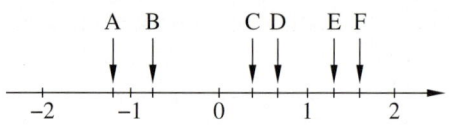

2 Addiere.
a) $0{,}191 + 0{,}829$ **b)** $\frac{5}{9} + \frac{7}{12}$ **c)** $\frac{5}{6} + 0{,}75$

3 Berechne und sortiere die Ergebnisse nach der Größe:
① $\frac{2}{125} \cdot \frac{3}{80}$ ② $0{,}2 \cdot 0{,}04$ ③ 4 % von zwei Hundertstel

4 Bilde jeweils den Quotienten.
a) $0{,}409 : 1000$ **b)** $5491 : 17$ **c)** $\frac{3}{7} : \frac{6}{49}$

5 Wandle in die Einheit um, die in der Klammer steht.
a) 25 200 Sekunden (Stunden) **b)** 4 150 g (Tonnen)   **c)** 4,56 km (Zentimeter)

6 Setze jeweils $x = 5$ in den Term ein. Welchen Wert erhält man jeweils?
a) $2 \cdot (5 \cdot x + 3 \cdot 4)$ **b)** $(x + 6) \cdot (x + 4)$ **c)** $x^2 - 2x + 1$

7 Berechne. Welches Ergebnis ist am kleinsten?
① $(3 \cdot 4 + 6 \cdot 12) \cdot 2$ ② $(3 \cdot (4 + 6) \cdot 12) \cdot 2$ ③ $((3 \cdot 4 + 6) \cdot 12) \cdot 2$

8 Stephan löst eine Gleichung. Allerdings unterläuft ihm ein Fehler.
Zu lösen: $(x + 2) \cdot (x - 2) = 32$
Ich multipliziere die Klammern aus und erhalte: $x^2 + 2x - 2x + 4 = 32$.
Ich fasse zusammen und erhalte: $x^2 + 4 = 32$.
Ich subtrahiere auf beiden Seiten die 4 und erhalte: $x^2 = 28$.
Die Lösung ist also: $x = \sqrt{28}$.
a) Welchen Fehler hat Stephan gemacht?
b) Wie lautet die richtige Lösung der Gleichung? Gibt es nur eine?

9 Zur Familie Berthold gehören vier Kinder. Leni ist mit 10 Jahren die Älteste. Ihre drei Geschwister sind Drillinge und heißen Markus, Norbert und Sofie. Zusammen sind die vier Kinder 28 Jahre alt.
Wie alt sind Markus, Norbert und Sofie?

10 Schätze, wie viele Meter hoch ein Turm aus eintausend Mathebüchern ist.
Beschreibe dein Vorgehen.

11 Frau Andersen möchte ihren Garten verschönern. Dazu muss sie die Hecke stutzen, neue Tulpen pflanzen, ihren Apfelbaum zurückschneiden und den Gartenzaun streichen.
In wie vielen verschiedenen Reihenfolgen kann sie dabei vorgehen?

12 Herr Peters hat einen neuen Telefonvertrag abgeschlossen. Er zahlt monatlich eine Grundgebühr von 7,77 €. Im Januar erhielt Herr Peters eine Telefonrechnung in Höhe von 27,77 €. Er kann auf der Rechnung sehen, dass er 8 Telefongespräche geführt hat.
Ermittle den durchschnittlichen Preis pro Gespräch.

13 Mit dem Body-Mass-Index (BMI) ermittel man, wie sich Körpergewicht und Körpergröße zueinander verhalten. Um den BMI zu berechnen, teilt man das Körpergewicht in Kilogramm durch das Quadrat der Körpergröße in Metern.
a) Stelle eine Formel zur Berechnung des BMI auf.
b) Svenja ist 200 cm groß und wiegt 84 000 g. Wie groß ist ihr BMI?

14 In der Torjägerliste werden die Torschützen der Bundesliga nach der Anzahl ihrer Tore sortiert. Der mit den meisten Toren steht dabei auf Platz 1.
Ist die Zuordnung *Anzahl geschossener Tore → Platz in der Torjägerliste* fallend oder wachsend? Ist sie auch antiproportional? Begründe.

15 In einer Tabelle listet Semi Dreiecke mit einem Flächeninhalt von 30 cm² auf. Dazu berechnet er für unterschiedliche Grundseiten a die Länge der entsprechenden Höhe.
a) Mit welcher Formel könnte er die Höhe berechnen?
b) Ergänze die Tabelle im Heft.

Grundseite a	4 cm	5 cm	1,2 cm	1,5 cm
Höhe h_a	15 cm			

16 Ein Würfel hat die Seitenlänge $a = 4$ cm. Er wird in zwei gleichgroße Quader aufgeteilt.
a) Welche Seitenlängen haben die Quader?
b) Welches Volumen haben die Quader?
c) Angenommen, man zerteilt den Würfel in 64 gleichgroße Quader.
 Welches Volumen haben dann diese Quader?

17 Ein Firmengelände wurde im Maßstab 1 : 3 000 gezeichnet.
Wie viel Quadratmeter hat die grüne Fläche in Wirklichkeit? Miss in der Abbildung nach.

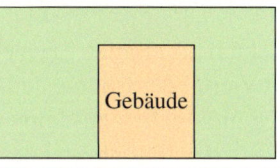

18 Ein Quader hat ein Volumen von 1,5 cm³.
a) Welches Netz gehört zu dem Quader? Die Zeichnungen sind maßstäblich.

① ② ③

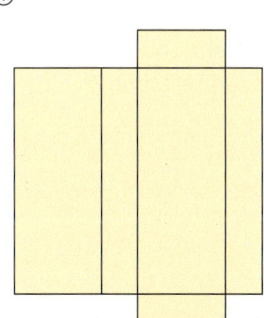 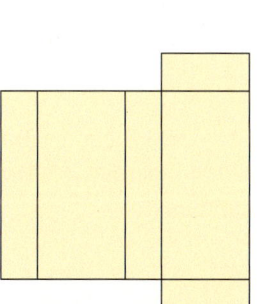 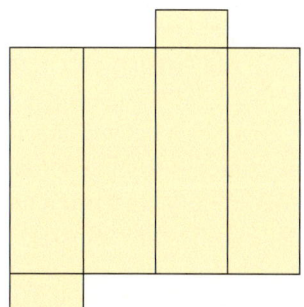

b) Zeichne das Schrägbild zu dem passenden Netz.
c) Berechne die Oberfläche des Quaders. Benutze das passende Netz.

19 In der Abbildung siehst du eine Pyramide mit quadratischer Grundfläche.
Zeichne das Netz der Pyramide.
Wähle dazu einen geeigneten Maßstab und gib diesen an.

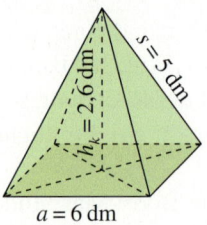

20 Die angegebene Skizze ist **nicht** maßstäblich, Bestimme den Winkel α.

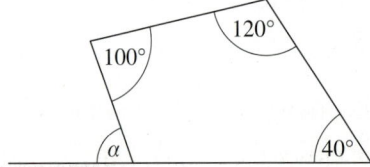

21 Die angegebene Skizze ist **nicht** maßstäblich.
Die Gerade f_1 ist parallel zu f_2 und g_1 ist parallel zu g_2.
a) Bestimme die Winkel α und β.
   Welche Winkelbeziehungen verwendest du?
b) Welche der Aussagen stimmen?
   Die blaue Fläche ist immer ein(e) …
   ① Quadrat   ② Raute   ③ Trapez

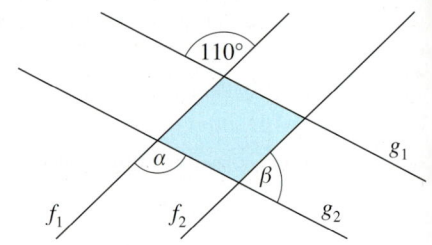

22 Für einen Wald wurde das Kreisdiagramm mit dem Anteil der Bäume erstellt.
a) Miss den Winkel der einzelnen Kreisteile.
b) Welche der Aussagen stimmen?
   ① Es gibt mehr Birken als Buchen.
   ② Mehr als die Hälfte der Bäume sind Eichen.
   ③ Buchen und Fichten zusammen machen weniger als ein Viertel der Bäume aus.
   ④ Buchen, Fichten und Eichen zusammen sind mehr als 75 % des Baumbestandes.

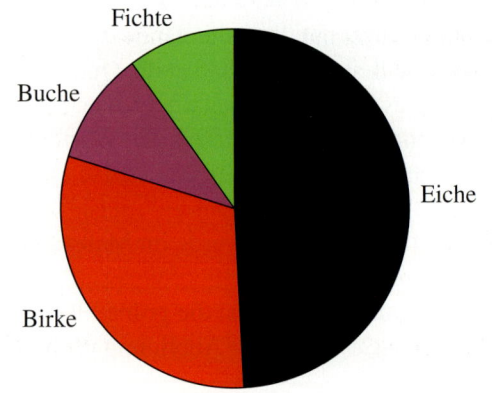

23 In einer 250 g-Packung Milch sind 7,5 g Fett enthalten. Von einem 150 g Schokoriegel sind 50 g Fett.
a) Wie groß ist der jeweilige Fettanteil in Prozent?
b) Wie viel Gramm Fett enthält ein 450 g Schokoriegel mit demselben Fettanteil?
c) Wie viel Gramm Fett enthält eine 1 kg Packung Milch mit demselben Fettanteil?

24 Frau Spies hat vor genau einem Jahr 4 500 € bei der Bank eingezahlt. Heute hat sie ihre Jahreszinsen bekommen und der Kontostand beträgt 4 590 €.
a) Wie viele Jahreszinsen hat sie bekommen?
b) Wie groß ist der Zinssatz?

25 In einer Schafherde leben 20 schwarze und 40 weiße Schafe. Die Herde steht gut verteilt auf der Weide, als der Schäfer pfeift und alle Schafe in Richtung Stall rennen.
Wie groß ist die Wahrscheinlichkeit, dass das erste Schaf im Stall schwarz ist?

Hauptteil und Wahlaufgaben

Für Hauptteil und Wahlaufgaben dürfen Formelsammlung und Taschenrechner benutzt werden.

Flächen

1 Die Pizzeria Bella Italia bietet Pizzas in drei Größen an. Die kleinste hat einen Durchmesser von 24 cm.
a) Wie groß ist die Fläche einer kleinen Pizza und welchen Umfang hat sie?
b) Die Fläche einer großen Pizza ist doppelt so groß wie die Fläche einer kleinen Pizza. Berechne den Durchmesser einer großen Pizza.
c) Jede Pizza hat einen etwa 1,5 cm breiten Rand, der nicht belegt ist. Berechne die belegte und unbelegte Fläche einer großen Pizza.

2 Ein gleichschenkliges Trapez hat folgende Eigenschaften: Seite a ist um 6 cm größer als Seite c. Addiert man beide Seitenlängen, so erhält man als Ergebnis eine Länge von 20 cm. Die Höhe des Trapezes beträgt 4 cm.
a) Berechne die Längen der Seiten a und c mithilfe eines Gleichungssystems.
b) Berechne den Flächeninhalt. Welche Seitenlänge hat ein flächengleiches Quadrat? Welche Seitenlängen kann ein flächengleiches Rechteck haben?
c) Berechne den Umfang des Trapezes. Beschreibe, wie man die Länge der Seiten b und d ermitteln kann.

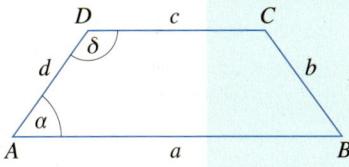

3 Ermittle den Flächeninhalt der gesamten Figur in Quadratmetern. Erkläre dein Vorgehen.

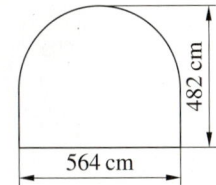

4 Bauer Konrad umrandet ein Beet. Er schlägt den ersten Pfosten ein, geht von dort 20 m geradlinig in eine Richtung und schlägt dort den zweiten Pfosten ein. Dann dreht er sich um 30° nach links und geht 670 m geradeaus. Er schlägt dort den dritten Pfosten ein und geht von dort wieder zu seinem Ausgangspunkt. Zwischen die Pfosten spannt er dann einen Zaun. Wie groß ist die Fläche, die der Zaun umrandet?

Körper

5 Ermittle das Volumen des in der Randspalte abgebildeten Körpers. Alle Angaben sind in Zentimetern angegeben. Notiere deine Rechnung.

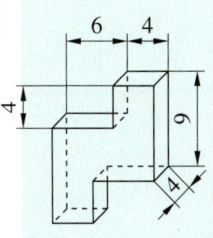

6 Eine zylinderförmige Geschenkverpackung ist 28 cm hoch und hat einen Durchmesser von 8 cm. Wie viel Pappe benötigt man mindestens zur Herstellung einer solchen Verpackung? Notiere deine Rechnung.

7 Die abgebildete Pyramide hat folgende Maße: $a = 8$ cm und $h_a = 15$ cm.
a) Bestimme das Volumen und die Oberfläche der Pyramide. Notiere deine Rechnung.
b) Berechne den Neigungswinkel α.

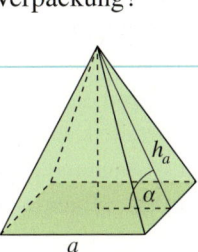

8 In einer zylinderförmigen Getränkedose mit einem Durchmesser von 5,4 cm und einer Höhe von 15,5 cm soll Saft verkauft werden.

a) Mit welchem Volumen wird die Getränkefirma die Dose befüllen?

b) Die Dose wird aus Weißblech hergestellt. Bei der Produktion rechnet man mit einem Mehrverbrauch für Falzstellen und Verschnitt von 15 %. Berechne, wie viel Quadratzentimeter Weißblech für eine Dose benötigt werden.

c) Gib die Mindestlänge eines Trinkhalms an, der nicht in die Dose rutschen kann. Beschreibe, wie du dein Ergebnis ermittelst.

9 Verpackungen dürfen laut deutschem Eichgesetz nur 30 % Luft enthalten, sonst gelten sie als Mogelpackung. Zur Weihnachtszeit verpackt ein Schokoladenhersteller seine Schokoladenkugeln ($d = 2{,}8$ cm) in einem pyramidenförmigen Tannenbaum (Höhe: 14,5 cm, Grundfläche: Quadrat mit $a = 8{,}5$ cm).
In einem Tannenbaum befinden sich neun Schokoladenkugeln.
Überprüfe, ob es sich bei der Verpackung um eine sogenannte Mogelpackung handelt.

10 Vor dem Guggenheimmuseum in der spanischen Stadt Bilbao steht eine große Skulptur einer Spinne.

a) Schätze wie hoch die Skulptur ist, und beschreibe dein Vorgehen

b) Schätze wie lang und dick ein Bein der Spinne ist, wenn man es lang ausstrecken würde.

c) Man plant, die Spinne mit Holz mit der Dichte von $\frac{500\,\text{kg}}{\text{m}^3}$ nachzubauen.
Wie schwer wäre dann ungefähr ein Spinnenbein?

Lineare Gleichungen

11 Wie viele Lösungen haben die folgenden linearen Gleichungssysteme?
Begründe deine Antwort.

a) I $y = \frac{3}{4}x + 5$
II $y = 0{,}75\,x - 3$

b) I $y = 5x - 1{,}75$
II $y = 3x - 1{,}75$

12 Esra sagt: „Ich habe mir zwei Zahlen überlegt. Das Vierfache der einen Zahl ist um acht größer als das Sechsfache der anderen Zahl. Zusätzlich ist die Differenz der ersten und zweiten Zahl um eins kleiner als das Doppelte der zweiten Zahl."

a) Notiere das passende Gleichungssystem.

b) Kann 5 die erste und 2 die zweite Zahl sein? Überprüfe mit einer Rechnung.

13 Sind die folgenden Aussagen wahr oder falsch?
Beurteile sie und begründe dein Urteil oder gib ein Gegenbeispiel an.

a) Wenn eine Zahl durch 2 und durch 5 teilbar ist, dann ist sie auch durch 10 teilbar.

b) Jedes lineare Gleichungssystem mit zwei Variablen hat mindestens ein Lösungspaar.

Terme und Formeln

14 Kann man durch Hintereinanderlegen von 1 Milliarde Schokoriegeln, die jeweils 5 cm lang sind, den Äquator des Marses ($2,13 \cdot 10^4$ km) bedecken? Begründe deine Rechnung.

15 Die Klasse 10 e plant für das Schulfest einen Hot-Dog-Stand. Sie kauft 25 Gläser Würstchen mit jeweils 6 Würstchen zu einem Preis von 2,99 € pro Glas. Dazu kommen noch insgesamt 95,31 € für Brötchen, Röstzwiebeln und Saucen. Sie wollen 150 Hot-Dogs-Verkaufen.
a) Wie hoch sind die Gesamkosten?
b) Wie hoch sind die Kosten pro Hot-Dog?
c) Um Gewinn zu erzielen, möchte Pia den Preis pro Hot-Dog 50 % über den Kosten ansetzen.
   Gib eine Formel zur Berechnung des Hot-Dog Preises an.
   Setze dann die Kosten ein und berechne den Hot-Dog Preis.

16 In einem Zirkus sind die Sitze in Kreisen rund um die Manege angeordnet. Der erste Kreis, direkt an der Manege, hat 37 Sitze. Alle folgenden Sitzreihen haben jeweils vier Plätze mehr als die Reihe davor: Der zweite Kreis hat also 41 Sitze, der dritte 45 usw. Insgesamt gibt es 10 Reihen.
a) Die Anzahl der Sitze in der Reihe n ($n = 1, 2, \ldots, 10$) kann man als Term angeben.
   Welcher der folgenden Terme gibt die Anzahl der Sitzplätze in der n-ten Reihe an? Begründe.
   ① $4 + 37n$ ② $4n + 37n$ ③ $37 + 4(n - 1)$ ④ $(37 + 4) \cdot (n - 1)$
b) Die Karten in den ersten fünf Reihen kosten 19 € pro Person, alle anderen 14,50 € pro Person. Berechne die Einnahmen einer ausverkauften Vorstellung.
c) Die Tageseinnahmen belaufen sich auf 5 007 €. Insgesamt wurden 300 Eintrittskarten verkauft. Wie viele Personen saßen in den Reihen 1 bis 5, wie viele in den Reihen 6 bis 10?

Wachstum

17 Die Anzahl einer bestimmten Bakterienart verdoppelt sich alle 40 Minuten. Am Anfang eines Experiments befinden sich zwei Millionen Bakterien in einer Petrischale. Wie viele Bakterien befinden sich nach drei Stunden in der Schale? Notiere deine Rechnung.

18 Der Luftdruck ist nicht an jedem Ort auf der Erde gleich (siehe Wetterkarte), z. B. nimmt er mit steigender Höhe rasch ab. Dieser Zusammenhang kann annähernd durch die Formel $y = p_0 \cdot 0{,}88^x$ beschrieben werden. Dabei ist p_0 der Luftdruck auf Meereshöhe in Hektopascal (hPa), x die Höhe über Meeresniveau in Kilometern und y der Luftdruck in der Höhe x.

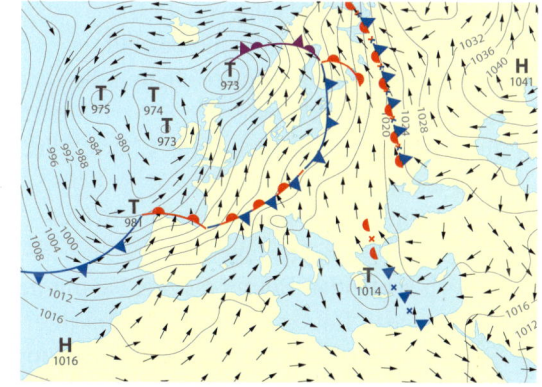

a) Um wie viel Prozent sinkt der Luftdruck alle 1 000 m? Erkläre, wie man diesen Wert aus der Formel entnehmen kann.
b) Auf Meereshöhe herrscht ein mittlerer Luftdruck p_0 von 1 013 hPa.
   Berechne den Luftdruck in einer Höhe von 1 km (2 km; 2,5 km).
c) Schätze ab, in welcher Höhe der Luftdruck etwa halb so groß ist wie auf Meereshöhe.

19 In einem Forstgebiet sind bereits 160 Füchse von einer bakteriellen Infektion betroffen. Die Zahl der kranken Füchse wächst wöchentlich um 7%.

a) Gib den wöchentlichen Wachstumsfaktor an.

b) Berechne, wie viele Füchse nach zwei und drei Wochen erkrankt sind.

c) Nach wie vielen Wochen ist die Anzahl der erkrankten Füchse auf mindestens 25 gestiegen?

Prozent- und Zinsrechnung

20 Ein Sandwich-Verkäufer bietet sein Standard-Sandwich für 5,40 € an.

a) Möchte man zusätzlich noch extra Beläge auf sein Sandwich haben, dann erhöht sich der Preis um 16%. Berechne den Preis eines Sandwichs mit extra Belägen. Runde sinnvoll.

b) Die Steigerung der Lebensmittel- und Energiekosten soll an die Kunden weitergegeben werden. Deshalb wird der Preis für das Standard-Sandwich um 10% angehoben. Zu welchem Preis wird das Sandwich mit extra Beilagen nun verkauft?

21 Die Tabelle zeigt die Entwicklung eines angelegten Kapitals.

a) Berechne jeweils die Jahreszinsen im 1. und 2. Jahr.

b) Bei welcher Bank ist der Zinssatz höher?

Zeitpunkt in Jahren	0	1	2
Kapital Bank 1	2000 €	2070 €	2142,45 €
Kapital Bank 2	350 €	364 €	378,56 €

22 Der Kantinenpächter im Schwimmbad möchte Pommes Frites verkaufen. Das Schwimmbad hat täglich durchschnittlich 200 Gäste.

Für eine Portion Pommes benötigt er 150 g Pommes, die er im Großhandel in 10-kg-Boxen zu je 9 € kauft. Zusätzlich muss er noch Kosten in Höhe von 15 € pro 100 Portionen für Strom, Öl und Gewürze berücksichtigen.

a) Im Preis für die 10-kg-Box sind 7% Mehrwertsteuer enthalten. Berechne, wie teuer die Box ohne Mehrwertsteuer ist. Notiere deinen Rechenweg.

b) Zeige, dass der Pächter mit Gesamtkosten von 28,50 € für 100 Portionen rechnen muss

23 Im Jahr 1651 hatte König Karl II. bei den Tuchmachern von Worcester Uniformen für seine Soldaten in Auftrag gegeben, aber die Rechnung in Höhe von 453,15 £ (umgerechnet ca. 572,52 €) nie bezahlt. Prinz Charles beglich nach 357 Jahren die Schulden seines Ur-Ahns.

a) In welchem Jahr beglich Prinz Charles die Schulden?

b) Anke geht von einem durchschnittlichen Zinssatz von 5% pro Jahr aus. Den zu zahlenden Betrag möchte sie mit dem Term $453,15 \cdot 1,05^x$ berechnen. Auf welchen Betrag kommt Anke mit ihrer Rechnung?

c) Führt ein doppelt so hoher Zinssatz zu doppelt so hohen Zinsen? Begründe.

d) Angenommen der vom BBC-Internet angegebene Betrag von 47500 £ wäre korrekt. Mit welchem durchschnittlichen Zinssatz pro Jahr wurde dann gerechnet? Hältst du diesen Zinssatz für realistisch?

Funktionen

24 Die Flugbahn eines Golfballs kann annähernd durch eine Parabel beschrieben werden. Ein Golf-Anfänger muss das Abschlagen erst trainieren. Zu Beginn seines Trainings kann die Flugbahn seinses Golfballs durch die Gleichung $y = (1{,}2 - 0{,}015\,x) \cdot x$ beschrieben werden.

a) In welcher Höhe befindet sich der Golfball in einer Entfernung von 30 m vom Abschlag?

b) Berechne, wie weit ein Anfänger einen Golfball schlägt.

c) Forme die Funktionsgleichung mithilfe der quadratischen Ergänzung in die Scheitelpunktform $y = a(x - d)^2 + e$ um. Lies anhand der Scheitelpunktform die maximale Höhe des Golfballs während des Fluges ab und gib an, in welcher Entfernung vom Abschlag der Golfball die maximale Höhe erreicht.

25 Die gesamten Kosten für x Eiskugeln können durch die Funktionsgleichung $y = 0{,}285\,x + 350$ dargestellt werden. Dabei werden sowohl der Anschaffungspreis der Eismaschine (350 €) als auch die Kosten pro Eiskugel (0,285 €) berücksichtigt.
Wenn der Pächter einen Verkaufspreis von 1,50 € pro Kugel ansetzt, dann kann man die Einnahmen für x Kugeln mit der Funktionsgleichung $y_2 = 1{,}5\,x$ berechnen.

a) Zeichne ein geeignetes Koordinatensystem auf Papier und trage die Funktionen y und y_2 ein.

b) Berechne, ab wie vielen Eiskugeln die Einnahmen höher sind als die gesamten Kosten. Vergleiche mit deiner Zeichnung.

Daten und Zufall

26 Alexandra hat eine Lehre als Hotelfachfrau begonnen.
Im Diagramm ist ihre monatliche Ausbildungsvergütung dargestellt.

a) Gib Alexandras monatliche Vergütung im ersten Lehrjahr an.

b) Alexandra ist begeistert: „Im zweiten Lehrjahr verdiene ich doppelt so viel wie im ersten Lehrjahr!"
Nimm Stellung zu Alexandras Aussage.

c) Berechne die durchschnittliche monatliche Vergütung während der Ausbildungszeit.

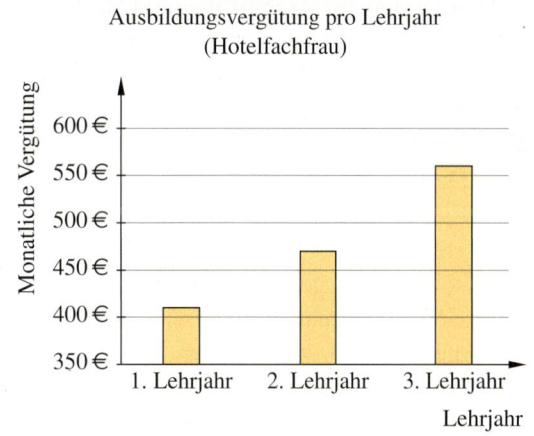

27 Das Diagramm stellt die Anzahl der Smartphone-Besitzer unter Jugendlichen in den Jahren 2011 bis 2013 dar. Nimm Stellung zu den drei Aussagen.

a) In keiner der Schulformen gab es im Vergleich zwischen den Jahren 2012 und 2013 einen Rückgang im Besitz von Smartphones.

b) Die größte Steigerung von 2012 auf 2013 gab es in der Altersklasse der 16- bis 17-Jährigen.

c) Prozentual gesehen gab es 2013 an den Realschulen die meisten Schüler und Schülerinnen ohne Smartphone.

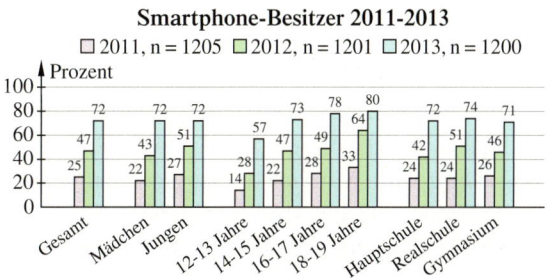

28 Lutz sammelt gerne Pilze im Wald. In den letzten zwei Wochen war er jeden Tag dort.
Die Anzahl der gesammelten Pilze war: 20; 14; 15; 20; 18; 17; 9; 11; 18; 17; 14; 12; 19; 14.
a) Um wie viel schwankte die Anzahl der gesammelten Pilze?
b) Lutz meint: „In 50 % der Fälle habe ich weniger als 16 Pilze gefunden".
   Stimmt das?
c) Wie viele Pilze hat Lutz durchschnittlich am Tag gesammelt?

29 In einem englischsprachigen Kreuzworträtsel-
spiel wird versucht, aus einzelnen Buchstaben
lange Wörter zu legen.
Dabei sind alle 26 Großbuchstaben des Alphabets
auf Plättchen gedruckt, die jeder Spieler aus
einem Säckchen zieht.
Die Tabelle informiert darüber, wie oft die einzelnen Buchstabenplättchen im Spiel vorhanden
sind.

Buchstabe	Joker	E	A, I	O	N, R, T	D, L, S, U	G	B, C, F, H, M, P, V, W, Y	J, K, Q, X, Z
Anzahl je Buchstabe	2	12	9	8	6	4	3	2	1

a) Wie viele Plättchen enthält das Spiel?
b) Gib die Wahrscheinlichkeit an für das einmalige Ziehen eines Plättchens mit einem …
   ① E,   ② N,   ③ Vokal,   ④ Konsonanten.
c) Berechne die Wahrscheinlichkeit bei zweimaligem Ziehen eines Buchstabenplättchens ohne
   Zurücklegen für die folgenden Ereignisse.
   ① Zwei Vokale werden gezogen.
   ② Zwei Konsonanten werden gezogen.
   ③ Erst wird ein Vokal gezogen und danach ein Konsonant.
   ④ Das Wort „IT" wird gezogen.
   ⑤ Es werden ein Vokal und ein Konsonant in beliebiger Reihenfolge gezogen.

30 Ein Meteorologe beschreibt: Heute gibt es eine Chance von 40 %, dass der Wind sich dreht.
Wenn der Wind dreht, dann kommt in 90 % der Fälle die Sonne heraus. Wenn es heute sonnig
wird, dann zu 80 % auch morgen. Wenn der Wind heute nicht mehr dreht, dann dreht er morgen
mit 20 % Wahrscheinlichkeit. Auch in diesem Fall wird es zu 90 % sonnig. In allen anderen Fällen ziehen morgen dicke Wolken auf.
a) Zeichne ein Baumdiagramm.
b) Was sind die „anderen Fälle", von denen der Meteorologe spricht?
c) Wie groß ist die Wahrscheinlichkeit, dass es morgen sonnig ist?
d) Wie groß ist die Wahrscheinlichkeit, dass es morgen wolkig ist?

31 Pietro will mit den öffentlichen Verkehrsmitteln schnell nach Hause. Er hat dazu zwei
Möglichkeiten. Er kann zur S-Bahn rennen, die er, so schätzt er, mit einer Chance von 40 %
noch erreicht. Mit dieser fährt er und kriegt den Anschlussbus zu 70 %, das sagt seine Erfah-
rung. Die zweite Möglichkeit ist zur U-Bahn zu laufen, die er mit 90 % erreicht. Allerdings
kriegt er den Anschlussbus nur in 30 % der Fälle.
Für welche Variante sollte Pietro sich entscheiden?
Begründe.

Anhang

Lineare Gleichungssysteme

Noch fit?

1 a) 14   b) −7,5   c) 54

1 a) 26   b) −1,5   c) −7

2 a) $x = -12$ b) $x = -2$ c) $x = -3$

2 a) $y = -24$ b) $x = -6$ c) keine Lösung

3

x	−3	−2	−1	0	1	2	3
$y = 4x - 2$	−14	−10	−6	−2	2	6	10

x	−2	−1	0	1	2	3
$y = 0,5x + 1$	0	0,5	1	1,5	2	2,5

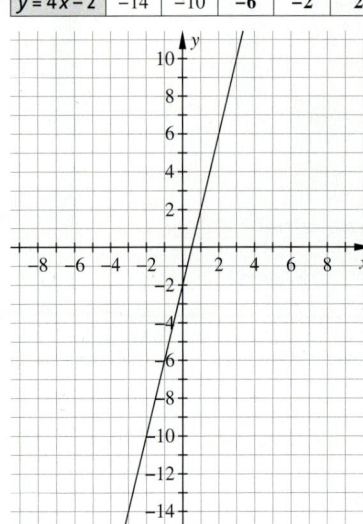

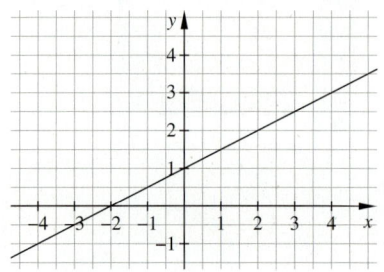

4 a) $P(6|-1)$ b) $P(-2|0)$ c) $P\left(\frac{2}{3}|3\right)$
    d) $P\left(-6\frac{2}{3}|-7\right)$ e) $P(28|5)$

4 a) $S(0|5); m = 2$ b) $S(0|1); m = -3$
    c) $S(0|-4); m = -0,6$ d) $S(0|-0,25); m = 0,25$
    e) $S(0|-1,5); m = 0,8$

5 a) Ja, denn alle Punkte liegen auf einer Geraden.
b) Nein, denn die Funktion $y = mx + b$ verläuft nur für $b = 0$ durch den Ursprung.
c) ja, im Punkt $(0|b)$ d) Das gilt nur für $m \neq 0$, der Schnittpunkt liegt dann bei $S\left(-\frac{b}{m}|0\right)$.
e) Nein, die y-Werte steigen um den Wert m.

6 a) $y = 0,4x + 35$ b) Für 500 km zahlt man 235 €.
c) Frau Meyer ist 305 km gefahren.

6 a) Im Tarif Relax zahlt man 23,7 €. Im Tarif Flatrate zahlt man 25 €.
b) Sarah hat 175 Minuten (2 h 55 min) telefoniert.
c) Bei fünf Gesprächsstunden ist die Flatrate 3,50 € günstiger als der Tarif Relax.

Klar so weit?

1 c) und d) sind keine linearen Gleichungen, denn es gilt nicht $y = mx + b$.

1 individuell, z. B. $y = 2x - 8$. Beim Kauf von zwei Artikeln erhalten Sie heute einen Rabatt von 8 €.

2

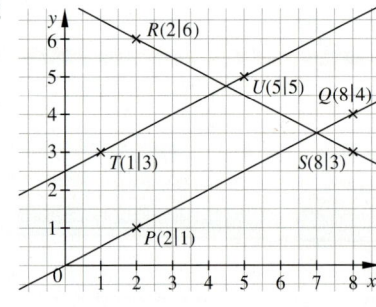

a) $y = \frac{1}{2}x$ b) $y = -\frac{1}{2}x + 7$ c) $y = \frac{1}{2}x + \frac{5}{2}$

3

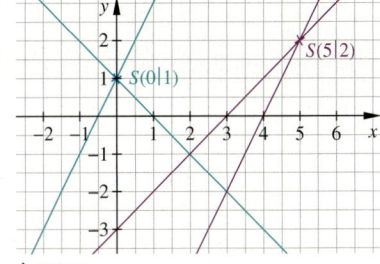

a) $S(0|1)$

x	−4	−3	−2	−1	0	1	2	3	4
$y = 1 - x$	5	4	3	2	1	0	−1	−2	−3
$y = 2x + 1$	−7	−5	−3	−1	1	3	5	7	9

b) $S(5|2)$

x	−4	−3	−2	−1	0	1	2	3	4
$y = x - 3$	−7	−6	−5	−4	−3	−2	−1	0	1
$y = 2x - 8$	−16	−14	−12	−10	−8	−6	−4	−2	0

3 **a)** $S(2,5|4)$ **b)** $S(−2|0)$ **c)** $S(−0,2|−1,9)$

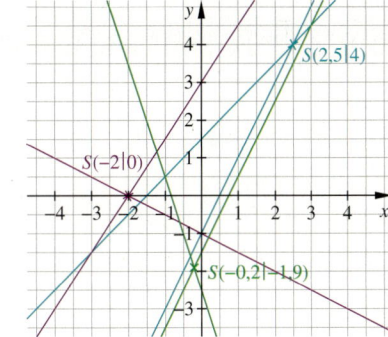

4 **a)** Tarif A beginnt kostengünstiger, steigt aber stärker an als Tarif B.
Tarif B beginnt teurer als Tarif A, steigt aber weniger stark an.
  b) Fragen und Antworten individuell, z. B.
  ① Hat Lisa den für sie passenden Tarif gewählt? Bei 14 Einheiten wäre Tarif B günstiger gewesen.
  ② Bei welchem Tarif kann Stephan für 20 € länger telefonieren? Bei Tarif B kann Stephan länger telefonieren.
  ③ Ab wie viel Telefoneinheiten sollte man von Tarif B zur Flatrate wechseln? Ab 18 Telefoneinheiten ist die Flatrate günstiger.

4 **a)** Das Motorrad holt den Rollerfahrer um 15:30 Uhr ein.
  b) Am Treffpunkt haben beide Fahrer 180 km zurückgelegt.
  c) Um 14:30 Uhr hat der Motorradfahrer 120 km zurückgelegt.
  d) Um 14:30 Uhr sind die beiden Fahrer noch 20 km voneinander entfernt.

5 **a)** $x = −4; y = 8$ **b)** $a = 12; b = 3$
  c) $k = 2; y = 2$ **d)** $x = 2; y = 3$

5 **a)** $x = 4; y = 4$ **b)** $x = 2; y = 6$
  c) $c = −1; d = 2$ **d)** $s = 9; t = 3$

6 Ein Eimer Farbe kostet 29,45 €. Eine Malerrolle kostet 2,95 €.

6 Der Test hat 24 Fragen, für die es drei Punkte gibt, und sechs Fragen, für die es vier Punkte gibt.

7 Lea ist 12 und Antonia ist 14 Jahre alt.

7 Ein Brötchen kostet 0,25 €, ein Croissant kostet 0,90 €.

8 **a)** $x = −2; y = 2$ **b)** $a = 5; b = 9$ **c)** $x = 6; y = 11$

8 **a)** $c = 7; d = 4$ **b)** $k = 3; y = 2$ **c)** $x = 6; y = −2$

9 **a)** $x = 3; y = 2$ **b)** $x = 3; y = 7$ **c)** $x = 2; y = 1$

9 **a)** $x = 11; y = 5$ **b)** $x = 0; y = −2$ **c)** $x = −3,5; y = 2$

10 **a)** Die Zahlen lauten 17 und 23.
  b) Die Zahlen lauten 13 und 15.

Teste dich!

Seite 32

1 **a)** Thomas ist 25 Jahre alt, seine Mutter ist 50 Jahre alt.
  b) Monika ist 49 Jahre alt und Jürgen ist 51 Jahre alt.
  c) Sabine ist 27 Jahre alt und Tim ist 11 Jahre alt.

2 **a)** Die Jugendherberge hat 45 Vierbettzimmer und 35 Sechsbettzimmer.
  b) Man bekommt acht 10-€-Scheine und sechs 20-€-Scheine.
  c) Der Meister ist 57 Jahre alt, der Geselle ist 19 Jahre alt.

3

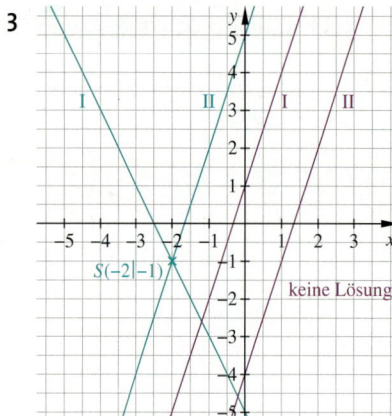
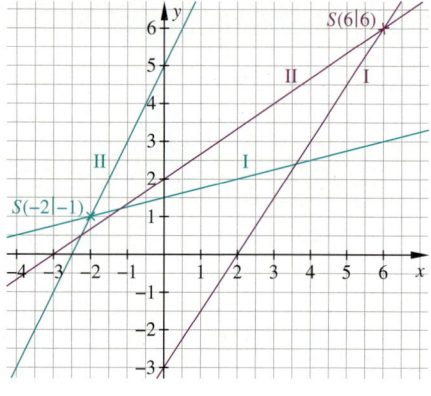

a) $S(-2|-1)$ **b)** keine Lösung   **c)** $S(-2|1)$ **d)** $S(6|6)$

4 a) $x = 1; y = -0,5$ **b)** $x = 3; y = 1,5$ **c)** $x = 2; y = 1,5$ **d)** $x = -5; y = 1$

5 Angebot B ist ab der 27. Gesprächsminute günstiger als Angebot A.

6 Die gesuchte Zahl ist 26.

7 Der Großvater ist heute 82 Jahre alt und seine Enkelin ist heute 32 Jahre alt.

8 a), b)
c) $S(0|2)$

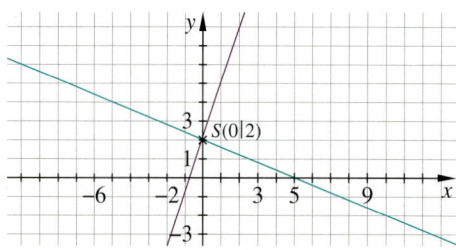

Quadratische Funktionen

Seite 34

Noch fit?

1 a) $3 \cdot (3x - 4y)$ **b)** $2 \cdot (x + 1)$ **c)** $3x \cdot (x - 2y)$
d) $9b \cdot (3a - 5)$ **e)** $25x \cdot (2y - 5)$ **f)** $-7x \, (2 - 5y)$

1 a) $x \cdot (y - 4z)$ **b)** $3y \cdot (7x + 2z)$ **c)** $-12b \cdot (2a + c)$
d) $25z \cdot (-x + 5y)$ **e)** $4y \cdot (4z - 3x)$ **f)** $-7x \, (2 + 5y)$

2 a) $2x + 2y$ **b)** $5m - 5n$ **c)** $3a - 3b$
d) $12x + 28y$ **e)** $4xy + 8x$ **f)** $28 - 20m$

2 a) $-2ax - 6bx$ **b)** $-15x^2y + 6xy^2$ **c)** $7ab^2 - 3,5a^2b$
d) $-8abc + 6cxy$ **e)** $8x^2y + 12xy^2$ **f)** $-7,2ax^2 - 6axy$

3 a) $x^2 - 5x + 6$ **b)** $x^2 - x - 6$
c) $x^2 + 5x + 6$ **d)** $x^2 + x - 6$

3 a) $x^2 + x - 12$ **b)** $-x^2 - x + 12$
c) $x^2 - 5x + 4$ **d)** $x^2 - 7x + 12$

4 ①
a) $x^2 + 6x + 9$ **b)** $x^2 - 4x + 4$ **c)** $x^2 - 4$
d) $y^2 + 4y + 4$ **e)** $x^2 + 5x + 6,25$ **f)** $-x^2 + 4$

4 ①
a) $x^2 + 32x + 256$ **b)** $x^2 + 30x + 225$ **c)** $4x^2 - 25$
d) $144x^2 + 144x + 36$ **e)** $4a^2 + 12ab + 9b^2$ **f)** $9y^2 - 4x^2$

②
a) $x^2 + 6x + \mathbf{9} = (x + 3)^2$
b) $x^2 - \mathbf{10}x + 25 = (x - 5)^2$
c) $x^2 - \mathbf{9} = (x + 3)(x - 3)$

②
a) $x^2 + \mathbf{10}x + 25 = (x + 5)^2$
b) $4x^2 + 12xy + \mathbf{9}y^2 = (2x + \mathbf{3}y)^2$
c) $x^2 - 27x + \mathbf{182,25} = (x - \mathbf{13,5})^2$

③
a) $(x + 6)^2$ **b)** $(x - 12)^2$ **c)** $(3x + 4)^2$ **d)** $(2x + 3) \cdot (2x - 3)$

③
a) $(2x - 4)^2$ **b)** $(5x - 2)^2$ **c)** $-6 \cdot (x + 2)^2$ **d)** $2 \cdot (x - 3)^2$

5

	Geschwindigkeit in $\frac{km}{h}$	x	10	20	30	**40**	**50**	**60**	**70**	80	**90**
②	Reaktionsweg in m	$y = 0,3x$	**3**	**6**	**9**	12	15	18	**21**	**24**	**27**
①	Bremsweg in m	$y = 0,01x^2$	**1**	**4**	**9**	**16**	**25**	**36**	49	64	81
③	Anhalteweg in m	$y = 0,01x^2 + 0,3x$	**4**	**10**	**18**	**28**	**40**	**54**	**70**	**88**	**108**

Klar so weit?

1
a) gestreckt, nach oben geöffnet
b) gestaucht, nach unten geöffnet
c) gestaucht, nach oben geöffnet
d) gestreckt, nach unten geöffnet

2
a) $\frac{1}{4}x^2$ b) $3x^2$ c) $-3x^2$

1
a) $a = 4$, nach oben geöffnet, gestreckt
b) $a = -4$, nach unten geöffnet, gestreckt
c) $a = \frac{1}{4}$, nach oben geöffnet, gestaucht
d) $a = -\frac{1}{4}$, nach unten geöffnet, gestaucht

2

x	a) $y = 2x^2$	b) $y = -2x^2$	c) $y = \frac{1}{2}x^2$	d) $y = -\frac{1}{2}x^2$
-3	18	-18	4,5	$-4,5$
$-2,5$	12,5	$-12,5$	3,125	$-3,125$
-2	8	-8	2	-2
$-1,5$	4,5	$-4,5$	1,125	$-1,125$
-1	2	-2	0,5	$-0,5$
$-0,5$	0,5	$-0,5$	0,125	$-0,125$
0	0	0	0	0
$0,5$	0,5	$-0,5$	0,125	$-0,125$
1	2	-2	0,5	$-0,5$
$1,5$	4,5	$-4,5$	1,125	$-1,125$
2	8	-8	2	-2
$2,5$	12,5	$-12,5$	3,125	$-3,125$
3	18	-18	4,5	$-4,5$

Abbildung maßstäblich verkleinert.

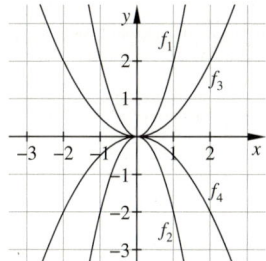

3
a) P_1 liegt auf y_1 b) P_3 liegt auf y_2
c) P_4 liegt auf y_3 d) P_2 liegt auf y_4

4
a) $S(1|-1)$; $y = (x-1)^2 - 1$
b) $S(1|-1)$; $y = -(x-1)^2 - 1$

3
a) $A_1(2|\mathbf{4,8})$, $A_2(-2|\mathbf{4,8})$, $B_1(\mathbf{0,5}|0,3)$, $B_2(\mathbf{-0,5}|0,3)$
b) $C_1(0,1|\mathbf{0,012})$, $C_2(-0,1|\mathbf{0,012})$, $D_1(\mathbf{1}|1,2)$, $D_2(\mathbf{-1}|1,2)$

4
a)

(Koordinatensystem mit Punkten $S_1(0|2)$, $S_3(2|2)$, $S_2(2|0)$, $S_4(-2|-2)$)

b) $S_1: y = \pm x^2 + 2$ $S_2: y = \pm(x-2)^2$
$S_3: y = \pm(x-2)^2 + 2$ $S_4: y = \pm(x+2)^2 - 2$

c)

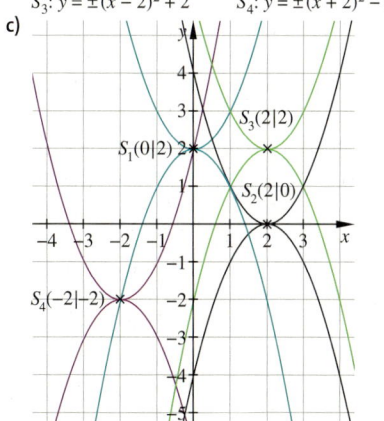

5
a) $S(1,5|0)$ b) $S(-1,5|0)$
c) $S(-0,5|-2)$ d) $S(0,5|1)$

5
a) $P_1(3|\mathbf{11})$ oder $P_1(3|\mathbf{-7})$
b) $P_2(-3|\mathbf{11})$ oder $P_2(3|\mathbf{-7})$
c) $P_3(\mathbf{4}|18)$ oder $P_3(\mathbf{-4}|18)$

6 a) $S(4|5)$ **b)** $y = -\frac{5}{16}(x-4)^2 + 5$ **c)** Sprunghöhe bei $x = 2$ m: 3,75 m   Sprunghöhe bei $x = 5$ m: 4,6875 m

7 a) 2   **b)** 0   **7 a)** $x_1 = -2$; $x_2 = 2$ **b)** keine Nullstellen
c) 2   **d)** 1   **c)** $x_1 = 1$; $x_2 = 5$ **d)** $x = -2$

8 a)–c) $f\colon S(-1|-2)$; $x_1 = -2$; $x_2 = 0$; $a = 2$; $y = 2 \cdot (x+1)^2 - 2$ $g\colon S(-3|-2)$; $x_1 = -4$; $x_2 = -2$; $a = 2$; $y = 2 \cdot (x+3)^2 - 2$
$h\colon S(1|3)$; $x_1 = 0$; $x_2 = 2$; $a = -3$; $y = -3 \cdot (x-1)^2 + 3$ $i\colon S(0|3)$; $x_1 = -1$; $x_2 = 1$; $a = -3$; $y = -3x^2 + 3$

9 a) Die Brücke ist 4 m hoch.   **b)** Der Bogen hat eine Spannweite von 12 m.
c) Der Bogen ist jeweils 3 m von der Mitte entfernt genau 3 m hoch.   **d)** Die Strebe ist ca. 8,05 m lang.

10 a) $y = x^2 - 6x + 11$ **b)** $y = 2x^2 - 8x + 9$ **10 a)** $2x^2 - 8x + 8,5$ **b)** $-0,2x^2 - 1,6x - 3,2$
c) $y = -x^2 - 2x - 3$ **d)** $y = \frac{1}{2}x^2 - 2x + 6$ **c)** $\frac{2}{3}x^2 + 4x$ **d)** $-4x^2 + 32x - 64$

11 a) $y = (x+2)^2 - 4$; $x_1 = -4$; $x_2 = 0$ **11 a)** $y = 2 \cdot (x+1)^2$; $x = -1$
b) $y = x^2 - 4$; $x_1 = -2$; $x_2 = 2$ **b)** $y = 3 \cdot (x-1,5)^2 + 18,75$; $x_1 = -1$; $x_2 = 4$
c) $y = (x+1)^2 - 16$; $x_1 = -5$; $x_2 = 3$ **c)** $y = \frac{1}{2} \cdot (x+3)^2 - 4,5$; $x_1 = -6$; $x_2 = 0$

12 a) y steigt für $x \geq -4$ **b)** y steigt für $x \geq -3$ **12** $y = \frac{10}{3}x^2$
c) y steigt für $x \leq -2,5$ **d)** y steigt für $x \leq -1,53$

13 $y = -0,01x^2 + 73$ Am Boden werden ca. 170,88 m überspannt.

Teste dich!

1

	Funktionsgleichung	Scheitelpunkt	Öffnungsrichtung	Form	Anzahl der Nullstellen
a)	$y = (x-3)^2 + 2$	$S(3|2)$	nach oben	normal	0
b)	$y = (x+2)^2$	$S(-2|0)$	nach oben	normal	1
c)	$y = -x^2 + 4$	$S(0|4)$	nach unten	normal	2
d)	$y = -(x+1,5)^2 + 1$	$S(-1,5|1)$	nach unten	normal	2
e)	$y = 2x^2 - 5$	$S(0|-5)$	nach oben	gestreckt	2
f)	$y = \frac{3}{4}(x-2)^2 + 3$	$S(2|3)$	nach oben	gestaucht	0

2 a)

v in $\frac{km}{h}$	0	50	100	150	200	250
s in m	0	192,75	771,00	1734,75	3084,00	4818,75

b)

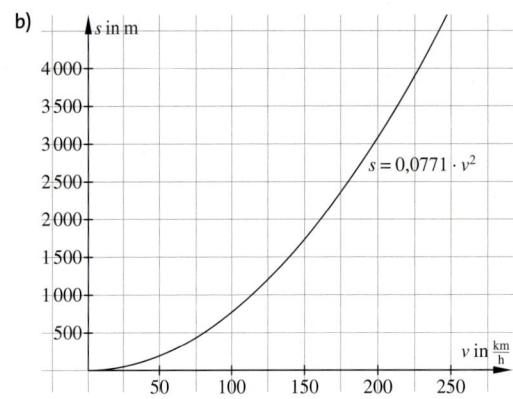

3 a) $f\colon S(-2|2)$ $g\colon S(3|0)$ $h\colon S(0|-1)$
b) $f\colon y = x^2 + 4x + 6$ $g\colon y = x^2 - 6x + 9$ $h\colon y = -x^2 - 1$

4 a) x_1 ist Nullstelle.   **b)** Weder x_1 noch x_2 sind Nullstellen.
c) x_1 ist Nullstelle.   **d)** x_1 und x_2 sind Nullstellen.

5 a) $y = \frac{3}{8} \cdot (x-2)^2 - 1$
b) $x_1 = 2 - \sqrt{\frac{8}{3}} \approx 0,367$; $x_2 = 2 + \sqrt{\frac{8}{3}} \approx 3,633$
c) $y = \frac{3}{8}x^2 - \frac{3}{2}x + \frac{1}{2}$

6 a) Der Golfball fliegt in einer Höhe von 5,75 m über den Baum.
b) Der Golfball fliegt 120 m weit.
c) Der Golfball erreicht eine maximale Höhe von 45 m.

Quadratische Gleichungen

Noch fit?

Seite 62

1 a) $x = 10$ b) $x = 10$ c) $x = 4$
   d) $x = 3$ e) $x = -\frac{8}{5}$

1 a) $x = 2,5$ b) $x = 13$ c) $x = 2$
   d) $x = 4$ e) $x = 6$

2 a) $x = 2$ ist Lsg.
   b) $x = -2$ ist Lsg.
   c) $x_1 = -2$ und $x_2 = 2$ sind Lsg.
   d) $x = -2$ ist Lsg.
   Sie gehören zu Quadratische Funktionen mit zwei Nullstellen.

2 a) $x = \frac{1}{2}$ ist Lsg.
   b) $x_1 = 2$ und $x_2 = -2$ sind Lsg.
   c) $x = -2$ ist Lsg.
   d) $x = 2$ ist Lsg.
   Sie gehören zu Quadratische Funktionen mit zwei Nullstellen.

3 a) $2(7a - 3b)$ b) $4x(5x - 9)$
   c) $8m(8m + 3)$ d) $a^2 + 2ab + b^2$
   e) $a^2 - 2ab + b^2$ f) $a^2 - b^2$

3 a) $5(y^2 - 3 + 4y)$ b) $4(t^2 + 4t + 3)$
   c) $0,25(b^2 - 2b + 8)$ d) $x^2 + 10x + 25$
   e) $y^2 - 8y + 16$ f) $x^2 - 49$

4 a) $f\colon y = 2x + 3$ b) $x = -\frac{3}{2}$ c) $S(-3\,|-3)$
      $g\colon y = \frac{2}{3}x - 1$ $x = \frac{3}{2}$
      $h\colon y = -\frac{1}{2}x + 4$ $x = 8$ $S(2\,|3)$
      $i\colon y = -\frac{3}{2}x + 6$ $x = 4$

5 a) 12 b) 8 c) 15
   d) 13 e) $1,5$ f) $2,5$

5 a) $a \geq 0$ b) $a \geq 1$ c) a reelle Zahl
   d) a reelle Zahl   e) $|a| \geq 2$ f) $a > 0$

Klar so weit?

Seite 78/79

1 a), c), d), e) sind quadratische Gleichungen.

1 a), c), d), e) sind quadratische Gleichungen.

2

	quadrat. Gl.	lin. Gl.	absol. Gl.
a)	x^2	$5x$	16
b)	$4x^2$	x	-28
c)	$-x^2$	–	8
d)	$6y^2$	$-y$	18

2

	quadrat. Gl.	lin. Gl.	absol. Gl.
a)	x^2	$6x$	$54,5$
b)	$-x^2$	$2,1x$	–
c)	a^2	–	-81
d)	$4,3s^2$	$-5,2s$	-22

3 a) $x^2 = 20$ b) $x^2 = -50$
   c) $x^2 = 10$ d) $x^2 = 100$
   e) $x^2 = 16$ f) $x^2 = 53,5$
   g) $x^2 = 6$ h) $x^2 = 32$

3 a) $x^2 = 20$ b) $x^2 = 1,1$
   c) $x^2 = 9$ d) $x^2 = 7$
   e) $x^2 = 20$ f) $x^2 = 12,75$
   g) $x^2 = 8$ h) $a^2 = 0,52$

4 a) 0 b) 2 c) 1

4 a) z. B. $x^2 = 16$ b) $x^2 = 0$ c) z. B. $x^2 = -1$

5 z. B. $x^2 = -1$
   Es gibt keine reelle Zahl, die mit sich selbst multipliziert eine negative Zahl ergibt.

5 $x^2 = \frac{16}{25}$ (= 0,64)

6 a) $x_1 = -7;\ x_2 = 7$ b) $x_1 = -12;\ x_2 = 12$
   c) $x_1 = -17;\ x_2 = 17$ d) keine Lösung
   e) $y_1 = -3,1;\ y_2 = 3,1$ f) $s = 0$
   g) $b_1 = -25;\ b_2 = 25$ h) $a_1 = -14;\ a_2 = 14$

6 a) $x_1 = -18;\ x_2 = 18$ b) $x_1 = -10;\ x_2 = 10$
   c) $x_1 = -\frac{3}{11};\ x_2 = \frac{3}{11}$ d) $x_1 = -3;\ x_2 = 3$
   e) $y_1 = -13;\ y_2 = 13$ f) keine Lösung
   g) $a_1 = -\frac{4}{5};\ a_2 = \frac{4}{5}$ h) keine Lösung

7 Die Diagonale hat eine Länge von $80 \cdot \sqrt{2}$ cm ($\approx 113{,}14$ cm).

7 Die Seitenlänge beträgt 2 cm.

8 Die natürliche Zahl lautet 6.

8 Der Teppich hat einen Durchmesser von ca. 2,99 m und passt somit auf eine 3 m $\cdot$ 3 m große Fläche.

9 a) $a_1 = -12,5;\ a_2 = 7,5$ b) $y_1 = 4;\ y_2 = 34$
   c) $z_1 = 2;\ z_2 = 6$ d) $x_1 = -14;\ x_2 = 6$

9 a) $m_1 = -11;\ m_2 = 13$ b) $s_1 = -82;\ s_2 = -34$
   c) $u = 48$ d) $v_1 = -\frac{47}{15};\ v_2 = \frac{11}{5}$

10 a) $x_1 = -6;\ x_2 = 2$ b) $x_1 = -3;\ x_2 = 13$
   c) $y_1 = -11;\ y_2 = 8$

10 a) $a_1 = -\frac{49}{2};\ a_2 = \frac{13}{2}$ b) $x_1 = -8;\ x_2 = 10$
   c) $t_1 = -37;\ t_2 = 1$

11 **a)** $x_1 = -2; x_2 = 3$
Probe: $4 + 2 - 6 = 0$ w;
$9 - 3 - 6 = 0$ w
b) $x = -\frac{3}{2}$
Probe: $\frac{9}{4} - \frac{9}{2} + \frac{9}{4} = 0$ w;
c) $x_1 = -8; x_2 = 6$
Probe: $64 - 16 = 48$ w;
$36 + 12 = 48$ w
d) $x_1 = -3; x_2 = 7$
Probe: $45 + 60 + 20 = 125$ w;
$245 - 140 + 20 = 125$ w
e) $y_1 = -5; y_2 = 3$
Probe: $50 - 20 - 30 = 0$ w;
$18 + 12 - 30 = 0$ w
f) $t_1 = -\frac{5}{3}; t_2 = \frac{4}{3}$
Probe: $25 - 5 = 20$ w;
$16 + 4 = 20$ w

11 **a)** $x_1 = -1{,}5; x_2 = 2{,}5$
Probe: $2{,}25 + 1{,}5 - 3{,}75 = 0$ w;
$6{,}25 - 2{,}5 - 3{,}75 = 0$ w
b) $x_1 = -2{,}5; x_2 = 2{,}1$
Probe: $6{,}25 - 1 = 5{,}25$ w;
$4{,}41 + 0{,}84 = 5{,}25$ w
c) $y_1 = 1{,}5; y_2 = 3{,}5$
Probe: $6{,}75 - 22{,}5 = -15{,}75$ w;
$36{,}75 - 52{,}5 = -15{,}75$ w
d) $z_1 = 0; z_2 = 20$
Probe: $0 = 0$ w;
$192 = 192$ w
e) $v_1 = -4; v_2 = 8$
Probe: $-8 - + 16 = 0$ w;
$-32 + 16 + 16 = 0$ w
f) $s = -2$
Probe: $-16 + 32 = 16$ w;

12 **a)** $D = 13$
b) $D > 0$, also gibt es zwei Lösungen.

12 **a)** $D = \frac{1}{4} - \frac{1}{a} = \frac{a-4}{4a}$
b) für $a = 4$ gibt es eine Lsg.
für $a > 4$ gibt es zwei Lsg.
für $a < 4$ gibt es keine Lsg.

13 **a)** $D = 484 > 0$, also 2 Lsg.
$a_1 = -34; a_2 = 10$
b) $D = -20 < 0$, also keine Lsg.
c) $D = 4 > 0$, also 2 Lsg.
$z_1 = 2; z_2 = 6$
d) Linearfaktorzerlegung:
$(b + 15) \cdot (b + 15) = 0$, also 1 Lsg.
$b = -15$

13 **a)** $D = 144 > 0$, also 2 Lsg.
$u_1 = -11; u_2 = 13$
b) Linearfaktorzerlegung:
$(17 + n) \cdot (17 + n) = 0$, also 1 Lsg.
$n = -17$
c) $D = 576 > 0$, also 2 Lsg.
$p_1 = -82; p_2 = -34$
d) Linearfaktorzerlegung:
$(u - 64) \cdot (u - 64) = 0$, also 1 Lsg.
$u = 64$

14 Karina ist 17 Jahre alt, ihr Freund ist 21 Jahre alt.

14 Der ursprüngliche Radius hat eine Länge von ca. 36,21 cm.

Seite 84

Teste Dich!

1 **a)** $x_1 = -99; x_2 = 99$
d) $y_1 = -2{,}15; y_2 = 2{,}15$
b) $x_1 = -\frac{33}{5} = -6{,}6; x_2 = \frac{33}{5} = 6{,}6$
e) $x_1 = -4; x_2 = 4$
c) $y_1 = -18{,}5; y_2 = 18{,}5$
f) $x_1 = -\sqrt{0{,}4} \approx -0{,}63; x_2 = \sqrt{0{,}4} \approx 0{,}63$

2 **a)** z. B. $(x + 5)(x - 5) = 0$
b) z. B. $x^2 = 0$
c) z. B. $x^2 = -1$

3 **a)** $a_1 = -34; a_2 = 10$
c) $z_1 = -9; z_2 = 81$
b) $y_1 = -2; y_2 = 30$
d) $s_1 = \frac{640}{37} \approx 17{,}30; s_2 = \frac{1340}{37} \approx 36{,}22$

4 **a)** $x = -13$
Probe: $169 - 338 + 169 = 0$ w;
b) $x = 7$
Probe: $49 - 98 = -49$ w;
c) $x = -3{,}5$
Probe: $12{,}25 - 24{,}5 = -12{,}25$ w;
d) $x_1 = -9; x_2 = 3$
Probe: $81 - 54 = 27$ w;
$9 + 18 = 27$ w

5 **a)** $x_1 = -13; x_2 = 4$
d) $x_1 = -1; x_2 = 0{,}25$
g) $x_1 = -5; x_2 = 3$
b) $x_1 = -8; x_2 = 7$
e) $x_1 = 0; x_2 = 12{,}5$
h) $x_1 = -6; x_2 = 0{,}4$
c) $x_1 = -25{,}5; x_2 = 4$
f) $x_1 = 0; x_2 = 0{,}5$

6 **a)** keine Lsg., $D < 0$
b) eine Lsg., $D = 0$
c) zwei Lsg., $D > 0$

7 **a)** $x^2 - 4x - 21 = 0$
b) $x^2 + 2x - 99 = 0$
c) $x^2 + 15x + 54 = 0$

8 **a)** Der Querschnitt hat eine Kantenlänge von ca. 28,28 cm (genau $20 \cdot \sqrt{2}$ cm).
b) ① Die Katheten sind 9 cm und 12 cm lang.
② Der Flächeninhalt des Dreiecks beträgt $A = 54$ cm^2.
c) Das Spielfeld ist ca. 115 m lang und ca. 85 m breit.

Potenzen und Wurzeln

Noch fit?

Seite 86

1 elftausendachthundertneunundachtzig
neun Millionen neunhundertsiebenundachtzigtausend-
dreihundertsiebenundvierzig
einhundertelf Milliarden fünfhundertdrei Millionen
zweitausenddreihundertsechsundachtzig

1 vierhundertsechsundfünfzigtausenddreißig
achthundertneun Millionen dreißigtausendzweihundertfünf
dreihunderteins Milliarden siebenhundert Millionen
vierhunderttausendsechzig

2 a) x^2 **b)** a^5
c) b^4 **d)** i^8

2 a) z^3 **b)** m^6
c) $s^3 t^2$ **d)** $c^3 d^3$

3 a) $1; 4; 25; \frac{1}{4}; 1; 0$
b) $1; 2; 5; 10$

3 a) $1; 8; 125; \frac{1}{8}; -1; 0$
b) $1; 2; 3; 10$

4 a) Der Flächeninhalt des Quadrats beträgt $A = 49\,\text{cm}^2$.
b) Die Seitenlänge des Quadrats beträgt $a = 12\,\text{cm}$.

4 a) $a = 5\,\text{cm}$; Maßstab $1:2$

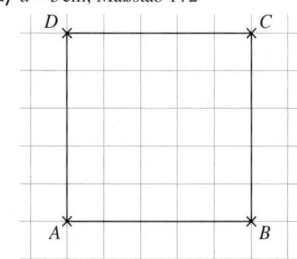

b) Kreis mit $r \approx 2,82\,\text{cm}$, Maßstab $1:2$

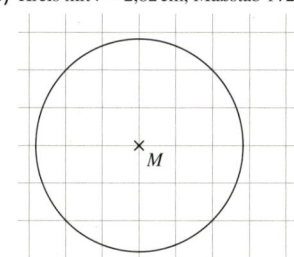

5 a) $50\,000\,\text{mm}^2 < 5,55\,\text{m}^2 < 5050\,\text{m}^2 < 0,555\,\text{km}^2$
b) $2000\,\text{mm}^3 < 50\,000\,\text{cm}^3 < 64\,\text{dm}^3 < 33,5\,\text{m}^3$

5 a) $500\,000\,\text{mm}^2 < 5\,\text{m}^2\,55\,\text{cm}^2 < 500\,\text{m}^2 < 505\,\text{ha}$
b) $4,5\,\text{dm}^3 < 0,07\,\text{m}^3 < 77\,000\,000\,\text{mm}^3 < 0,000\,12\,\text{km}^3$

6 $\mathbb{N}: 35; \sqrt{4}; \frac{8}{2}$ $\mathbb{Z}: 0; -4; -11; -9$
$\mathbb{Q}: \frac{2}{3}; 0,75; \frac{3}{8}; -0,001; 6,5$ $\mathbb{R}: \sqrt{5}; \sqrt[3]{2}$

7 Länge: cm; m; dm; km
Fläche: km²; a; mm²; ha; cm²
Raummaß: cm³; dm³; l; m³; ml; mm³

7 Zeit: s; min; h; ms
Länge: mm; m; km; dm
Volumen: l; m³; cm³; ml
Fläche: cm²; dm²; ha; km²; a; m²
Gewicht: g; kg; mg; t

Klar so weit?

Seite 100/101

1 a) 32 **b)** -1 **c)** 256
d) $\frac{1}{8}$ **e)** $\frac{1}{16}$ **f)** $\frac{9}{25}$
g) $\frac{1}{125}$ **h)** $-\frac{1}{243}$ **i)** $\frac{1}{10\,000}$

1 a) 343 **b)** -243 **c)** $0,000\,064\,x^6$
d) $\frac{1}{121}$ **e)** $\frac{1}{16}$ **f)** $-\frac{1}{343}$
g) 100 **h)** $\frac{16}{81}m^4$ **i)** 8

2 a) $6^9 < 6^{10}$ **b)** $4^7 > 2^7$
c) $(-5)^3 = -5^3$ **d)** $-10^6 < (-10)^6$
e) $\frac{1}{3^4} = \left(\frac{1}{3}\right)^4$ **f)** $(4\cdot3)^2 > 4\cdot3^2$

2 a) $(-12)^4 > -12^4$ **b)** $-4x^8 < (-4x)^8$
c) $(2b)^6 > 22b^6$ **d)** $(0,5y)^2 = 0,25y^2$
e) $\frac{3^4}{7}t^4 > \left(\frac{3}{7}t\right)^4$ **f)** $-\frac{1}{5^3} = \left(-\frac{1}{5}\right)^3$

3 $2^8; 3^5; 4^4; 5^4$

3 $3^7; 4^5; 5^5; 6^4; 7^4$ ist jeweils die kleinste Potenz, die größer als 1000 ist.
Beim Start mit 1 bleibt der Potenzwert immer 1, denn $1^x = 1$ für alle x.

4

2^{-4}	$\frac{1}{2^4}$	0,0625
3^{-3}	$\frac{1}{3^3}$	$0,0\overline{37}$
4^{-2}	$\frac{1}{4^2}$	0,0625
3^{-4}	$\frac{1}{3^4}$	$0,012\,345\,679$
5^{-2}	$\frac{1}{5^2}$	0,04
6^{-2}	$\frac{1}{6^2}$	$0,02\overline{7}$

4

a $\backslash$ b	–1	0	2	3
–1	–1	1	1	–1
0,5	2	1	0,25	0,125
$\frac{3}{4}$	1,3333	1	0,5625	0,4219
$\sqrt{2}$	$\frac{1}{\sqrt{2}}$	1	2	2,8284

5
a) 5000 b) 1 700 000
c) 94 500 d) 0,08
e) 0,0003 f) 0,000075

5
a) 9 760 000 b) 832 100 000 000
c) 500 100 000 d) 0,000154
e) 0,000003 f) 0,000 000 21045

6
a) $2,8 \cdot 10^9$ b) $8 \cdot 10^6$
c) $9,1 \cdot 10^{10}$ d) $4,3 \cdot 10^{-6}$
e) $1,12 \cdot 10^{-7}$ f) $5 \cdot 10^{-8}$

6
a) $6,34 \cdot 10^{10}$ b) $4 \cdot 10^{18}$
c) $5,8 \cdot 10^{15}$ d) $1,28 \cdot 10^{-2}$
e) $8,4 \cdot 10^{-8}$ f) $7,050 \cdot 10^{-5}$

7

0,00069 $6,9 \cdot 10^{-3}$ 69 000 000
0,69 $6,9 \cdot 10^{-7}$
69 000 $6,9 \cdot 10^{-1}$ 690   0,000 000 69
$6,9 \cdot 10^2$ $6,9 \cdot 10^4$ $6,9 \cdot 10^7$

8
a) $120,80\,\text{m} = 1,208 \cdot 10^2\,\text{m}$
b) $12\,700\,000\,\text{m} = 1,27 \cdot 10^7\,\text{m}$
c) $3250\,\text{m} = 3,25 \cdot 10^3\,\text{m}$
d) $0,061\,\text{m} = 6,1 \cdot 10^{-2}\,\text{m}$
e) $0,024\,\text{m} = 2,4 \cdot 10^{-2}\,\text{m}$
f) $0,005\,\text{m} = 5 \cdot 10^{-3}\,\text{m}$

8
a) $6\,400\,000\,\text{cm} = 6,4 \cdot 10^6\,\text{cm}$
b) $0,0000059\,\text{km} = 5,9 \cdot 10^{-6}\,\text{km}$
c) $0,000075 \cdot 10^{-5}\,\text{km}$
d) $2040\,\text{dm} = 2,4 \cdot 10^3\,\text{dm}$
e) $0,00004\,\text{m} = 4 \cdot 10^{-5}\,\text{m}$
f) $81\,000\,000\,\text{dm} = 8,1 \cdot 10^7\,\text{dm}$

9
a) ③; VII; $2 \cdot 10^0\,\text{m} = 2\,\text{m}$ b) ⑤; VI; $4 \cdot 10^2\,\text{m} = 400\,\text{m}$
c) ④; I; $1,8 \cdot 10^0\,\text{m} = 1,8\,\text{m}$ d) ⑧; IV; $8 \cdot 10^0\,\text{m} = 8\,\text{m}$
e) ⑦; III; $2,5 \cdot 10^2\,\text{km} = 250\,\text{km}$ f) ②; VIII; $6,4 \cdot 10^3\,\text{km} = 6400\,\text{km}$
g) ⑥; II; $3,8 \cdot 10^5\,\text{km} = 380\,000\,\text{km}$ h) ①; V; $2,5 \cdot 10^1\,\text{m} = 25\,\text{m}$

10
a) 9 b) 16 c) 30 d) 0,6
e) 6 f) 0,3 g) 20 h) 0,5

10
a) 17 b) 1,9 c) 7 d) 0,5
e) 26 f) 2 g) 30 h) 0,1

11
a) 1,219 b) 2,498
c) 1,633 d) 4,583
e) 0,092 f) 0,311

11
a) $\frac{1}{3}$ b) $\frac{2}{3}$ c) $\frac{12}{11} = 1\frac{1}{11}$
d) $\frac{22}{19}$ e) $\frac{1}{4}$ f) $\frac{1}{22}$

12
a) $\sqrt[4]{16} = 2$ b) $\sqrt[3]{27^2} = 9$
c) $\sqrt[5]{100\,000^3} = 1000$
d) $\frac{1}{\sqrt[4]{625^3}} = \frac{1}{125}$

12
a) $\sqrt[8]{a^7}$ b) $\sqrt[9]{b^4}$
c) $\frac{1}{\sqrt[4]{a^3}}$ d) $\frac{1}{\sqrt[9]{a^3}}$
e) $\frac{1}{\sqrt[7]{b^4}}$ f) $-\sqrt[3]{a^7}$

13
$\sqrt{2025} = 45$ $\sqrt{6400} = 80$
$\sqrt[3]{250\,047} = 63$ $\sqrt[3]{110\,592} = 48$

13
a) 5 b) 4; 6
c) 0 d) 2; 4; 6

14
a) Die Kantenlänge beträgt ca. 5,4 cm.
b) Es sind 26 Einzelwürfel und ein Gelenkwürfel in der Mitte.
c) Das Volumen der Einzelwürfel beträgt $V = \frac{35}{6}\,\text{cm}^3 = 5,8\overline{3}\,\text{cm}^3$.
d) Die Oberfläche beträgt 174,96 cm².

Teste Dich!

1 a) $3^5 = 243$ b) x^7 c) $(-1,8)^3 = -5,832$
  d) $(-a)^4 = a^4$ e) $\left(\frac{1}{2}\right)^7 = \frac{1}{128}$ f) $(3x)^5 = 243x^5$
  g) $\left(-\frac{2}{5}\right)^5 = -\frac{32}{3125}$ h) x^4 i) $(4v)^3 \cdot 6^3 = 13824v^3$

2 a) 5^3 b) 2^{10} c) 10^6 d) $(-2)^5$
  e) 3^6 f) $(-10)^5$ g) 14^2 h) $(-6)^3$

3 a) 8   b) 25   c) 0,0001   d) 0,5   e) $\frac{27}{256}$ f) $\frac{1}{64}$
  g) -256 h) $\frac{1}{32}$ i) 5   j) 0,01   k) 8   l) $\frac{1}{27}$

4 a) 3   b) 5   c) 2   d) 40   e) 1   f) 9
  g) 6   h) 3   i) 3   j) $\approx 1,97$ k) $\approx 2,75$ l) $\approx 4,0$

5 a) Die Kantenlänge beträgt 8 cm.
  b) Die Kantenlänge vergrößert sich um ca. 3,54 cm auf ca. 11,54 cm.
  c) z. B.: $a = 4$ cm; $b = 8$ cm; $c = 16$ cm
       $a = 4$ cm; $b = 4$ cm; $c = 32$ cm
       $a = 2$ cm; $b = 8$ cm; $c = 32$ cm

6 a) 20 000   b) 35 000 000   c) 0,000 005   d) 0,000 012
  e) $1,7 \cdot 10^{13}$ f) $2,34 \cdot 10^{10}$ g) $2,8 \cdot 10^{-3}$ h) $1,025 \cdot 10^{-6}$

7 a) $\frac{1}{1000} = 0,001$ b) $\frac{1}{10} = 0,1$ c) $\frac{1}{10000000} = 0,000\,000\,1$
  d) $\frac{1}{100} = 0,01$ e) $\frac{1}{10000} = 0,000\,1$ f) $\frac{1}{100000} = 0,000\,01$

8 a) Es dauert ca. 297 619 Tage, also etwa 815 Jahre.
  b) Sie liegt 946 080 000 km zurück.
  c) Sie erreicht das Strandhaus in ca. 58 708 Jahren.

Wachstum

Noch fit?

1 a) $y = mx + b$
  b) I $y = -2x + 3$ II $y = -x$ III $y = \frac{1}{3}x - 2$ IV $y = 3x + 6$ V $y = x - 5$
  c) Der Graph IV hat die größte Steigung.
  d) Die Steigung ist am Faktor m ablesbar.
  e) In der Zeichnung ist das an einem sinkendem x zu erkennen, in der Gleichung am negativen Vorzeichnen des Faktors m.
  f)

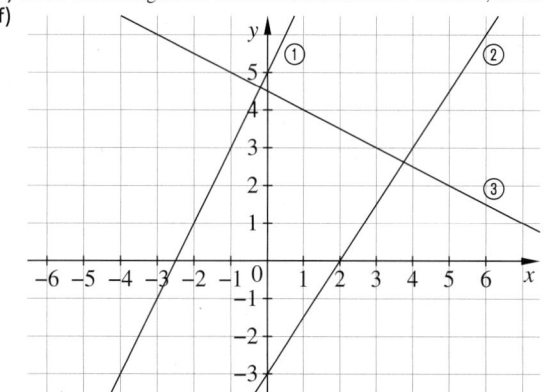

2

	Beispiel	a)	b)	c)	d)	e)	f)	g)	h)
Prozentsatz	50 %	75 %	**30 %**	**95 %**	**110 %**	200 %	**120 %**	**104 %**	**88 %**
gekürzter Bruch	$\frac{1}{2}$	$\frac{3}{4}$	$\frac{3}{10}$	$\frac{19}{20}$	$\frac{11}{10}$	2	$\frac{6}{5}$	$\frac{26}{25}$	$\frac{22}{25}$
Hundertstel-Bruch	$\frac{50}{100}$	$\frac{75}{100}$	$\frac{3}{100}$	$\frac{95}{100}$	$\frac{110}{100}$	$\frac{200}{100}$	$\frac{120}{100}$	$\frac{104}{100}$	$\frac{88}{100}$
Dezimalbruch	0,50	**0,75**	**0,3**	**0,95**	1,1	2	**1,2**	**1,04**	0,88

3 a) 68,80 €   b) 132,30 €
c) 164,50 €   d) 5,60 €

3 a) ≈ 14 %   b) ≈ 12,3 %
c) ≈ 12,6 %

4 a) $Z = 58,14$ €
b) $p\% = 35\%$
c) $K = 2\,105$ €

4 a) $Z = 1,45$ €; $K(\text{neu}) = 42,95$ €
b) $p\% = 2,5\%$; $K(\text{neu}) = 6\,765$ €
c) $K(\text{alt}) = 1\,970$ €; $K(\text{neu}) = 2\,206,40$ €

5 a) 1; 2; 4; 8; 16; 32; 64; 128; 256; 512; 1024   b) $1; \frac{1}{2}; \frac{1}{4}; \frac{1}{8}; \frac{1}{16}; \frac{1}{32}; \frac{1}{64}$ c) 7 (3; 4; 28; 12; 39)

Seite 124/125

Klar so weit?

1 a) Das Wachstum ist positiv.
b) Ja, das Wachstum ist linear.
c) Nach einem Jahr sind 260 € gespart.
d) $G_{52} = 0 + 5 \cdot 52$

1 a) Das Wachstum ist linear und positiv.
b) $G_n = 6 + 0,7 \cdot n$
c)

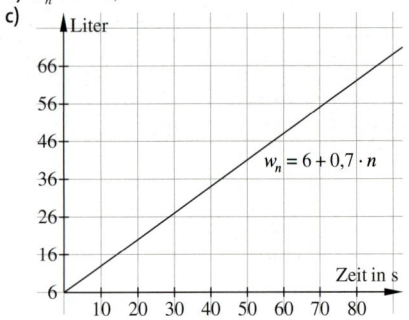

2 a) $q = 1,05$ b) $q = 0,88$
c) $q = 1,0075$ d) $p\% = -7\%$
e) $p\% = 20\%$ f) $p\% = 7,5\%$

2 a) $q = 1,03$ b) $p\% = 50\%$
c) $q = 1,54$ d) $p\% = 2,5\%$
e) $q = 0,93$ f) $p\% = -9\%$

3 a) $q = 1,3$; $p\% = 30\%$
b) $q = 0,95$; $p\% = -5\%$
c) $q = 1,05$; $p\% = 5\%$
d) $q = 0,25$; $p\% = -75\%$

3

	G_0	G_1	$p\%$	q
a)	40 km	65 km	**62,5 %**	**1,625**
b)	3 000 €	**2 775 €**	−7,5 %	**0,925**
c)	**2,5 t**	3 t	**20 %**	1,2
d)	**50 min**	45 min	−10 %	**0,9**

4 a)

x	−1	0	1	2
y	300	306	312,12	**318,3624**

b)

x	−2	0	2	4
y	0,75	3	12	**48**

4 Es liegt kein exponentielles Wachstum vor, da der Wachstumsfaktor von Jahr zu Jahr variiert.

5 a) 2015 hatte der Verein 929 Mitglieder.
b) 2020 wird es etwa 718 Mitglieder geben.
c)

	1200	1140	1083	1029	977	929	882	838	796	756	718	☐ Mitglieder

'10 '11 '12 '13 '14 '15 '16 '17 '18 '19 '20
Jahr

d) Es ist (negatives) exponentielles Wachstum

5 a) Das zweite Quadrat ist $\frac{1}{2}$ m² groß, das fünfte $\frac{1}{16}$ m² und das zehnte $\frac{1}{512}$ m².
b) $y = \left(\frac{1}{2}\right)^x$

6 a) Indien: 900 Mio; 3,15 Mrd.
China: 1,2 Mio; 2,5 Mrd.
b) Indien: $p\% \approx 2,5\%$
China: $p\% \approx 1,5\%$
c) ca. 2027
d) individuelle Lösungen

7 a) Nach 5 Stunden sind es 1 615 Bakterien.
b) Drei Stunden früher waren es 252 Bakterien.

7 a) Nach 4,5 h sind es 4 007 Bakterien.
b) Nach 10 h sind es 21 448 Bakterien.
c) Nach 125 min sind es 13 433 Bakterien.

8 a) $q = 0,5$

b)

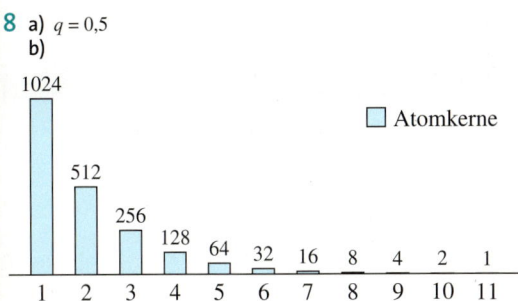

□ Atomkerne

8 a) Nach 110 Minuten sind es $\frac{5}{32}$ g, also 0,156 25 g.

b) Nach 5 Stunden sind es ca $4 \cdot 10^{-4}$ g, also 0,000 4 g.

c) Nach 51 Minuten ist es noch 1 g.
Da es nach 44 Minuten noch 1,25 g und nach 66 Minuten nur noch 0,625 g sind, sollte der geschätzte Werte zwischen 44 und 66 Minuten liegen.

9 a) In 10 Minuten halbiert sich jeweils die Masse.

b) Der x-Wert 0 steht für jetzt, -3 steht für vor 30 Minuten und $+4$ nach 40 Minuten.

c)

Zeit in min	-30	-20	-10	0	10	20	30	40
Anzahl der Halbwertszeiten	-3	-2	-1	0	1	2	3	4
Masse in g	48	24	12	6,0	3,0	1,5	0,75	0,375

d) Nach 1 Stunde sind noch 0,093 75 g übrig.

Teste Dich!

Seite 130

1 a) ⑥ $y = 120 \cdot 2^x$ **b)** ④ $y = 5 + 0,75x$ **c)** ③ $y = 85 \cdot 0,5^x$ **d)** ⑤ $y = -3x^2$

2

	G_0	G_n	$p\%$	q	n
a)	1 200 €	$\approx 1511,65\,€$	8 %	**1,08**	3
b)	$\approx 300,130\,kg$	250 kg	-3%	0,97	6
c)	60 km	85 km	$\approx 5,1\%$	$\approx 1,051$	7
d)	100 h	$\approx 44,37\,h$	-15%	0,85	5

3 a) Im Jahr 2039 hat Brasilien 250,843 Mio. Einwohner.

b) Im Jahr 2000 lebten ca. 178,9 Mio. Menschen in Brasilien.
Im Jahr 1950 lebten ca. 116,0 Mio. Menschen in Brasilien.
Im Jahr 1900 lebten ca. 75,2 Mio. Menschen in Brasilien.

4 Nach 8 Stunden ist der Stahlblock noch etwa 194 °C warm.

5 a) Es liegt positives Wachstum vor.

b) $y = 4 + 0,6x$

c) Nach $101\frac{2}{3}$ Sekunden, also etwa 102 Sekunden, ist der Tank voll.

6 a) Nach 14 Stunden sind noch 2,5 g Koffein im Blutkreislauf.

b) Bis 12:30 Uhr kann Herr Maier noch Espresso trinken.

7 a)

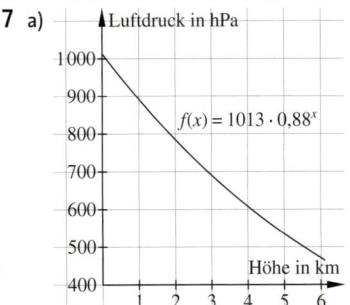

b)

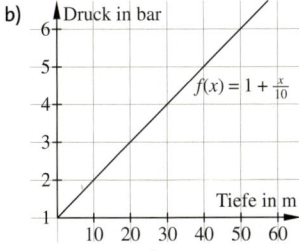

c) Der Luftdruck nimmt exponentiell mit der Höhe ab.
Der Wasserdruck steigt linear mit der Tiefe.

Pyramide, Kegel, Kugel

Noch fit?

1 a) 50 mm   **b)** 3 km   **c)** 5 dm   **d)** 6,7 cm
e) 700 mm^2 **f)** 80 000 dm^2 **g)** 0,05 m^2 **h)** 0,67 cm^2
i) 40 000 mm^3 **j)** 9 500 000 dm^3 **k)** 3 500 cm^3 **l)** 0,067 cm^3

2 a) $A = 9\,\text{cm}^2$ **b)** $A = 28\,\text{cm}^2$
c) $A = 25\,\text{cm}^2$ **d)** $A = 36\pi\,\text{cm}^2 \approx 113,1\,\text{cm}^2$

2 a) $A = 6,25\,\text{cm}^2$ **b)** $A = 57\,\text{cm}^2$
c) $A = 11,7\,\text{cm}^2$ **d)** $A = 64\pi\,\text{cm}^2 \approx 201,1\,\text{cm}^2$

3 ① schiefer Kegel; kreisförmige Grundfläche, Strecke von Spitze zu Mittelpunkt des Kreises steht nicht senkrecht darauf
  ② Halbkugel; kreisförmige Grundfläche, restliche Mantelfläche mit gleichem Abstand zum Mittelpunkt
  ③ Zylinder; kreisförmige Grund- und Deckfläche, Seiten stehen senkrecht darauf
  ④ Kegel; kreisförmige Grundfläche, Strecke von Spitze zu Mittelpunkt des Kreises steht senkrecht darauf
  ⑤ quadratische Pyramide; quadratische Grundfläche, Strecke von Spitze zu Mittelpunkt des Quadrats steht senkrecht darauf
  ⑥ (Quader), quadratisches Prisma; quadratische Grund- und Deckfläche, Seiten stehen senkrecht darauf
  ⑦ schiefe achteckige Pyramide; achteckige Grundfläche, Strecke von Spitze zu Mittelpunkt des Achtecks steht nicht senkrecht darauf
  ⑧ Kugel; keine Ecken und Kanten, symmetrisch um Mittelpunkt verteilt
  ⑨ schiefe dreieckige Pyramide; dreieckige Grundfläche, Strecke von Spitze zu Mittelpunkt des Dreiecks steht nicht senkrecht darauf

4 $O = 294\,\text{cm}^2$ $A = 343\,\text{cm}^3$

4 $O = 100,88\,\text{cm}^2$ $A = 67,2\,\text{cm}^3$

5 a) $b^2 + c^2 = a^2$
b) $m^2 + k^2 = l^2$
c) $v^2 + w^2 = u^2$

5 a) $c \approx 11,1\,\text{cm}$; $A = 29,25\,\text{cm}^2$
b) $c \approx 8,9\,\text{dm}$; $A \approx 31,05\,\text{dm}^2$
c) $c \approx 7,5\,\text{m}$; $A = 20,62\,\text{m}^2$

6 Maßstab 1 : 5

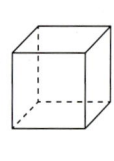

a) $V = 125\,\text{cm}^3$; $O = 150\,\text{cm}^2$
b) $d = 5\sqrt{3}\,\text{cm} \approx 8,7\,\text{cm}$

6 Maßstab 1 : 4

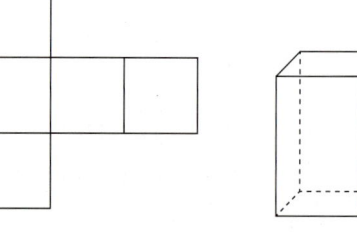
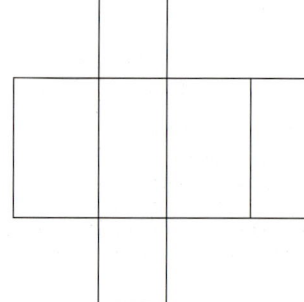

a) $V = 160\,\text{cm}^3$; $O = 184\,\text{cm}^2$
b) $d = \sqrt{105}\,\text{cm} \approx 10,2\,\text{cm}$

7 a) Die Oberfläche setzt sich aus dem Mantel sowie Grund- und Deckfläche zusammen.
b) Der Eimer mit einem Volumen von 10 l (= 10 000 cm^3) ist größer als der Eimer mit einem Volumen von 1 000 cm^3.
c) Die Formel gilt bei Prismen und Zylindern.

Klar so weit?

1 a) ① Zylinder: kongruente, kreisförmige Grund- und Deckfläche, rechteckiger Mantel
  ② Kegel: kreisförmige Grundfläche, Kreissektor als Mantel
  ③ quadratische Pyramide: 4 kongruente Dreiecke als Seitenfläche
  ④ Quader: je zwei gegenüberliegende, kongruente Seitenflächen (Rechtecke)
  ⑤ dreieckig Pyramide: dreieckige Grundfläche, Dreiecke als Seitenflächen
  ⑥ dreieckiges Prisma: 2 kongruente Dreiecke als Grund und Deckfläche, 3 Rechtecke als Seitenflächen
b) ①, ②: Kreis als Grundfläche
  ②, ③, ⑤: Spitzkörper
  ④, ⑥: Prismen
  ③, ⑤, ⑥: Dreiecke als Grundflächen
  ①, ④, ⑥: Rechteck(e) als Seitenflächen
c) individuell, z. B.: ① Konservendose
                ② Pylon
                ③ Dach eines Kirchturms
                ④ Schuhkarton
                ⑤ Kerze
                ⑥ Warentrenner (Supermarktkasse)

2 a)

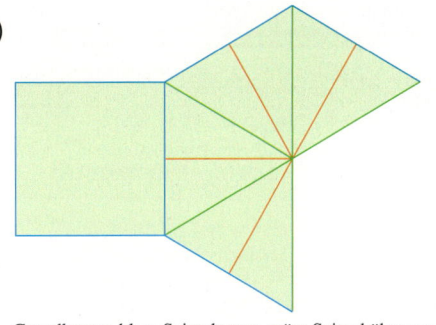

Grundkanten blau; Seitenkanten grün; Seitenhöhen orange

b) $h_a = \frac{3 \cdot \sqrt{3}}{2}$ cm $\approx 2{,}60$ cm

c) $h_k = \frac{3 \cdot \sqrt{2}}{2}$ cm $\approx 2{,}12$ cm

2 a)

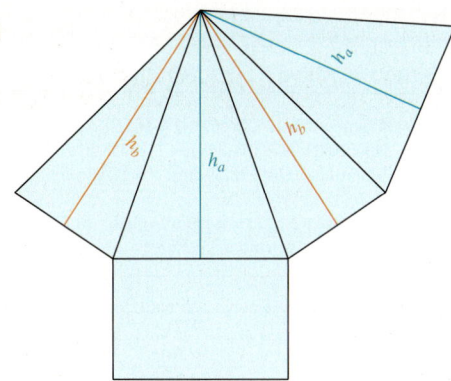

b) $h_a = \frac{\sqrt{43{,}24}}{2}$ cm $\approx 3{,}29$ cm

$h_b = \frac{\sqrt{46{,}44}}{2}$ cm $\approx 3{,}41$ cm

c) $h_a = \frac{\sqrt{40{,}68}}{2}$ cm $\approx 3{,}19$ cm

---

3 $O = 65$ cm^2 $\qquad$ $V = 25{,}83$ cm^3

3 $O \approx 52{,}66$ cm^2 $\qquad$ $V \approx 21{,}99$ cm^3

---

4 $O \approx 30{,}65$ cm^2 $\qquad$ $V \approx 8{,}33$ cm^3

4 $O \approx 45{,}5$ cm^2 $\qquad$ $V \approx 13$ cm^3

---

5 a) $h_a = \frac{\sqrt{299}}{2}$ cm $\approx 8{,}65$ cm
$\quad h_k \approx 8{,}28$ cm
$\quad V = 68{,}97$ cm^3
$\quad O = (25 + 5\sqrt{299})$ cm$^2 \approx 111{,}46$ cm^2

b) $a = (3 \cdot \sqrt{2})$ mm $\approx 4{,}24$ mm
$\quad h_a = \frac{3 \cdot \sqrt{47}}{2}$ mm $\approx 10{,}28$ mm
$\quad O = (18 + 9 \cdot \sqrt{94})$ mm$^2 \approx 105{,}29$ mm^2
$\quad h_k = \frac{9 \cdot \sqrt{5}}{2}$ mm $\approx 10{,}06$ mm
$\quad V = (27 \cdot \sqrt{5})$ mm$^3 \approx 60{,}37$ mm^3

c) $a \approx 7{,}33$ dm
$\quad V = 146{,}78$ dm^3
$\quad h_a \approx 8{,}98$ dm
$\quad O \approx 185{,}33$ dm^2

5 a) $h_a \approx 11{,}82$ cm
$\quad h_k \approx 11{,}21$ cm
$\quad V \approx 210{,}16$ cm^3
$\quad O \approx 233{,}54$ cm^2

b) $a = \frac{81 \cdot \sqrt{2}}{20}$ m $\approx 5{,}73$ m
$\quad h_a \approx 14{,}72$ m
$\quad O \approx 201{,}47$ m^2
$\quad h_k \approx 14{,}44$ m
$\quad V \approx 157{,}93$ m^3

c) $a \approx 8{,}45$ m
$\quad V \approx 11{,}77$ m^3
$\quad h_a \approx 6{,}32$ m
$\quad O \approx 178{,}08$ m^2

---

6 a) Das Gewächshaus hat ein Volumen von circa $1\,432{,}17$ m^3.
$\quad$ b) Die Glasfront hat eine Fläche von circa $576{,}74$ m^2.

---

7 $O \approx 46{,}40$ cm^2
$V = \frac{20}{3} \cdot \pi$ cm$^3 \approx 20{,}94$ cm^3

7 $O = \frac{1003}{25} \cdot \pi$ m $\approx 126{,}041$ m^2
$V \approx 92{,}985$ m^3

---

8 a) $M \approx 818{,}40$ m^2
$\quad O \approx 1455{,}01$ m^2
$\quad$ b) $M \approx 141{,}59$ mm^2
$\quad O \approx 220{,}13$ mm^2

8 a) $M \approx 141{,}67$ cm^2
$\quad O \approx 180{,}16$ cm^2
$\quad$ b) $M \approx 1270{,}31$ cm^2
$\quad O \approx 2034{,}85$ cm^2

---

9 Das Volumen beträgt circa $105{,}7$ cm^3.

9 Die Höhe beträgt circa $11{,}26$ dm.

10

	r	d	u	V	O
a)	3 cm	6 cm	$\approx 18{,}85$ cm	$\approx 113{,}10$ cm^3	$\approx 113{,}10$ cm^2
b)	11 m	22 m	$\approx 69{,}12$ m	$\approx 5575{,}28$ m^3	$\approx 1520{,}53$ m^2
c)	≈ 9 m	≈ 18 m	56,55 m	$\approx 3053{,}63$ m^3	$\approx 1017{,}88$ m^2
d)	$\approx 12{,}00$ mm	$\approx 24{,}00$ mm	$\approx 75{,}40$ mm	$7\,238{,}23$ mm^3	$\approx 1809{,}56$ mm^2
e)	$\approx 2{,}30$ dm	$\approx 4{,}60$ dm	$\approx 14{,}45$ dm	$\approx 50{,}96$ dm^3	66,48 dm^2
f)	0,5 m	1 m	$\approx 3{,}14$ m	$\approx 0{,}52$ m^3	$\approx 3{,}14$ m^2
g)	$\approx 0{,}28$ m	$\approx 0{,}56$ m	$\approx 1{,}77$ m	0,09 m^3	1 m^2
h)	$\approx 0{,}16$ m	$\approx 0{,}32$ m	1 m	$\approx 0{,}02$ m^3	$\approx 0{,}32$ m^2

Teste Dich!

1 **a)** $V = 120\,\mathrm{cm}^3$; $M \approx 125{,}28\,\mathrm{cm}^2$; $O \approx 161{,}28\,\mathrm{cm}^2$ **b)** $V = 21\,\mathrm{cm}^3$; $M \approx 42{,}95\,\mathrm{cm}^2$; $O \approx 51{,}95\,\mathrm{cm}^2$
   c) $V \approx 245{,}33\,\mathrm{cm}^3$; $M \approx 194{,}81\,\mathrm{cm}^2$; $O \approx 258{,}81\,\mathrm{cm}^2$ **d)** $M \approx 67{,}26\,\mathrm{cm}^2$; $O \approx 74{,}02\,\mathrm{cm}^2$; $V \approx 29{,}00\,\mathrm{cm}^3$
   e) $M \approx 145{,}30\,\mathrm{cm}^2$; $O \approx 198{,}59\,\mathrm{cm}^2$; $V \approx 164{,}46\,\mathrm{cm}^3$ **f)** $M \approx 1249{,}00\,\mathrm{cm}^2$; $O \approx 2224{,}00\,\mathrm{cm}^2$; $V = 4062{,}5\,\mathrm{cm}^3$

2 **a)** Es werden circa $51{,}52\,\mathrm{m}^2$ Kupferblech für die Dachbedeckung benötigt.
   b) Die Kosten betragen circa $3482{,}68\,€$.

3

	r	h_k	s	V	M	O
a)	36,5 m	78,2 m	≈ **86,30 m**	≈ 109 099,08 m³	≈ 9 895,73 m²	≈ 14 081,11 m²
b)	79,8 dm	102,6 dm	≈ **129,98 dm**	≈ 684 197,94 dm³	≈ 32 585,87 dm²	≈ 52 591,66 dm²
c)	22,4 cm	≈ **24,23 cm**	33 cm	≈ 12 733,05 cm³	≈ 2 322,27 cm²	≈ 3 898,59 cm²
d)	0,4 km	≈ **0,70 km**	0,81 km	≈ 0,117 km³	≈ 1,02 km²	≈ 1,52 km²
e)	≈ **20,41 mm**	10,6 mm	23 mm	≈ 4 624,03 mm³	≈ 1 474,89 mm²	≈ 2 783,80 mm²
f)	≈ **9,85 km**	36,7 km	38 km	≈ 3 732,15 km³	≈ 1 176,43 km²	≈ 1 481,51 km²
g)	2 m	≈ **18,50 m**	≈ **18,61 m**	77,5 m³	≈ **116,93 m²**	≈ **129,49 m²**
h)	0,9 cm	≈ **25,11 cm**	≈ **25,13 cm**	21,3 cm³	≈ **71,05 cm²**	≈ **73,59 cm²**

4 Das Glas hat ein Volumen von $250\,\mathrm{ml}$, somit passen $0{,}2\,\mathrm{l}$ hinein.

5

	r	d	V	O
a)	**2 cm**	4 cm	≈ **33,5 cm³**	≈ **50,27 cm²**
b)	12 cm	**24 cm**	≈ **7238,2 cm³**	≈ **1809,56 cm²**
c)	≈ **2,0 cm**	≈ **4,0 cm**	33,5 cm³	≈ **50,3 cm²**

6 **a)** Das Volumen des Würfels beträgt $0{,}512\,\mathrm{m}^3$, das Volumen der Kugel beträgt $0{,}268\,\mathrm{m}^3$.
   b) Das Volumen der Kugel weicht um circa $47{,}6\,\%$ vom Volumen des Würfels ab.

7 **a)** Das Gesamtvolumen beträgt circa $3{,}613\,\mathrm{m}^3$.   **b)** Der Mantel hat eine Fläche von circa $6{,}639\,\mathrm{m}^2$.

Trigonometrie

Noch fit?

1 **a)** … 180°.
   b) … α gegenüber.
   c) … nicht immer…

1 **a)** … zwei…
   b) … spitze…
   c) … rechten… stumpfen…

2 **a)**
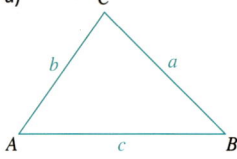

2 **a)**
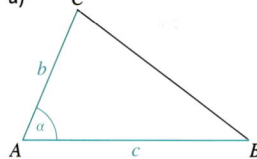

b)
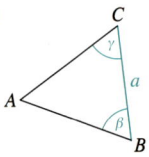

b)
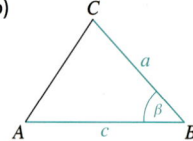

3

	a	b	c	A
a)	3 cm	4 cm	**5 cm**	**6 cm²**
b)	50 mm	**12 cm**	13 cm	**30 cm²**
c)	18 mm	**80 mm**	**82 mm**	720 mm²

4 **a)** rechtwinklig
   b) nicht rechtwinklig
   c) nicht rechtwinklig

4 **a)** nicht rechtwinklig
   b) nicht rechtwinklig
   c) rechtwinklig

5 $x = 10\,\text{cm}$

5 $x = 5{,}4\,\text{cm}$

6 a)

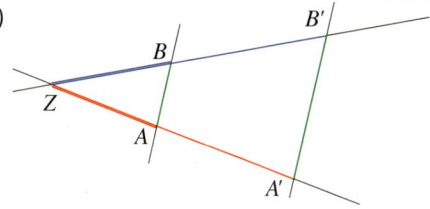

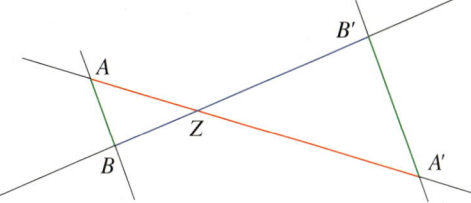

Werden zwei sich schneidende Geraden von zwei Parallelen geschnitten, entstehen zueinander ähnliche Dreiecke ZAB und $ZA'B$. Ihre entsprechenden Seitenlängen stehen im gleichen Verhältnis zueinander:

$\frac{ZA'}{ZA} = \frac{ZB'}{ZB} = \frac{A'B'}{AB}$, $\frac{ZA}{AA'} = \frac{ZB}{BB'}$ und $\frac{ZA'}{AA'} = \frac{ZB'}{BB'}$

b) Der Flächeninhalt der Quadrate über den Katheten jedes rechtwinkligen Dreiecks ist zusammen so groß wie der Flächeninhalt des Quadrats über der Hypotenuse. Somit können alle Kärtchen bis auf das mit $c^2 = a^2 \cdot b^2$ auf den Satz des Pythagoras bezogen werden, dabei ist die Benennung der Seiten zu beachten.

Klar so weit?

Seite 178/179

1 a) falsch; c ist die Hypotenuse des rechtwinkligen Dreiecks und a ist die Ankathete von β.
  b) wahr **c)** wahr
  d) falsch; b ist die Ankathete von α und b ist die Gegenkathete von β.
  e) wahr **f)** falsch; a ist die Ankathete von β und a ist die Gegenkathete von α.

2 $\tan\alpha = \frac{\frac{e}{2}}{\frac{e}{2}} = \frac{a}{a} = 1$

$\sin\alpha = \frac{\frac{e}{2}}{a} = \frac{a}{e}$

$\cos\alpha = \frac{\frac{e}{2}}{a} = \frac{a}{e}$

2 $\tan\alpha = \frac{h}{4}$; $\tan\delta_1 = \frac{\frac{a}{4}}{h}$

$\sin\alpha = \frac{h}{b}$; $\sin\delta_1 = \frac{\frac{a}{4}}{b}$

$\cos\alpha = \frac{\frac{a}{4}}{b}$ $\cos\delta_1 = \frac{h}{b}$

3 a) $\sin\alpha = \frac{y}{z}$

  b) $\cos\gamma = \frac{d}{b}$; $\sin\delta = \frac{d}{b}$; $\tan\delta = \frac{d}{c}$; $\tan\gamma = \frac{c}{d}$

4 a) ① $\sin\beta$; ② $\cos\beta$
  b) ① $\cos\alpha$; ② $\tan\alpha$
  c) ① $\sin\varphi$; ② $\cos\varphi$
  d) ① $\sin\varphi$; ② $\tan\varphi$

4 a) ① $\frac{a}{c}$; ② $\frac{a}{c}$
  b) ① $\frac{b}{c}$; ② $\frac{b}{a}$
  c) ① $\frac{e}{d}$; ② $\frac{e}{f}$
  d) ① $\frac{y}{x}$; ② $\frac{y}{z}$

5 Zeichnungen individuell
  a) $\frac{a}{b} \approx 0{,}577$; $\frac{b}{c} \approx 0{,}866$; $\frac{a}{c} = 0{,}5$
  b) $\frac{a}{b} \approx 2{,}747$; $\frac{b}{c} \approx 0{,}342$; $\frac{a}{c} \approx 0{,}940$

In a) ist $\frac{b}{c}$ größer als $\frac{a}{c}$ in b) ist es umgekehrt.

5 Zeichnungen individuell
  a) $\frac{a}{b} \approx 0{,}649$; $\frac{b}{c} \approx 0{,}839$; $\frac{a}{c} \approx 0{,}545$
  b) $\frac{a}{b} \approx 2{,}475$; $\frac{b}{c} \approx 0{,}375$; $\frac{a}{c} \approx 0{,}927$

In a) ist $\frac{b}{c}$ größer als $\frac{a}{c}$, da $\alpha < 45°$. In b) ist es umgekehrt, da dort $\alpha > 45°$.

6 $\alpha_1 \approx 31°$; $\gamma_1 \approx 59°$

6 a) **b)**

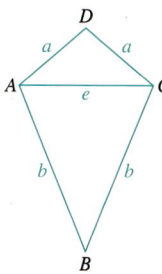

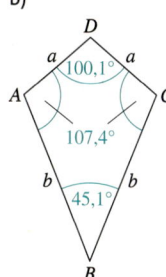

c) $e \approx 7{,}5\,\text{cm}$

7 a) $\tan\frac{\alpha}{2} = \frac{f}{e}$; $\tan\frac{\beta}{2} = \frac{e}{f}$
  b) $\tan\frac{\alpha}{2} \approx 0{,}044$; $\tan\frac{\beta}{2} \approx 0{,}007$
  c) $\alpha \approx 136{,}4°$; $\beta \approx 43{,}6°$

7 a) $\tan\alpha = \frac{h}{a_1}$
  b) $h \approx 4{,}8\,\text{cm}$
  c) $\delta_1 \approx 53{,}1°$; $\tan\delta_1 \approx 1{,}33$

8 Das Gelände steigt in einem Winkel von ca. 1,9° an.

8 Der Steigungswinkel hat eine durchschnittliche Größe von ca. 13,2°.

9

	α	β	γ	a	b	c
a)	$\approx 37{,}5°$	$\approx 52{,}5°$	$90°$	$\approx 3{,}5$	$4{,}6$	$5{,}8$
b)	$\approx 39{,}7°$	$\approx 50{,}3°$	$90°$	$3{,}9$	$\approx 4{,}7$	$6{,}1$
c)	$\approx 67{,}7°$	$90°$	$\approx 22{,}3°$	$7{,}4$	8	$\approx 3{,}0$
d)	$\approx 57{,}1°$	$90°$	$\approx 32{,}9°$	$4{,}8$	$\approx 5{,}7$	$3{,}1$
e)	$90°$	$\approx 16{,}1°$	$\approx 73{,}9°$	$5{,}4$	$1{,}5$	$\approx 5{,}2$
f)	$90°$	$\approx 16{,}4°$	$\approx 73{,}6°$	$\approx 7{,}1$	2	$6{,}8$

9
a) $b \approx 28{,}5\,\text{cm}$; $c \approx 31{,}2\,\text{cm}$
b) $a \approx 7{,}4\,\text{cm}$; $c \approx 17{,}5\,\text{cm}$
c) $a \approx 75{,}1\,\text{cm}$; $c \approx 83{,}5\,\text{cm}$
d) $a \approx 56{,}0\,\text{cm}$; $b \approx 16{,}1\,\text{cm}$
e) $b \approx 3{,}0\,\text{cm}$; $c \approx 3{,}9\,\text{cm}$
f) $b \approx 1{,}2\,\text{cm}$; $a \approx 3{,}1\,\text{cm}$

10 a)

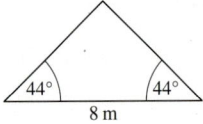

b) Das Dach sollte ca. 3,86 m hoch sein.
c) Die Dachsparren haben eine Länge von ca. 6,01 m.

Seite 186

Teste Dich!

1 a) $\tan\alpha = \frac{a}{b}$; $\tan\beta = \frac{b}{a}$
$\sin\alpha = \frac{a}{c}$; $\sin\beta = \frac{b}{c}$
$\cos\alpha = \frac{b}{c}$; $\cos\beta = \frac{a}{c}$

b) $\tan\alpha = \frac{a}{c}$; $\tan\gamma = \frac{c}{a}$
$\sin\alpha = \frac{a}{b}$; $\sin\gamma = \frac{c}{b}$
$\cos\alpha = \frac{c}{b}$; $\cos\gamma = \frac{a}{b}$

c) $\tan\beta = \frac{z}{y}$; $\tan\gamma = \frac{y}{z}$
$\sin\beta = \frac{z}{x}$; $\sin\gamma = \frac{y}{x}$
$\cos\beta = \frac{y}{x}$; $\tan\gamma = \frac{z}{x}$

d) $\tan\alpha = \frac{t}{s}$; $\tan\gamma = \frac{s}{t}$
$\sin\alpha = \frac{t}{u}$; $\sin\gamma = \frac{s}{u}$
$\cos\alpha = \frac{s}{u}$; $\cos\gamma = \frac{t}{u}$

2

	α	β	γ	a	b	c
a)	$45°$	$45°$	$90°$	$4\,\text{cm}$	$4\,\text{cm}$	$\approx 5{,}7\,\text{cm}$
b)	$52°$	$38°$	$90°$	$\approx 4{,}5\,\text{cm}$	$3{,}5\,\text{cm}$	$\approx 5{,}7\,\text{cm}$
c)	$50°$	$40°$	$90°$	$4{,}5\,\text{cm}$	$\approx 3{,}8\,\text{cm}$	$\approx 5{,}9\,\text{cm}$
d)	$50°$	$40°$	$90°$	$\approx 6{,}9\,\text{cm}$	$5{,}8\,\text{cm}$	$\approx 9{,}0\,\text{cm}$
e)	$49°$	$41°$	$90°$	$\approx 3{,}7\,\text{cm}$	$\approx 3{,}3\,\text{cm}$	$5\,\text{cm}$
f)	$61°$	$29°$	$90°$	$\approx 6{,}1\,\text{cm}$	$\approx 3{,}4\,\text{cm}$	$7\,\text{cm}$

3 Die Höhe beträgt ca. 3,2 cm.

4 a) Der Winkel hat eine Größe von ca. 73,4°.
b) Die Leiter reicht bis zu einer Höhe von ca. 4,02 m.

5 a) Das Haus hat eine Gesamthöhe von ca. 10,96 m.
b) Die Dachsparren sind ca. 7,33 m lang.

6 Angenommen, Klara hält ihre Hand auf einer Höhe von 0,8 m, dann fliegt der Drachen in einer Höhe von ca. 12,15 m.

Daten und Zufall

Seite 188

Noch fit?

1 a) … Maximum.
b) … Median.
c) … arithmetisches Mittel.

1 Beispiel individuell
a) Die Spannweite ist die Differenz aus größtem und kleinsten Wert der Datenreihe.
b) Der Median ist der Wert, der bei der geordneten Datenreihe in der Mitte steht, bei gerader Anzahl der Mittelwert der beiden in der Mitte stehenden Werte.
c) Das arithmetische Mittel ist die Summe aller Werte geteilt durch deren Anzahl.

2 $\frac{8+9}{2}\,\text{min} = 8{,}5\,\text{min}$

2 6 s müssen ergänzt werden.

3

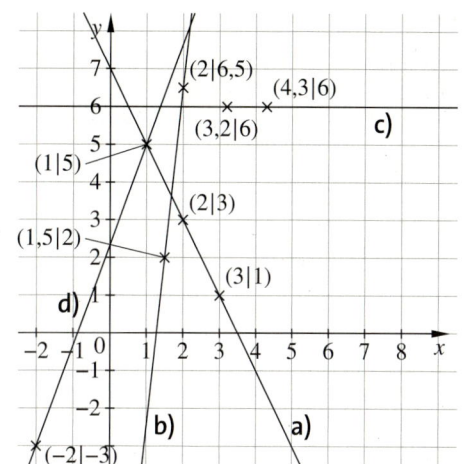

3

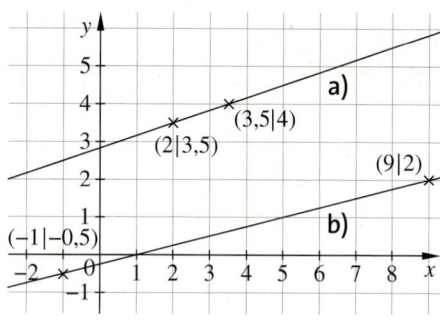

a) $y = \frac{1}{3}x + \frac{17}{6}$
b) $y = \frac{1}{4}x - \frac{1}{4}$

4 3,6°; 90°; 72°; 216°; 43,1°

4

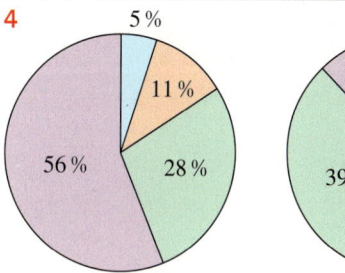

5 rote Fläche hat Winkel 60°;
Anteil ist also $\frac{60°}{360°} = \frac{1}{6}$

5 Beide Anteile sind gleich groß.

rot: $\frac{120°}{360°} = \frac{1}{3}$
grün: $\frac{40°}{360°} + \frac{80°}{360°} = \frac{1}{3}$

6 a) Ergebnis und Ereignis
b) Ereignis
c) Ergebnis und Ereignis
d) Ereignis

6 a) Wertepaare, dessen erster Eintrag eine Zahl zwischen 1 und 6 ist und dessen zweiter Eintrag die 11; 13 oder 16 ist
Es gibt $6 \cdot 3 = 18$ Ergebnisse.
b) $(6|11)$; $(4|13)$ und $(1|16)$

7 $\frac{11}{124} \approx 8,87\%$

Klar so weit?

Seite 202/203

1 a, b)

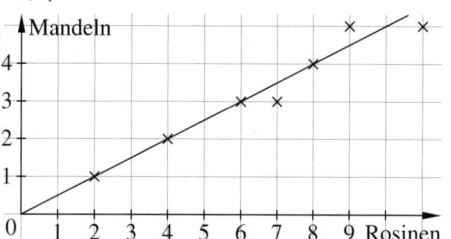

1 a), b)

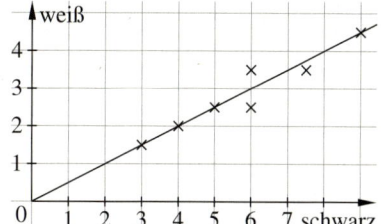

2 Er liegt ganz oben rechts, also rechts und oberhalb von allen anderen Punkten.

2 Er liegt ganz links oben, also links und oberhalb von allen anderen Punkten.

3 a) Es stimmt, denn $\frac{1}{3} \cdot 3000\,€ = 1000\,€$
b) Es stimmt nicht. Die Ausgleichsgerade nähert nur an. Es müssen nicht alle Punkte auf ihr liegen.

3 a) 40 €
b) Da es schon viele Punkte gibt, wird sich an der Lage der Ausgleichsgerade nichts ändern.

4 a) oberes Quartil: 4
b) Minimum: 1
unteres Quartil: 2

5 Nein, die Box kann unterschiedlich breit sein.

6 a) G = grün; R = rot

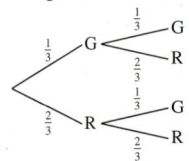

b) $\frac{1}{3} \cdot \frac{2}{3} + \frac{2}{3} \cdot \frac{1}{3} = \frac{4}{9}$

7 Die Wahrscheinlichkeit beträgt …
links: $2 \cdot \frac{1}{4} = \frac{1}{2}$,
rechts: $2 \cdot \frac{100}{360} \cdot \frac{260}{360} \approx 0,4$.
Man sollte das linke Glücksrad drehen.

8 a) $\frac{12}{24} \cdot \frac{11}{23} \cdot \frac{10}{22} \approx 10,87\,\%$
b) $\frac{21}{24} \cdot \frac{20}{23} \cdot \frac{19}{22} \approx 65,71\,\%$

9 $\frac{1}{4}$

10 $\frac{5}{15} = \frac{1}{3}$

4 a) unteres Quartil 2,5
oberes Quartil 4
b) 3
c)

5 zum Beispiel: 1; 2; 2; 2; 2; 2; 3

6 a) R = rot; GE = gelb; GR = Grün

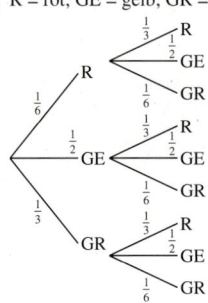

b) $\frac{5}{6} \cdot \frac{2}{3} = \frac{5}{9}$

7 Die Wahrscheinlichkeit beträgt …
links: $\frac{2}{3}$,
rechts: $\frac{1}{5} \cdot \frac{4}{5} + \frac{1}{3} \cdot \frac{2}{3} + \frac{7}{15} \cdot \frac{8}{15} = \frac{142}{225} \approx 0,63$.
Man sollte das linke Glücksrad drehen.

8 a) $\frac{8}{16} \cdot \frac{7}{15} \cdot \frac{6}{14} = \frac{1}{10}$
b) Keinen roten Stift zieht man mit der
Wahrscheinlichkeit: $\frac{6}{16} \cdot \frac{5}{15} \cdot \frac{4}{14} \approx 3,57\,\%$.
Somit zieht man einen roten mit rund
$(100 - 3,57)\,\% = 96,43\,\%$
Wahrscheinlichkeit.

9 $\frac{1}{5}$

10 $\frac{2,7}{100} \cdot \frac{20}{100} \cdot \frac{20}{100} = 0,108\,\%$

Teste Dich!

1 a)

(Diagramm: Tassen Kaffee in Abhängigkeit von Schlaf in h)

2 a) 10

b)

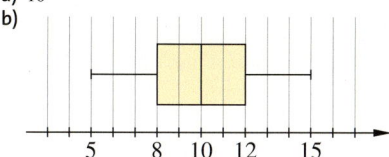

c) Das untere Quartil liegt bei 8 und das obere Quartil bei 12.

---

3 a) 20

b) Es gibt keinen erkennbaren Zusammenhang.

c) 4

d) Spannweite des getrunkenen Wassers: 3 l; Spannweite des Einkommens 1750 €

---

4 a) 60 Stufen

b) $\frac{30}{60} \cdot \frac{29}{59} \cdot \frac{28}{58} \approx 11,86\%$

c) Da am Anfang gleich viele rote und blaue Kugeln in der Urne liegen, ist die Wahrscheinlichkeit, eine rote Kugel als letztes zu ziehen, 50%. Jede Kugel wird nämlich mit derselben Wahrscheinlichkeit als letztes gezogen.

---

5 Wahrscheinlichkeit: $P(11) = \frac{1}{5}$; $P(2) = \frac{1}{4}$; $P(1) = \frac{11}{20}$.

a) Es ist die Wahrscheinlichkeit, dass zwei unterschiedliche Zahlen gedreht wurden, also:
$\frac{1}{5} \cdot \frac{4}{5} + \frac{1}{4} \cdot \frac{3}{4} + \frac{11}{20} \cdot \frac{9}{20} = \frac{119}{200} = 59,5\%$

b) Sie entspricht $P(11|\text{keine }11) + P(\text{keine }11|11) = 2 \cdot \frac{1}{5} \cdot \frac{4}{5} = \frac{8}{25} = 32\%$.

c) $P(\text{„gleich }1\text{“}) = P(2|\text{keine }2) + P(\text{keine }2|2) = 2 \cdot \frac{3}{4} \cdot \frac{1}{4} = \frac{3}{8}$

Dazu muss man noch $P(\text{„größer als }1\text{“})$ addieren, was man in b) berechnet hat.
Daher ist die Wahrscheinlichkeit $\frac{3}{8} + \frac{8}{25} = \frac{139}{200} = 69,5\%$.

---

6 a) Die grüne Fläche muss 120°, also $\frac{1}{3}$ betragen, da $\frac{1}{3} \cdot \frac{1}{3} \cdot \frac{1}{3} = 1/27$.

Die gelbe Fläche muss 144°, also $\frac{2}{5}$ betragen, da $\frac{2}{5} \cdot \frac{2}{5} \cdot \frac{2}{5} = \frac{8}{125}$.

Somit bleibt für die blaue Fläche 96°, also $\frac{4}{15}$.

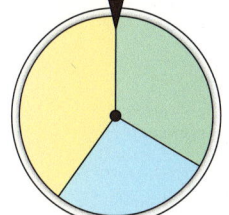

b) $\frac{4}{15} \cdot \frac{4}{15} \cdot \frac{4}{15} = \frac{64}{3375} \approx 1,9\%$

Bist du vorbereitet?

Allgemeiner Teil

Seite 212

1 A: $-1,1$; B: $-\frac{3}{4}$; C: 0,375; D: $\frac{2}{3}$; E: $1\frac{1}{3}$; F: 1,6

2 a) 1,02 **b)** $\frac{5}{9} + \frac{7}{12} = \frac{41}{36} = 1\frac{5}{36}$ **c)** $\frac{5}{6} + \frac{3}{4} = \frac{19}{12} = 1\frac{7}{12}$

3 ① $\frac{6}{10000} = 0,0006$ ② 0,008 ③ $\frac{8}{10000} = 0,0008$
geordnet: $0,0008 < 0,0006 < 0,008$

4 a) 0,000409 **b)** 323 **c)** $\frac{7}{2}$

5 a) 7 Stunden **b)** 0,004150 t **c)** 456000 cm

6 a) 74 **b)** 99 **c)** 16

7 ① 168 ② 720 ③ 432
① ist am kleinsten.

8 a) Beim Ausmultiplizieren ist das Vorzeichen von 4 falsch, es muss -4 sein.
Es entsteht $x^2 - 4 = 32$ und man muss auf beiden Seiten 4 addieren. Man erhält: $x^2 = 36$.
b) Die zwei Lösungen sind $x_1 = 6$ und $x_2 = -6$.

9 Da sie Drillinge sind, sind alle drei gleich alt und zwar 6 Jahre.

10 Angenommen ein einzelnes Buch hat eine Rückenstärke von 1,2 cm; dann hat der Turm eine Höhe von 12 km.

11 Es gibt 4 Aufgaben zu tun, also $4 \cdot 3 \cdot 2 \cdot 1 = 24$ Reihenfolgen.

12 $\frac{20}{8}€ = 2,50€$ Der durchschnittliche Preis für ein Gespräch betrug 2,50 €.

13 a) $\frac{\text{Gewicht in kg}}{(\text{Körpergröße in m})^2}$
b) $\frac{84}{4} = 16$ Ihr BMI beträgt 16.

14 Sie ist fallend, da man mit mehr geschossenen Toren eine bessere Platzierung bekommt, also eine mit kleinerer Platzzahl. Sie ist normalerweise nicht antiproportional, denn das hieße sonst, dass der Zweite die Hälfte der Tore des Ersten hätte, der Dritte ein Drittel, der Vierte ein Viertel usw. Das wird (fast) nie der Fall sein.

15 a) Es gilt $30\,\text{cm}^2 = \frac{1}{2}a \cdot h_a$, also $h_a = \frac{60}{a}$.
b)

Grundseite a	4 cm	5 cm	1,2 cm	1,5 cm
Höhe h_a	15 cm	**12 cm**	**50 cm**	**40 cm**

16 a) 2 cm; 4 cm und 4 cm. Die 2 cm könnten die Länge, Breite oder Höhe sein.
b) Der Würfel hat ein Volumen von 64 cm³, somit sind die beiden Quader 32 cm³ groß.
c) Die Quader sind alle 1 cm³ groß.

17 $A_{\text{Rechteck}} = 7\,200\,\text{m}^2$; $A_{\text{Gebäude}} = 1\,755\,\text{m}^2$
$A_{\text{grün}} = A_{\text{Rechteck}} - A_{\text{Gebäude}} = 5\,445\,\text{m}^2$

18 a) Netz ② gehört zu dem Quader. Es hat die Seitenlängen 1,2 cm, 0,5 cm und 2,5 cm.
Somit gilt $V = 0,5 \cdot 1,2 \cdot 2,5\,\text{cm}^3 = 1,5\,\text{cm}^3$.
Netz ① gehört zu einem Quader mit größerem Volumen und Netz ③ gehört zu keinem Quader.
b)

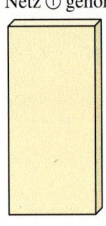

c) $2 \cdot (1,2 \cdot 0,5 + 1,2 \cdot 2,5 + 0,5 \cdot 2,5)\,\text{cm}^2 = 9,7\,\text{cm}^2$

19 Im Maßstab 1 : 20 gezeichnet.

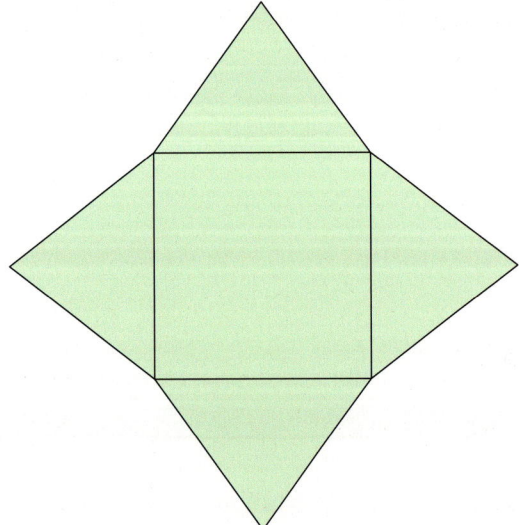

20 Der vierte Winkel im Viereck beträgt 100°. Somit ist α gleich 80°.

21 **a)** α ist als Wechselwinkel ebenfalls 110° groß. Der Nebenwinkel zu 110° ist 70° groß.
Bildet man Stufenwinkel, erhält man β. Daher beträgt β gleich 70°.
b) Die blaue Fläche ist immer ein Trapez. Eine Raute wäre sie nur, wenn der Abstand von f_1 zu f_2 gleich dem von g_1 zu g_2 wäre. Ein Quadrat kann es wegen der Winkel nie sein.

22 **a)** Fichte: 36°; Buche: 37°; Birke: 110°; Eiche: 177°
b) Die Aussagen ① und ③ stimmen.

23 **a)** Der Fettanteil der Milch beträgt 3 %, der des Schokoriegels $33\frac{1}{3}$ %.
b) Er enthält 150 g Fett.
c) Die Packung enthält 30 g Fett.

24 **a)** Sie hat 90 € Jahreszinsen bekommen.
b) Der Zinssatz beträgt 2 %.

25 Die Wahrscheinlichkeit, dass das erste Schaf im Stall schwarz ist, beträgt $\frac{1}{3}$.

Hauptteil und Wahlaufgaben

Seite 215

1 **a)** Die Pizza hat einen Flächeninhalt von etwa 452,4 cm² und einen Umfang von etwa 75,4 cm.
b) Der Durchmesser einer großen Pizza beträgt in etwa 34 cm.
c) Die belegte Fläche beträgt in etwa 754,77 cm², die unbelegte in etwa 153,15 cm².

2 **a)** I $c + 6$ cm $= a$; II $a + c = 20$ cm
Die Seitenlängen betragen $a = 13$ cm und $c = 7$ cm.
b) Das Trapez hat einen Flächeninhalt von $A = 40$ cm². Ein Quadrat mit $a \approx 6,3$ cm und ein Rechteck mit z. B. $a = 4$ cm und $b = 10$ cm haben dieselbe Fläche wie das Trapez.
c) Berechnung von b mit dem Satz des Pythagoras: $u = 30$ cm.

3 Der Flächeninhalt beträgt ca. 23,77 m². Die Figur besteht aus einem Halbkreis mit 282 cm Radius und einem Rechteck mit den Seitenlängen 564 cm und 200 cm.

4 Die zwei Seiten von 20 m und 670 m Länge schließen einen Winkel von 30° ein. Somit hat die Seite von 670 m Länge eine Höhe von $\sin 30° \cdot 20$ m $= 10$ m.
Daher: $A = \frac{670 \cdot 10}{2}$ m² $= 3350$ m². Der Zaun umrandet eine Fläche von 3 350 m².

5 $V = 2 \cdot V_1 + V_2$ $\qquad V_1 = 4$ cm $\cdot$ 4 cm $\cdot$ 4 cm $= 64$ cm³
$\qquad\qquad\qquad\qquad V_2 = 10$ cm $\cdot$ 5 cm $\cdot$ 4 cm $= 200$ cm³
$\qquad\qquad\qquad\qquad V = 2 \cdot 64$ cm³ $+ 200$ cm³ $= 328$ cm³

6 $O = 2 \cdot G + M$ $\qquad G = r^2 \cdot \pi, r = 4$ cm
$\qquad\qquad\qquad\qquad G = 16 \cdot \pi$ cm²
$\qquad\qquad\qquad\qquad M = h \cdot u, u = 2 \cdot \pi \cdot r, u = 8 \cdot \pi$ cm, $h = 28$ cm
$\qquad\qquad\qquad\qquad M = 28$ cm $\cdot 8 \cdot \pi$ cm $= 224 \cdot \pi$ cm²
$\qquad\qquad\qquad\qquad O = (32 \cdot \pi + 224 \cdot \pi)$ cm² $= 256 \cdot \pi$ cm² $\approx 804,25$ cm²
Für die Verpackung werden ca. 804,25 cm² Pappe benötigt.

7 **a)** $V = \frac{1}{3} \cdot G \cdot h_k$ $\qquad G = a^2, G = (8 \text{ cm})^2 = 64$ cm²
$\qquad\qquad\qquad\qquad h_k^2 = h_a^2 - \left(\frac{1}{2} \cdot a\right)^2$
$\qquad\qquad\qquad\qquad h_k^2 = (15 \text{ cm})^2 - (4 \text{ cm})^2$
$\qquad\qquad\qquad\qquad h_k^2 = 225 \text{ cm}^2 - 16 \text{ cm}^2 = 209 \text{ cm}^2$
$\qquad\qquad\qquad\qquad h_k = \sqrt{209} \text{ cm} \approx 14,46 \text{ cm}$
$V \approx \frac{1}{3} \cdot 14,46$ cm $\cdot 64$ cm²
$V \approx 308,412$ cm³ $\qquad$ Die Pyramide hat ein Volumen von ca. 308 cm³.
$O = a^2 + 4 \cdot \frac{1}{2} \cdot a \cdot h_a$
$\quad = a^2 + 2 \cdot a \cdot h_a$
$\quad = 64$ cm² $+ 2 \cdot 8$ cm $\cdot 15$ cm
$\quad = 304$ cm² $\qquad$ Die Pyramide hat eine Oberfläche von 304 cm².

b) $\cos \alpha = \frac{\frac{a}{2}}{h_a} = \frac{4}{15}$, $\qquad \alpha \approx 74,5°$
$\qquad\qquad\qquad\qquad$ Der Neigungswinkel beträgt $\alpha \approx 74,5°$.

8 **a)** Die Dose hat ein Volumen von ca. 355 cm³. Die Getränkefirma wird die Dose mit 350 ml befüllen.
   b) Es werden ca. 355,12 cm² Weißblech benötigt.
   c) Der Strohhalm muss länger als die Diagonale der Dose sein. Diese ist die Hypotenuse des Dreiecks mit dem Durchmesser und der Dosenhöhe als Katheten.
   d: Diagonale im Inneren der Dose; $d = \sqrt{(5,4\,\text{cm})^2 + (15,5\,\text{cm})^2} \approx 16,41\,\text{cm}$
   Der Trinkhalm muss länger sein als 16,41 cm.

---

9 Das Volumen der Kugeln entspricht nur 29,6 % des Volumens der Verpackung. Somit handelt es sich um eine Mogelpackung.

---

10 **a)** Die Person unter der Spinne ist etwa 1,80 m groß, das Spinnenbein daneben ungefähr 5-mal so hoch. Somit ist die Spinne circa 9 m hoch.
   b) Ein Spinnenbein ist ungefähr sechsmal so lang, wie die Person, also in etwa 11 m. Es ist etwa halb so breit, wie der Oberkörper der Person, daher in etwa 20 cm.
   c) Wir rechnen mit einem Zylinder mit einem Durchmesser von 20 cm und einer Höhe von 11 m. Dieser hat ein Volumen von ca. 0,346 m³ und ein Gewicht von ca. 173 kg.
   Ein Spinnenbein aus Holz würde ungefähr 173 kg wiegen.

---

11 **a)** Das Gleichungssystem hat keine Lösung, da beide Geraden die gleiche Steigung haben und somit parallel sind.
   b) Das Gleichungssystem hat eine Lösung, (0|−1,75), da sich beide Geraden in einem Punkt schneiden.

---

12 **a)** I $4x = 6y + 8$ und   II $x − y + 1 = 2y$
   b) $4 \cdot 5 = 6 \cdot 2 + 8$ und $5 − 2 + 1 = 2 \cdot 2$
   $20 = 20$ w $4 = 4$ w

---

13 **a)** Die Aussage ist wahr. Die Zahl ist gerade und durch 5 teilbar. Somit muss sie eine Null an der Einerstelle haben und ist daher durch 10 teilbar.
   b) Die Aussage ist falsch. Wenn sich die beiden Geraden nicht schneiden, gibt es keine Lösung

---

14 Die Schokoriegelkette deckt 50 000 km ab. Somit wird der Äquator des Mars bedeckt.

---

15 **a)** Die Gesamtkosten betragen 170,06 €.
   b) Die Kosten pro Hot-Dog betragen circa 1,13 €.
   c) Preis für Hot-Dog = 1,5 · (Kosten für Hot Dog)
   Der Preis für einen Hot-Dog beträgt 1,70 €.

---

16 **a)** ③ gibt die Zahl der Sitze in Reihe n an, da die erste Reihe 37 Sitze hat und dann pro Reihe 4 weitere hinzukommen. Die Zahl 37 ist also fix und wird mit keiner Variablen multipliziert.
   b) Eine ausverkaufte Vorstellung sorgt für Einnahmen von 8 987,50 €.
   c) 146 Personen saßen in den Reihen 1–5 (2 774 €) und 154 Personen saßen in den Reihen 6–10 (2 233 €).

---

17 3 h ≙ 180 min ≙ 4,5 Verdoppelungszeiten
   $G_{4,5} = 2\,\text{Mio.} \cdot 24,5 \approx 45,254834\,\text{Mio.} \approx 45,3\,\text{Mio.}$
   Nach drei Stunden befinden sich ca. 45,3 Mio. Bakterien in der Schale.

---

18 **a)** Der Luftdruck sinkt also alle 1 000 m um 12 %.
   b) Der Luftdruck beträgt rund 891,4 hPa in 1 km Höhe; rund 784,5 hPa in 2 km Höhe und rund 735,9 hPa in 2,5 km Höhe.
   c) Zwischen 5 000 m und 6 000 m ist der Luftdruck halb so groß wie auf Meereshöhe: $p(5,5) \approx 501,5\,\text{hPa}$.

---

19 **a)** Der Wachstumsfaktor beträgt $q = 1,07$.
   b) Nach zwei Wochen sind ca. 183 Füchse, nach drei Wochen 196 Füchse erkrankt.
   c) Nach 7 Wochen sind mehr als 250 Füchse erkrankt.

---

20 **a)** Ein Sandwich mit extra Belägen kostet gerundet 6,30 €.
   b) Das Sandwich mit extra Belägen kostet dann gerundet 6,90 €.

---

21 **a)** Bei 2000 € Startkapital betragen die Jahreszinsen 70 € im ersten Jahr und 72,45 € im zweiten Jahr bei Bank 1. Bei 350 € Startkapital betragen die Jahreszinsen 14 € im ersten Jahr und 14,56 € im zweiten Jahr bei Bank 2.
   b) Bank 1 gibt 3,5 % Zinsen, Bank 2 aber 4 %. Daher hat Bank 2 den höheren Zinssatz.

---

22 **a)** $9 = 1,07 \cdot x$ | : 1,07
   $8,41 \approx x$
   Die Box kostet 8,41 € ohne Mehrwertsteuer.
   b) Für 100 Portionen benötigt der Pächter 1,5 Boxen Pommes Frites:
   $100 \cdot 150\,\text{g} = 15\,000\,\text{g} = 15\,\text{kg}$
   $\frac{15\,\text{kg}}{10\,\text{kg}} = 1,5$
   1,5 Boxen kosten 13,50 € (1,5 · 9 € = 13,50 €).
   Dazu kommen 15 € für Strom, Öl und Gewürze.
   Gesamtkosten: 13,50 € + 15 € = 28,50 €.

23 a) Prinz Charles hat die Rechnung 2008 beglichen.
b) Für $x = 357$ [Jahre] kommt Anke auf einen Rechnungsbetrag von mehr als 16,6 Mrd. Pfund.
c) Ein doppelt so hoher Zinssatz führt nur nach dem ersten Jahr zu doppelt so hohen Zinsen. Schon im zweiten Jahr unterscheidet sich das zu verzinsende Kapital und ein doppelt so hoher Zinssatz führt zu mehr als doppelt so hohen Zinsen.
d) Es wurde mit einem durchschnittlichen Zinssatz von ca. 13 % gerechnet.

24 a) Nach 30 m hat der Ball eine Höhe von 22,5 m.
b) Er schlägt ihn 80 m weit (Nullstelle der Funktion).
c) Der Ball erreicht 40 m nach Abschlag seine maximale Höhe von 24 m.

25 a)

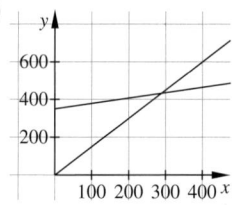

b) Ab 289 Eiskugeln sind die Einnahmen höher als die Kosten.

26 a) Im 1. Lehrjahr bekommt sie monatlich 410 €.
b) Das stimmt nicht, sie verdient nur 60 € mehr. Das Diagramm täuscht, da es bei 350 € statt bei 0 € beginnt.
c) Sie verdient durchschnittlich 480 € pro Monat.

27 a) Die Aussage ist wahr.
b) Die Aussage ist falsch, denn auch bei den 12- bis 13-Jährigen ist der Wert um 29 Prozentpunkte gestiegen.
c) Die Aussage ist falsch, denn an den Realschulen war der Prozentsatz der Smartphone-Besitzer am größten.

28 a) Die Schwankung der Anzahl der gesammelten Pilze betrug 11.
b) Er hat Recht.
c) Durchschnittlich hat Lutz rund 15,57 Pilze am Tag gesammelt.

29 a) $2 + 12 + 2 \cdot 9 + 8 + 3 \cdot 6 + 4 \cdot 4 + 3 + 9 \cdot 2 + 5 = 100$
b) $P(E) = 0,12; P(N) = 0,06; P(\text{Vokal}) = 0,42; P(\text{Konsonant}) = 0,56$
c) $P(\text{Vokal}; \text{Vokal}) = \frac{42 \cdot 41}{100} \cdot 99 \approx 0,174$

$P(\text{Konsonant}; \text{Konsonant}) = \frac{56 \cdot 55}{100 \cdot 99} \approx 0,311$

$P(\text{Vokal}; \text{Konsonant}) = \frac{42 \cdot 56}{100 \cdot 99} \approx 0,238$

$P(I; T) = \frac{9 \cdot 6}{100 \cdot 99} \approx 0,005$

$P((\text{Vokal}; \text{Konsonant}); (\text{Konsonant}; \text{Vokal})) \approx 0,475$

30 a)

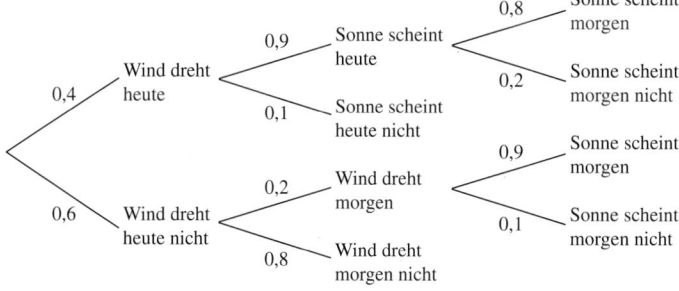

b) Die anderen Fälle sind, dass der Wind heute dreht, die Sonne aber heute nicht scheint, sowie dass der Wind heute nicht dreht und morgen auch nicht.
c) $0,4 \cdot 0,9 \cdot 0,8 + 0,6 \cdot 0,2 \cdot 0,9 = 0,369$ In 36,9 % der Fälle wird es morgen sonnig.
d) In 63,1 % der Fälle ist es morgen wolkig.

31 Er sollte sich für die erste Variante entscheiden. Da erreicht er beide Fahrzeuge in 28 % der Fälle mit der zweiten Variante nur in 27 % der Fälle.

Stichwortverzeichnis

Bildverzeichnis

Titel picture-alliance/pda; **5** stock.adobe.com/Zoschy; **7/1** Shutterstock/auremar; **7/2** Fotolia/Ruediger Rau; **7/3** Fotolia/Gina Sanders ; **9/1** Shutterstock/Lerche&Johnson; **9/2** Shutterstock/MiVa; **10/1** Shutterstock/Givaga; **10/2** Shutterstock/Irina Rogova; **11** Shutterstock/iofoto; **12/1** Shutterstock/Art Allianz; **12/2** Laif/Jochen Eckel/SZ Photo; **15** Shutterstock/Monkey Business Images; **16/1** Fotolia/twystydigi; **16/2** Fotolia/Krawczyk-Foto ; **20** Mauritius images/Onoky; **23** Clip Dealer/Alexander Raths; **28/1** Shutterstock/Monkey Business Images; **28/2** Shutterstock/Monkey Business Images; **33** F1 online; **35/1** F1 online; **35/2** Mohnke Höss Bauingenieure, Freiburg; **35/3** picture-alliance/dpa; **36** Fotolia/Burkhard Kuster; **39** Feltes, T., Berlin; **45** Fotolia/palomita0306; **46** mauritius images/imageBROKER/Cordelia Ewerth; **52** Fotolia/Otto Durst; **55** picture alliance/ZB/euroluftbi; **56** Fotolia/Liv Friis-larsen; **57** Fotolia/ladyligeia; **58/1** Fotolia/Ramona Heim; **58/2** mauritius images/Alamy; **60** Deutsche Bahn AG/Volker Emersleben; **61** Fotolia/Brian Kinney; **63/1** Fotolia/Halil-Ibrahim Cevahir; **63/2** Fotolia/maho; **66/1** imago/Jürgen Heinrich; **66/2** Infochart Peter Diehl, München; **70** Fotolia/jolopes; **73** Shutterstock/Neveshkin Nikolay; **76** akg-images; **82/1** Fotolia/contrastwerkstatt ; **82/2** Fotolia/Alliance; **85/1** Fotolia/ac2000; **85/2** Fotolia/mizar_21984; **85/3** Fotolia/yodiyim; **87** Shutterstock/eurobanks; **88** Corbis/Dennis Kunkel Microscopy, Inc./Visuals; **90** Fotolia/pun photo; **91** Fotolia/janez volmajer; **92** Fotolia/HP_Photo; **95** Ruhmke, M., Stuttgart; **99** Fotolia/elena0800; **101** Fotolia/Paylessimages; **104/1** Fotolia/WavebreakmediaMicro; **104/2** Fotolia/WavebreakmediaMicro; **104/3** mauritius images/Alamy; **106** Fotolia/styleuneed; **107** Reufsteck, G., Straelen; **113/1** Fotolia/michal812; **113/2** Fotolia/dudek; **115/1** Fotolia/japans; **115/2** Fotolia/industrieblick; **115/3** Fotolia/svort; **116** Fotolia/electriceye; **117** Fotolia/emeritus2010; **118/1** Fotolia/Arrlxx; **118/2** Fotolia/geoffkuchera; **119/1** Fotolia/Gunnar Assmy; **119/2** Fotolia/bptu; **120/1** Fotolia/Gabriele Rohde; **120/2** mauritius images/Phototake; **127** Reufsteck, G., Straelen; **128/1** action press/ISOPIX SPRL; **128/2** Fotolia/Gina Sanders; **130** Fotolia/Alex_Mac; **131** imago; **133/1** action press/ADOLPH, CHRISTOPHER; **133/2** Shutterstock/3Dalia; **133/3** Ruhmke, D., Berlin; **133/4** Shutterstock/Gordana Sermek; **133/5** Fotolia/Günter Menzl; **134** Fotolia/Amy_fang; **135/1** Fotolia/kameraauge; **135/2** Fotolia/ErnstPieber; **135/3** Fotolia/GP; **135/4** Fotolia/helmutvogler; **135/5** Fotolia/Uwe Graf; **136** Fotolia/donyanedomam; **138** mauritius images/Pixtal; **139** Wiemann Lehrmittel e. K., Günter Wiemann; **140** corbis/Benjamin Leterrier/Photononstop; **141** mauritius images/Alamy; **143/1** mauritius images/Alamy; **143/2** Wiemann Lehrmittel e. K., Günter Wiemann; **146** akg/De Agostini Picture Lib.; **148/1** Fotolia/Platti; **148/2** Fotolia/Thierry GUIMBERT; **148/3** Fotolia/kamillok; **149/1** Fotolia/logos2012; **149/2** picture-alliance/ZB; **151/1** Fotolia/olganik; **151/2** Fotolia/Andreas Safreider; **151/3** Fotolia/rangizzz; **151/4** mauritius images/Alamy; **151/5** Fotolia/B. Wylezich; **153/1** Fotolia/Pixelshop; **153/2** Fotolia/ArTo; **153/3** Clip Dealer/Claudio Divizia; **153/4** Fotolia/DE Photography; **153/5** Fotolia/embeki; **154** mauritius images/Alamy; **157** Shutterstock/Ritu Manoj Jethani; **159/1** Shutterstock/Mikhail Markovskiy; **159/2** Interfoto/A R W; **159/3** Shutterstock/exopixel; **159/4** Shutterstock/martin33; **160/1** Shutterstock/igor gratze; **160/2** Fotolia/MaxTiberio; **160/3** Shutterstock/lsantilli; **163** Corbis/Jon Feingersh/Blend Images; **165** Audi AG, Ingolstadt; **166** Fotolia/Shutterbas; **169** FOTOAGENTUR SVEN SIMON/Elmar Kremser; **170** Shutterstock/the goatman; **171** Fotolia/Brocreative; **173** Clip Dealer/Vladimir Kolosov; **174** Fotolia/oldmn; **175/1** Shutterstock/Dario Sabljak; **175/2** Fotolia/clearviewstock; **176** Fotolia/Kalle Kolodziej; **177** Fotolia/dred2010; **180/1** Fotolia/by-studio; **180/2** Fotolia/ptnphotof; **180/3** Fotolia/Tom; **181/1** Fotolia/glashaut; **181/2** Fotolia/Jackin; **181/3** Fotolia/Friedberg; **181/4** Fotolia/chaoss; **181/5** Wikipedia/GNU/Dabbelju; **181/6** Fotolia/dbunn; **182** Fotolia/algre; **183** Fotolia/stocktributor; **184/1** Fotolia/Kadmy; **184/2** Fotolia/Kara; **187** Corbis/Jean-Christophe Riou/Masterfile **197/1** Fotolia/Julien Eichinger; **197/2** Fotolia/Taffi; **197/3** imago/; **197/4** Fotolia/seen; **197/5** Fotolia/dino4ka2020; **197/6** Fotolia/Tom-Hanisch; **200** Fotolia/xiaoliangge; **201** Shutterstock/Mauricio Avramow; **206/1** Fotolia/Photographee.eu; **206/2** Shutterstock/Pressmaster; **209** Fotolia/Sandor Kacso; **216/1** Clip Dealer/Anatoly Tiplyashin; **216/2** F1online; **218** picture-alliance/dpa/EPA/ANITA MARIC; **220** Kerstin Kälberer, Berlin; **221** s. Titel

Die Screenshots auf den Seiten **23, 38, 53, 81** und **113** wurden mit der Microsoft®Excel® erstellt. Microsoft®Excel® ist ein eingetragenes Warenzeichen der Microsoft Corporation.

Formelsammlung

Unmarkiertes ist in beiden Formel-sammlungen zu finden

Quadratische Gleichungen

Normalform:	Lösung:
$x^2 + p \cdot x + q = 0$	$x_{1/2} = -\frac{p}{2} \pm \sqrt{\left(\frac{p}{2}\right)^2 - q}$; wenn $\left(\frac{p}{2}\right)^2 - q \geq 0$, sonst keine Lösung

Ebene Figuren (*A*: Flächeninhalt   *u*: Umfang)

nur für G-Kurs ▶

Quadrat

$A = a^2$

$u = 4 \cdot a$

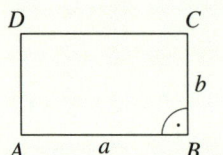

Rechteck

$A = a \cdot b$

$u = 2 \cdot a + 2 \cdot b$

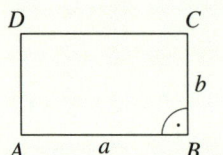

nur für G-Kurs ▶

Dreieck

$A = \frac{g \cdot h}{2}$

$u = a + b + c$

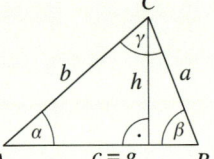

Satz des Pythagoras

Im rechtwinkligen Dreieck gilt:

$a^2 + b^2 = c^2$

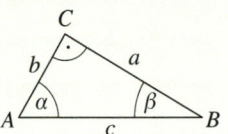

Parallelogramm

$A = g \cdot h$

$u = 2 \cdot a + 2 \cdot b$

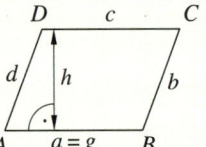

Trapez

$A = \frac{a + c}{2} \cdot h$

$u = a + b + c + d$

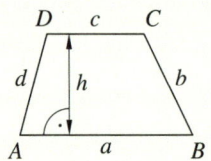

nur für E-Kurs ▶

Raute

$V = a^3$

$u = 4a$

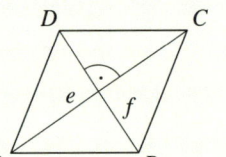

Drachen

$A = \frac{e \cdot f}{2}$

$u = 2a + 2b$

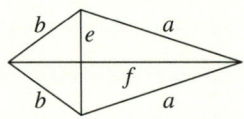

Kreis

$d = 2 \cdot r$

$A = \pi \cdot r^2 = \pi \cdot \frac{d^2}{4}$

$u = 2 \cdot \pi \cdot r = \pi \cdot d$

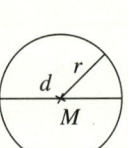

Kreissektor und Kreisbogen

$A = \frac{\pi \cdot r^2 \cdot \alpha}{360°}$

$b = \frac{\pi \cdot r \cdot \alpha}{180°}$

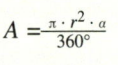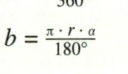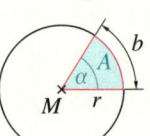

Kreisring

$A = \pi \cdot r_a^{\,2} - \pi \cdot r_i^{\,2}$

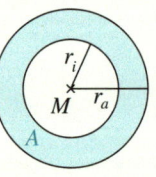

Körperberechnung

nur für G-Kurs ▶

Würfel

$V = a^3$

$O = 6 \cdot a^2$

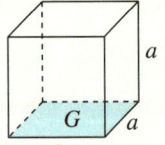

Quader

$V = a \cdot b \cdot c$

$O = 2 \cdot a \cdot b + 2 \cdot a \cdot c + 2 \cdot b \cdot c$

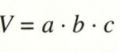

Prisma

$V = G \cdot h$

$O = 2 \cdot G + M$

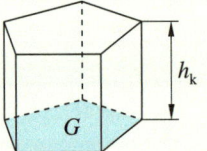

Zylinder

$V = \pi \cdot r^2 \cdot h$

$O = 2 \cdot \pi \cdot r^2 + 2 \cdot \pi \cdot r \cdot h$

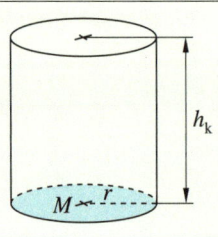

Die Symbole in den oberen Ecken
stehen für bestimmte Bereiche
in der Mathematik:

Zahlen und Variablen

Geometrie

Funktionen

Daten und Zufall

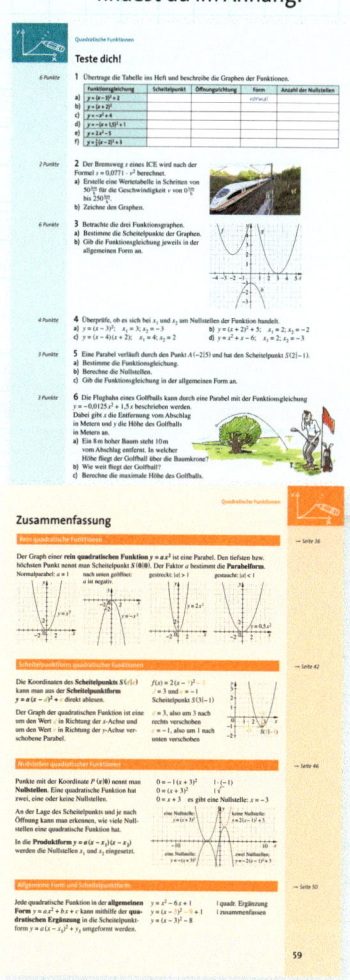

■ **Teste dich!**
Überprüfe zur Vorbereitung auf
die Klassenarbeit dein Können.
Die Lösungen zum Abschlusstest
findest du im Anhang.

■ **Üben und anwenden**
Die Aufgaben trainieren
den neu gelernten
Unterrichtsstoff.

In der Randspalte
stehen zusätzliche
Informationen,
Aufgaben und
Lösungshinweise.

Mittelschwere
Aufgaben haben
eine schwarze
Aufgabennummer.

■ **Zusammenfassung**
Die Zusammenfassung am Ende ei-
nes Kapitels enthält die wichtigsten
Merksätze zum Nachschlagen.

linke Spalte
hält leichtere
gaben.

Die rechte Spalte
enthält schwierigere
Aufgaben.

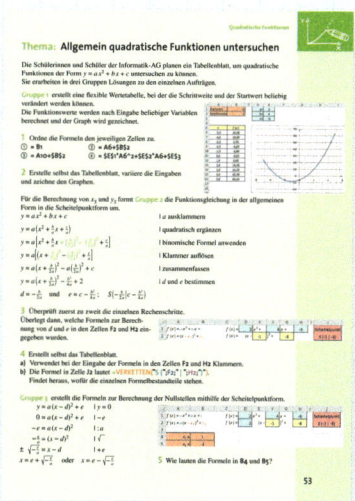

■ **Methode und Thema**
Auf den Methodenseiten
werden die wichtigsten
mathematischen Methoden
vorgestellt und geübt.
Die Themenseiten zeigen
mathematische Inhalte
aus verschiedenen Lebens-
bereichen.

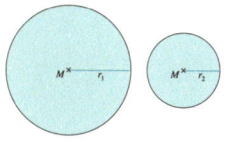